Ethische Fragen genetischer Beratung

Klinische Ethik.
Biomedizin in Forschung und Praxis
Clinical Ethics.
Biomedicine in Research and Practice

Herausgegeben von
Andreas Frewer (Erlangen-Nürnberg)
Gisela Bockenheimer-Lucius (Frankfurt a.M.)
Christian Hick (Köln)
Irene Hirschberg (Hannover)
Gerald Neitzke (Hannover)
Florian Steger (München)

Editorische Betreuung für diesen Band:
Christian Hick und Gisela Bockenheimer-Lucius

Band 3

Manuskriptvorschläge sind an den Schriftführer zu richten:
Prof. Dr. Andreas Frewer, Institut für Geschichte und Ethik der Medizin,
Friedrich-Alexander-Universität Erlangen-Nürnberg,
Glückstraße 10, 91054 Erlangen

PETER LANG
Frankfurt am Main · Berlin · Bern · Bruxelles · New York · Oxford · Wien

Irene Hirschberg/Erich Grießler
Beate Littig/Andreas Frewer
(Hrsg.)

Ethische Fragen genetischer Beratung

Klinische Erfahrungen, Forschungsstudien
und soziale Perspektiven

PETER LANG
Internationaler Verlag der Wissenschaften

Bibliografische Information der Deutschen Nationalbibliothek
Die Deutsche Nationalbibliothek verzeichnet diese Publikation
in der Deutschen Nationalbibliografie; detaillierte bibliografische
Daten sind im Internet über <http://www.d-nb.de> abrufbar.

Gedruckt mit freundlicher Unterstützung des
Österreichischen Bundesministeriums
für Wissenschaft und Forschung
im Rahmen seines Forschungsprogramms
GEN-AU – Genomforschung in Österreich.

Gedruckt auf alterungsbeständigem,
säurefreiem Papier.

ISSN 1617-920X
ISBN 978-3-631-58895-6
© Peter Lang GmbH
Internationaler Verlag der Wissenschaften
Frankfurt am Main 2009
Alle Rechte vorbehalten.

Das Werk einschließlich aller seiner Teile ist urheberrechtlich
geschützt. Jede Verwertung außerhalb der engen Grenzen des
Urheberrechtsgesetzes ist ohne Zustimmung des Verlages
unzulässig und strafbar. Das gilt insbesondere für
Vervielfältigungen, Übersetzungen, Mikroverfilmungen und die
Einspeicherung und Verarbeitung in elektronischen Systemen.

Printed in Germany 1 2 3 4 5   7

www.peterlang.de

Inhalt

Andreas Frewer, Irene Hirschberg, Erich Grießler, Beate Littig
Vorwort 9

Irene Hirschberg, Andreas Frewer
Genetik, Beratung und Ethik
Zur Einführung 11

I. Genetik und Beratung in der Medizin

Patricia Steiner, Dorothea Gadzicki, Brigitte Schlegelberger
Probleme bei der Weitergabe der genetischen Information
innerhalb von Familien mit erblichem Brust- und Eierstockkrebs
– nur eine Familienangelegenheit? 25

Friedmar R. Kreuz
Psychosoziale und ethische Aspekte genetischer Diagnostik:
Das Beispiel Huntingtonsche Krankheit 51

Barbara Zoll
Autonomie, Entscheidungsfindung und Nicht-Direktivität
in der genetischen Beratung – eine ethische Betrachtung 85

Wolfram Henn
Schweigepflicht und Datenschutz bei genetischer Beratung
Ethische Grundlagen informationeller Selbstbestimmung 103

Christine Schirmer
Genetische Beratung aus Betroffenenperspektive
Von der Diagnose zur Entscheidung – ein Erfahrungsbericht 121

II. Genetische Beratung und ethische Fragen in der Forschung

Ingrid Vlasak

Erwartungen und spätere Erfahrungen von Klient(inn)en:
Zur Qualitätssicherung genetischer Beratung 131

Jeanne Nicklas-Faust

Testen oder nicht? Schwierige Fragen
der Gendiagnostik aus Elternsicht 153

Silja Samerski

Die Entscheidungsfalle
Über die „selbstbestimmte Entscheidung" durch genetische Beratung 171

Rouven Porz

Sinn- und Vernunftwidrigkeiten in der genetischen Diagnostik
Die Patientenperspektive in qualitativen Interviews 189

László Kovács, Andreas Frewer

Die Macht medizinischer Metaphern: Studien zur Bildersprache
in der genetischen Beratung und ihren ethischen Implikationen 205

III. Genetik und Ethik: Gesellschaftliche Perspektiven

Elisabeth Hildt

Prädiktive genetische Diagnostik und
das Recht auf Nichtwissen 225

Ilhan Ilkilic

Ethische Aspekte der genetischen Aufklärung
und Tests in der genomischen Diversitätsforschung 241

Sigrid Graumann

Humane Genetik, Behinderung und
ethische Probleme pränataler Diagnostik 259

Erich Grießler, Beate Littig, Anna Pichelstorfer

„Selbstbestimmung" in der genetischen Beratung:
Argumentationsstruktur und Ergebnisse einer Serie
neo-sokratischer Dialoge in Österreich und Deutschland 277

Meike Wolf, Ilhan Ilkilic

Chancen und Grenzen des Einsatzes von
Online-Ressourcen bei der genetischen Aufklärung und Beratung 303

Markus Rothhaar, Andreas Frewer

Genetische Diagnostik in der parlamentarischen Beratung
Probleme und Perspektiven rechtlicher Regelung in Deutschland 317

IV. Anhang

Genetische Beratung und Ethik
Fachdokumente und Quellen 333

Notizen zu den Autorinnen und Autoren 353

Vorwort

Der Zuwachs an Erkenntnissen im Bereich der Genetik führt zu einer Reihe von ethischen, rechtlichen und sozialen Problemen. Immer häufiger werden Testverfahren zur genetischen Diagnostik entwickelt, auch wenn Fragen therapeutischer Anwendung für den Betroffenen noch nicht geklärt oder in der praktischen Durchführung schwierig sind. Dabei erweitert sich das Spektrum pränataler und prädiktiver Gentests kontinuierlich: Erkrankungen und Krankheitsdispositionen können lange Zeit vor einem möglichen Auftreten entdeckt werden. Die genetische Konstitution einer Person, ihrer Familie oder einer bestimmten Gruppe von (potenziellen) Patienten wird durch spezifische Tests diagnostiziert; weitreichende Konsequenzen für die Lebenssituation der Betroffenen können resultieren.

In diesen Fällen ist genetische Beratung von großer Bedeutung: Sie soll Menschen vor und nach möglichen diagnostischen Verfahren in nicht-direktiver Form Information und Unterstützung zu einer differenzierten Wahrnehmung der individuellen Chancen, Risiken und Nebenwirkungen des neuen Wissens bieten. Familienplanung und Lebensschicksale hängen dabei in besonderer Weise von der Kompetenz und Erfahrung der Experten sowie der Durchführung der Beratung ab. Dabei ist eine fachlich angemessene, sprachlich differenzierte, neutrale, aber doch empathische Begleitung eine wichtige Voraussetzung zur Stärkung der Selbstbestimmung und Entscheidungsfähigkeit des Ratsuchenden oder einer betroffenen Familie.

Im Projekt „gen-dialog: Neo-sokratische Dialoge zur Verbesserung der genetischen Beratung" wurde humangenetische Beratung aus ethischer, politikwissenschaftlicher, soziologischer und medizinanthropologischer Sicht untersucht. Neben der Analyse der Praxis genetischer Beratung und der Interaktion zwischen Ratsuchenden und Beratenden ging es um die Untersuchung der politischen Rahmenbedingungen und regulativen Kontexte genetischer Beratung. Ein weiteres Ziel war die Erörterung von Möglichkeiten zur Qualitätssicherung und Weiterentwicklung genetischer Beratung. Als besonderes Instrument zur Diskussion moralischer Dimensionen und sozialer Probleme genetischer Beratung wurde die transdisziplinäre Methode des „neo-sokratischen Dialogs" eingesetzt. Die im Rahmen der Tagungen geführten Dialoge wurden wissenschaftlich begleitet und ausgewertet. Neben den Studien mit österreichischen und deutschen Experten stehen auf internationaler Ebene weitere Vergleiche etwa zu Beratungssituationen in Japan an.

Der vorliegende Band ist eines der Ergebnisse der Zusammenarbeit im Teilprojekt „Ethische Fragen genetischer Beratung": Das Institut für Höhere Studien (IHS) in Wien, das Institut für Geschichte, Ethik und Philosophie der Medizin der Medizinischen Hochschule Hannover (MHH) sowie das Institut für Geschichte und Ethik der Medizin (IGEM) der Universität Erlangen-Nürnberg haben diese Konferenzen gemeinsam veranstaltet. Dabei wurden Fachleute aus Humangenetik, Medizinethik, Philosophie, Soziologie und anderen Disziplinen zusammen mit Vertretern von Patientenorganisationen und Politikern in ein interdisziplinäres Gespräch zu den ethischen Grundlagen genetischer Beratung gebracht. Die Ergebnisse dieser Treffen flossen auch in die Fachbeiträge dieses Buches ein.

Das Österreichische Bundesministerium für Wissenschaft und Forschung hat das Projekt „gen-dialog: Neo-sokratische Dialoge zur Verbesserung der genetischen Beratung" freundlicherweise innerhalb seines Programmes „GEN-AU. Genomforschung in Österreich" gefördert.

Die Tagungen „Ethische Fragen genetischer Beratung" fanden in den Jahren 2007 und 2008 in Wien und Berlin statt. Für die Wiener Foren konnte das Tagungszentrum Tulbinger Kogel sehr gut genutzt werden. Die Berliner Tagung fand im Bildungs- und Begegnungszentrum in Berlin-Wannsee statt. Dieses Forum wissenschaftlichen Austauschs steht auf dem Grundstück der ehemaligen Villa Ferdinand Sauerbruchs, der in der ersten Hälfte des 20. Jahrhunderts ein international renommierter Chirurg war, allerdings auch eine problematische Affinität zur nationalsozialistischen Politik aufwies. Nicht zuletzt durch die direkte räumliche Nähe des Veranstaltungsorts zum „Haus der Wannsee-Konferenz", in dem als Endpunkt radikaler Umsetzung der Eugenik des NS-Staates die „Endlösung der Judenfrage" beschlossen wurde, war das Spannungsfeld von Wissenschaft, Gesellschaft und Verantwortung umrissen. Dies kann symbolisch für die ethische Brisanz von Medizin und Humangenetik gesehen werden – genetische Beratung steht dabei in einer besonderen historischen und gesellschaftlichen Verpflichtung.

Im Juli 2008 fand am Wiener Institut für Höhere Studien die Abschlusskonferenz „Die Praxis der genetischen Beratung – Ergebnisse und Perspektiven" statt. Wir danken allen Teilnehmerinnen und Teilnehmern für ihr Engagement bei den Expertengesprächen und den öffentlichen Foren. Horst Gronke sei herzlich gedankt für die versierte Moderation der neo-sokratischen Dialoge, die er gemeinsam mit Beate Littig geleitet hat. Für den Kreis des erweiterten Projektteams möchten wir besonders Peter Biegelbauer, Bernhard Hadolt, Monika Lengauer, Stefanie Mayer und Anna Pichelstorfer für ihre aktive Beteiligung danken. Überdies danken wir Iris Strohschein für die gute administrative Betreuung sowie Gisela Bockenheimer-Lucius und Christian Hick für hilfreiche Hinweise zum Manuskript.

Fruchtbare Dialoge zwischen Humangenetik, Medizinethik und Gesellschaft, transparente Wertediskussionen und nicht zuletzt gute Beratungskonzepte sollen durch den vorliegenden Band gefördert werden.

Erlangen,
Hannover und
Wien, im Sommer 2008

Andreas Frewer
Irene Hirschberg
Erich Grießler, Beate Littig

Irene Hirschberg, Andreas Frewer

Genetik, Beratung und Ethik
Zur Einführung

„*What is ideal genetic counselling?*" – so fragt eine europäische Expertengruppe in ihrer aktuellen Publikation.[1] Die ethischen Grundlagen der genetischen Beratung und Diagnostik sind Gegenstand zahlreicher internationaler Diskussionen: Deutschland steht derzeit vor der Verabschiedung eines Gendiagnostik-Gesetzes,[2] in Österreich ist dies bereits erfolgt.[3] In der Schweiz und anderen Ländern gibt es gleichermaßen intensive Debatten, der Europarat hat überdies vor kurzem für Gentests zu gesundheitlichen Zwecken ein Zusatzprotokoll zur Konvention für Menschenrechte und Biomedizin vorgeschlagen.[4] Die große Bedeutung genetischer Diagnostik und differenzierter Beratung wird durch gesetzliche Regelungsversuche unterstrichen. Gleichzeitig versuchen Experten aus Wissenschaft und Politik, von Enquete-Kommission, Ethikrat und Fachgesellschaften genetische Forschung zu begleiten und zu evaluieren – in Anbetracht der schnell voranschreitenden Entwicklungen auf nationaler wie internationaler Ebene eine große Herausforderung. Angesichts des Fortschritts und der wachsenden Möglichkeiten in der Medizin ist die Notwendigkeit für ein Angebot individueller Beratung evident. Regelmäßig erscheinen Meldungen in den Fachzeitschriften über neue Erfolge in der Genetik, aber auch die öffentlichen Medien berichten immer wieder über innovative diagnostische Verfahren, über Vaterschaftstests, das Klonen von Menschen, Forschung an

---

1   Vgl. Rantanen et al. (2008), Titel des Artikels.
2   Auf der Basis von Eckpunkten erfolgte ein Referentenentwurf der Bundesregierung zu einem „Gesetz über genetische Untersuchungen bei Menschen (Gendiagnostikgesetz/GenDG)", der am 27.08.2008 vom Bundeskabinett beschlossen wurde, vgl. Bundesministerium für Gesundheit (2008) und Bundesregierung (2008) sowie http://www.bundesregierung.de/nn_1272/Content/DE/Artikel/2008/04/2008-04-16-gendiagnostik.html (Zugriff 31.08.2008). Zur gesetzlichen Regelung der Gendiagnostik in Deutschland siehe auch den Beitrag Rothhaar/Frewer in diesem Band sowie u.a. Hasskarl/Ostertag (2005) und Damm (2007); zur Situation in Österreich vgl. Grießler (2008).
3   Zum österreichischen Gentechnikgesetz von 1994 und Änderungen siehe Bundesgesetzblatt für die Republik Österreich (2005) sowie das Gentechnikbuch, insbesondere 2. Kapitel zu Leitlinien für die genetische Beratung, vgl. Bundesministerium für Gesundheit und Frauen (2002).
4   Siehe Council of Europe (2008), angenommen vom Ministerrat am 07.05.2008, offen zur Unterzeichnung im November 2008.

Chimären oder die Rettung durch „Geschwister auf Wunsch". Sensationsnachrichten führen oft zu unerfüllbaren Hoffnungen – ausführliche Informationen zur Aussagekraft von neuer Diagnostik finden sich nur vereinzelt, zudem stehen therapeutische Angebote oft noch aus. Genetik scheint gerade für Forscher und die Industrie ein „Markt unbegrenzter Möglichkeiten" zu sein.

Zur Humangenetik sind bereits zahlreiche Stellungnahmen, Leitlinien und Empfehlungen von Standesorganisationen, Fachgesellschaften oder Selbsthilfevereinigungen erschienen; so zur pränatalen und prädiktiven Diagnostik bei neurodegenerativen oder onkologischen Erkrankungen, aber auch zum Umgang mit den Ergebnissen gegenüber Versicherungen oder dem Arbeitgeber, zum Datenschutz und zur genetischen Beratung.[5] Die kritische Reflexion wissenschaftlicher Innovationen kommt in der Praxis jedoch trotzdem häufig zu kurz bzw. kaum hinterher, eine ethische Diskussion der Themen bleibt oft auf Fachkreise beschränkt. Fragen, wie sich etwa das individuelle und gesellschaftliche Bild von Gesundheit, Krankheit und Behinderung verändert, und was dies für Konsequenzen mit sich bringt, sind schwer zu fassen oder bleiben unbeantwortet. Der vorliegende Band soll daher zur ethischen Reflexion um Fragen der genetischen Diagnostik und Beratung anhand von drei Schwerpunkten beitragen: Erfahrungen in der klinischen Praxis, Forschungsstudien zu ethischen Fragen der Beratung und übergreifende gesellschaftliche Perspektiven.

Probleme und Gefahren der Gendiagnostik werden offensichtlich erkannt, wie die Veröffentlichungen und Diskussionen in Fachkreisen und die Einrichtung von übergreifenden Beratungsgremien zeigen – aber wird auch genug zur Information und Einbindung der Bevölkerung getan? Ansätze einer Bürgerbeteiligung und öffentliche Diskussionen sind sicher zu verzeichnen,[6] eine breite und sachliche Debatte ist jedoch nicht leicht zu gewährleisten. Die Medien vermitteln Informationen häufig selektiv, Interesse besteht vor allem an Erfolgsnachrichten,[7] auf die Gefahren einer impliziten

---

5   Zum Kontext genetischer Diagnostik und Beratung vgl. insbesondere Reif/Baitsch (1986), Ratz/Wolff (1995), Kettner (1998), Baumann-Hölzle/Kind (1998), Schmidtke (2002), Sass/Schröder (2003), Bundesärztekammer (1998), (2003a) und (2003b), Ethik-Beirat beim Bundesministerium für Gesundheit (2000), Nationaler Ethikrat (2003), Deutsche Gesellschaft für Humangenetik e.V. (2000), (2007a) und (2007b) sowie Hürlimann et al. (2008, in Vorbereitung) und für weitere Angaben den Anhang dieses Bandes.
6   Beispiele für eine Bürgerbeteiligung und öffentliche Diskussion in Deutschland sind das 2000 vom Bundesministerium für Gesundheit und dem Robert-Koch-Institut initiierte Symposium zur „Fortpflanzungsmedizin in Deutschland", siehe Graumann (2000) und Thonke (2000), die 2001 vom Deutschen Hygiene-Museum in Dresden veranstaltete, erste bundesweite „Bürgerkonferenz Streitfall Gendiagnostik", siehe http://www.buergerkonferenz.de/pages/start_en2.htm und Schicktanz/Naumann (2003) oder auch das „1000-Fragen"-Projekt zur Bioethik, eine Initiative der „Aktion Mensch", vgl. http://www.1000fragen.de/.
7   Siehe etwa die Analysen zur Rolle der Medien bei Graumann (2003).

„Genetisierung" wird wenig eingegangen. Zudem stellt sich die Frage, wie es sich mit dem tatsächlichen Interesse der Bevölkerung an dieser Thematik verhält – entsteht es erst bei „Selbst-Betroffenheit"? Gleichzeitig scheint in Zeiten „prädiktiver Medizin" und einer Betonung gesundheitsbewussten Verhaltens die Verpflichtung des einzelnen Bürgers und „potenziellen Patienten" zuzunehmen, sich mit den Neuerungen der Medizin und der Genetik auseinanderzusetzen. Insbesondere bei geringerer Informiertheit über den Zusammenhang von genetischen Faktoren und Krankheiten bzw. Krankheitsentstehung ist das zunehmende Angebot von genetischen Tests über das Internet – meist ohne jegliche Beratung oder allenfalls per „online-" bzw. „phone-genetic-counselling" – umso bedenklicher.[8] Gerade das Internet bietet neue Möglichkeiten für die Wissenschaft, aber auch Herausforderungen für den Betroffenen: Informationen für aufgeklärte Patienten sind deutlich leichter zugänglich – dies ist jedoch nicht nur mit Chancen verbunden, sondern auch mit Gefahren und Belastungen für „mündige Patienten" im Prozess genetischer Beratung.[9]

Das medizinethische Konzept der Zustimmung nach informierter Aufklärung (informed consent) unter Wahrung der Autonomie der Person und seiner Möglichkeit zur Selbstbestimmung ist in der genetischen Beratung mit besonderen Hürden verbunden. Die Prinzipien von Nichtschaden (nil nocere/non-maleficence) oder Fürsorge (beneficence) als traditionelle Werte der Medizinethik[10] stoßen durch die Möglichkeiten genetischer Diagnostik ebenso an Grenzen wie die Balance zwischen dem Recht auf Wissen bzw. Nichtwissen.[11] Angesichts zunehmender Informationen im Bereich der Genetik mit schwer abschätzbaren Risiken und Nebenwirkungen für das individuelle, familiäre oder soziale Wohlergehen wird die Besonderheit der genetischen Beratung und des partnerschaftlichen Entscheidens (shared decision-making) mit „Noch-nicht-Patienten" bzw. „gesunden Kranken" unterstrichen. Das Selbstverständnis der Beratungstätigkeit in der Humangenetik bedarf kontinuierlicher Reflexion, das Vertrauensverhältnis der Arzt-Betroffenen-Beziehung sieht sich enormen Herausforderungen ausgesetzt. Darüber hinaus sind standesethische und nationale rechtliche Regelungen in Zeiten globalisierter Angebote zur Gendiagnostik per Internet gleichermaßen schwierig wie sachlich geboten.

In den letzten Jahren ist eine Reihe an Neuerscheinungen und Projekten zu Fragen der Humangenetik zu verzeichnen. Neben den Debatten im Kontext der Enquete-Kommission Recht und Ethik der modernen Medizin

---

8 Siehe z.B. http://www.23andme.com/, http://www.knome.com/ und zum „online-" bzw. „phone-genetic-couselling", vgl. http://www.navigenics.com.
9 Vgl. bereits Reif/Baitsch (1986) sowie zum Problem eines „Zwangscharakters" von Beratung u.a. Kettner (1998).
10 Vgl. zu den Prinzipien der Medizinethik insbesondere Beauchamp/Childress (2008).
11 Zur Konkretisierung für den Bereich Genetik siehe insbesondere Hildt (2006).

und des Nationalen Ethikrats[12] wurden wichtige Inhalte auch durch die interdisziplinäre Arbeitsgruppe „Gentechnologiebericht" der Berlin-Brandenburgischen Akademie der Wissenschaften[13] und durch europäische Projekte wie EuroGentest[14] oder das Public Health Genomics European Network (PHGEN)[15] erarbeitet. Außer internationalen Initiativen[16] sind hier im deutschsprachigen Raum das österreichische Genomforschungsprogramm „GEN-AU"[17] sowie das Nationale Genomforschungsnetz[18] oder Impulse durch die Bundeszentrale für gesundheitliche Aufklärung (BZgA) in Deutschland[19] zu nennen, aber auch die wichtige Arbeit von Fachgesellschaften und Forschungsinstituten, Behinderten- und Selbsthilfeorganisationen.[20]

Eine Verbindung von Theorie und Praxis der genetischen Diagnostik und Beratung mit ihren ethischen Implikationen ist ein zentrales Anliegen des vorliegenden Buches. Zur Verbesserung der genetischen Beratung sollen daher die Perspektiven von Beratern, Ratsuchenden und weiteren Betroffenen mit ethischer Begleitforschung zusammengeführt werden. Der Band ist dabei in drei größere Abschnitte gegliedert: Im ersten Teil geht es um klinische Erfahrungen mit genetischer Beratung in der Medizin, bei

---

12 Siehe auch Enquete-Kommission Recht und Ethik der modernen Medizin (2002) und Nationaler Ethikrat (2003), (2005) und (2007), seit 01.08.2007 *Deutscher* Ethikrat.
13 Siehe die Veröffentlichungen des Gentechnologieberichts, insbesondere Schmidtke et al. (2007) und Hucho et al. (2008), vgl. http://www.gentechnologiebericht.de/gen/publikationen.
14 EuroGentest ist ein EU-gefördertes Projekt zu „Harmonizing genetic testing across Europe", das sich in Unit 3 „Clinical, Community and Public Health Genetics" auch mit „Genetic counselling" beschäftigt, siehe http://www.eurogentest.org/.
15 Siehe http://www.phgen.nrw.de/ und auch die Arbeiten der Kooperationsgruppe Public Health Genetics am Zentrum für Interdisziplinäre Forschung (ZiF) und des Deutschen Zentrums Public Health Genomics (DZPHG) in Bielefeld, vgl. Brandt et al. (2007a) und (2007b).
16 Hier ist insbesondere das Programm zu „Ethical, Legal, and Social Issues" (ELSI) des Human Genome Project (HGP), http://www.ornl.gov/sci/techresources/Human_Genome/elsi/elsi.shtml, aber auch das Engagement der World Health Organization (WHO), http://www.who.int/topics/genetics/en/, zu nennen.
17 Siehe auch http://www.gen-au.at sowie die Notizen im Vorwort.
18 Das Nationale Genomforschungsnetz (NGFN) ist eine Initiative des Bundesministeriums für Bildung und Forschung, siehe http://www.ngfn.de/. Bemerkenswerterweise lassen sich auf der Homepage jedoch vor allem Informationen zu krankheitsorientierter Genforschung finden; Themen wie Risiken der Genetik oder genetische Beratung scheinen in der öffentlichen Darstellung des NGFN keine größere Beachtung zu finden.
19 Bundeszentrale für gesundheitliche Aufklärung (2006) und (2007) sowie Ilkilic et al. (2002).
20 Neben vielen anderen sind hier die Bundesarbeitsgemeinschaft Selbsthilfe e.V. (BAG), die Bundesvereinigung Lebenshilfe für Menschen mit geistiger Behinderung e.V., die Deutsche Huntington Hilfe e.V. (DHH), das Institut für Mensch, Ethik und Wissenschaft (IMEW) und die Deutsche Gesellschaft für Humangenetik e.V. (GfH) zu nennen.

denen ethische Probleme der Beratungspraxis skizziert und anhand von Fallbeispielen verdeutlicht werden. Es kommen langjährige Erfahrungen von Humangenetikern aus der Praxis zur Sprache, ergänzt um die Betroffenenperspektive. Der zweite Abschnitt beschäftigt sich mit genetischer Beratung in der ethischen Forschung und beleuchtet dabei sowohl Aspekte wie Qualitätssicherung der Beratung, als auch Besonderheiten der Beratungssituation und der verwendeten Sprache bei Beratung und Aufklärung. Der dritte Teil behandelt die soziale Perspektive in Bezug auf ethische und juristische Rahmenbedingungen, aber auch das individuelle Recht auf Nichtwissen und Fragen der Autonomie. Auswirkungen des Angebots von Pränataldiagnostik und Gentests auf die Gesellschaft werden ebenso wie internationale und interkulturelle Aspekte genetischer Forschung und Beratung dargestellt.

Patricia Steiner, Dorothea Gadzicki und *Brigitte Schlegelberger* analysieren die Problematik der Weitergabe von Informationen im Rahmen genetischer Diagnostik und Beratung an Familienangehörige der Ratsuchenden. Die Autorinnen erörtern Grundlagen und Grenzfragen genetischer Beratung am Beispiel von erblichem Brust- und Eierstockkrebs sowie das Dilemma zwischen Vorsorge und Fürsorge. In ihren Studien und der Beschreibung nationaler Standards für Beratungskonzepte werden wichtige Fragen und Lösungsansätze für den Kontakt mit Ratsuchenden wie auch ihren Familien präsentiert.

Friedmar R. Kreuz stellt die Probleme von Ratsuchenden mit einer Gefährdung für die Huntington-Krankheit dar und illustriert zugrunde liegende Ängste, Wünsche und Hoffnungen durch eine sequenzielle Falldarstellung. Der Beitrag zeigt auf diese Weise psychosoziale wie auch ethische Dimensionen und vermittelt wichtige Grundkenntnisse zum differenzierten Umgang mit moralischen Fragen im Kontext dieser klassischen neurodegenerativen Erbkrankheit, aber auch für übergeordnete Fragen der Beratung.

Barbara Zoll beschreibt in ihrem Artikel anhand von Fallstudien zu drei Krankheitsbildern – Friedreichsche Ataxie, Spinale Muskelatrophie und eine Chromosomenanomalie – ethische Probleme im Ablauf der genetischen Beratung. Sie thematisiert Hintergründe zum Ideal der Non-Direktivität und zeigt die Fallstricke der sogenannten autonomen Entscheidungsfindung im Rahmen meist sehr komplexer Beratungsprozesse auf. Der Beitrag verdeutlicht, dass generelle Handlungsvorgaben selten angemessen, sondern für den individuellen Einzelfall in der Praxis differenzierte Beratungskompetenzen notwendig sind.

Der Beitrag von *Wolfram Henn* beschäftigt sich mit dem Thema der informationellen Selbstbestimmung im Rahmen genetischer Diagnostik und Beratung: Verschiedene Bereiche der Lebenswelt der Ratsuchenden und Betroffenen können durch die Bestätigung einer genetischen Erkrankung berührt werden – nicht nur das eigene Krankheitsverständnis und Menschenbild oder der Kontakt mit Familie und Freunden, gerade auch in der

Arbeitswelt und im Versicherungsverhältnis können sich Schwierigkeiten bezüglich Schweigepflicht und Datenschutz ergeben.

Christine Schirmer schildert aus Betroffenenperspektive ihre persönlichen Erfahrungen mit vorgeburtlicher Diagnostik. Dabei zeigt sie eindrücklich, wie pränatalmedizinische, genetische und psychosoziale Beratungen erlebt werden können. Die Autorin berichtet, wodurch sie als Person Unterstützung erfahren hat und wie sich die Beziehung zu ihrem Kind mit Down-Syndrom während und nach der Schwangerschaft entwickelt hat.

Im zweiten Abschnitt stehen Studien zur Praxis der genetischen Beratung aus sozialwissenschaftlicher, psychologischer und philosophisch-ethischer Perspektive im Mittelpunkt. *Ingrid Vlasak* widmet sich dem Thema der Qualitätssicherung von genetischer Beratung. Sie bezieht sich auf eigene Studien zur Zufriedenheit mit genetischer Beratung in Österreich, aber auch auf internationale Forschungsarbeiten. Dabei fragt sie nach den Erwartungen von Klient(inn)en an die genetische Beratung und ihre Rahmenbedingungen. Nach einer Analyse von Umfrageergebnissen diskutiert die Autorin Möglichkeiten zur Verbesserung des Beratungsprozesses; außerdem werden Optionen zur Einbeziehung weiterer Berufsgruppen in die Beratung und das Modell der „genetic nurse" dargestellt.

Jeanne Nicklas-Faust beleuchtet in ihrem Beitrag die ethischen Herausforderungen, die mit dem Angebot von Pränataldiagnostik an werdende Eltern gestellt werden. Sie erörtert aktuelle Probleme anhand von Analysen mithilfe der Prinzipienethik – etwa im Modell der amerikanischen Medizinethiker Beauchamp und Childress –, der Tugendethik sowie mit dem Konzept der Care-Ethik. Die Autorin zeigt, welche Abwägungsprozesse notwendig sind, um ethisch begründete Entscheidungen für die genetische Beratung zu erreichen.

Silja Samerski skizziert die „Entscheidungsfalle", in der sich Eltern während der Schwangerschaft automatisch befänden und aus der es – wie die Autorin argumentiert – kaum einen Ausweg gäbe. Dabei stellt sie pointiert den Anspruch der „Selbstbestimmung" mithilfe wohlmeinender genetischer Beratung in Frage und schildert das Dilemma der vielfältigen Entscheidungen, die vor und nach der Diagnostik angesichts lediglich statistischer Wahrscheinlichkeiten von den Eltern im Einzelfall selbst getroffen werden müssen.

Der Beitrag von *Rouven Porz* untersucht anhand qualitativer Interviewstudien Verständnisschwierigkeiten, die Ratsuchende und Patienten im Rahmen genetischer Beratung erleben. Dabei ermittelt er mit der Methode der Grounded Theory bei einer Befragung von Betroffenen verschiedene Aspekte von möglichen Missverständnissen sowie entstehende „Sinn- und Vernunftswidrigkeiten" mit ihren ethischen Problemen.

László Kovács und *Andreas Frewer* hinterfragen in ihrem Artikel die bildreiche Sprache, die gerade im Rahmen genetischer Beratungen verwendet wird. Sie analysieren kritisch die Funktion von Sprachbildern in Forschung, Wissenschaft und Praxis und machen dabei deutlich, dass auch gutgemeinte Metaphern unerwartete ethische Fragen mit sich bringen können: Implikationen der Sprachanwendung sollten gerade im Feld der genetischen Beratung mit den vorgestellten Analyseinstrumenten stärker reflektiert werden.

Der dritte Abschnitt des Bandes nimmt sich übergreifenden ethischen und gesellschaftlichen Fragen guter genetischer Beratung an. *Elisabeth Hildt* beleuchtet in ihrem Beitrag, welche generellen Probleme sich bei prädiktiver Diagnostik in Bezug auf die Wahrung der Autonomie der Betroffenen ergeben. Sie untersucht dabei detailliert das Recht der Ratsuchenden, eine Diagnose gerade *nicht* wissen zu wollen und kontrastiert Perspektiven der Humangenetik mit Grundlagen der Medizinethik.

Der Aufsatz von *Ilhan Ilkilic* beschäftigt sich mit der Frage, wie Probanden im Rahmen der genomischen Diversitätsforschung aufgeklärt werden müssen und in wie weit dieser Eingriff in ihre Lebenswelten ethisch zu vertreten sei. Er verdeutlicht dabei die interkulturellen Differenzen und die moralischen Probleme etwa bei Forschungsarbeiten zu indigenen Bevölkerungsgruppen. Mit Bezug auf internationale ethische Richtlinien für die schwierige Problematik der Genomforschung zeigt er wichtige Herausforderungen für die Praxis auf.

Der Artikel von *Sigrid Graumann* geht der Frage nach, welche gesellschaftlichen Probleme eine immer stärker in Anspruch genommene Pränataldiagnostik aufwirft: Ethische Dimensionen der sozialen (Un-)Erwünschtheit, der gesellschaftlichen Akzeptanz von und der Toleranz gegenüber Behinderten sowie veränderte Bedingungen für Betroffene stehen im Mittelpunkt der ethischen und (bio-)politischen Analysen.

Erich Grießler, *Beate Littig* und *Anna Pichelstorfer* tragen in ihrem Beitrag Fragen und Argumente zusammen, die sich Humangenetiker und weitere Ärzte, Psychologen und Soziologen, Ethiker sowie Ratsuchende und Betroffene bei einer Serie von Expertengesprächen gestellt haben.[21] Dabei geben die Autoren eine Einführung in die Methode des neo-sokratischen Dialogs und erörtern, in wieweit dieses Instrument des moderierten Gruppengesprächs in Aus- und Weiterbildung, aber auch zur Konsensbildung bei Expertendialogen gewinnbringend eingesetzt werden kann.

Meike Wolf und *Ilhan Ilkilic* widmen sich in ihrem Artikel den neuen Informationsquellen des Internets. Sie beschreiben dabei insbesondere ein vor kurzem eingerichtetes Wissensportal zu „Genetik und Gesundheit" und thematisieren die moralischen Probleme, die gerade in der schnelllebigen Welt neuer Medien vorherrschen. Online-Ressourcen werden in Bezug auf Nutzen, Nebenwirkungen und Gefahren für Berater und Ratsuchende erörtert.

---

21 Diese Foren wurden im Rahmen des Projekts „gen-dialog" in Österreich (Wien) und Deutschland (Berlin) durchgeführt. Weitere Dialoge fanden auch in Japan statt. Siehe auch die Hinweise im Vorwort dieses Bandes.

Der Beitrag von *Markus Rothhaar* und *Andreas Frewer* gibt einen Einblick in die Problematik der rechtlichen Regelung genetischer Diagnostik und Beratung am Beispiel Deutschlands. Die Autoren gehen dabei vor dem Hintergrund der parlamentarischen Debatte, die seit Beginn des 21. Jahrhunderts sehr intensiv geführt wird und jüngst einen Kabinettsbeschluss für ein Gendiagnostikgesetz zum Resultat hatte, auf die aktuellen Entwicklungen des Gesetzgebungsprozesses ein. Dabei werfen sie die Frage auf, in wie weit das Konzept des „genetischen Exzeptionalismus" gerechtfertigt ist und zeigen ethische wie auch biopolitische Perspektiven.

Mit den 16 Fachbeiträgen des vorliegenden Bandes sollen die aktuellen nationalen und internationalen Debatten um moralische Aspekte genetischer Beratung in ihren Grundlagen und Konsequenzen verdeutlicht werden. Damit die Argumentation der Aufsätze besser in ihrem Kontext nachzuvollziehen ist, wurden von *Irene Hirschberg* im Anhang überdies weiterführende Quellen zur genetischen Diagnostik und Beratung mit Literaturhinweisen und Internetlinks zusammengestellt.

Wie können die zahlreichen moralischen Herausforderungen für Ratsuchende und Patienten – aber auch für die Fachleute selbst – bewältigt werden? Der Band zeigt an den diskutierten Problemen und exemplarischen Fällen, wie wichtig es ist, ethische Grundlagen in die Reflexion genetischen Wissens einzubeziehen. Die eingangs zitierte „ideale" Beratung wird wohl schwer zu erreichen sein, aber jeder Experte ist „gut beraten", nicht nur die naturwissenschaftlichen, sondern auch die ethischen Aspekte seines Berufsfeldes im Sinne des Patienten kontinuierlich zu reflektieren – der Band möchte dazu auf verschiedenen Ebenen anregen und konkrete Vorschläge machen.

Literatur

Baumann-Hölzle, R./Kind, C. (1998): Indikationen zur pränatalen Diagnostik: Vom geburtshilflichen Notfall zum genetischen Screening, in: Kettner (1998), S. 131-152.

Beauchamp, T. L./Childress, J. F. (2008): Principles of Biomedical Ethics. 6th edition. New York, Oxford.

Brand, A./Schröder, P./Bora, A./Dabrock, P./Kälble, K./Ott, N./Wewetzer, C./Brand, H. (2007a): Genetik in Public Health. Teil 1: Grundlagen von Genetik und Public Health. Bielefeld.

Brand, A./Schröder, P./Bora, A./Dabrock, P./Kälble, K./Ott, N./Wewetzer, C./Brand, H. (2007b): Genetik in Public Health. Teil 2: Integration von Genetik in Public Health. Bielefeld.

Bundesärztekammer (1998): Richtlinien zur Diagnostik der genetischen Disposition für Krebserkrankungen. Deutsches Ärzteblatt 95, 22, S. A1396-1403.

Bundesärztekammer (2003a): Richtlinien zur prädiktiven genetischen Diagnostik. Deutsches Ärzteblatt 100, 19 (2003), S. A1297-1305.

Bundesärztekammer (2003b): Richtlinien zur pränatalen Diagnostik von Krankheiten und Krankheitsdispositionen. Stand 28.02.2003. Deutsches Ärzteblatt 95, 50, S. A3236, 3238-3242 und Deutsches Ärzteblatt 100, 9, S. A583. http://www.bundesaerztekammer.de/downloads/Praenatal Diagnostik.pdf (Zugriff: 04.07.2008).

Bundesgesetzblatt für die Republik Österreich (1994/2005): Gentechnikgesetz (GTG) und Änderungen. BGBl. Nr. 510/1994 zuletzt geändert durch BGBl. I Nr. 127/2005. Abfrage möglich unter www.ris2.bka.gv.at (Zugriff: 31.08.2008).

Bundesministerium für Gesundheit (2008): Eckpunkte für ein Gendiagnostik-Gesetz. http://www.bmg.bund.de/cln_110/SharedDocs/Downloads/DE/GV/GT/Gentechnik/Nationale_20Regelungen/Gendiagnostikgesetz-Eckpunkte,templateId=raw,property=publicationFile.pdf/Gendiagnostikgesetz-Eckpunkte.pdf (Zugriff: 15.06.2008).

Bundesministerium für Gesundheit und Frauen (2002): Gentechnikbuch: 2. Kapitel. Leitlinien für die genetische Beratung. Beschlossen von der Gentechnikkommission am 24. Juni 2002. www.bmgfj.gv.at/cms/site/attachments/3/0/5/CH0817/CMS1201093533126/2._kapitel_gt-buch.pdf (Zugriff: 31.08.2008).

Bundesregierung (2008): Entwurf eines Gesetzes über genetische Untersuchungen beim Menschen (Gendiagnostikgesetz – GenDG). http://www.bmg.bund.de/cln_110/SharedDocs/Downloads/DE/GV/GT/Gentechnik/Nationale_20Regelungen/Gendiagnostik-Gesetzesentwurf,templateId=raw,property=publicationFile.pdf/Gendiagnostik-Gesetzesentwurf.pdf (Zugriff: 31.08.2008).

Bundeszentrale für gesundheitliche Aufklärung (2006): Schwangerschaftserleben und Pränataldiagnostik. Repräsentative Befragung Schwangerer zum Thema Pränataldiagnostik. Köln.

Bundeszentrale für gesundheitliche Aufklärung (2007): Pränataldiagnostik. BZgA FORUM Sexualaufklärung und Familienplanung 1 (2007).

Council of Europe (2008): Additional Protocol to the Convention on Human Rights and Biomedicine, concerning Genetic Testing for Health Purposes. http://conventions.coe.int/Treaty/EN/Treaties/Html/TestGen.htm (Zugriff: 31.08.2008).

Damm, R. (2007): Gendiagnostik als Gesetzgebungsprojekt: Regelungsinitiativen und Regelungsschwerpunkte. Bundesgesundheitsblatt – Gesundheitsforschung – Gesundheitsschutz 50, 2 (2007), S. 145-156.

Deutsche Gesellschaft für Humangenetik e.V., Kommission für Öffentlichkeitsarbeit und ethische Fragen (2000): Stellungnahme zur postnatalen prädiktiven genetischen Diagnostik. Medizinische Genetik 12, 3 (2000), S. 376-377.

Deutsche Gesellschaft für Humangenetik e.V. (2007a): Leitlinie zur genetischen Beratung. Medizinische Genetik 19, 4 (2007), S. 452-454.

Deutsche Gesellschaft für Humangenetik e.V. (2007b): Positionspapier der Deutschen Gesellschaft für Humangenetik e.V. http://www.medgenetik.de/sonderdruck/2007_gfh_positionspapier.pdf (Zugriff: 04.07.2008).

Enquete-Kommission Ethik und Recht der modernen Medizin (2002): Schlussbericht. Bundestagsdrucksache 14/9020. Berlin.

Ethik-Beirat beim Bundesministerium für Gesundheit (2000): Prädiktive Gentests. Eckpunkte für eine ethische und rechtliche Orientierung. November 2000. Bonn.

Graumann, S. (2000): Symposium Fortpflanzungsmedizin in Deutschland. Berlin im Mai 2000. BZgA FORUM Sexualaufklärung und Familienplanung 3 (2000), S. 24-28.

Graumann, S. (2003): Die Rolle der Medien in der öffentlichen Debatte zur Biomedizin, in: Schicktanz et al. (2003), S. 212-242.

Grießler, E. (2008): Wie werden Gesetze im Bereich der „roten" Biotechnologie gemacht? Das Beispiel des Gentechnikgesetzes 1994. Soziale Technik 2 (2008), S. 3-6.

Hasskarl, H./Ostertag, A. (2005): Der deutsche Gesetzgeber auf dem Weg zu einem Gendiagnostikgesetz. Medizinrecht 23, 11 (2005), S. 640-650.

Hildt, E. (2006): Autonomie in der biomedizinischen Ethik. Genetische Diagnostik und selbstbestimmte Lebensgestaltung. Kultur der Medizin, Band 19. Frankfurt a.M., New York.

Hucho, F./Müller-Röber, B./Domasch, S./Boysen, M. (2008): Gentherapie in Deutschland. Eine interdisziplinäre Bestandsaufnahme. Forschungsberichte der Interdisziplinären Arbeitsgruppen der Berlin-Brandenburgischen Akademie der Wissenschaften, Band 21. Dornburg.

Hürlimann D. C./Baumann-Hölzle, R./Müller, H. (Hrsg.) (2008): Der Beratungsprozess in der Pränatalen Diagnostik. Interdisziplinärer Dialog – Ethik im Gesundheitswesen, Band 8. Bern u.a. (in Vorbereitung).

Ilkilic, I./Graumann, S./Düwell, M. (2002): Information und Aufklärung über Chancen und Risiken der Humangenetik und neuer gen- und biotechnischer Verfahren. Gutachten im Auftrag der Bundeszentrale für gesundheitliche Aufklärung. Tübingen.

Kettner, M. (Hrsg.) (1998): Beratung als Zwang. Schwangerschaftsabbruch, genetische Aufklärung und die Grenzen kommunikativer Vernunft. Frankfurt a.M., New York.

Nationaler Ethikrat (2003): Genetische Diagnostik vor und während der Schwangerschaft [Stellungnahme Januar 2003]. Berlin.

Nationaler Ethikrat (2005): Prädiktive Gesundheitsinformation bei Einstellungsuntersuchungen [Stellungnahme August 2005]. Berlin.

Nationaler Ethikrat (2007): Prädiktive Gesundheitsinformationen beim Abschluss von Versicherungen [Stellungnahme Februar 2007]. Berlin.

Rantanen, E./Hietala, M./Kristoffersson, U./Nippert, I./Schmidtke, J./Sequeiros, J./Kääriäinen, H. (2008): What is ideal genetic counselling? A survey of current international guidelines. European Journal of Human Genetics 16, 4 (2008), S. 445-452.

Ratz, E./Wolff, G. (Hrsg.) (1995): Zwischen Neutralität und Weisung. Zur Theorie und Praxis von Beratung in der Humangenetik. Evangelischer Presseverband für Bayern e.V. München.

Reif, M./Baitsch, H. (1986): Genetische Beratung. Hilfestellung für eine selbstverantwortliche Entscheidung? Berlin.

Sass, H.-M./Schröder, P. (Hrsg.) (2003): Patientenaufklärung bei genetischem Risiko. Münster.

Schicktanz, S./Naumann, J. (Hrsg.) (2003): Bürgerkonferenz: Streitfall Gendiagnostik. Ein Modellprojekt der Bürgerbeteiligung am bioethischen Diskurs. Opladen.

Schicktanz, S./Tannert, C./Wiedemann, P. (Hrsg.) (2003): Kulturelle Aspekte der Biomedizin. Bioethik, Religionen und Alltagsperspektiven. Kultur der Medizin, Band 9. Frankfurt a.M., New York.

Schmidtke, J. (2002): Vererbung und Ererbtes. Ein humangenetischer Ratgeber. 2. Auflage. Chemnitz.

Schmidtke, J./Müller-Röber, B./van den Daele, W./Hucho, F./Köchy, K./Sperling, K./Reich, J./Rheinberger, H.-J./Wobus, A. M./Boysen, M./Domasch, S. (Hrsg.) (2007): Gendiagnostik in Deutschland. Status quo und Problemerkundung. Supplement zum Gentechnologiebericht. Forschungsberichte der Interdisziplinären Arbeitsgruppen der Berlin-Brandenburgischen Akademie der Wissenschaften, Band 18. Limburg.

Thonke, I. (2000): Symposium Fortpflanzungsmedizin in Deutschland. Pro Familia. Familienplanungs-Rundbrief 3 (2000), S. 16-17.

I. Genetik und Beratung in der Medizin

Patricia Steiner, Dorothea Gadzicki, Brigitte Schlegelberger

Probleme bei der Weitergabe der genetischen Information innerhalb von Familien mit erblichem Brust- und Eierstockkrebs – nur eine Familienangelegenheit?

Hintergrund

Von allen Krebserkrankungen ist Brustkrebs in unserer Bevölkerung bei Frauen derzeit die häufigste; jede achte bis zehnte Frau erkrankt im Laufe ihres Lebens daran. Zwar treten die meisten Krebserkrankungen sporadisch auf, sie können aber auch auf einer erblichen Disposition beruhen und in Familien gehäuft vorkommen. So hat z.B. eine von vier an Brustkrebs erkrankten Frauen Familienangehörige, die ebenfalls an Brustkrebs erkrankt sind.

Nach heutigem Wissen sind etwa 5 bis 10 % aller Brustkrebserkrankungen erblich bedingt. Ursächlich für diese erblichen Formen sind Keimbahnmutationen in bestimmten Genen, die nicht nur in den Krebszellen, sondern – von Beginn der Embryonalzeit an – in allen Zellen des Körpers vorhanden sind. Gemäß dem autosomal-dominanten Erbgang können diese Mutationen über die Keimbahn von einer Generation an die nächste weitergegeben werden. In Familien mit erblichem Brustkrebs liegen nach heutigem Wissensstand in etwa einem Viertel der Fälle Mutationen in einem der beiden Brustkrebsgene BRCA1 oder BRCA2 vor. Durch molekulargenetische Untersuchungen ist es möglich, die Nukleotid-Sequenzen dieser Gene zu bestimmen und Keimbahnmutationen zu erkennen. Dabei unterscheidet man pathogene, d.h. krankheitsassoziierte Mutationen von Polymorphismen, die als Normvarianten zu werten sind, und unklassifizierte Varianten, bei denen es zur Bildung einer seltenen Proteinvariante mit unklarer Funktion kommt. Eine Mutation wird dann als krankheitsassoziiert, d.h. als eindeutig prädisponierend für eine Krebserkrankung gewertet, wenn die genetische Veränderung auf Proteinebene zu einer Funktionseinschränkung bzw. einem Funktionsverlust führt oder wenn in großen Familien die Segregation der Mutation mit den aufgetretenen Erkrankungen bestätigt wurde.

Eine derartige Mutation in einem Tumorsuppressor-Gen hat grundsätzlich nur einen prädisponierenden Charakter, da die zweite, gesunde Kopie des Gens (Allel) den Funktionsausfall des „defekten" Gens zunächst kompensieren kann. Erst wenn in einer Körperzelle das zweite Allel des

BRCA1/2-Gens durch ein zufälliges Ereignis – z.B. Punktmutation, Deletion oder Hypermethylierung des Promoters – ebenfalls verändert wird oder verloren geht, kann in der jeweiligen Zelle das BRCA1/2-Reparaturprotein nicht mehr gebildet werden, und es kommt durch eine Anhäufung von Schäden im Erbgut zur malignen Transformation der Zelle. Warum dieser Vorgang in erster Linie die Brust-, Eierstock- bzw. Eileiterzellen betrifft, ist bisher ungeklärt. Wichtig ist, dass nicht die Krebserkrankung selbst vererbt wird, sondern lediglich eine Veranlagung hierzu, die mit einem im Vergleich zur Normalbevölkerung erhöhten Erkrankungsrisiko für Brust- und/oder Eierstockkrebs einhergeht.

Man geht davon aus, dass wahrscheinlich jede 250. Frau Trägerin einer Mutation im BRCA1- oder BRCA2-Gen ist.[1] Krankheitsassoziierte Mutationen gehen nach jetzigem Wissensstand mit einem Lebenszeitrisiko von bis zu 87 % für Brustkrebs bzw. von bis zu 51 % für Eierstockkrebs einher.[2] Im Gegensatz dazu liegt das Bevölkerungsrisiko für Brustkrebs bei mindestens 10 % und das Erkrankungsrisiko für Eierstockkrebs nur bei ungefähr 1 bis 2 %. Im Vergleich zur Allgemeinbevölkerung ist damit das lebenslange Risiko für Brust- bzw. Eierstockkrebs für betroffene Mutationsträgerinnen deutlich erhöht. Bereits an Brust- und/oder Eierstockkrebs erkrankte Trägerinnen von BRCA1-/BRCA2-Genmutationen haben zusätzlich ein erhöhtes Risiko, eine zweite unabhängige Krebserkrankung (also weder ein Rezidiv noch eine Metastase des Primärtumors) im gleichen oder einem anderen Organ zu bekommen. Daneben treten in Familien mit der erblichen Form des Brust- oder Eierstockkrebses gehäuft auch andere assoziierte Tumoren auf, z.B. Prostata-, Bauchspeicheldrüsen-, Magen- oder Darmkrebs. Ferner ist zu beachten, dass Männer, die eine Mutation tragen, im Vergleich zu Männern aus der Normalbevölkerung häufiger an Brustkrebs erkranken.

Das Beratungskonzept des Deutschen Krebshilfe Konsortiums „Familiärer Brust- und Eierstockkrebs"

Im Jahr 1996 wurde von der Deutschen Krebshilfe das Konsortium „Familiärer Brust- und Eierstockkrebs" gegründet; in Deutschland wurden zwölf spezialisierte universitäre Zentren etabliert, um im Sinne einer optimalen Patientenversorgung eine interdisziplinäre Beratung anzubieten und die

---

1   Vgl. hierzu die Indikationskriterien für die Krankheit: Familiärer Brust-/Eierstockkrebs [BRCA1/BRCA2]. Kommission Gendiagnostik der Deutschen Gesellschaft für Humangenetik (GfH) (2008).
2   Bei Nachweis einer Mutation im BRCA1-Gen besteht ein Risiko von bis zu 87 %, im Laufe des Lebens an Brustkrebs, und ein Risiko von bis zu 51 %, im Laufe des Lebens an Eierstockkrebs zu erkranken. Bei einer Mutation im BRCA2-Gen beträgt das Lebenszeitrisiko für Brustkrebs bis zu 54 % und das Lebenszeitrisiko für Eierstockkrebs bis zu 18 %; vgl. Antoniou et al. (2003).

fachliche Zusammenarbeit zwischen den Bereichen humangenetische Beratung, Gynäkologie, Psychoonkologie, Pathologie und molekulargenetische Diagnostik zu gewährleisten.[3] In diesem konzeptionellen Rahmen wurde die molekulargenetische BRCA1/BRCA2-Diagnostik 2005 erstmals in die Regelversorgung übernommen.[4] Sind in einer Familie gehäuft Brust- oder Eierstockkrebserkrankungen aufgetreten, so haben die Familienmitglieder – unabhängig davon, ob sie gesund oder erkrankt sind – die Möglichkeit, sich an ein Zentrum für erblichen Brust- und/oder Eierstockkrebs zu wenden. Nicht selten geschieht dabei die Kontaktaufnahme auf Hinweis oder Empfehlung eines/r niedergelassenen Gynäkologen/in.

In den Zentren wird bei jeder Anfrage zunächst durch eine ausführliche Stammbaum-Analyse geklärt, ob in der Familie der Verdacht auf eine erbliche Krebserkrankung besteht. Des Weiteren wird das individuelle Erkrankungsrisiko ermittelt. Im Rahmen eines persönlichen Beratungsgespräches wird gemäß den ärztlichen Richtlinien und Leitlinien für die humangenetische Beratung[5] über die genetischen Hintergründe sowie die Möglichkeiten, Grenzen und Konsequenzen der molekulargenetischen Untersuchung aufgeklärt. Dabei wird insbesondere auch das Recht auf Nichtwissen thematisiert. Bei Erfüllung bestimmter, festgelegter Kriterien[6] wird ggf. eine Gendiagnostik angeboten und bei Bedarf eine psychoonkologische Unterstützung vermittelt. In einem weiteren interdisziplinären Beratungsgespräch werden gemeinsam mit einem/r Gynäkologen/in geeignete Früherkennungsuntersuchungen sowie risikoreduzierende Maßnahmen besprochen. Um die höchste Aussagekraft der molekulargenetischen Untersuchung zu erreichen, sollte zunächst eine erkrankte Frau aus der Familie, eine sogenannte Indexpatientin, untersucht werden. Sofern bei dieser Indexpatientin eine pathogene Mutation nachgewiesen wird, besteht für alle gesunden Familienmitglieder die Möglichkeit zu klären, ob sie die zuvor identifizierte Mutation und damit das erhöhte Erkrankungsrisiko ebenfalls geerbt haben oder nicht. Dies wird als prädiktive Diagnostik gewertet.

Allen Trägerinnen einer BRCA1-/BRCA2-Mutation sowie allen Hochrisikopersonen wird zur Prävention einer (erneuten) Brustkrebserkrankung die Teilnahme an einem intensivierten Früherkennungsprogramm empfohlen. Die damit verbundene bildgebende Diagnostik (Sonografie, Kernspin-

---

3   Vgl. Schmutzler et al. (2003).
4   Vgl. Lüdtke-Heckenkamp et al. (2008), S. 6.
5   Richtlinien der Bundesärztekammer zur Diagnostik der genetischen Disposition für Krebserkrankungen (1998) und Richtlinien zur prädiktiven genetischen Diagnostik (2003) sowie die Leitlinien zur genetischen Beratung vom Berufsverband Medizinische Genetik e.V./Deutsche Gesellschaft für Humangenetik (1996) und in der aktuellen Form der Deutschen Gesellschaft für Humangenetik (GfH)/Berufsverband Deutscher Humangenetiker e.V. (BVDH) (2007); vgl. hierzu auch Schlegelberger/Hoffrage (2005), S. 34 und S. 39.
6   Vgl. Gadzicki et al. (2007), S. 202.

tomografie und Mammografie der Brust[7]) wird an den Zentren des Deutschen Krebshilfe Konsortiums mit einheitlichem Qualitätsstandard im Rahmen einer klinischen Studie durchgeführt und prospektiv ausgewertet.

In präventiver Hinsicht besteht zusätzlich die Möglichkeit, durch prophylaktische Operationen die Organe mit dem höchsten Erkrankungsrisiko chirurgisch entfernen zu lassen. So wird den Rat suchenden Frauen mit Nachweis einer pathogenen BRCA1-/BRCA2-Mutation vom Deutschen Krebshilfe Konsortium für familiären Brust- und Eierstockkrebs die prophylaktische Entfernung der Eierstöcke samt Eileiter (bilaterale Salpingoovarektomie) empfohlen, da selbst die regelmäßige Durchführung einer transvaginalen Ultraschalluntersuchung die Diagnose eines Ovarial- bzw. Tubenkarzinoms in einem frühen Krankheitsstadium nicht sicher gewährleisten kann.[8] Bisherige Untersuchungen haben gezeigt, dass die bilaterale Salpingo-Ovarektomie bei gesunden Frauen mit einer BRCA1- oder BRCA2-Mutation das Risiko für Eierstockkrebs um etwa 90 % reduzieren kann.[9] Außerdem wird das Risiko für Brustkrebs um mehr als 50 % gesenkt.[10] Das Brustkrebsrisiko wird selbst dann noch auf ein Drittel reduziert, wenn eine kurzfristige Hormonersatztherapie zur Vermeidung der Wechseljahresbeschwerden durchgeführt wird.[11]

Eine aktuelle Studie zeigt allerdings, dass die Risikoreduktion durch eine prophylaktische Entfernung beider Eierstöcke und Eileiter womöglich abhängig von dem mutierten Gen ist. Während sich bei BRCA1-Mutationsträgerinnen durch den Eingriff eine 85 %ige Reduktion des Risikos für ein Karzinom der Adnexe oder des Peritoneums zeigte, wurde bei BRCA2-Mutationsträgerinnen eine 72 %ige Reduktion des Brustkrebsrisikos festgestellt.[12] Grundsätzlich sollte die prophylaktische Entfernung der Eierstöcke erst nach abgeschlossenem Kinderwunsch durchgeführt werden. Durch eine beidseitige Entfernung des gesamten Brustdrüsengewebes (Mastektomie) bei gesunden BRCA1/2-Mutationsträgerinnen kann das Risiko für Brustkrebs um 90 bis 100 % reduziert werden.[13] Da bisher noch keine Daten aus Langzeitstudien vorliegen, ist noch keine endgültige Aussage über einen

---

7   Die Empfehlungen lauten, ab dem 25. Lebensjahr halbjährlich eine Sonografie und jährlich eine Kernspintomografie der Brust (bis zum 55. Lebensjahr) sowie ab dem 30. Lebensjahr eine Mammografie durchführen zu lassen. Nutzen und Risiko der Mammografie durch die Strahlenexposition werden derzeit noch kontrovers diskutiert, vgl. Bermejo-Pérez et al. (2008). Es gibt allerdings erste Hinweise dafür, dass BRCA1/2-Mutationsträgerinnen eine erhöhte Strahlensensibilität haben, siehe Andrieu et al. (2006).
8   Vgl. das Protokoll des Arbeitstreffens der zwölf Zentren des Deutschen Krebshilfe Konsortiums für familiären Brust- und Eierstockkrebs im Kloster Walberberg am 10.11.2005.
9   Vgl. Kauff et al. (2002) sowie Rebbeck et al. (2002).
10 Vgl. Metcalfe et al. (2004).
11 Vgl. Rebbeck et al. (2005).
12 Vgl. Kauff et al. (2008).
13 Vgl. Hartmann et al. (2001).

Überlebensvorteil durch die risikoreduzierenden Operationen möglich. In Deutschland besteht durch die bildgebende Diagnostik der Brust im Rahmen des intensivierten Früherkennungsprogramms ein alternatives Angebot. Zwar liegen auch hier noch keine Daten zum Einfluss auf das Langzeitüberleben vor, jedoch mag dieses Angebot der Grund dafür sein, dass prophylaktische Mastektomien in Deutschland[14] insgesamt seltener durchgeführt werden als beispielsweise in den Niederlanden[15] oder den USA.[16]

Problematik der Einbeziehung von Angehörigen in den Beratungsprozess

Die Möglichkeit der genetischen Beratung und Diagnostik beim erblichen Brust- und Eierstockkrebs wird von Frauen aus betroffenen Familien zunehmend in Anspruch genommen. Zusammenfassend ist zu sagen, dass durch das oben dargestellte interdisziplinäre Beratungskonzept mit dem Angebot psychoonkologischer Unterstützung bereits eine gute Versorgung der teilnehmenden Rat suchenden Frauen gewährleistet ist.

Dennoch können sich im Beratungsalltag bereits im Vorfeld oder zu Beginn des Beratungsprozesses Probleme ergeben, insbesondere dann, wenn es um die Einbeziehung weiterer Familienmitglieder in die genetische Diagnostik geht. Die Rat suchenden Frauen werden beim ersten Telefonkontakt darauf hingewiesen, dass bei dem Beratungsgespräch Familiendaten erhoben werden. Zur Klärung des Erkrankungsalters und der Diagnosen erkrankter Familienmitglieder wird nicht selten vor der Beratung bereits die Hilfe von Angehörigen benötigt.

Des Weiteren werden die Rat suchenden Frauen vor der Terminvergabe für das erste Beratungsgespräch gebeten, Krankenunterlagen von den erkrankten Familienangehörigen einzuholen und zum Beratungsgespräch mitzubringen. Sollte dies nicht möglich sein, wird von den erkrankten Familienmitgliedern zumindest eine Schweigepflichtsentbindung zur Anforderung von Krankenunterlagen durch das betreffende Zentrum benötigt, um die angegebenen Diagnosen verifizieren zu können.

Die Durchführung einer Mutationsanalyse ist an genau definierte Kriterien gebunden. Für den Fall, dass die Ratsuchende selbst nicht erkrankt ist,

---

14 Laut einem Interview mit Prof. Dr. Rita Schmutzler entscheiden sich etwa 10 % der Frauen mit einer BRCA1/2-Mutation für eine prophylaktische Mastektomie. Vgl. Siegmund-Schultze (2006).

15 In den Niederlanden unterzogen sich in der Rotterdam Family Cancer Clinic 64 % der gesunden weiblichen BRCA1/2-Mutationsträgerinnen einer prophylaktischen bilateralen Salpingo-Ovarektomie und 51 % einer prophylaktischen Mastektomie, siehe Meijers-Heijboer et al. (2000), S. 2017-2018.

16 Laut einer Umfrage bei Frauen mit einem positiven BRCA1/2-Genbefund in Nordamerika ließen 60 % der Frauen eine prophylaktische bilaterale Salpingo-Ovarektomie und 25 % eine prophylaktische Mastektomie durchführen, vgl. Narod/Foulkes (2004), S. 665.

wird grundsätzlich zuerst eine erkrankte Angehörige aus der Familie untersucht. In diesem Fall ist es für die Ratsuchende unumgänglich, die betreffende Verwandte nach ihrer Bereitschaft zu einem genetischen Beratungsgespräch und einer Gendiagnostik zu fragen.

Kommt die Ratsuchende zunächst allein zum Beratungsgespräch und kontaktiert erst danach die erkrankte Angehörige, so kann der Wissensvorsprung von Seiten der Ratsuchenden eine zusätzliche Hemmschwelle zur Kontaktaufnahme bedeuten. Je nach Rollenverteilung und Qualität der bestehenden Beziehung der Verwandten zueinander muss die Ratsuchende damit rechnen, dass die Indexpatientin ablehnend reagiert. Sie kann sich z.B. durch den Wissensvorsprung der Angehörigen (Motto: „Ich weiß etwas, was du nicht weißt!") unangenehm belehrt fühlen, sie kann misstrauisch hinsichtlich des Wahrheitsgehalts der übermittelten Information sein („Stimmt das Gesagte überhaupt?") oder sie kann misstrauisch hinsichtlich der Motivation der Ratsuchenden sein („Vielleicht möchte sie in Wirklichkeit ja nur in meinen Krankenunterlagen herumschnüffeln"). Mitunter kann bereits die Herausgabe der eigenen Krankenunterlagen an Familienangehörige als Verletzung der eigenen Privatsphäre erlebt werden und – auf beiden Seiten – zusätzliche Unsicherheit im Umgang miteinander auslösen.[17]

Daraus ergeben sich für die Ratsuchende bei der initialen Kontaktaufnahme mit erkrankten Familienangehörigen folgende Fragen, insbesondere dann, wenn bisher wenig miteinander über die Erkrankung gesprochen wurde:

– Zu welchem Anlass trete ich an die erkrankte Angehörige (Indexpatientin) heran?
– Wie baue ich den Kontakt bzw. das Gespräch auf?
– Soll ich zunächst nur nach Stammbaum-Daten und Krankenunterlagen fragen?
– Oder soll ich bereits im ersten Gespräch die potenzielle Bereitschaft zum Gentest klären?

Ebenso können im Umgang mit dem Untersuchungsergebnis vielfältige Spannungen und Probleme auftreten. Im Rahmen einer vom Bundesministerium für Bildung und Forschung (BMBF) geförderten Studie[18] wurden zwei komplementäre methodische Zugänge nacheinander angewandt, um die Folgen der BRCA1/2-Gendiagnostik für die betroffenen Frauen zu untersuchen.

Durch die standardisierte quantitative Erhebung der ersten Projektphase wurde zunächst der Umgang der Frauen mit dem Gentest, die mögliche Auslösung von Konflikten durch das Testergebnis sowie die Kommuni-

---

17 Eigene Erfahrungen aus der Beratungssprechstunde der Erstautorin.
18 Forschungsprojekt des BMBF (Kennzeichen: 01GP0260, 01.04.2003-31.12.2007): Interdisziplinäre empirische Untersuchung beim familiären Brust- und Eierstockkrebs über die langfristigen Konsequenzen der prädiktiven Gendiagnostik aus der Sicht betroffener Frauen.

kation der genetischen Information innerhalb der Familie untersucht. Dabei wurden 322 Frauen mit Hilfe eines standardisierten Interviews telefonisch befragt.[19] Alle Frauen hatten sich zuvor in einem Zentrum des Deutschen Krebshilfe Konsortiums für familiären Brust- und Eierstockkrebs einer Mutationsanalyse im BRCA1- und BRCA2-Gen unterzogen und sich mindestens sechs Monate zuvor das Testergebnis mitteilen lassen.

Zum Thema Kommunikation der genetischen Risikoinformation innerhalb der Familie stellte sich heraus, dass nähere Verwandte öfter über das Testergebnis informiert werden als entfernt verwandte Familienmitglieder. Weibliche Angehörige werden insgesamt öfter informiert als männliche Verwandte.

Erwachsene Töchter werden von Mutationsträgerinnen und Frauen mit eindeutigem Mutationsausschluss am häufigsten über das Testergebnis informiert (94 vs. 100 %), gefolgt von Schwestern (87 vs. 91 %), Söhnen (86 vs. 83 %) und Brüdern (64 vs. 62 %). Bei der Weitergabe des Testergebnisses zeigte sich, dass Mutationsträgerinnen Verwandte zweiten oder dritten Grades seltener über das Testergebnis informierten als Frauen mit einem eindeutigen Mutationsausschluss (Nichten: 27 vs. 57 % und Neffen: 22 vs. 43 %).

Bei 22 % der Mutationsträgerinnen kam es in Bezug auf das Testergebnis zu Konflikten mit Familienangehörigen, während derartige Konflikte nur bei 3 % der Frauen auftraten, bei denen eine Mutation eindeutig ausgeschlossen werden konnte (prädiktiv negativ). 85 % der Frauen ohne Mutationsnachweis berichteten über positive Reaktionen aus der Familie, während dies nur bei 41 % der Mutationsträgerinnen der Fall war. Dementsprechend würden nur 55 % der Mutationsträgerinnen den Gentest anderen Frauen empfehlen gegenüber 68 % der Frauen ohne Mutationsnachweis.[20]

Eine in Amerika durchgeführte Studie kam zu ähnlichen Ergebnissen. Hierbei fiel insbesondere auf, dass Väter häufiger informiert wurden, wenn sie zuvor selbst an Krebs erkrankt waren. Eine Erklärung für dieses Verhalten könnte sein, dass die Kommunikation über das Thema Krebs bereits gebahnt ist und von den Kindern ein größeres Interesse des Vaters angenommen wird, sofern er selbst an Krebs erkrankt war. Wurde die Mutation über die väterliche Familie vererbt, wurden auch die Brüder häufiger informiert. Frauen über 40 Jahre informierten seltener ihre Eltern über das Ergebnis, wohl aber ihre Kinder, sofern diese älter als 14 Jahre waren.[21]

In der zweiten Projektphase wurde ergänzend ein qualitatives Untersuchungsverfahren eingesetzt, um das subjektive Erleben der genetischen Beratung von Seiten der Ratsuchenden zu analysieren und um die Ursachen für die (Nicht-)Kommunikation des genetischen Befundes innerhalb der

---

19 Zum Studiendesign vgl. Nippert/Schlegelberger et al. (2003), S. 252-253.
20 Vgl. Gadzicki et al. (2006).
21 Vgl. Patenaude et al. (2006), S. 702-703.

Familie zu ergründen. Insbesondere sollten etwaige Emotionen bzw. Ambivalenzen sichtbar gemacht werden. Mit 22 ausgewählten Rat suchenden Frauen,[22] die eine Gendiagnostik in Anspruch genommen hatten und bei denen die Ergebnismitteilung zum Zeitpunkt des Interviews mindestens neun Monate zurücklag, wurden persönliche teil-narrative Leitfaden-Interviews durchgeführt.

Wie in der telefonischen Befragung zeigte sich auch in den Interviews, dass sowohl männliche als auch weibliche Verwandte am ehesten über die Möglichkeiten einer molekulargenetischen Untersuchung informiert werden, wenn sie auch Töchter haben, die potenziell betroffen sein könnten. Die befragten Frauen berichteten, dass sich die *männlichen Familienmitglieder* vom Erkrankungsrisiko meist selbst *weniger betroffen* fühlen. Ihr Interesse an einem Gentest bestehe daher eher im Hinblick auf ihre Frauen oder (potenziellen) Töchter, was auch die mitunter sehr lange Latenzphase der Männer bis zur Inanspruchnahme des Gentests erklären könnte.

Am wenigsten Probleme ergeben sich, wenn den Frauen ein konstruktiver Umgang mit dem Testergebnis gelingt, der sie in die Lage versetzt, sich pragmatisch mit den konkreten Interventionsmöglichkeiten auseinanderzusetzen und nach außen hin offen mit der Thematik umzugehen. Ein offener Umgang mit dem Testergebnis vergrößert die Chance, dass weitere Familienmitglieder ebenfalls zu einem Gentest motiviert werden können. Zusätzlich erhöht sich hierdurch die Wahrscheinlichkeit, dass ein Mutationsausschluss bei einem Angehörigen eher mit Freude als mit Neid aufgenommen werden kann.

Das gemeinschaftliche Erleben der Betroffenheit unter Familienangehörigen kann auch positive Erfahrungen mit sich bringen; so ist es z.B. möglich, dass besondere *Gefühle der Verbundenheit* entstehen oder intensiviert werden. Das Bewusstsein, dass die Last nicht alleine getragen werden muss und die Möglichkeit, verschiedene Handlungsoptionen gemeinsam diskutieren zu können, bieten als Bewältigungsstrategie zudem die *Chance einer besseren Verarbeitung* des Untersuchungsbefundes.

Schwieriger ist es, wenn sich durch die Teilnahme einiger Familienmitglieder am Gentest innerhalb der Familie eine „geheime Gemeinschaft der Wissenden" bildet, die sich gegenüber den völlig ahnungslosen bzw. den nicht wissen wollenden Familienangehörigen *abgrenzt*.

Die informierten Mitglieder mögen sich – alleine oder im Konsens –

---

22 Um in der Stichprobe eine möglichst große Bandbreite von Sichtweisen zum Thema Gendiagnostik vertreten zu haben, wurde bei der Kandidatenauswahl eine größtmögliche Kontrastierung angestrebt. Daher wurden Frauen mit verschiedenen soziodemografischen Daten und unterschiedlichen molekulargenetischen Befunden in die Studie eingeschlossen. Die befragten Frauen waren zwischen 26 und 55 Jahre alt, der Altersdurchschnitt lag bei 42 Jahren. 15 Frauen waren hinsichtlich der in der Familie bekannten Mutation prädiktiv getestet worden. Bei sieben Frauen war eine komplette Mutationsanalyse beider Brustkrebsgene durchgeführt worden, da keine Indexpatientin zur Verfügung stand bzw. weil sie selbst an Brustkrebs erkrankt waren.

das Recht vorbehalten zu entscheiden, wem das Wissen um die Testmöglichkeit mitgeteilt werden soll oder darf.[23]

Gründe für das Zurückhalten des Untersuchungsergebnisses

Nicht selten stellt das Testergebnis für die betroffenen Frauen eine sehr *intime, private Sache* dar. Zudem benötigen manche Frauen zunächst etwas *Zeit für die Verarbeitung* des eigenen Untersuchungsergebnisses, bevor sie sich überhaupt in der Lage fühlen, über das Testergebnis zu sprechen und zu entscheiden, ob sie sich jemandem aus der Familie mitteilen möchten und können.

Manche Frauen haben bereits vor der molekulargenetischen Untersuchung Bedenken, ob der Lebenspartner oder ein anderer wichtiger Angehöriger überhaupt adäquat mit einem belastenden Testergebnis umgehen kann bzw. die damit verbundenen schmerzlichen Affekte und Nöte, die ein Mutationsnachweis möglicherweise mit sich bringt, ertragen kann. Um der Verpflichtung zu entgehen, sich womöglich *zusätzlich um den verunsicherten Partner kümmern* zu müssen, werden unter Umständen die Durchführung der Gendiagnostik und/oder das Untersuchungsergebnis zumindest vorläufig nicht thematisiert.

Insbesondere jüngeren Familienmitgliedern werden die genetischen Informationen – zumindest temporär – mitunter bewusst verschwiegen. Als Erklärung wird hierfür meist ein fürsorgliches, schützendes Motiv angegeben, z.B. das *Recht auf die Bewahrung der jugendlichen Unbeschwertheit*.

Ein weiterer Grund für das Zurückhalten des Untersuchungsergebnisses scheinen *Schwierigkeiten bei der Kommunikation des Testergebnisses* zu sein. Diese können sowohl *inhaltlicher* als auch *interaktiver Art* sein. Es wird berichtet, dass es leichter falle, die Umgebung über die Teilnahme an einer medizinischen Studie zu informieren als über die Teilnahme an einem Gentest. Als Grund hierfür wird die größere Akzeptanz eines altruistischen Motivs (Studienteilnahme zur Unterstützung von Forschung und Wissenschaft) genannt. Dagegen sei die Mitteilung, dass man sich aus eigener Motivation heraus einer Gendiagnostik unterzieht, um Gewissheit über das eigene Risiko zu erlangen, schon schwieriger, da man hierbei nicht selten auf Unverständnis im persönlichen Umfeld stoße. Wenn man durch einen eindeutigen Mutationsausschluss entlastet werden konnte, ist die Mitteilung des Befundes zumindest noch gut darstellbar, da sich aus dem Ergebnis po-

---

23 Eine Interviewpartnerin drückte dies folgendermaßen aus: „[...] das Ergebnis [...] ist, denke ich mal, eine Sache, die geht nur mich etwas an. Die Ergebnisse teile ich nicht mit. [...] Also das haben wir eigentlich auch in der Familie so gesagt [...] wir untereinander [...] dass es dann in dem Kreise bleiben sollte. [...] Das ist für mich eine interne Sache."

sitiv erlebte Konsequenzen ergeben.[24] Die schwierigste Situation liegt vor, wenn der Versuch unternommen wird, andere darüber zu informieren, dass man eine genetische Veranlagung trägt, die mit einem erhöhten Erkrankungsrisiko verbunden ist. Aufgrund der Fülle und Komplexität des genetischen Basiswissens kann es selbst für die Ratsuchenden schwierig sein, ein realistisches, tiefer greifendes Verständnis zu erlangen. Dies kann dazu führen, dass die Sachverhalte von ihnen gar nicht, nur schwer oder ggf. auch falsch an die Umgebung übermittelt bzw. dort aufgenommen werden.

So erzählte eine Interviewpartnerin, dass die von ihr informierten Personen das erhöhte Erkrankungsrisiko mit dem definitiven Ausbruch einer Krebserkrankung gleichsetzten und dementsprechend in der Umgebung verbreiteten, die Ratsuchende habe Krebs. Die Ratsuchende kam hierdurch unter *Rechtfertigungsdruck* und sah sich gezwungen, den Sachverhalt noch einmal anzusprechen und richtig zu stellen. Die Entscheidung, das Ergebnis weiterzugeben, birgt letztendlich immer die Gefahr, missverstanden zu werden. Ebenso kommt es mitunter vor, dass ein 50 : 50-Risiko beim autosomal-dominanten Erbgang *falsche Erwartungen* weckt: Der Mutationsnachweis bei einer Schwester kann dazu führen, dass die andere Schwester sich fälschlicherweise in Sicherheit wiegt, weil sie glaubt, selbst aller Wahrscheinlichkeit nach zu den anderen 50 % zu gehören und somit entlastet zu sein. Sogar bei korrektem Verständnis auf rationaler Ebene kann das emotionale Erleben trotzdem konträr sein.

Als zusätzliches Motiv für das Verschweigen des molekulargenetischen Befundes finden sich *negative Vorerfahrungen* der Ratsuchenden *hinsichtlich des Kommunikationsverhaltens in der Familie*. Wenn in der Vergangenheit innerhalb der Familie nicht offen über die Themen „Krebs" bzw. „Erblichkeit" gesprochen wurde, kann es bereits im Vorfeld zur *Resignation* der Ratsuchenden kommen, was die Gesprächs- und Testbereitschaft der Familie angeht. Die antizipierte Ablehnung von Seiten der Familie lässt schließlich einen erneuten Kommunikationsversuch unterbleiben.

Eine vorab bestehende *Geschwister-Rivalität* kann sich zusätzlich negativ auf den Kommunikationsprozess auswirken. Umgekehrt löste in einem Fall die gemeinsame genetische Betroffenheit bei einer Schwester mit einer ambivalenten Geschwisterbeziehung letztendlich ein noch nie zuvor empfundenes Zusammen- bzw. Dazugehörigkeitsgefühl aus.

Reaktionen auf das Testergebnis von Seiten der Familienangehörigen

Die von den Frauen berichteten Reaktionen auf das Testergebnis von Seiten der Familienangehörigen boten insgesamt eine große Vielfalt. Unabhängig

---

24 „Gut, ich könnte es wahrscheinlich am einfachsten noch mitteilen, indem ich sag', ich hab's nicht, ich brauch' nichts zu machen" – so die Aussage einer Interviewten.

von der mitunter anfänglich bestehenden Ablehnung eines Gentests kann sich die Information über das Testergebnis durch Neugier und *Sensationslust* wie ein Lauffeuer in der Familie und im Freundeskreis verbreiten. In der Folge werden dann aus dem familiären Umfeld nicht selten provozierende Fragen nach dem unmittelbaren persönlichen Nutzen des Testergebnisses gestellt. Derartige Fragen kommen vor allem von denjenigen Angehörigen, die eine Gendiagnostik grundsätzlich ablehnen.

Die Mitteilung des Untersuchungsergebnisses kann auch von nahen Angehörigen, insbesondere den Lebenspartnern der Ratsuchenden, als „absolute Urteilsverkündung" empfunden werden, die massive *Ängste* auslöst. Das Bewusstwerden des nun realen hohen Risikos kann die Partner genauso und unter Umständen sogar mehr als die betroffenen Frauen schockieren, da sie sich mangels krebskranker Familienmitglieder noch nie ernsthaft mit der Thematik „Krebs" auseinandergesetzt haben.

Wenn mehrere Familienmitglieder getestet und bei engen Angehörigen krankheitsassoziierte Mutationen nachgewiesen wurden, kann die Entlastung durch einen Mutationsausschluss mitunter sehr *ambivalente Gefühle* mit sich bringen. Zwar fühlt man sich über das entlastende Ergebnis erleichtert und freut sich. Auf der anderen Seite kann aber auch die Befürchtung aufkommen, dass der eigene Mutationsausschluss eine Lockerung der Familienbande oder sogar den Ausschluss aus der Gemeinschaft der betroffenen Familienmitglieder bedeutet. Es resultiert die Angst, „außen vor" gelassen zu werden. Darüber hinaus kann die Sorge um das Wohlergehen der betroffenen Angehörigen auch bei der entlasteten Person große Unsicherheit auslösen. Da man nicht voraussetzen kann, dass sich die betroffenen Familienmitglieder derartiger Sorgen bewusst sind, mag es sinnvoll sein, die eigenen Gefühle den Angehörigen gegenüber offen anzusprechen. („Ich bin auch betroffen, weil ihr betroffen seid.") Dies ist insbesondere dann wichtig, wenn die entlastete Person weiterhin in die medizinisch-therapeutischen Entscheidungen der betroffenen Familienmitglieder einbezogen werden möchte. Ein sehr enges Verhältnis der Familienangehörigen zueinander scheint in diesem Zusammenhang für die Kommunikation sehr förderlich, wenn nicht sogar die Voraussetzung hierfür zu sein.

In den Interviews wurde des Weiteren thematisiert, dass sowohl ein Ausschluss als auch ein Nachweis einer krankheitsverursachenden genetischen Veränderung letztendlich die Schuldfrage aufkommen lassen kann. Wird man z.B. als einziges Familienmitglied durch die Gendiagnostik entlastet, kann das eigene „Verschont-sein" vor der familiären traumatischen Erfahrung analog zur „survivor's guilt" im Extremfall zu Schuldgefühlen und innerfamiliären Problemen führen, welche die ursprüngliche Freude und Erleichterung über das Testergebnis kurz- und langfristig überschatten können.

Wird sich eine erkrankte Familienangehörige nach Identifizierung einer pathogenen Mutation darüber bewusst, dass sie die erhöhte Krankheitsdisposition womöglich an die Kinder weitervererbt hat, kann die Selbstzuschreibung der Verantwortung Schuldgefühle bei der Indexpatientin auslösen und so neben der Erkrankung und Verarbeitung des Befundes zu einer zusätzlichen Belastung werden. Im besten Fall können hier die Kinder selbst helfen, dem Elternteil dieses ungerechtfertigte Schuldbewusstsein zu nehmen.[25]

Umgekehrt kann im Falle eines Mutationsnachweises auch die Weitergabe der genetischen Information an die Eltern die Schuldfrage implizieren und dazu führen, dass sich z.B. ein Elternteil dadurch angegriffen fühlt, was zu vehementen Abwehrreaktionen wie Trotz, Wut, Ablehnung und Verdrängung führen und eine weitere Kommunikation zusätzlich erschweren kann.

Zusammenfassend leiten sich aus den dargestellten Ergebnissen Erklärungen ab, wieso es bei den Mutationsträgerinnen zu weniger positiven Reaktionen und häufiger zu Konflikten in der Familie kam, als dies bei Frauen ohne Mutationsnachweis der Fall war. Der überwiegende Anteil an Frauen hatte das Testergebnis tatsächlich an erwachsene Töchter und Schwestern weitergegeben. Jedoch wurden entfernt verwandte Familienmitglieder weitaus weniger häufig informiert. Die möglichen Gründe für das Verschweigen des Ergebnisses wurden dabei ausführlich dargestellt.

Aufgrund der potenziellen gesundheitlichen Konsequenzen für die betroffenen Individuen stellt sich die Frage, inwieweit im familiären Kontext eine Verantwortung bzw. unter Umständen sogar eine Verpflichtung besteht, potenziell Betroffene über die genetische Disposition zu informieren. Des Weiteren ist zu klären, wer für eine derartige Aufklärung zuständig sein könnte. Bei der Beantwortung dieser Fragen sind zunächst die schon erwähnten bestehenden ärztlichen Richtlinien und Leitlinien zu berücksichtigen.

Rechtliche Bestimmungen und deren historische Entwicklung

In der Geschichte der Humangenetik waren die Denkmuster und Leitbilder zu verschiedenen Zeiten keineswegs einheitlich. In der ersten Hälfte des 20. Jahrhunderts war die vorherrschende Motivation der Humangenetik die Verbesserung des Genpools (Eugenik).[26] Diese Idee wurde unter dem Be-

---

25 „Ich habe gesagt, da kannst du nichts dafür, weil du hast es ja selber bekommen. Ist ja nicht so, dass du es dir irgendwie angeeignet hast, weil du ja in ein bestimmtes Land gefahren bist, wo du nicht hättest hinfahren sollen. Sondern es ist halt […] Schicksal […]." – so die Aussage einer Interviewten.
26 Eugenik (von altgriech. eu- „gut" und genos „Geschlecht"), Eugenetik oder Rassenhygiene ist die historische Bezeichnung für die Anwendung der Erkenntnisse der Humangenetik auf Bevölkerungen. Der Begriff „Eugenik" wurde 1883 vom britischen Anthropologen Francis Galton (1822 - 1911), einem Vetter ersten Grades von Charles Darwin, geprägt. Galton verstand unter Eugenik eine Wissenschaft, deren Ziel es ist, durch gute Zucht den Anteil positiv bewerteter Gene zu vergrößern. Im

griff „Rassenhygiene" im Dritten Reich von den Nationalsozialisten als politische Irrlehre zum Zweck einer willkürlichen Selektion missbraucht, die letztendlich zum millionenfachen Tod von Menschen führte.

Im Jahr 1949 wurden durch das Grundgesetz für die Bundesrepublik Deutschland der Schutz der menschlichen Würde sowie das Recht auf Persönlichkeitsentfaltung einerseits und körperliche Unversehrtheit andererseits gesetzlich verankert. Hierin liegen die Ursprünge des Rechts auf persönliche und informationelle Selbstbestimmung und damit auch des Rechts auf Wissen bzw. Nichtwissen der eigenen genetischen Konstitution und den selbstbestimmten Umgang damit.[27]

Von ca. 1960 bis in die 70er Jahre hinein wurde versucht, durch maximale Behandlungsstrategien möglichst viel für das körperliche Wohlergehen der Patienten zu erreichen – teils auch ohne den Kranken selbst zu fragen. Diese eher paternalistische Haltung[28] entspricht auch dem „Eid des Hippokrates",[29] nach dem das Heil und Wohlergehen des Kranken das oberste Gebot ärztlichen Handelns sein soll (salus aegroti suprema lex). Obwohl der hippokratische Eid in Deutschland heute weder als ärztliches Gelöbnis geleistet wird noch als rechtliche Grundlage gilt, haben doch einige seiner Inhalte, wie die Maxime der Schadensabwendung oder die ärztliche Schweigepflicht, die ärztliche Ethik von der Antike bis ins 20. Jahrhundert maßgeblich beeinflusst.

---

deutschsprachigen Raum war bis zum Ende des Zweiten Weltkrieges der von Alfred Ploetz geprägte Begriff Rassenhygiene als deutscher Begriff für Eugenik vorherrschend.

27 Grundgesetz für die Bundesrepublik Deutschland vom 23. Mai 1949 (BGBl. S. 1), zuletzt geändert durch Gesetz vom 28. August 2006 (BGBl. I S. 2034), I. Die Grundrechte, Artikel 1-2.
„Artikel 1
(1) Die Würde des Menschen ist unantastbar. Sie zu achten und zu schützen ist Verpflichtung aller staatlichen Gewalt.
Artikel 2
(1) Jeder hat das Recht auf die freie Entfaltung seiner Persönlichkeit, soweit er nicht die Rechte anderer verletzt und nicht gegen die verfassungsmäßige Ordnung oder das Sittengesetz verstößt.
(2) Jeder hat das Recht auf Leben und körperliche Unversehrtheit. Die Freiheit der Person ist unverletzlich. In diese Rechte darf nur auf Grund eines Gesetzes eingegriffen werden."

28 Als paternalistisch (väterlich bevormundend) wird eine Handlung bezeichnet, die möglicherweise (teils) gegen den Willen, aber auf das Wohl eines anderen gerichtet ist.

29 „[…] Ärztliche Verordnungen werde ich treffen zum Nutzen der Kranken […], hüten aber werde ich mich davor, sie zum Schaden und in unrechter Weise anzuwenden […] Was ich bei der Behandlung oder auch außerhalb meiner Praxis im Umgang mit Menschen sehe und höre, das man nicht weiterreden darf, werde ich verschweigen und als Geheimnis bewahren." Deutsche Übersetzung nach H. Diller (1994), S. 8-10.

In den letzten Jahrzehnten wurde vermehrt das Ziel verfolgt, durch Einsatz präventiver Maßnahmen individuelles Leiden zu vermindern. In dieser Zeit wurde aufgrund des Wunsches nach mehr Selbstbestimmung und Kontrolle von Seiten der Patienten das verabsolutierte ärztliche Fürsorgeverständnis des medizinischen Paternalismus zunehmend in Frage gestellt. Es wurde angezweifelt, dass nur der Arzt wisse, was gut und richtig für den Kranken sei, und man erkannte, dass die Bedeutung von „Wohlergehen" im Einzelfall entscheidend vom subjektiven Werte- und Wunschbild des jeweiligen Patienten abhängt. Letztendlich wurden erst in den 1990er Jahren die berufsrechtlichen Grundlagen für eine nicht-direktive Beratung festgelegt, nach denen die Humangenetik eine Hilfestellung bei der individuellen Entscheidungsfindung anstrebt.[30]

Gemäß den Richtlinien der Bundesärztekammer zur Diagnostik der genetischen Disposition für Krebserkrankungen aus dem Jahr 1998[31] soll der beratende Arzt die Rat suchenden Personen bei der Ergebnismitteilung in einem persönlichen Gespräch explizit darauf hinweisen, wenn für weitere Familienangehörige ein erhöhtes Erkrankungsrisiko besteht und daher eine genetische Beratung/Testung für diese Verwandten sinnvoll sei. Dabei wird in Analogie zur Leitlinie Genetische Beratung der Deutschen Gesellschaft für Humangenetik von 2007, die eine Leitlinie für den gesamten Bereich der Humangenetik und nicht speziell für erbliche Krebserkrankungen darstellt, eine „aktive" Beratung, das heißt eine direkte „Kontaktaufnahme durch den beratenden Arzt mit nicht unmittelbar Rat suchenden Angehörigen von [...] Ratsuchenden [...] ohne ausdrücklichen Wunsch der Angehörigen" explizit abgelehnt,[32] „[...] es sei denn, dass der Patient seine

---

30 Vgl. Zerres et al. (2007), S. 256.
31 Wissenschaftlicher Beirat der Bundesärztekammer (1998), S.1396-1403.
„Der betreuende Arzt informiert den Patienten darüber, dass er die Personen mit erhöhtem Krebsrisiko unter seinen Verwandten auf dieses Risiko sowie insbesondere das Angebot einer genetischen Beratung hinweisen sollte. Auch die Information über die Möglichkeit einer prädiktiven Diagnostik, die verfügbaren Früherkennungsmaßnahmen und präventive therapeutische Optionen sollten dem Patienten überlassen bleiben. Grundsätzlich soll sich der Arzt nicht selber an die Verwandten seines Patienten wenden, es sei denn, dass der Patient seine Angehörigen nicht informiert und die Verwandten vom gleichen Arzt mitbehandelt werden, wobei die Fürsorgepflicht gegen die ansonsten bestehende Schweigepflicht abzuwägen ist."
32 Vgl. Deutsche Gesellschaft für Humangenetik (GfH)/Berufsverband Deutscher Humangenetiker e.V. (BVDH) (2007):
„Als ‚aktive' Beratung wird die Kontaktaufnahme durch den beratenden Arzt mit nicht unmittelbar Rat suchenden Angehörigen von Patienten bzw. Ratsuchenden bezeichnet. Eine solche Kontaktaufnahme ohne ausdrücklichen Wunsch der Angehörigen darf nicht erfolgen. Dies enthebt den Berater jedoch nicht der Verpflichtung, die Patienten bzw. Ratsuchenden auf gesundheitsrelevante Risiken für Angehörige auf angemessene Weise hinzuweisen. Es bleibt in das Ermessen des Patienten bzw. Ratsuchenden gestellt, Familienangehörige über das Angebot genetischer Beratung zu informieren."

Angehörigen nicht informiert und die Verwandten vom gleichen Arzt mitbehandelt werden, wobei die Fürsorgepflicht gegen die ansonsten bestehende Schweigepflicht abzuwägen ist." Das bedeutet, dass die Verantwortung für die Weitergabe der genetischen Information grundsätzlich in der Hand der beratenen bzw. untersuchten Person liegt.

Dilemma in ethischer Hinsicht zwischen paternalistischer Fürsorge und Patientenautonomie – mehr Vorsorge durch Fürsorge?

Aus den genannten Richtlinien bzw. Leitlinien geht eindeutig hervor, dass in letzter Konsequenz die Ratsuchenden selbst gefordert sind, das genetische Wissen in ihre Familien zu tragen. Bei der (Nicht-)Weitergabe der genetischen Information ergibt sich in jedem Fall ein Dilemma. Wenn Ratsuchende tatsächlich die genetische Information an ahnungslose Angehörige weitergeben, wird dadurch das Recht der Angehörigen auf Nichtwissen und damit deren Autonomie verletzt. Wird dagegen die Information nicht an die Familienmitglieder weitergeleitet, wird das Recht der nicht-informierten Angehörigen bzw. potenziellen Indexpatienten auf Wissen, nämlich die Aufklärung über den eigenen genetischen Status und das damit verbundene individuelle Risiko verletzt. Es fragt sich insbesondere, wie das Recht auf Wissen zu bewerten ist, wenn dabei die eigene Selbstbestimmung beschränkt wird.

Es resultiert letztendlich die grundsätzliche Frage, ob es medizinethisch legitimierbar ist, die Freiheit einer Person einzuschränken, um diese (evtl.) vor einer potenziellen Krankheit zu schützen. Dabei kommt es zu einem Spannungsverhältnis zwischen der Gewährleistung der Selbstbestimmung und dem fürsorglichen Schutz der körperlichen Unversehrtheit bzw. der Vermeidung einer Krankheitsprogression für alle Beteiligten. Des Weiteren ist zwischen dem gesundheitlichen Nutzen für den Körper und einer etwaigen psychischen Schädigung zu differenzieren. Die Frage, welcher Schutz hierbei höher zu bewerten ist, d.h. welche Rechte welcher Personen in der Hierarchie höher stehen, lässt sich nicht endgültig beantworten.

Das grundsätzliche Recht auf Selbstbestimmung soll in informeller Hinsicht jedem Menschen das Recht auf Unwissenheit garantieren. Also sollte jeder Mensch die freie Entscheidung haben, ob er über ein möglicherweise erhöhtes medizinisches Risiko informiert werden möchte oder nicht. Das Selbstbestimmungsrecht wird normalerweise nur dann eingeschränkt, wenn für einen der Betroffenen eine akute lebensbedrohliche Situation besteht. In derartigen Fällen kann das Prinzip der Fürsorge zu Lasten der Selbstbestimmung der übrigen Beteiligten überwiegen.

Wenn Ratsuchende durch eine direktive Beratung gedrängt werden, aktiv an ahnungslose Familienangehörige heranzutreten und die genetische Information weiterzugeben – möglicherweise sogar mit dem Versuch, sie zu einer genetischen Beratung und Testung zu überreden – wird dadurch das *Recht auf Nichtwissen* und damit die Autonomie der Angehörigen willkürlich verletzt. Die Problematik liegt darin, dass die über die Ratsuchende informierten Personen den ersten gedanklichen Schritt, der normalerweise in die Beratung führt, überspringen. Sie werden quasi übergangen und bewusst in einen bereits laufenden Prozess hineinmanövriert.[33]

Dabei muss bedacht werden, welche negativen Konsequenzen ein derartiges Vorgehen nach sich ziehen könnte, da Untersuchungsergebnisse Auswirkungen auf die mittel- bzw. langfristige Ausrichtung der Lebensgestaltung und Lebensplanung haben können. Auch können zukünftige Benachteiligungen bei Kranken- und Lebensversicherungen oder am Arbeitsplatz[34] nicht mit Sicherheit ausgeschlossen werden.[35] Es ist bekannt, dass bereits das Auftreten einer einzigen Krebserkrankung in der Familie eine Fülle von Fragen aufwerfen kann. Zum einen kann der problematische Umgang mit Krankheit, Trauer und Verlustängste verursachen. Zum anderen können Konflikte innerhalb der Familie oder der Partnerschaft entstehen, und es kann zu einer Veränderung zuvor bestehender sozialer Kontakte kommen. All dies kann bei Betroffenen zu Verzweiflung, Vereinsamung, Verletztheit und reduziertem Selbstwertgefühl führen.[36]

Derzeit ist noch wenig darüber bekannt, wie Frauen in psychosozialer Hinsicht *lang*fristig auf eine Risikoberatung bzw. (prädiktive) Gendiagnostik beim familiärem Brust- und Eierstockkrebs reagieren. Die Notwendigkeit, Entscheidungen fällen zu müssen, die sich unter Umständen zu einem späteren Zeitpunkt als falsch herausstellen, und/oder das Wissen um ein erhöhtes Krankheitsrisiko mögen zu besonderen Belastungen der Betroffenen führen. Es gibt derzeit noch keine Studie, die beweisen kann, dass das Wissen um den Mutationsbefund bei BRCA1/2-Anlageträgerinnen bleibende schwerwiegende psychische Beeinträchtigungen, lang anhaltende Verunsicherungen oder eine längerfristige Reduktion der psychischen Stabilität der Betroffenen bewirkt. Allerdings liegen bisher erst Ergebnisse aus zwei prospektiven Studien mit einem Nachbeobachtungszeitraum von drei bzw. fünf Jahren vor.[37, 38]

---

33 Vgl. Hildt (2006), S. 281-291 und S. 342-352.
34 Vgl. Schmidtke (2002), S. 113-125.
35 Siehe dazu auch Henn in diesem Band.
36 Vgl. Tschuschke (2002), S. 150.
37 Vor Durchführung der Gendiagnostik waren jüngere Frauen (unter 50 Jahren) besorgter an Krebs zu erkranken als ältere Frauen. Nach drei Jahren war dieser Unterschied nicht mehr festzustellen. Insbesondere jüngere Mutationsträgerinnen zeigten einen Monat nach der Genanalyse eine vorübergehende Zunahme der krebsspezifischen Sorge und Verschlechterung der generellen mentalen Verfassung. Ein Jahr nach dem Testergebnis entsprachen die gemessenen Werte wieder dem Ausgangsniveau. Drei Jahre nach Bekanntgabe des Untersuchungsergebnisses berichteten die Frauen mit nachgewiesener Mutation über höhere generalisierte Belastungen verglichen mit dem Ausgangswert vor der Genanalyse. Frauen mit eindeutigem Mutationsausschluss hatten zwar in den zwölf Monaten nach der Ergebnismitteilung kurzfris-

Unabhängig von einem genetischen Wissen kann auch bereits das Erleben von gehäuft in der Familie aufgetretenen Krebserkrankungen zu einer nachhaltigen Verängstigung bis hin zu einer regelrechten „Krebsphobie" führen. Aktuelle Studienergebnisse legen nahe, dass das Auftreten einer Krebserkrankung nicht nur für die betroffene Person selbst, sondern auch für nahe Angehörige ein ernstzunehmender Belastungsfaktor sein kann. Bedrückende Krebserfahrungen scheinen das Auslösen von traumatischen Belastungsreaktionen durch bestimmte, mit Krebs assoziierte Ereignisse (z.B. die Durchführung eines Gentests) wahrscheinlicher zu machen. Dagegen scheint eine posttraumatische Belastungsstörung allein aufgrund genetischer Tests insgesamt relativ selten vorzukommen. Die Belastungen bei Hochrisiko-Personen scheinen durch verschiedene Ursachen ausgelöst zu werden, wozu auch die Krebsdiagnose naher Angehöriger zählt.[39]

---

tig eine beträchtliche Reduktion der krebsspezifischen Sorge, nach drei Jahren lagen die Belastungswerte jedoch ähnlich hoch wie vor der Untersuchung. Vgl. Watson et al. (2004) und Foster et al. (2007).

38 Zwischen dem ersten und dem fünften Jahr nach Bekanntgabe des Testergebnisses war sowohl bei den Frauen mit und ohne Mutationsnachweis ein signifikanter Anstieg der Ängstlichkeit und Depression festzustellen. Dabei war die Zunahme der Depression bei Mutationsträgerinnen (nicht signifikant) höher als bei Frauen mit Mutationsausschluss. Insgesamt zeigte sich fünf Jahre nach der Ergebnismitteilung kein Unterschied zwischen Frauen mit und ohne Mutationsnachweis hinsichtlich krebsspezifischer Sorge, dem Aufdrängen oder der Vermeidung von Gedanken zum erblichen Krebs, allgemeiner Ängstlichkeit und Depression. In den fünf Jahren nach Testergebnis suchten 44 % der Mutationsträgerinnen und 33 % der Frauen mit Mutationsausschluss psychologische Unterstützung, wobei für 50 % der Trägerinnen und 29 % der Nicht-Trägerinnen erblicher Krebs der Grund der Konsultation war.
Hinsichtlich vorhersagender Faktoren ergab sich eine erhöhte Wahrscheinlichkeit für das Auftreten krebsspezifischer Sorgen bzw. von Belastungen durch erblichen Krebs nach fünf Jahren für Frauen, die bereits bei vor der Genanalyse erhöhte Scores aufwiesen, Frauen mit Kindern unter 15 Jahren, Frauen, die über mehr Veränderungen in der Beziehung zu Verwandten berichteten, Frauen, die mit ihren Verwandten wenig offen über den Gentest sprachen, Frauen, bei denen mindestens eine Verwandte an Brust-/Eierstockkrebs gestorben war, Frauen, die ihr Brustkrebsrisiko als höher einschätzten und Frauen, die stärkere Zweifel an der Validität ihres Testergebnisses bekundeten. Vgl. van Oostrom et al. (2003).

39 Laut einer Interview-Studie waren die Gesamtwerte für eine posttraumatische Belastungsstörung bei an Krebs erkrankten Frauen ähnlich hoch wie bei gesunden Frauen mit einer Krebserkrankung eines Familienangehörigen. Bezogen auf die Durchführung einer Gendiagnostik litt drei bis sechs Monate nach der Ergebnismitteilung nur ein relativ geringer Prozentsatz (7,7 %) der Frauen unter signifikanten posttraumatischen Symptomen. Lediglich bei Frauen mit Nachweis einer BRCA1/2-Mutation traten grenzwertige Belastungen häufiger auf. Im Vergleich scheinen Mutationsträgerinnen (25 %) am ehesten zu Gentest-bezogenen posttraumatischen Symptomen zu neigen, gefolgt von Frauen mit nicht-informativen Testergebnissen (10 %) und Frauen mit eindeutigem Mutationsausschluss (2,3 %). Es bleibt offen, ob unter Umständen die genetische Untersuchung selbst weniger belastend ist als das Erleben der eigenen Krebserkrankung bzw. derjenigen in der Familie. Vgl. Hamann et al. (2005).

Bei Vorliegen derartiger Belastungen könnte eine genetische Beratung vielleicht auch die Möglichkeit bieten, durch ein realistisches Verständnis des genetischen Hintergrundes irrationale Ängste zu vermindern. Durch eine prädiktive Gendiagnostik besteht bei allen A-priori-Risikopersonen immerhin auch die Chance, durch einen Mutationsausschluss psychisch entlastet zu werden. Denjenigen, die aufgrund ihres Mutationsnachweises als tatsächliche Risikopersonen identifiziert würden, könnte zumindest eine psychoonkologische Unterstützung angeboten werden. Zudem hätten sie Anspruch auf intensivere Früherkennungsuntersuchungen.

Wird die genetische Information aus den oben dargestellten Gründen nicht weitergeleitet, wird das *Recht auf Wissen* verletzt. Dabei stellt sich die Frage, in welchem Fall denn die Selbstbestimmung der Angehörigen bzw. der Indexpatienten tangiert wird und was im konkreten Fall überhaupt ihr wahres Interesse ist: das Recht auf Nichtwissen oder vielleicht sogar das Recht auf Wissen? Man stößt hier an die Grenzen der Autonomie. Denn wie kann man sich selbst „richtig", d.h. selbstverantwortlich bestimmen, wenn nicht sämtliche Entscheidungsmöglichkeiten, Alternativen und Handlungsoptionen bekannt sind?

Ein Argument für eine forcierte Weitergabe des genetischen Befundes ist, dass der Informationsmangel für die nicht informierten Familienmitglieder ein erhebliches gesundheitliches Risiko bedeuten kann. Umgekehrt kann durch die Weitergabe der Information das Erkrankungsrisiko verringert und die Überlebenschance von Familienangehörigen dramatisch verbessert werden.

Hierbei ist zu berücksichtigen, dass es sich bei den erblichen Krebserkrankungen lediglich um eine erhöhte Erkrankungswahrscheinlichkeit im Sinne einer Krankheitsveranlagung (genetische Disposition mit variabler Penetranz) und nicht um eine absolute Gewissheit über das Auftreten der Krankheit (sichere Manifestation einer Erkrankung zu einem ungewissen Zeitpunkt) handelt. Bisher gibt es noch kaum Studien zur klinisch-prognostischen Relevanz von bestimmten BRCA1-/BRCA2-Keimbahnmutationen (Untersuchung der Genotyp-Phänotyp-Korrelation). Es ist jedoch zu erwarten, dass sich abhängig vom jeweiligen Mutationsstatus Unterschiede im klinischen Verlauf zeigen werden, und dass das Erkrankungsrisiko durch weitere genetische Varianten beeinflusst wird.[40]

Dementsprechend sagt das Testergebnis derzeit weder etwas darüber aus, ob es überhaupt jemals zu einem Krankheitsausbruch kommen wird, noch zu welchem Zeitpunkt und in welcher Ausprägung sich die Erkrankung manifestieren wird. Zahlreiche Befunde aus der medizinischen Genetik zeigen, dass jeder Mensch verschiedene angeborene Krankheitsdispositionen besitzt, wovon viele erst in der Wechselwirkung mit weiteren Gen-

---

40 Das Erkrankungsrisiko variiert bei BRCA1/2-Mutationsträgerinnen und kann durch weitere Faktoren wie allelische Heterogenität, Modifier-Gene, Umgebungs- und hormonelle Einflüsse moduliert werden, vgl. Narod/Foulkes (2004).

veränderungen oder Umwelteinflüssen Bedeutung für die Krankheitsentstehung bekommen. Des Weiteren müssen vermeidbare Erkrankungen von nicht vermeidbaren Erkrankungen unterschieden werden. Grundsätzlich ist eine prädiktive genetische Diagnostik bei erblichen Tumorerkrankungen dann sinnvoll, wenn effiziente Präventions- oder Therapiemaßnahmen zur Verfügung stehen.[41]

Dabei kann das Informationsdefizit für ahnungslose Angehörige aus Familien mit einer nachgewiesenen Mutation aufgrund des wesentlich erhöhten Erkrankungsrisikos im Falle einer genetischen Veranlagung letztendlich ein erhebliches gesundheitliches Risiko bedeuten, das sich durch geeignete Maßnahmen womöglich effizient reduzieren ließe. Schließlich besteht, wie bereits dargestellt, beim erblichen Brust- und Eierstockkrebs für Mutationsträgerinnen bzw. Hochrisikopersonen grundsätzlich die Möglichkeit der Durchführung risiko-adaptierter Früherkennungsuntersuchungen. Zudem kann der Nachweis einer krankheitsassoziierten genetischen Veränderung ein wichtiges Argument sein, sich für eine prophylaktische Operation zu entscheiden.

Selbst für bereits an Krebs erkrankte Frauen ist es nur aufgrund des Wissens um eine Mutation möglich, durch zusätzliche, das Nachsorgeprogramm ergänzende Untersuchungen unabhängige Zweittumoren frühzeitig zu erkennen bzw. durch die Durchführung prophylaktischer Operationen zu verhindern. Es ist anzunehmen, dass es für BRCA1/2-Mutationsträgerinnen zukünftig alternative bzw. zusätzliche Behandlungsverfahren geben wird.[42] In Deutschland besteht für Patientinnen mit fortgeschrittenem Brustkrebs und einer krankheitsverursachenden BRCA1/2-Mutation bereits zum gegenwärtigen Zeitpunkt die Möglichkeit, an wissenschaftlichen Studien[43] teilzunehmen, in denen andere Therapieschemata oder neu entwickelte, auf dem Verständnis der molekularen Grundlagen der Krankheitsentstehung beruhende zielgerichtete Substanzen[44] eingesetzt werden, die in präklinischen Studien vielversprechende Ergebnisse gezeigt haben.

Mutationsträgerinnen, die nichts von ihrer erblichen Veranlagung wissen, werden dagegen mit den gleichen Therapieschemata wie Patientinnen mit sporadischem Brustkrebs behandelt, wobei nicht ausgeschlossen ist, dass die gewählte Chemotherapie bei gleichem Nebenwirkungsspektrum weniger wirksam ist.[45]

---

41 Vgl. Propping/Aretz (2004).
42 Vgl. Fonatsch/Schlegelberger (2007).
43 Vgl. z.B. PARP-I-Studie KU 36-44 am Centrum für Integrierte Onkologie (CIO) der Universität in Köln, siehe www.klinisches-studienzentrum.de/cio/trial/302 (Zugriff: 31.07.2008).
44 Sogenannte Poly(ADP-ribose)Polymerase-1-(PARP)-Inhibitoren; vgl. Bryant et al. (2005) und Farmer et al. (2005).
45 Vgl. Gadzicki et al. (2007), S. 204.

Zwar lässt sich bei den erblichen Krebserkrankungen heute noch nicht mit Sicherheit abschätzen, ob ein potenzieller Ausbruch der Erkrankung in Zukunft durch operative oder medikamentöse Interventionen vermeidbar sein wird. Zusammenfassend besteht im Falle der prädiktiven BRCA1/2-Gendiagnostik heutzutage aber durchaus die realistische Hoffnung auf eine Reduzierung des Erkrankungsrisikos sowie eine erheblich verbesserte Prognose.

Lösungsansätze: Auswege aus dem Dilemma

Man kann heutzutage noch nicht davon ausgehen, dass potenzielle Risikopersonen über öffentliche Medien oder betreuende Ärzte über die Möglichkeit eines erhöhten Erkrankungsrisikos sowie die Möglichkeit einer genetischen Beratung informiert werden. Unter Umständen sind ihnen die in der Familie aufgetretenen Krebserkrankungen selbst nicht bekannt, oder sie werden dem behandelnden Arzt nicht kommuniziert. Wie lässt sich also gewährleisten, dass das Wissen um eine erbliche Disposition die weiteren potenziell gefährdeten Familienmitglieder erreicht?

Um Probleme bei der sekundären Einbeziehung der Indexpatientin in den Beratungsprozess zu vermeiden, wäre es vorteilhaft, bereits bei der Kontaktaufnahme zu einer genetischen Beratungsstelle die Angehörigen zu informieren und die *Indexpatientin zum ersten Beratungsgespräch mit einzuladen*. Sie kann dann ihre Krankenunterlagen selbst mitbringen. Falls innerhalb der Familie seit der Diagnosestellung noch nie offen über die Krankheit gesprochen wurde, bietet das gemeinsame Beratungsgespräch mit Ratsuchender und Indexpatientin aufgrund der *Unterstützung des Kommunikationsprozesses* durch den beratenden Arzt die Chance, etwaige Unsicherheiten im Umgang der Verwandten miteinander zu überbrücken. Allerdings kann bereits der Versuch, die Indexpatientin in den Beratungsprozess zu integrieren, Konfliktpotenzial innerhalb der Familie bergen. Sollte die Indexpatientin auf das Beratungsangebot nicht eingehen und ablehnend reagieren, sind zur Gewährleistung ihrer Selbstbestimmung weitere Interventionen zu unterlassen.

Nach der Mitteilung eines molekulargenetischen Befundes gibt es normalerweise keine Rückmeldung an den beratenden Arzt darüber, ob bzw. wie die genetische Information in der Familie weitergegeben wurde. Daher wäre es wichtig, bereits zum Zeitpunkt der Ergebnismitteilung zu antizipieren, mit welchen Fragen und Handlungsoptionen die Ratsuchende hinsichtlich der Informationsweiterleitung an betroffene Angehörige konfrontiert wird:

– Bin ich grundsätzlich dazu bereit, meine Familienmitglieder über das Testergebnis zu informieren? Wenn ja:

a) Möchte ich nur über ein potenziell bestehendes genetisches Risiko informieren?
  b) Bin ich nur bereit, in allgemeiner Weise über die Möglichkeit einer genetischen Beratung und Testung zu informieren?
  c) Könnte ich in anonymer Weise über den Mutationsnachweis berichten? Besteht hierbei die Gefahr des Rückschlusses auf mich?
  d) Möchte ich mein persönliches Untersuchungsergebnis preisgeben?
- Was ist meine Motivation?
  a) Ist es mein eigenes Interesse?
  b) Fühle ich mich hierzu verpflichtet? Durch wen und warum?
- An wen gebe ich das Ergebnis weiter?
- Zu welchem Anlass mache ich das?
- Wie spreche ich das an?
- Was oder wer könnte mir dabei helfen?

Hilfreich für die Ratsuchende wäre eine *Unterstützung bei der Entscheidung*, ob und in welcher Art sie das Untersuchungsergebnis weitergeben möchte bzw. welche Gründe sie daran hindern. Gemeinsam mit der Ratsuchenden könnte überlegt werden, ob und zwischen welchen Familienmitgliedern schon vorab Interessenkonflikte bestehen und wer bei innerfamiliären Unsicherheiten bzw. Schwierigkeiten im Umgang miteinander zusätzlich eingeschaltet werden könnte.

Eine angemessene *psychologische Nachbetreuung* könnte im Fall eines Mutationsnachweises über eine bessere Verarbeitung des eigenen Untersuchungsergebnisses die Wahrscheinlichkeit erhöhen, dass das Testergebnis an weitere Angehörige kommuniziert wird. Auch die nicht selten mit der aktiven Einbeziehung von ahnungslosen Familienmitgliedern einhergehende Überlastung durch die Bürde der Verantwortung oder das Gefühl, als „Messenger" missbraucht zu werden, könnte hierdurch aufgefangen werden. Für die Rat suchenden Personen, die in erster Linie Schwierigkeiten bei der Darstellung des Sachverhalts haben, könnten praktische Hilfen wie die *Bereitstellung von Informationsmaterial* (z.B. Flyer) sinnvoll sein.

Bereits vor zehn Jahren wurde thematisiert, dass bei der tumorgenetischen Beratung – im Gegensatz zur genetischen Beratung bei Fragen der Familienplanung – ein etwas direktiveres Vorgehen insbesondere aufgrund des stark anzunehmenden Nutzens durch die Screening- und Früherkennungsmöglichkeiten angemessen sein könnte.[46] Wie könnte aber die Vorgehensweise konkret aussehen, wenn – z.B. aufgrund von Rivalitäten bzw. wenig Kontakt unter den Geschwistern – eine sehr hohe Hemmschwelle für die Kontaktaufnahme zu der/den erkrankten Familienangehörigen besteht?

Eine Möglichkeit könnte die direkte *Kontaktaufnahme zum behandelnden Arzt der Indexpatientin* sein. Als behandelnder Hausarzt, Gynäkologe oder Onkologe könnte er außerhalb der familiären Bande im Rahmen

---

46 Vgl. Offit (1998), S. 5.

der onkologischen Behandlung Informationen zum genetischen Hintergrund an seine Patientin weitergeben. Gelingt es dabei, das Eigeninteresse der Patientin zu wecken, könnte das *Angebot einer tumorgenetischen Beratung*, im Bedarfsfall auch in Form eines Telefongespräches, erfolgen. Dabei könnte der Patientin der eigene Nutzen des genetischen Wissens (ggf. alternative Empfehlungen zum operativen oder chemotherapeutischen Vorgehen bzw. Teilnahme an laufenden Studien) veranschaulicht werden. Zwar widerspricht dieser Versuch dem Ideal der absoluten Neutralität des Beraters. Die Intention dient aber letztendlich der Gewährleistung der Autonomie der Ratsuchenden, indem auch hier durch eine partnerschaftliche Begleitung in der Beratung die Ratsuchenden befähigt werden, eine für sie tragfähige Entscheidung zu treffen.

Abschließend sei bemerkt, dass ein aktueller Übersichtsartikel zu postulierten Idealen in ethischen und klinischen Leitlinien und Richtlinien in sechs Ländern Übereinstimmung in den Punkten zeigte, dass die Rat suchenden Individuen moralisch verpflichtet seien, die genetische Information an ihre Familienmitglieder weiterzugeben, dass die genetischen Berater die Ratsuchenden sogar zur Weitergabe der genetischen Information ermutigen und sie bei dem Kommunikationsprozess unterstützen sollten.[47] In einer ähnlichen Studie, in der 56 Leitlinien von 29 Organisationen auf die wichtigsten Aspekte der genetischen Beratung hin untersucht wurden, zeigte sich ebenfalls Konsens darüber, dass Auswirkungen auf die Familie zu berücksichtigen sind, und dass für die Ratsuchenden eine moralische Verpflichtung besteht, Angehörige mit hohem Risiko über die genetischen Hintergründe zu informieren. Jedoch gibt es auch Widersprüche innerhalb bzw. zwischen den verschiedenen Leitlinien, die letztendlich auf die Problematik der autonomen Entscheidungsfindung und der Nicht-Direktivität zurückzuführen sind. Einige Leitlinien gehen so weit, dass der Arzt beim Vorliegen schwerer Krankheitsbilder mit entsprechenden Präventions- bzw. Therapiemöglichkeiten die Möglichkeit haben sollte, Verwandte mit Risiko zu warnen. In Zukunft wird sich die Frage, wer die genetische Information an die gefährdeten Verwandten herantragen sollte, weiterhin stellen.[48]

---

47 Vgl. Forrest et al. (2007).
48 Vgl. Rantanen et al. (2008).

Literatur

Andrieu, N./Easton, D. F./Chang-Claude, J./Rookus, M. A./Brohet, R./ Cardis, E./Antonioue, A. C./Wagner, T./Simard, J./Evans, G./Peock, S./ Fricker, J.-P./Nogues, C./Van't Veer, L./Van Leeuwen, F. E./Goldgar, D. E. (2006): Effect of Chest X-Rays on the Risk of Breast Cancer Among BRCA1/2 Mutation Carriers in the International BRCA1/2 Carrier Cohort Study: A Report form the EMBRACE, GENEPSO, GEOHEBON, and IBCCS Collaborators' Group. Journal of Clinical Oncology 24, 21 (2006), S. 3361-3366.

Antoniou, A./Pharoah, P. D./Narod, S./Risch, H. A./Eyfjord, J. E./Hopper, J. L./Loman, N./Olsson, H./Johannsson, O./Borg, A./Pasini, B./Radice, P./Manoukian, S./Exxles, D. M./Tang, N./Oah, E./Anton-Culver, H./ Warner, E./Lubinski, J./Gronwald, J./Gorski, B./Tulinius, H./Thorlacius, S./Eerola, H./Nevanlinna, H./Syrjakiski, K./Kallioniemi, O. P./ Thompson, D./Evans, C./Peto, J./Lalloo, F./Evans, D. G./Easton, D. F. (2003): Average risks of breast and ovarian cancer associated with BRCA1 or BRCA2 mutations detected in case Series unselected for family history: a combined analysis of 22 studies. American Journal of Human Genetics 72, 5 (2003), S. 1117-1130.

Bermejo-Pérez, M. J./Márquez-Calderón, S./Llanos-Méndez, A. (2008): Cancer surveillance based on imaging techniques in carriers of BRCA1/2 gene mutations: a systematic review. The British Journal of Radiology 81, 963 (2008), S. 172-179.

Berufsverband Medizinische Genetik e.V. /Deutsche Gesellschaft für Humangenetik (1996): Leitlinien zur genetischen Beratung. Medizinische Genetik 8, 3, Sonderbeilage (1996), S. 1-2.

Bryant, H. E./Schultz, N./Thomas, H. D./Parker, K. M./Flower, D./Lopez, E./Kyle, S./Meuth, M./Curtin, N. J./Helleday, T. (2005): Specific killing of BRCA2-deficient tumours with inhibitors of poly(ADP-ribose) polymerase. Nature 434, 7035 (2005), S. 913-917. Erratum in: Nature 447, 7142 (2007), S. 346.

Bundesärztekammer (1998): Richtlinien zur Diagnostik der genetischen Disposition für Krebserkrankungen. Wissenschaftlicher Beirat der Bundesärztekammer. Deutsches Ärzteblatt 95, 22 (1998), S. A1396-1403.

Bundesärztekammer (2003): Richtlinien zur prädiktiven genetischen Diagnostik. Wissenschaftlicher Beirat der Bundesärztekammer. Deutsches Ärzteblatt 100, 19 (2003), S. A1297-1305.

Deutsche Gesellschaft für Humangenetik (GfH)/Berufsverband Deutscher Humangenetiker e.V. (BVDH) (2007): Leitlinie Genetische Beratung, Medizinische Genetik 19, 4 (2007), S. 452-454.

Diller, H. (Hrsg.) (1994): Hippokrates: Ausgewählte Schriften. Übersetzt und herausgegeben von H. Diller. Stuttgart.

Farmer, H./McCabe, N./Lord, C. J./Tutt, A. N./Johnson, D. A./Richardson, T. B./Santarosa, M./Dillon, K. J./Hickson, I./Knights, C./Martin, N. M./

Jackson, S. P./Smith, G. C./Ashworth, A. (2005): Targeting the DNA repair defect in BRCA mutant cells as a therapeutic strategy. Nature 434 (2005), S. 917-921.
Fonatsch, C./Schlegelberger, B. (2007): Familiäre Krebserkrankungen. Medizinische Genetik 19, 2 (2007), S. 189-190.
Forrest, L. E./Delatycki, M. B./Skene, L./Aitken, M. A. (2007): Communicating genetic information in families – a review of guidelines and position papers. European Journal of Human Genetics 15, 6 (2007), S. 612-618.
Foster, C./Watson, M./Eeles, D./Eccles, D./Ashley, S./Davidson, R./ Mackay, J./Morrison, P. J./Hopwood, P./Evans, D. G. R./Psychosocial Study Collaborators (2007): Predictive genetic testing for BRCA1/2 in a UK clinical cohort: three-year follow-up. British Journal of Cancer 96, 5 (2007), S. 718-724.
Gadzicki, D./Meindl, A./Schlegelberger, B. (2007): Erblicher Brust- und Eierstockkrebs. Medizinische Genetik 19, 2 (2007), S. 202-209.
Gadzicki D./Wingen, L. U./Horn, D./Bosse, K./Kreuz, F./Goecke, T./ Schäfer, D./Voigtländer, T./Fischer, B./Froster, U./Welling, B./Debatin, I./ Weber, B. H. F./Schönbuchner, I./Nippert, I./Schlegelberger, B./ German Cancer Aid Consortium on Hereditary Breast and Ovarian Cancer (2006): Communicating BRCA1 and BRCA2 genetic test results. Journal of Clinical Oncology 24, 4 (2006), S. 2969-2970.
Gerhardus, M. A./Schleberger, H./Schlegelberger, B./Schwartz, F. W. (Hrsg.) (2005): BRCA – Erblicher Brust- und Eierstockkrebs: Beratung – Testverfahren – Kosten. Heidelberg u.a.
Grundgesetz für die Bundesrepublik Deutschland vom 23. Mai 1949 (BGBl. S. 1), zuletzt geändert durch Gesetz vom 28. August 2006 (BGBl. I S. 2034), I. Die Grundrechte, Artikel 1-2.
Hamann, H. A./Somers, T. J./Smith, A. W./Inslicht, S. S./Baum, A. (2005): Posttraumatic stress associated with cancer history and BRCA1/2 genetic testing. Psychosomatic Medicine 67, 5 (2005), S. 766-772.
Hartmann, L. C./Sellers, T. A./Schaid, D. J./Frank, T. S./Soderberg, C. L./ Sitta, D. L./Forst, M. H./Grant, C. S./Donohue, J. H./Woods, J. E./ McDonnell, S. K./Vockley, C. W./Deffenbaugh, A./Couch, F. J./Jenkins, R. B. (2001): Efficacy of bilateral prophylactic mastectomy in BRCA1 and BRCA2 gene mutation carriers. Journal of the National Cancer Institute 93, 21 (2001), S. 1633-1637.
Hildt, E. (2006): Autonomie in der biomedizinischen Ethik. Genetische Diagnostik und selbstbestimmte Lebensgestaltung. Kultur der Medizin. Band 19. Frankfurt a.M., New York.
Kauff, N. D./Domchek, S. M./Friebel, T. M./Robson, M. E./Lee, J./Garber, J. E./Isaacs, C./Evans, D. G./Lynch, H./Eeles, R. A./Neuhausen, S. L./ Daly, M. B./Matloff, E./Blum, J. L./Sabbatini, P./Barakat, R. R./Hudis, C./Norton, L./Offit, K./Rebbeck, T. R. (2002): Risk-Reducing salpingo-

oophorectomy in women with a BRCA1 or BRCA2 Mutation. The New England Journal of Medicine 346, 21 (2002), S. 1609-1615.
Kauff, N. D./Domchek, S. M./Friebel, T. M./Robson, M. E./Lee, J./Garber, J. E./Isaacs, C./Evans, D. G./Lynch, H./Eeles, R. A./Neuhausen, S. L./ Daly, M. B./Matloff, E./Blum, J. L./Sabbatini, P./Barakat, R. R./Hudis, C./Norton, L./Offit, K./Rebbeck, T. R. (2008): Risk-Reducing Salpingo-Oophorectomy for the Prevention of BRCA1- and BRCA2-Associated Breast and Gynecologic Cancer: A Multicenter/Prospective Study. Journal of Clinical Oncology 26, 8 (2008), S. 1331-1337.
Kommission Gendiagnostik der Deutschen Gesellschaft für Humangenetik (GfH) (2008): Indikationskriterien für die Krankheit: Familiärer Brust-/ Eierstockkrebs [BRCA1/BRCA2]. Freigegeben am 16.04.2008; http:// www.gfhev.de/de/leitlinien/Diagnostik_LL/Indikationskriterien%20-% 20BRCA.pdf (Zugriff: 15.07.2008).
Lüdtke-Heckenkamp, K./Bürki, N./Schmutzler, R. (2008): Familiärer Brust- und Eierstockkrebs. Interdisziplinäres Betreuungskonzept in spezialisierten Zentren. Onkologie 2 (2008), S. 6-10.
Meijers-Heijboer, E. U. J./Verhoog, L. C./Brekelmans, C. T. M./Seynaeve, C./Tilanus-Linthorst, M. M. A./Wagner, A./Dukel, L./Devilee, P./van den Ouweland, A. M. W./Van Geel, A. N./Klijn, J. G. M. (2000): Presymtomatic DNA testing and prophylactic surgery in families with a BRCA1 and BRCA2 mutation. The Lancet 355, 9220 (2000), S. 2015-2020.
Metcalfe, K./Lynch, H. T./Ghadirian, P./Tung, N./Olivotto, I./Warner, E./ Olopade, O. I./Eisen, A./Weber, B./McLennan, J./Sun, P./Foulkes, W. D./Narod, S. A. (2004): Contralateral breast cancer in BRCA1 and BRCA2 mutation carriers. Journal of Clinical Oncology 22, 12 (2004), S. 2328-2335.
Narod, S. A./Foulkes W. D. (2004): BRCA1 and BRCA2: 1994 and beyond. Nature Reviews. Cancer 4, 9 (2004), S. 665-676.
Nippert, I./Schlegelberger, B./Consortium ‚Hereditary Breast and Ovarian Cancer of The Deutsche Krebshilfe' (2003): Women's Experiences of undergoing BRCA1 and BRCA2 testing: organisation of the German hereditary Breast and Ovarian Cancer Consortium Survey and Preliminary Data from Münster. Community Genetics 6, 4 (2003), S. 249-258.
Offit, K. (Hrsg.) (1998): Clinical Cancer Genetics. Risk Counseling and Management. New York.
Patenaude, A. F./Dorval, M./DiGianni, L. S./Schneider, K. A./Chittenden, A./Garber, J. E. (2006): Sharing BRCA1/2 test results with first-degree relatives: factors predicting who women tell. Journal of Clinical Oncology 24, 4 (2006), S. 700-706.
Propping, P./Aretz, S. (2004): The genetic revolution-impact on therapy and prevention. Der Internist 45 (2004), Suppl. 1, S. 6.
Rantanen, E./Hietala, M./Kristoffersson, U./Nippert, I./Schmidtke, J./ Sequeiros, J./Kääriäinen, H. (2008): What is ideal genetic counselling? A

survey of current international guidelines. European Journal of Human Genetics 16, 4 (2008), S. 445-452.

Rebbeck, T. R./Lynch, H. T./Neuhausen, S. L./Narod, S. A./Van't Veer, L./Garber, J. E./Evans, G./Isaacs, C./Daly, M. B./Batloff, E./Olopade, O. I./Weber, B. L. (2002): Prophylactic oophorectomy in carriers of BRCA1 or BRCA2 Mutations. New England Journal of Medicine 346, 21 (2002), S. 1616-1622.

Rebbeck, T. R./Friebel, T./Wagner, T./Lynch, H. T./Garber, J. E./Daly, M. B./Isaacs, C./Olopade, O. I./Neuhausen, S. L./van't Veer, L./Eeles, R./ Evans, D. G./Tomlinson, G./Matloff, E./Narod, S. A./Eisen, A./ Domchek, S./Armstrong, K./Weber, B. L./PROSE-Study Group (2005): Effect of short-term hormone replacement therapy on breast cancer risk reduction after bilateral prophylactic oophorectomy in BRCA1 and BRCA2 mutation carriers: the PROSE study group. Journal of Clinical Oncology 23, 31 (2005), S. 7804-7810.

Schlegelberger, B./Hoffrage, U. (2005): Implikationen der genetischen Beratung bei Hochrisiko-Familien für erblichen Brust- und Eierstockkrebs, in: Gerhardus et al. (2005), S. 33-58.

Schmidtke, J. (2002): Vererbung und Ererbtes – Ein humangenetischer Ratgeber. Chemnitz.

Schmutzler, R./Schlegelberger, B./Meindl, A./Gerber, W. D./Kiechle, M. (2003): Beratung, genetische Testung und Prävention von Frauen mit einer familiären Belastung für das Mamma- und Ovarialkarzinom. Interdisziplinäre Empfehlungen des Verbundprojekts „Familiärer Brust- und Eierstockkrebs" der Deutschen Krebshilfe. Medizinische Genetik 15, 4 (2003), S. 385-395.

Siegmund-Schultze, N. (2006): Bei Brustkrebs bietet prädiktiver Gentest mehr Vor- als Nachteile. Ärzte-Zeitung vom 13.07.2006.

Tschuschke, V. (2002): Psychoonkologie. Psychologische Aspekte der Entstehung und Bewältigung von Krebs. Stuttgart.

Van Oostrom, I./Meijers-Heijboer, H./Lodder, L. N./Duivenvoorden, H. J./ van Gool, A. R./Seynaeve, C./van der Meer, C. A./Klijn, J. G. M./van Geel, B. N./Burger, C. W./Wladimiroff, J. W./Tibben, A. (2003): Long-Term Psychological Impact of Carrying a BRCA1/2 Mutation and Prophylactic Surgery: A 5-Year Follow-Up Study. Journal of Clinical Oncology 21, 20 (2003), S. 3867-3874.

Watson, M./Foster, C./Eeles, D./Eccles, D./Ashley, S./Davidson, R./ Mackay, J./Morrison, P. J./Hopwood, P./Evans, D. G. R./Psychosocial Study Collaborators (2004): Psychosocial impact of breast/ovarian (BRCA1/2) cancer-predictive genetic testing in a UK multi-Centre clinical cohort. British Journal of Cancer 91, 10 (2004), S. 1787-1794.

Zerres, K./Grimm, T./Rudnik-Schöneborn, S. (2007): Humangenetische Beratung. Medizinische Genetik 19, 2 (2007), S. 255-264.

Friedmar R. Kreuz

Psychosoziale und ethische Aspekte genetischer Diagnostik: Das Beispiel Huntingtonsche Krankheit

Spätmanifeste, also erst im Laufe des Lebens auftretende Krankheiten, stellen insbesondere, wenn sie nicht heilbar sind, sondern lediglich eine symptomatische Therapie zur Verfügung steht, aber eine vorhersagende (Prädiktiv-)Diagnostik oder auch vorgeburtliche (Pränatal-)Diagnostik möglich ist, eine spezifische und z.t. extreme Anforderung an die humangenetische Beratung und sind daher eine große Herausforderung. Ratsuchende aus Familien mit spätmanifesten, neurodegenerativen Erkrankungen, wie z.b. der Alzheimer-, der Parkinson-Krankheit, Prionen-Krankheiten oder Heredo-Ataxien, haben selbst die Progredienz der Krankheit bei einem Elternteil erlebt und sind besonders sensibilisiert. Am Beispiel einer real stattgefunden Beratungssituation sollen die ethischen und psychosozialen Probleme der genetischen Diagnostik in einer „Huntington-Familie" illustriert werden.

„Sind so kleine Hände ..." – I

„Ob es wirklich richtig ist, dass ich hier sitze?", zweifelt der 30-jährige Rocco[1] im Wartezimmer des Humangenetikers. „Wie wird das alles ausgehen? Werde ich meine letzten Lebensjahre auch so elend verbringen wie unser Vater? Mutter hatte sich zwar von ihm getrennt, als sie merkte, dass sie mit seiner gestörten Persönlichkeit nicht mehr klar kam; aber ich habe ihn noch ein paar Mal im Pflegeheim besucht, bevor er mit 55 Jahren verstarb. Schlimm war es; wie hieß es doch in dem Film, den wir letztes Jahr auf dem Huntington-Treffen gesehen hatten: ‚Am Ende landest du in einer Nervenklinik und zappelst dich zu Tode!'.[2] Ob mein kleiner Bruder Sven[3] auch so denkt? Er ist die letzten Minuten neben mir so schweigsam geworden und hat doch sonst immer etwas zu erzählen. Ich war für ihn immer das große Vorbild und habe ihn beschützt. Auch jetzt möchte ich ihn beschützen; er soll die Huntington-Krankheit nicht bekommen, lieber ich. Um mein

---

1   Die Namen wurden alle geändert. Die dargestellten Gedanken sind den Erfahrungen und Äußerungen der Personen im Beratungsprozess nachempfunden.
2   Vgl. den Kurzfilm „Risikoperson" von Jörg Gfrörer (1992).
3   Stammbaum der Familie siehe Abb. 1.

Leben ist es nicht schade. Was zählt es schon, Automechaniker gibt es eh' genug, wer weiß wie lange ich noch Arbeit habe. Aber Sven, der mit seinen 25 Jahren noch viel mehr vor sich hat, sich vom Bäcker zum Dekorateur qualifiziert und vor ein paar Monaten gerade Vater geworden ist. Ist ja auch süß, die kleine Nicolé. Was soll seine Familie ohne ihn machen? Nein – wenn jemand dieses verfluchte Gen hat, dann ich, nicht Sven. Vielleicht ist es doch richtig, dass wir beide hier sitzen. Seine Frau Mandy hat ihn förmlich her getrieben; sie will genau wissen, woran sie bei Nicolé ist. Ich bin ja bloß hier, um Sven zu beschützen. Na ja, zugegeben, wissen möchte ich auch schon, ob ich erkranken werde. Schließlich will es Liane davon abhängig machen, ob sie von mir ein Kind haben will. So ganz Unrecht hat sie wohl nicht... Ach, da kommt ja der Doktor."

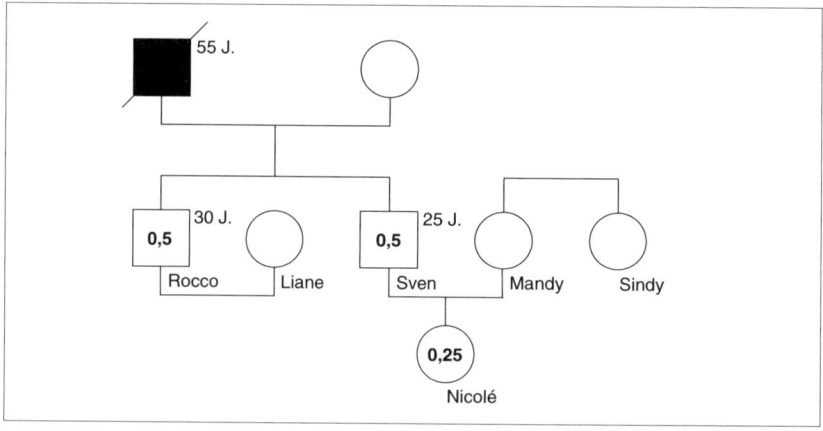

Abb. 1: Stammbaum der Familie. Die Quadrate bedeuten männliche, Kreise weibliche Individuen; das ausgefüllte und durchgestrichene Quadrat markiert den im Alter von 55 Jahren an Huntington-Krankheit verstorbenen Vater = Merkmalsträger; in den Symbolen ist die formalgenetische Wahrscheinlichkeit, Träger eines mutierten Huntingtin-Gens zu sein, eingetragen.

Erklärungen zum Krankheitsbild

George Sumner Huntington (1850 - 1916) hat 1872 im „Medical and Surgical Reporter of Philadelphia"[4] einen kleinen Aufsatz „On Chorea" verfasst und über ein Krankheitsbild berichtet, das er als praktizierender Arzt auf Long Island (US-Bundesstaat New York) schon in der Praxis seines Großvaters und Vaters gesehen hat.[5] „Chorea", aus dem Griechischen stammend,

---

4 Huntington (1872).
5 Beighton/Beighton (1986).

bedeutet soviel wie Tanz und ist in Deutschland unter „Veitstanz" bekannt geworden. Huntington hat die wesentlichen Merkmale der Krankheit herausgestellt: Sie hat einen erblichen Charakter, geht mit der Tendenz zu Wahnvorstellungen und Suizid einher und manifestiert sich im Erwachsenenalter.[6] Es handelt sich um eine seltene Krankheit (orphan disease) mit einer Prävalenz von ca. 4 bis 8 bzw. 11 Erkrankten auf 100.000 Einwohner; in der Bundesrepublik Deutschland wird von ca. 10.000 Erkrankten ausgegangen. Der Erkrankungsgipfel der Huntington-Krankheit liegt bei 30 - 50 Jahren, wobei auch von erkrankten Kindern (2 Jahre) und einer Manifestation im Senium (70 Jahre) berichtet wird.[7]

Symptome der Huntingtonschen Krankheit

Die Huntingtonsche Krankheit kann durch die Trias aus psychischen, neurologischen und allgemeinen Symptomen beschrieben werden. Jedoch ist die Abfolge der Symptomatik bei jedem Patienten eine andere und nicht alle aufgeführten Symptome müssen zwangsläufig auftreten.

Die psychischen Auffälligkeiten gehen der neurologischen Symptomatik meist um Jahre voraus, und erst retrospektiv erinnern sich nahe stehende Menschen an die zunehmend depressiven Verstimmungen, die kognitiven Leistungsstörungen mit Konzentrationsverlust, Merk- und Gedächtnisstörungen, Denkverlangsamung und dem Haften an bestimmten Denkinhalten. Antrieb und Affekt können gestört sein. Diese Symptome werden häufig von den Kranken im Frühstadium, aber auch später, bewusst nicht wahrgenommen und verleugnet (Anosognosie). Die zunehmend depressive Symptomatik wird immer mehr somatisiert, was sich häufig in Schmerzsymptomen ohne organisches Korrelat zeigt. Persönlichkeitsstörungen werden im weiteren Verlauf nicht selten beobachtet und führen zu einer extremen Belastung des gemeinsamen Lebens; es ist nicht mehr der Mensch, den man vor Jahren kennen- und lieben gelernt hat!

Besonders den Mitmenschen fallen dann die neurologischen Störungen auf, die oft ein pauschales Vorurteil der Trunksucht fällen. Im Zusammenhang mit den psychischen Auffälligkeiten, der Antriebsverarmung und des Interessenverlustes, der eigenen persönlichen Vernachlässigung und der Entwicklung von Abhängigkeiten und Süchten (Nikotin, Alkohol, Drogen, sexuelle Enthemmung) kann es tatsächlich zum sozialen Abstieg kommen. Zuerst fallen diskrete Bewegungsstörungen auf, die als Nervosität und Unsicherheit gedeutet werden und als „Verlegenheitsbewegungen" noch gut kaschiert werden können. Im Laufe der progredienten Entwicklung tritt das choreatische Bewegungsmuster, bestehend aus unwillkürlichen und schlenkernden Bewegungen sowie Grimassieren auf. Die Muskulatur wirkt ent-

---

6 Huntington (1872).
7 Rieß/Andrich (2002).

spannt (hypoton), die Muskeleigenreflexe sind jedoch deutlich gesteigert; es kommt zu einer erhöhten Fallneigung (posturale Instabilität). Das Sprechen wirkt abgehackt (Dysarthrophonie), das Schlucken ist erschwert (Dysphagie), was ein häufiges Aspirieren von Nahrung mit nachfolgender Pneumonie bedingt und früher häufig die Todesursache bei Huntington-Patienten darstellte. Bei genauer neurologischer Untersuchung fallen die gestörten Augenfolgebewegungen (Sakkaden) und die Unmöglichkeit, die Zunge längere Zeit herauszustrecken („Chamäleonzunge"), auf. Von dieser Symptomatik ist die im Kindes- und Jugendalter auftretende „Westphal-Variante" abzugrenzen, die durch eine akinetisch-rigide, parkinsonähnliche Symptomatik gekennzeichnet ist.

An allgemeinen Symptomen klagen die Patienten häufig über innere Unruhe und Schlaflosigkeit. Charakteristisch ist die stete Abnahme der Körpermasse bis hin zum Marasmus, was nicht allein durch den erhöhten Energieverbrauch der Hyperkinesen erklärt werden kann.

Therapie der Huntingtonschen Krankheit

Eine heilende, sprich kausale Therapie der Huntington-Krankheit gibt es, auch nach mehr als einem Vierteljahrhundert Forschung, (noch) nicht. Zur Verlangsamung des Fortschreitens der Krankheit werden im Bereich der allgemeinen Lebensführung die Vermeidung von Stress und Genussmittelabusus, eine kohlenhydratreiche, hochkalorische Kost und vor allem die soziale Einbindung in ein dicht geknüpftes soziales Netz (Familie, Freunde, Interessengruppen und Vereine, Selbsthilfegruppen) empfohlen. An nichtmedikamentöser Therapie stehen Physio-, Ergo-, Sozio- und Psychotherapie, Logopädie, Entspannungstechniken, Hirnleistungstraining und Rehabilitations-Maßnahmen zur Verfügung. Die medikamentöse Therapie muss und kann sich nur nach der vorliegenden Symptomatik richten. Hochdosierte Vitamingaben als „Radikalfänger" sollen eine gewisse Neuroprotektion bewirken.

Formalgenetik der Huntingtonschen Krankheit

Dem Morbus Huntington liegt der autosomal-dominante Erbgang zugrunde. „Autosomal" bedeutet, dass das auslösende Gen nicht auf einem der beiden Geschlechtschromosomen (X- bzw. Y-Chromosom) liegt, sondern auf einem der 22 Paare Nicht-Geschlechtschromosomen (= Autosomen), die bei männlichen und weiblichen Individuen gleich sind. Im Falle der Huntington-Krankheit handelt es sich um das Chromosom Nr. 4, auf dem das „Huntingtin-Gen" am Ende des kurzen Armes lokalisiert wurde: 4p16.3.[8]

---

8 Gusella et al. (1983).

Männer und Frauen sind demzufolge im gleichen Verhältnis von der Huntingtonschen Krankheit betroffen.

„Dominant" bedeutet, dass es ausreicht, wenn lediglich eines der beiden Huntingtin-Gene (ein Gen stammt vom Vater, ein Gen der Mutter) die pathogene genetische Veränderung (Mutation) trägt, damit sich die Krankheit entwickelt. Die Penetranz des mutierten Gens ist 100 %, d.h. jeder Träger der pathogenen Mutation wird im Laufe seines Lebens, so er es erlebt, am Morbus Huntington erkranken.

Aus dem autosomal-dominanten Erbgang ergibt sich auch für die Verwandten ersten Grades eines Erkrankten (Eltern, Geschwister und Kinder), dass sie eine Wahrscheinlichkeit von 50 % haben, ebenfalls Träger des mutierten Gens zu sein und zu erkranken. Im anglo-amerikanischen Sprachgebrauch werden diese Menschen als „persons at risk" bezeichnet,[9] was im Deutschen mit der unschönen Übersetzung „Risikoperson" wiedergegeben wird. Für wen stellen Sie ein Risiko dar? Für andere Menschen oder die Gesellschaft? Die Erfahrungen des Autors zeigen, dass diese Menschen sehr viel Mut zeigen und sich mit ihrem unausweichlichen Schicksal auseinander setzen: Einige wagen es, sich das Schicksal mittels einer Prädiktivdiagnostik vorhersagen zu lassen, andere wagen es und lassen sich auf das unbestimmte Schicksal, ohne Diagnostik, ein (englisch: to engage in). Nach dem Dafürhalten des Autors sollten diese „Risikopersonen" daher treffender als „Engaging Persons" („Sich Trauende", „Sich Einlassende") bezeichnet werden: als Menschen, die den Mut haben und sich trauen, mit der Wahrscheinlichkeit oder Sicherheit einer zum Tode führenden Krankheit zu leben, sich damit auseinandersetzen, sich darauf einlassen (müssen) und dagegen ankämpfen, kurz, sich mit der Wahrscheinlichkeit zu erkranken und der Krankheit arrangieren. Da sich diese Bezeichnung im Sprachgebrauch nicht durchsetzen wird, sollte zumindest wieder auf die in den 1960er Jahren gebräuchliche und etwas weiter gefasste Übersetzung von „person at risk" als „Huntington Gefährdete(r)" zurückgegriffen werden.[10] Dies wird auch von den Rat suchenden Personen aus den entsprechenden Familien begrüßt, wie erste persönliche Befragungen in der humangenetischen Beratung und auf einem Selbsthilfegruppentreffen zeigen.

Psychosoziale und ethische Besonderheiten der Beratungssituation – I

In dieser besonderen Beratungssituation der beiden Brüder im Wartezimmer des Humangenetikers fällt die Geschwisterdynamik auf. Es ist kein Zufall, dass der ältere der beiden Brüder (Rocco) die Vaterrolle übernimmt; er fühlt sich gegenüber der Familie, seiner Mutter und seinem jüngeren Bruder verpflichtet – verpflichtet zur Abwendung von Gefahren und zum

---

9   Kessler et al. (1987).
10 Drohm (1967).

Schutz des jüngeren Bruders. Mit dem Tod des Vaters ist er an dessen Stelle getreten, identifiziert sich mit dem Vater, nimmt die „Schuld" auf sich, würde lieber selbst erkranken als zuzulassen, dass sein jüngerer Bruder Sven erkrankt. Falls dies nicht geschieht, wird er Schuldgefühle als Nicht-Erkrankter seinem krank werdenden Bruder gegenüber entwickeln – er wird überleben, sein Bruder nicht! Ein Phänomen, das in der Literatur seit Jahren als „survivor's guilt" beschrieben wird.[11]

Ebenfalls auffallend ist die Partnerdynamik zwischen Sven und seiner Frau Mandy: Mandy hat Angst vor einer möglichen Erkrankung des gemeinsamen Kindes. Sie macht sich Vorwürfe, nicht schon vor der Zeugung bzw. Geburt von Nicolé das „Risiko" geklärt zu haben; wahrscheinlich trat die Schwangerschaft eher ungewollt ein, wie sich aus dem weiteren Verlauf der Geschichte vermuten lässt. Mandy entwickelt eigene Schuldgefühle, die sie auf ihren Partner und auf das gemeinsame Kind projiziert, was dazu führt, dass sie Druck auf Sven ausübt und ihn zur Klärung seines Genstatus, zur Prädiktivdiagnostik, treibt. Sven bleibt kaum eine Wahl, will er die familiäre Situation retten; er verzichtet auf seine eigene Entscheidungsfreiheit zugunsten der Partnerschaft und der Familie und ist festen Willens, eine Prädiktivdiagnostik in Anspruch zu nehmen.

In einer ähnlichen Situation scheint auch Rocco zu sein; seine Partnerin Liane macht ihren Kinderwunsch vom seinem Genstatus abhängig. Zwar scheint die Situation in dieser Partnerschaft durch die Erkrankungswahrscheinlichkeit weniger belastet, jedoch wird auch Roccos Entscheidungsautonomie durch den Wunsch von Liane unterlaufen.

„Sind so kleine Hände ..." – II

„Hätte ich nicht gedacht, dass es noch Ärzte gibt, die sich soviel Zeit für ein Gespräch nehmen. Aber enttäuscht bin ich doch ein bisschen von ihm. Blut hat er nicht abgenommen. Dafür hat er irgendetwas von ‚Richtlinien' gesagt und einer Bedenkzeit von mindestens vier Wochen, und dass er es ablehnt, Sven und mich gleichzeitig zu beraten bzw. das Ergebnis mitzuteilen; und eine Vertrauensperson sollen wir uns suchen, die nicht Risikoperson ist; und unser Leben sollen wir in Ordnung bringen und absichern. Dass das so kompliziert ist, hätte ich mir nicht vorgestellt. Ich wollte doch nur meinen Arm für die Blutentnahme hinhalten und kein psychologisches Gespräch führen; ich hab' doch keine Macke. Sven allerdings scheint richtig scharf darauf zu sein, die Genanalyse durchführen zu lassen. Mandy wird ihm wohl die Pistole auf die Brust gesetzt haben, und jetzt muss er da durch. Wenn ich es mir genau überlege, so Unrecht hat der Doktor vielleicht doch nicht mit seinen Bedenken."

---

11 Huggins et al. (1992).

Richtlinien zur Durchführung prädiktiver genetischer Diagnostik

Schon in den 1980er Jahren, nachdem das Huntingtin-Gen lokalisiert und durch die indirekte Kopplungsuntersuchung die Möglichkeit einer Prädiktion in den Huntington-Familien gegeben war, setzten sich Wissenschaftler und Vertreter von Laienorganisation auf internationaler Ebene zusammen, um über die ethischen und psychosozialen Besonderheiten einer prädiktiven Gendiagnostik der Huntington-Krankheit zu diskutieren. Diese gemeinsamen Gespräche gipfelten in den sogenannten „Internationalen Richtlinien", die beispielgebend sowohl für die Zusammenarbeit von Forschern und Betroffenen als auch für die Erstellung analoger Richtlinien für andere, spätmanifeste Krankheiten wurden.[12] Nach der Möglichkeit der direkten Genanalyse 1993 wurden diese Richtlinien adaptiert[13] und sehr zeitnah sowohl auf Europäischer Ebene, zuerst von der Euro-Ataxia,[14] als auch in Deutschland von der Deutschen Gesellschaft für Humangenetik e.V. (GfH)[15] und der Deutschen Heredo-Ataxie-Gesellschaft e.V. (DHAG)[16] in entsprechend angepasster Form zum Standard für humangenetische Beratung und genetische Prädiktivdiagnostik erhoben. Die Bundesärztekammer reagierte erst etwas später, hat jedoch 2003 allgemeingültige Richtlinien zur Prädiktivdiagnostik verabschiedet.[17]

Die wesentlichen Inhalte dieser Richtlinien unterscheiden sich nicht. Sie geben mit den folgenden Punkten dem genetisch beratenden Arzt und der Huntington-gefährdeten Person eine gut zu handhabende Leitlinie für alle Aspekte im Prozess der Beratung und Betreuung bei prädiktiver Diagnostik in die Hand:

- Genetische Prädiktivdiagnostik muss im Rahmen einer humangenetischen Beratung erfolgen, in der das neueste Wissen über die Huntington-Krankheit und die genetische Diagnostik zu vermitteln sind.
- Der Entschluss zur Inanspruchnahme der Prädiktivdiagnostik muss die alleinige Entscheidung des Betreffenden sein und darf nicht auf Verlangen Dritter erfolgen.
- Voraussetzung zur Inanspruchnahme der Prädiktivdiagnostik ist die Volljährigkeit des Betreffenden, der diese Entscheidung auf der Grundlage der erhaltenen Information (informed consent) und autonom treffen soll.

---

12 World Federation of Neurology: Research Committee Research Group on Huntington's Disease (1989).
13 International Huntington Association/World Federation of Neurology (1994).
14 Van den Kerchove et al. (1996).
15 Kommission für Öffentlichkeitsarbeit und ethische Fragen der Gesellschaft für Humangenetik e.V. (1991).
16 Deutsche Heredo-Ataxie-Gesellschaft e.V. (1995).
17 Bundesärztekammer (2003).

- Die zu untersuchende Person soll sich eine Person ihres Vertrauens suchen, die sie in allen Phasen der Diagnostik begleitet und ihr zur Seite steht.
- Der zu untersuchenden Person sollten die Kontaktaufnahme zu Selbsthilfegruppen und die Inanspruchnahme einer psychotherapeutischen Begleitung angeboten werden.
- Im humangenetischen Beratungsgespräch sollten auch Informationen über alle Konsequenzen der Prädiktivdiagnostik (psychosoziale Auswirkungen, ethische Aspekte, versicherungs- und arbeitsrechtliche Aspekte) und über alternative Möglichkeiten (klinische präsymptomatische Diagnostik, Zurückstellung der Untersuchung, lediglich Blut- bzw. DNA-Asservierung ohne Untersuchung) gegeben werden.
- Der zu untersuchenden Person sollte nach der ersten Information über die Huntington-Krankheit mindestens ein Monat Bedenkzeit für oder gegen die Entscheidung zur Prädiktivdiagnostik eingeräumt werden.
- Der zu untersuchenden Person sollten während der ganzen Phasen der Diagnostik und vor allem auch nach der Ergebnismitteilung zusätzliche Gesprächsangebote offeriert werden.
- Die zu untersuchende Person hat jederzeit das Recht, auf die Ergebnismitteilung zu verzichten und den Vorgang der Prädiktivdiagnostik abzubrechen.

Nach den Erfahrungen des Autors hat sich das Vorgehen nach diesen Richtlinien bewährt. Viele, vor allem sehr junge Huntington-gefährdete Personen haben nach der Erstberatung, obwohl sie anfangs fest entschlossen waren, die Prädiktivdiagnostik durchführen zu lassen, von diesem Entschluss Abstand genommen. Einige Wenige haben auf die Ergebnismitteilung verzichtet und das in einem verschlossenen Umschlag vorliegende Untersuchungsergebnis nicht abgefragt. Die Inanspruchnahme einer psychotherapeutischen Begleitung ist in der Tat sehr gering, obwohl diese nach einer Umfrage von 69,8 % der befragten Huntington-gefährdeten Personen als notwendig bzw. von 23,2 % als sinnvoll eingeschätzt wurde.[18]

Die Erweiterung dieser Umfrage unter Einbeziehung der Partnerinnen und Partner von Huntington-gefährdeten Personen zeigte, dass Partnerinnen und Partner der Prädiktivdiagnostik weniger restriktiv gegenüber stehen als die Huntington-gefährdete Person selbst (72 vs. 50 %).[19] Als Hauptgründe für die Inanspruchnahme der Prädiktivdiagnostik werden genannt: das Wissen-Wollen des eigenen Genstatus'; Gewissheit zu haben, ob mit der Erkrankung gerechnet werden muss, oder nicht. Davon hängen die weiteren Entscheidungen wie persönliche Lebensplanung, Partnerwahl und Partnerschaft sowie Familienplanung ab.

Von Bedeutung sind vor allem die Gründe, die zur Nicht-Inanspruchnahme der Prädiktivdiagnostik führen. Hier stehen die erwarteten psychi-

---

18 Kreuz (1996).
19 Kreuz/Bockel (1994).

schen Probleme, mit dem Ergebnis der Untersuchung, wie immer es auch ausfallen mag, nicht umgehen zu können, im Vordergrund. Aber auch soziale Probleme im veränderten Verhalten der Familienmitglieder, Verwandten und Freunde (Rückzug!) und Datenschutzprobleme, beim Umgang mit Versicherungen und Arbeitgebern, werden befürchtet und antizipiert.[20]

Die Entscheidungsautonomie bezüglich der Prädiktivdiagnostik wird in einer anderen großen Studie mit 85 - 100 % von allen vom Autor befragten Personengruppen (Medizinstudenten, Studenten der Technikwissenschaften, angehende Hebammen, Ärzte, Mitglieder aus Familien mit genetisch bedingten Krebs- und anderen Erkrankungen, Heredo-Ataxien und auch der Huntington-Krankheit) als wesentliches Kriterium betrachtet. Eine Verpflichtung zur Prädiktivdiagnostik für Personengruppen mit besonders verantwortlichen Berufe (z.b. Busfahrer, Piloten) wird dagegen nicht bzw. kaum eingefordert (0 - 18 % der Antworten).[21]

„Sind so kleine Hände ..." – III

„Kann ich mir schon vorstellen", denkt sich Sven bei einem weiteren Beratungsgespräch zwei Monate später, „dass sich der Doktor wundert. Kommt bestimmt auch nicht alle Tage vor, dass jemand statt mit seiner Frau mit deren Schwester zur genetischen Beratung erscheint. Aber ich kann ihm erklären, dass ich ein viel engeres Verhältnis zu Sindy als zu meiner Frau Mandy habe. Ich hätte lieber Sindy heiraten sollen! Sie drängt nicht so auf die Genanalyse und sieht auch die Probleme, die damit verbunden sind, realistischer. Sie hat mich auch ständig erinnert, die Versicherungen abzuschließen, bevor ich mich entscheide. Mit ihr kann ich viel besser reden; sie akzeptiert mich so, wie ich bin und drängt nicht auf die Genanalyse. Ich werde es mir doch noch einmal überlegen. Gut, dass uns der Doktor so viel Zeit für die Entscheidungen gegeben hat. Wenn ich mich wirklich dazu durchringe, will ich die Untersuchung anonym machen lassen. Schließlich will ich keine Spuren hinterlassen, die die Versicherungen oder die Krankenkasse nachvollziehen können. Der Doktor scheint meine Unsicherheit zu spüren. Es ist gut, dass er uns noch einmal Zeit zum Überlegen gibt. – Ich werde mich wohl nicht wieder melden. Wie sich mein großer Bruder Rocco entscheidet, ist seine Sache. Ich will selbst entscheiden!"

---

20 Kreuz (1996).
21 Kreuz/Wiedemann (2004).

Psychosoziale und ethische Besonderheiten der Beratungssituation – II

Die Besonderheit der Beratungssituation ergibt sich hier aus den scheinbar antagonistischen Widersprüchen: Auf der einen Seite stehen die Möglichkeiten, die durch die humangenetische Beratung per definitionem gegeben sind und vor allem in der Autonomie, Anonymität der Untersuchung, dem Recht auf Wissen und dem Recht auf Nichtwissen bestehen; auf der anderen Seite stehen die Ängste des Ratsuchenden, die sich im Partnerschaftskonflikt und der möglichen Ehekrise, der Wahrung des Datenschutzes, der Unmöglichkeit eines Versicherungsabschlusses und der gegenwärtigen Arbeitsmarktsituation widerspiegeln.

Die Frage nach der Mitteilung des Ergebnisses einer Prädiktivdiagnostik an Arbeitgeber und Versicherungen wird in den genetischen Beratungsgesprächen immer wieder gestellt. Unsicherheit in dieser Frage besteht auch in den vom Autor befragten Gruppen.[22] Während sich 80 % der Mitglieder der Deutschen Huntington-Hilfe e.V. (DHH), in deren Kreisen diese Frage oft diskutiert wurde, generell gegen eine Mitteilung der Untersuchungsergebnisse an Versicherungen und Arbeitgeber aussprechen, befürworten mehr als 60 % der Medizinstudenten verschiedener Semester, der Studenten der Technikwissenschaften, der Hebammenschülerinnen und der Begleitpersonen von Ratsuchenden diese Mitteilung nach Zustimmung durch die jeweils untersuchte Person.

Nicht nur in der DHH sondern auch in der nationalen und internationalen Presse und unter Humangenetikern hat der Fall der Lehrerin aus Hessen, die die Genanalyse für sich ablehnte, jedoch nur nach einem günstigen Ergebnis der Prädiktivdiagnostik verbeamtet werden würde, heftige Kritik geerntet. Wahrheitsgemäß hatte sie von der Huntington-Krankheit ihres Vaters berichtet und sollte auf Grund ihrer Erkrankungswahrscheinlichkeit von 50 % nicht verbeamtet werden; es sei denn, die Genanalyse führe zu einem negativen Ergebnis. Die gerichtliche Klage[23] zeigte Erfolg und gab ihr letztendlich Recht; eine Genanalyse kann nicht als Voraussetzung für den Beamtenstatus gefordert werden.[24]

Prädiktivdiagnostik: Erfahrungen aus der humangenetischen Beratung

Sven und Rocco ist bewusst, dass ihre Entscheidung für oder gegen eine prädiktive Genanalyse nicht nur ihre individuelle Entscheidung ist, sondern Auswirkungen auf den Familien-, Freundes- und Bekanntenkreis und nicht zuletzt auch eine gesellschaftliche und rechtliche Dimension hat.

---

22 Kreuz/Wiedemann (2004).
23 Tolmein 2004, AZ VG Darmstadt: 1E 470/04 (3).
24 Burgemeister (2003).

Die Erfahrungen und Forschungsarbeiten des Autors aus einer über zehnjährigen Beratung von Huntington-Familien und ihren Angehörigen bestätigen die Besonderheiten und Schwierigkeiten dieser Situation. Ist das Geschlechterverhältnis unter Huntington-Erkrankten gemäß des autosomalen Erbganges gleich, so ist es unter den Huntington-gefährdeten Personen verschoben: Die Genetische Beratungsstelle suchten doppelt so viele Frauen wie Männer auf. 53 % der Huntington-gefährdeten Personen wünschte nach der genetischen Beratung keine Prädiktivdiagnostik, 32 % der genetisch untersuchten Personen war Träger des Huntington-Allels, 15 % waren Träger zweier Normalallele und somit nicht (mehr) Huntington-gefährdet. Dabei unterschied sich das Durchschnittsalter der Genträger nicht von dem der Nicht-Genträger (29 Jahre); das Durchschnittsalter derjenigen Personen, die die Analyse ablehnten, war mit 26 Jahren geringfügig niedriger. Alle diese Personen nahmen mehr als nur eine humangenetische Beratung in Anspruch; in der Regel waren es drei bis fünf Beratungsgespräche; sie wurden hierbei hauptsächlich von ihren Partnern bzw. Partnerinnen (48 %), aber auch Eltern (19 %), Geschwistern (wie im Beispiel von Rocco und Sven; 20 %), Freunden (12 %) und anderen Verwandten (10 %) begleitet und kamen selten allein (16 %). Diese Analyseergebnisse[25] zeigen, dass

1. sich Frauen ihrer biologischen und sozialen Rolle als Mutter bewusst sind und sich mehr mit den Fragen um die Gesundheit der Kinder beschäftigen als Männer;
2. für die Entscheidung zur Prädiktivdiagnostik ein gewisser Reifungsprozess durchlaufen werden muss und in jüngeren Jahren zwar spontaner gehandelt, nach Überlegung jedoch der ursprüngliche Entschluss zurückgestellt wird;
3. im Prozess der Entscheidungsfindung (und Gefährdungs- und Ergebnisverarbeitung = Coping) Unterstützung bei Vertrauenspersonen gesucht wird.

Nach den Befragungsergebnissen halten 70 % der Huntington-gefährdeten Personen eine begleitende Psychotherapie für notwendig, 23 % für sinnvoll und nur ein Prozent für überflüssig.[26] Tatsächlich jedoch nehmen nach der Erfahrung des Autors nur etwa 20 % aller Huntington-gefährdeten Personen, die die humangenetische Beratung aufsuchen, das Angebot einer Psychotherapie wahr. Daher kommt den begleitenden Vertrauenspersonen, meist den Partnern und Partnerinnen, eine verantwortungsvolle Aufgabe bei der psychischen Unterstützung zu. Den Partnerinnen und Partnern ist ihre besondere Aufgabe bewusst; nach der bereits erwähnten Partner-Umfrage[27] sind 44 % von ihnen bereit, nach der Ergebnismitteilung mehr Verantwor-

---

25 Kreuz (1999).
26 Kreuz (1996).
27 Kreuz/Bockel (1994).

tung für den Huntington-gefährdeten Partner/die Partnerin zu übernehmen; 25 % von ihnen verdrängen das Problem („es wird uns nicht betreffen"), wohingegen 15 % ihre weitere Lebensplanung zerstört sehen; 28 % von ihnen bringen zusätzlich auch andere Gefühle wie Hilflosigkeit, Angst, aber auch den Wunsch nach helfenden Aktivitäten zum Ausdruck. Niemand zog eine Trennung in Erwägung!

Nach den Erfahrungen aus 15-jähriger Beratungstätigkeit haben etwa 10 % der Huntington-gefährdeten Personen nach der Mitteilung des Ergebnisses der prädiktiven Diagnostik psychische Probleme – unabhängig vom Ausgang der Diagnostik. Daher müssen bereits im Vorfeld der Diagnostik die Auseinandersetzung mit dem möglichen Untersuchungsergebnis und seine Auswirkungen auf die zu untersuchende Person selbst, die Partnerin/ den Partner und weitere Familienmitglieder, das berufliche und soziale Umfeld und die weitere Lebensplanung antizipiert werden. Hierbei spielen die individuelle Vorgeschichte, der bisherige Lebensweg und die Lebensbewältigung (Coping) eine wichtige Rolle. Hinweise auf zu erwartende Reaktionen, eine mögliche Suizidalität, die Problematik der Selbstbeobachtung, emotionale Belastungen und Ängste, die z.B. durch bereits erkrankte Familienmitglieder, vorherrschende Beziehungen zwischen den Eltern oder Eltern und Kind entstehen und möglichst tiefenpsychologisch zu eruierende unbewusste Motive und Erwartungen sollten im Mittelpunkt dieser Gespräche stehen.

Instabile Eltern-Kind-Beziehungen können zu einem gestörten Selbstbewusstsein und Selbstvertrauen der Huntington-gefährdeten Person bezüglich verlässlicher eigener Beziehungen und zu Schwierigkeiten in späteren Partnerschaften führen. Nähe, Zuneigung und Harmonie werden als „ein mir eigentlich nicht zustehendes Geschenk" betrachtet, wohingegen Streit und Auseinandersetzung als „Beweis für die Unzumutbarkeit der eigenen Person und Unfähigkeit zur Partnerschaft" interpretiert werden. Der Ausweg scheint dann oft nur in Trennung und Selbstvorwürfen zu bestehen. Huntington-gefährdete Personen sind durch den erkrankten Elternteil besonderen emotionalen Belastungen ausgesetzt; sie stellen für einen oder beide Elternteile eine tröstende und ausgleichende Stütze dar, womit sie als Kind total überfordert und in ihrer eigenen Entwicklung eingeschränkt sind. Sie müssen die Mutter- bzw. Vaterrolle als „Ersatzpartner" übernehmen, entwickeln dadurch eine innerlich enge Bindung an den Elternteil, bleiben in ihrer Ursprungsfamilie verhaftet und entwickeln somit bewusste und unbewusste Schuldgefühle. Für sie wird es zu einer vertrauten und Sicherheit gebenden Situation, sich ständig bewusst zu sein, selbst an Morbus Huntington zu erkranken zu können und nie Kinder bekommen zu dürfen. Daraus entwickeln molekulargenetisch als Nicht-Genträger identifizierte Personen Ängste und Schuldgefühle derart, dass plötzlich eine Neuordnung des Lebenskonzeptes möglich und z.T. auch notwendig geworden ist (Umzug, Beruf, Partnerschaft), was aber andererseits auch Verrat an beiden Elternteilen und den schon erkrankten oder noch krank werdenden Geschwistern bedeutet (sogenannter „survivor's guilt"). Als Nicht-Genträger nicht mehr dazu zu gehören, bedeutet auch Verzicht auf die eigene Bemitleidung und Verzicht auf Mitleid und Zuwendung anderer. Zumindest wiesen diejenigen Huntington-gefährdeten Personen, die die humangenetische Beratung aufsuchten, in einer Studie zum Coping-Verhalten von Huntington-gefährdeten Personen aktive Copingstrategien auf: In absteigender Reihenfolge waren diese auf einer 5-Punkte Skala: aktivproblemorientiertes Coping (2,9), Ablenkung und Selbstaufwertung (2,7), Hedonismus (2,5), Religiosität und Sinnsuche (2,5), Rumination (ständiges Grübeln und nicht Loslassen-Können von den Gedanken) und depressive Verstimmung (2,2), Vermeidung und Verdrängung (2,1).[28] Interessanterweise gab es keine großen Unterschiede im Copingverhalten zwischen den Gruppen der nicht untersuchten und den positiv oder negativ untersuchten Huntington-gefährdeten Personen. Auch das Wissen um die Erkrankung in der Familie seit der Kinderzeit, der Kontakt zu erkrankten Familienmitgliedern oder zur Selbsthilfeorganisation schien keinen Einfluss auf das Copingverhalten zu haben.

Die Erfahrungen aus der humangenetischen Beratung des Autors und die Ergebnisse internationaler und auch eigener, vor allem in den 1980er und 1990er Jahren durchgeführter Untersuchungen,[29] werden durch die Ergebnisse einer neueren Studie unterstützt.[30] Die prädiktive Gendiagnostik wird hauptsächlich von Frauen (60 %) aufgrund ihrer Sozialisation und Rollenerwartung in Anspruch genommen. Als spezifische Persönlichkeitsfaktoren wurden eine höhere Ich-Stärke, höhere soziale Kompetenz, höhere Frustrationstoleranz und ein besseres Angstmanagement herausgearbeitet; auch die Copingstrukturen werden als kognitiv-aktiv und leistungsbezogen beschrieben. Bei den Huntington-gefährdeten Personen, die die Prädiktivdiagnostik nicht in Anspruch nehmen, wurden eine negativere Stimmung mit depressiver Symptomatik und ein evasives, defensives und aggressives Coping gesehen. Die Nicht-Inanspruchnehmer sind besorgter um die eigene Zukunft und haben die Erkrankung des Elternteiles als belastender erlebt als die Inanspruchnehmer.

Ein negatives Ergebnis der prädiktiven Genanalyse, also Nicht-Träger des Huntington-Allels zu sein, stellt somit für die Huntington-gefährdeten Personen in den meisten Fällen keine Entlastung dar; ein Teil von ihnen entwickelt depressive Symptome und hat Schwierigkeiten, mit der neuen Lebenssituation zurecht zu kommen. Bei einem positiven Ergebnis, also Träger des Huntington-Allels zu sein, kommt es häufig zu einer psychi-

---

28 Müller (2002).
29 Zu dieser Thematik siehe auch Evers-Kiebooms et al. (1987), Kessler et al. (1987), Markel (1987), Mastromauro et al. (1987), Meissen/Berchek (1987), Craufurd et al. (1989), Evers-Kiebooms et al. (1989), Quaid et al. (1989), Evers-Kieebooms (1990), Wolff/Walter (1992), Decruyenaere et al. (1993), Steenstraten et al. (1994), Kreuz (1996), Decruyenaere et al. (1997) sowie Binedell et al. (1998a) und (1998b).
30 Licklederer (2007).

schen Störung, die nach der Internationalen Krankheitsklassifikation ICD-10[31] als Anpassungsstörung, die mit erhöhter Depressivität, mit Zukunftsangst oder vegetativen Symptomen einhergehen kann, eingestuft werden muss.[32]

„Sind so kleine Hände ..." – IV

„Das ist meine Freundin Liane", mit diesen Worten stellt Rocco dem Humangenetiker seine Partnerin ein halbes Jahr später vor. Dieser hat auf den ersten Blick das Gefühl, dass sich beide sehr gut verstehen und alle drei gut miteinander arbeiten können. Rocco und Liane erzählen, dass sie sich seit sechs Jahren kennen und seit vier Jahren enger zusammen sind und ein gemeinsames Kind planen. Liane weiß schon viel von der Huntington-Krankheit, ein paar Fakten müssen ihr dennoch mitgeteilt werden: wie es sich mit dem Erkrankungsbeginn und dem Erkrankungsverlauf in Abhängigkeit von der Anzahl der Repeats verhält und dass diese Anzahl, vor allem bei der Vererbung über den Vater, nicht konstant bleibt, sondern sich weiter vermehren kann. Liane hört aufmerksam zu und hat noch viele Fragen. Sie wünscht sich sehr ein Kind von Rocco, das ist zu spüren, und es scheint die große Liebe zwischen den beiden zu sein. Über die vorgeburtliche Diagnostik will Liane viel wissen. Auch für sie kommt die Möglichkeit einer „Ausschlussdiagnostik" nicht in Betracht. Allerdings ist es vor der Pränataldiagnostik notwendig, erst Rocco zu untersuchen. „Ich kann es nicht verkraften, wenn unser Kind ebenfalls an der Huntington-Krankheit leiden wird. Zu Rocco stehe ich, egal ob er gesund bleibt oder krank wird. Ich werde zu ihm halten, in guten und in schlechten Tagen; aber ein krankes Kind, nein. Ich will im Fall einer Schwangerschaft unbedingt die vorgeburtliche Diagnostik."

Molekulargenetische Grundlagen der Huntingtonschen Krankheit

Wie bereits ausgeführt, wurde 1983 das Gen für die Huntingtonsche Krankheit auf dem Ende des kurzen Arms des Chromosoms Nr. 4 (4p16.3) lokalisiert.[33] Zehn Jahre später, 1993, konnte dieses als IT15 bezeichnete Gen

---

31 ICD ist die Abkürzung für „International Statistical Classification of Diseases and Related Health Problems", erstellt von der Weltgesundheitsorganisation bzw. für die vom Deutschen Institut für Medizinische Dokumentation und Information (DIMDI) ins Deutsche übertragene Version „Internationale statistische Klassifikation der Krankheiten und verwandter Gesundheitsprobleme"; die Ziffer 10 steht für die 10. Revision der Klassifikation.
32 Speit (1993).
33 Gusella et al. (1983).

sequenziert werden.[34] Im ersten Exon dieses Gens (nach dem daraufhin als Huntingtin beschriebenen Proteins auch Huntingtin-Gen bezeichnet) findet sich die wiederholte Abfolge der Dreier-Basensequenz CAG (Cytosin-Adenin-Guanin), die auch als CAG-Trinukleotid oder -Triplett bezeichnet wird. CAG kodiert entsprechend des genetischen Codes für die Aminosäure Glutamin. Bei Nicht-Huntington-Erkrankten wurde eine Abfolge dieser CAG-Tripletts bis zu 32mal gefunden; bei Huntington-Erkrankten treten diese CAG-Wiederholungen (= Repeats) ab 38mal auf. Somit ist nicht nur die genaue Diagnose „Huntingtonsche Krankheit" durch den molekularen Nachweis von $(CAG)_{>38}$, sondern auch die Vorhersage (Prädiktion) für Huntington-Gefährdete bzw. vor der Geburt eines Kindes (pränatal) möglich. Die Diagnose ist durch den direkten Nachweis der CAG-Anzahl, im Gegensatz zu der früher seit 1983 möglichen, indirekten Kopplungsuntersuchung, nicht mehr mit einer 5 - 10 %igen Unsicherheit belastet, die jedoch ihrerseits Raum für Hoffnung ließ. Durch die direkte Genanalyse ist das Ergebnis hundertprozentig sicher und lässt keinen Raum mehr für Hoffnungen. Zwischen der Länge der CAG-Repeats und dem Erkrankungsbeginn bzw. -verlauf besteht eine indirekte Proportionalität, d.h. die Huntington-Krankheit beginnt umso eher und verläuft progredienter, je mehr CAG-Repeats vorhanden sind. Einschränkend gilt diese Aussage jedoch nur in den Extrembereichen am Anfang und am Ende der Skala und lässt keine individuelle Einschätzung für den Erkrankungsbeginn bei der Mehrzahl der nachgewiesenen CAG-Repeats (ca. zwischen 41 und 45 Repeats) zu. Die vor der molekulargenetischen Ära beschriebene Antizipation, besonders bei der Vererbung durch den Vater, lässt sich jetzt erklären: Es handelt sich um eine dynamische Mutation, die bei der Vererbung größer werden kann und somit zu einer Vorverlagerung des Erkrankungsalters führt.

Die erhöhte Anzahl der CAG-Repeats bewirkt einen vermehrten Einbau der Aminosäure Glutamin in das Huntingtin-Protein. Dieses wird dadurch länger und unlöslicher, die Proteinfibrillen verkleben miteinander und sind weniger abbaufähig. Huntingtin kann seine Funktionen im Zellstoffwechsel nicht wahrnehmen. Es kommt zu Verklumpungen in der Nervenzelle und zur Ablagerung von Aggregaten. Schließlich wird der programmierte Zelltod (Apoptose) initiiert. Die genauen Pathomechanismen sind jedoch noch nicht bekannt.[35] Der Prozess des Nervenzellverlustes ist mit dem Prozess bei der Alzheimer-Krankheit vergleichbar.

---

34 The Huntington's Disease Collaborative Research Group (1993).
35 Rieß/Andrich (2002).

„Sind so kleine Hände ..." – V

„Aber bedenken Sie auch", wirft der Arzt ein, „dass nicht ein krankes Kind geboren wird, sondern ein gesundes Kind, dass es ebenso wie Rocco dreißig Jahre oder mehr ganz normal und gesund leben wird. Und wissen wir, wieweit in dreißig Jahren die Medizin ist? Vielleicht gibt es dann schon Möglichkeiten, den Ausbruch der Huntington-Krankheit zu verhindern."

„Das kann alles sein", diskutiert Liane mit dem Doktor, „aber können Sie mir das auch garantieren?"

Natürlich kann der Arzt dies nicht, und so erarbeiten sie sich eine Strategie, wie sie weiter vorgehen: Rocco besteht im Vorfeld des geplanten Kindes fest auf seiner Prädiktivdiagnostik, wünscht diese anonym durchzuführen und gibt dem Arzt die 130 Euro, damit dieser die Laborrechnung bezahle. Das Ergebnis soll in einem verschlossenen Briefumschlag kommen, dessen Öffnung Rocco selbst bestimmt. Ihm wird dies zugesichert und vereinbart, dass er umgehend informiert wird, wenn das Ergebnis vorliegt.

Psychosoziale und ethische Besonderheiten der Beratungssituation – III

Die Beratungssituation wird überschattet von dem alles umspannenden Wunsch des Paares nach einem gemeinsamen, gesunden Kind. Alternativen werden nicht akzeptiert, ethische Bedenken zurückgewiesen. Diesem Ziel ordnet sich auch Roccos Wunsch nach Prädiktivdiagnostik unter. Im Beratungsgespräch wurde herausgearbeitet, dass es in dieser besonderen Situation ethisch bedenklich und vom beratenden Arzt auch nicht mitgetragen wird, eine pränatale Diagnostik auf die Huntingtonsche Krankheit zu veranlassen, ohne um den Genstatus des betreffenden Elternteils, in diesem Fall des Vaters von Rocco, zu wissen. Die invasive Pränataldiagnostik zur Gewinnung embryonalen bzw. fetalen Materials ist nicht ohne Risiko für das Kind, und eine sogenannte „Ausschlussdiagnostik" wird von dem beratenden Arzt aus Gewissensgründen abgelehnt. Die Ratsuchenden akzeptieren diese Bedingungen und auch den Schwangerschaftsabbruch, wenn das erwartete Kind Träger des Huntington-Allels sein sollte. Auf den Schwangerschaftsabbruch wird in den Internationalen Richtlinien[36] hingewiesen, um dem heranwachsenden Kind nicht die Möglichkeit einer autonomen Entscheidung nach Erreichen der Volljährigkeit zu nehmen, über seine eigene Prädiktivdiagnostik selbst zu bestimmen. Die humangenetische Beratung hat in diesem Zusammenhang alle Aspekte zu beleuchten. Auch wenn der versteckte Vorwurf des Beraters hart klingen mag, dass mit dem Abbruch der Schwangerschaft und damit dem Töten eines Kindes, das an der Huntington-Krankheit leiden wird, auch allen Huntington-Gefähr-

---

36 International Huntington Association/World Federation of Neurology (1994).

deten, einschließlich Rocco, indirekt das Lebensrecht abgesprochen wird, ist doch dieser ethische Aspekt durchaus überlegenswert. Hypothetisch erfuhr die Inanspruchnahme der Pränataldiagnostik vor und nach der Gensequenzierung 1993 eine große Akzeptanz; sowohl 45 % der Huntington-gefährdeten Personen als auch 45 % ihrer Partner und Partnerinnen zogen diese Untersuchung für sich in Betracht; 28 % der Huntington-gefährdeten Personen und 42 % ihrer Partner bzw. Partnerinnen sprachen sich dagegen aus.[37] Als Gründe für die Inanspruchnahme wurden das Wissen um den Genstatus des Kindes und die Rechtfertigung eines Schwangerschaftsabbruches bei positivem Untersuchungsergebnis (das Kind ist Träger des Huntington-Allels) genannt. Die psychischen Probleme, die bei der Verarbeitung eines Schwangerschaftsabbruches befürchtet werden, die Nicht-Rechtfertigung jeglicher Pränataldiagnostik und/oder eines Schwangerschaftsabbruch sowie das Lebensrecht des Kindes werden als Gründe gegen die Pränataldiagnostik angeführt.[38]

In der bereits erwähnten Studie[39] wird interessanterweise von den Medizinstudenten in den unteren Semestern, den Studenten der Technikwissenschaften, den Ärzten und den die humangenetische Beratungsstelle aufsuchenden Personen die Meinung vertreten, dass *jeder* Schwangeren zur Verhinderung der Geburt eines behinderten Kindes, und nicht nur bei erhöhter Wahrscheinlichkeit, eine entsprechende Pränataldiagnostik anzubieten sei. Auch wenn die Wahrscheinlichkeit für das Auftreten der Huntington-Krankheit bei 50 % liege (z.B. bei der sogenannten „Ausschlussdiagnostik", s.u.), halten noch ein Viertel der Huntington-Gefährdeten einen Schwangerschaftsabbruch für gerechtfertigt.[40]

In der Realität wird jedoch selten nach einer Pränataldiagnostik bei Huntington-Krankheit in der Familie gefragt. Beim Autor selbst ist in seiner über 15-jährigen Beratungszeit, in der über 100 Huntington-Gefährdete vorstellig wurden, nur dreimal nach einer Pränataldiagnostik gefragt worden. Diese Beobachtung stimmt gut mit der anderer humangenetischer Beratungsstellen überein[41] und lässt sich durch die oben aufgeführten psychischen Probleme und ethischen Bedenken im Zusammenhang mit einem möglichen Schwangerschaftsabbruch erklären. Entweder wird bewusst auf Kinder verzichtet oder es werden Kinder ohne Pränataldiagnostik geboren.

---

37 Kreuz/Bockel (1994).
38 Kreuz (1996).
39 Kreuz/Wiedemann (2004).
40 Kreuz (1996).
41 Epplen und Wolff: persönliche Mitteilungen.

Richtlinien zur Durchführung pränataler genetischer Diagnostik

Analog zu den Richtlinien für die Prädiktivdiagnostik wurden auch Richtlinien für die Pränataldiagnostik erarbeitet. Diese finden sich ebenfalls in den Internationalen Richtlinien[42] und wurden von der Deutschen Heredo-Ataxie-Gesellschaft e.v. entsprechend adaptiert[43] und von der Bundesärztekammer[44] verallgemeinert.

Ziele der Pränataldiagnostik sind demnach das Erkennen von Entwicklungsstörungen, der Abbau von Sorgen und Ängsten um ein krankes bzw. behindertes Kind und mögliche Entscheidungshilfen für oder wider die Schwangerschaft. Vor der Pränataldiagnostik hat eine ausführliche Beratung zur Klärung der Ziele, Risiken, Grenzen und Alternativen der Pränataldiagnostik stattzufinden. Ausführlich sind das ethische und psychologische Konfliktpotenzial, die Bedeutung des Befundes, Ätiologie, Prognose und Therapiemöglichkeiten der jeweiligen Krankheit/Behinderung und Konsequenzen für die Schwangerschaft zu erörtern.

Verfahren der Ausschlussdiagnostik

Die Internationalen Richtlinien zur Prädiktiv- und Pränataldiagnostik der Huntington-Krankheit[45] fordern in ihrem allgemeinen Teil, dass die Rat suchende, Huntington-gefährdete Person über alle Aspekte der Krankheit und Diagnostik zu informieren ist und die jeweiligen Labore nach dem neuesten Stand der Wissenschaft arbeiten. Vor der Durchführung einer genetischen Pränataldiagnostik soll der entsprechende Elternteil untersucht worden sein; jedoch sei es auch möglich, die als „Ausschlussdiagnostik" bezeichnete pränatale, genetische Untersuchung auch dann durchzuführen, wenn der entsprechende Elternteil seinen Genstatus nicht erfahren möchte.

Die Ausschlussdiagnostik bedient sich der indirekten Genanalyse mittels gekoppelter Marker. Da der betreffende Elternteil, bleiben wir bei unserem Beispiel Rocco, sowohl von seinem Huntington-kranken Vater als auch von seiner diesbezüglich gesunden Mutter jeweils ein Chromosom Nr. 4 bekommen hat, gibt er auch entweder das vom seinem Vater oder das von seiner Mutter stammende Chromosom Nr. 4 an sein Kind weiter, das von Liane das zweite Chromosom Nr. 4 bekommt. Rocco selbst hat eine Erkrankungswahrscheinlichkeit von 50 %; da nicht bekannt ist, ob er das Chromosom Nr. 4 mit dem Huntington-Allel oder dem Normal-Allel von seinem Vater bekommen hat. Mittels gekoppelter Marker lässt sich pränatal bei Roccos ungeborenem Kind feststellen, ob es von Rocco das Chromo-

---

42 International Huntington Association/World Federation of Neurology (1994).
43 Deutsche Heredo-Ataxie-Gesellschaft e.V. (1995).
44 Bundesärztekammer (1998), Neuformulierung Abschnitt 8 (2003).
45 International Huntington Association/World Federation of Neurology (1994).

som Nr. 4 von Roccos Mutter oder das von Roccos Vater geerbt hat. Im ersten Fall wird das Kind auf keinen Fall am Morbus Huntington erkranken. An der Erkrankungswahrscheinlichkeit von 50 % bei Rocco ändert sich somit nichts. Im zweiten Fall (das Kind hat das Chromosom Nr. 4 geerbt, das Rocco von seinem Vater hat) ist nicht nachgewiesen, ob es sich um das Normal-Allel oder das Huntington-Allel handelt. Die Wahrscheinlichkeit für Roccos Kind, ebenfalls am Morbus Huntington zu erkranken, ist genauso so groß, wie für Rocco selbst, nämlich 50 %. Auch dadurch erfährt Rocco nichts weiter über seinen Genstatus.

Mit dieser Untersuchung kann ausgeschlossen werden, dass das Kind das Chromosom Nr. 4 von seinem Großvater bekommt, und somit kann die Huntington-Krankheit bei ihm ebenfalls ausgeschlossen werden. Gelingt dieser Ausschluss durch den Nachweis des Chromosoms Nr. 4 von Roccos Vater nicht, sollte die Schwangerschaft abgebrochen werden. Die Erkrankungswahrscheinlichkeit liegt in diesem Fall bei 50 %; dies bedeutet aber auch, dass die Hälfte der Kinder dieser abgebrochenen Schwangerschaften nicht an der Huntington-Krankheit gelitten hätte. – Ein ethisch nicht unbestrittenes Vorgehen, das von einigen Ärzten aufgrund ihrer Gewissensfreiheit zu Recht abgelehnt wird.

„Sind so kleine Hände ..." – VI

Drei Wochen später geht das Ergebnis der Genanalyse von Rocco in einem verschlossenen Umschlag anonym ein. Rocco und Liane brauchen noch einmal vier Wochen, um sich zu entscheiden, zur Ergebnismitteilung zu kommen.

Die Aufregung ist beiden anzumerken, als sie erneut vor dem Arzt sitzen. Wie werden sie es aufnehmen – das positive oder negative Ergebnis? Es werden noch einmal in Ruhe das Für und Wider, die psychischen, aber auch die familiären Auswirkungen besprochen: Was wird wohl Sven dazu sagen? Wird er es erfahren? Soll oder muss er es erfahren?

Rocco ist sich sicher und öffnet den Umschlag: Das Huntington-Allel hat zwei CAG-Repeats mehr als bei seinem Vater. Er nimmt es gelassen: „Ich hatte es mir schlimmer vorgestellt, es sind ja nur wenig Repeats über 38, damit kann ich gut leben." Und auch Liane scheint es leicht zu nehmen. Soll der Arzt ihre Meinung korrigieren und noch einmal den Zusammenhang erläutern oder beide in ihrer positiven Sichtweise belassen? Rocco will die prophylaktischen Möglichkeiten ausschöpfen. Es wird ein telefonischen Kontakt verabredet, zu dem es aber nicht mehr kommt ...

Psychosoziale und ethische Besonderheiten der Beratungssituation – IV

Durch die Mitteilung dieses Ergebnisses ist das Schicksal von Rocco und indirekt auch das von Liane besiegelt: Rocco wird unausweichlich an der Huntington-Krankheit erkranken. Das wissen beide, überspielen jedoch in dieser Eröffnungssituation ihre Gedanken und Gefühle. Beide werden in der nächsten Zeit „in ein Loch stürzen", eine Zeit depressiver Stimmungen durchleben, in der sie sich nach dem Sinn und auch dem Unsinn der Untersuchung, ihrer weiteren Lebens- und Familienplanung fragen. Es wird eine Zeit des Beobachtens anfangen, in der jeder Wutausbruch, jedes umgestoßene Glas, jede Stimmungsschwankung als Beginn der Erkrankung interpretiert wird. Auch nach einem Jahr erreicht die Stimmung noch lange nicht wieder den Ausgangszustand: Der Tatendrang sinkt, Niedergeschlagenheit, Missmut und eine gewisse Müdigkeit steigen.[46] Was bleibt und mit jedem Jahr wächst, ist die Angst um die Zukunft. Diese Angst kann auch nicht durch die in ihrer Wirkung nicht auf Evidenz geprüften prophylaktischen Maßnahmen (gesunde Lebensweise, Radikalfänger, verschiedene Substanzen etc.) genommen werden und schwingt für den Rest des (gesunden) Lebens immer mit. Unterstützung wird von den so untersuchten Personen mehr gewünscht als erhalten:[47] Partner und Partnerinnen, Eltern, Geschwister und Freunde können diese Unterstützung nicht in dem geforderten Maß geben, haben ihre eigenen Probleme im Umgang mit der Situation und ziehen sich nicht selten zurück. Es ist legitim, den Kreis der Informierten so klein wie möglich zu halten und die genetische Prädiktivdiagnostik anonym durchführen zu lassen.

Der humangenetischen Beratung kommt bei der Prädiktivdiagnostik nicht nur die oft nur auf die Beratung reduzierte Funktion, sondern vor allem eine unterstützende und helfende Aufgabe zu, die der beratende Arzt und seine Mitarbeiter wahrnehmen müssen. Leider werden in den humangenetischen Beratungsstellen die für diesen Zweck erforderlichen Sozialarbeiter und/oder Psychologen viel zu selten einbezogen geschweige denn eingestellt. Neben den zu beachtenden Prinzipien der humangenetischen Beratung wie Freiwilligkeit, personenzentrierter Kommunikation, Non-Direktivität und Non-Aktivität, Hilfe bei der individuellen Entscheidungsfindung, Respektierung individueller Werthaltungen und religiöser Einstellungen kommt der Beachtung der psychosozialen Situation eine besondere Bedeutung zu. Nur die enge Zusammenarbeit professioneller Helfer, die sich auf die Bewältigung im Umgang mit dem Untersuchungsergebnis richten und die untersuchte Person und seine Vertrauensperson(en) einbeziehen muss, kann Hilfe beim Coping geben und Kurzschlusshandlungen verhindern helfen. Durch die konsequente Anwendung der erwähnten Internationalen Richtlinien ist die Suizidrate unter Huntington-

---

46 Müller (2002).
47 Ebd.

Gefährdeten nach der Ergebnismitteilung erfreulich niedrig. Ein niedrigschwelliges, zeitnahes und engmaschiges Betreuungsangebot ist von professioneller Seite nicht nur zu propagieren, sondern auch zu realisieren. Dies unterstreicht die Notwendigkeit der generellen Einbindung genetischer Untersuchungen in die humangenetische Beratung, wie sie auch übereinstimmend von allen Teilnehmern der schon erwähnten Studie gefordert wird.[48] Die Durchführung von Genanalysen als ärztliche „Routinediagnostik" stößt hingegen zu Recht eher auf Ablehnung. Auch das Ansprechen weiterer Gesundheitsrisiken, die sich bei der Stammbaumanalyse ergeben, wird von den Studienteilnehmern gewünscht, wohingegen eine sehr differenzierte Meinung besteht, was die Weitergabe der Informationen an die Familienmitglieder betrifft (Prinzip der Non-Aktivität). Auch in unserem Beispiel darf es nicht Aufgabe des beratenden Arztes sein, Sven über das Untersuchungsergebnis seines Bruders Rocco zu informieren – selbst wenn sich Sven daraufhin größere Chancen ausrechnet, nicht Träger des Huntington-Allels zu sein.[49] Diese Mitteilung bedarf einer gereiften Entscheidung unter Beachtung aller psychosozialen Umstände und sollte, wenn überhaupt, eigentlich nur durch Rocco selbst, nicht durch Liane, erfolgen.

„Sind so kleine Hände ..." – VII

„So gut wie jetzt ging es mir noch nie", lässt Liane den Arzt wissen. „Stimmt", pflichtet Rocco bei, „wir sind beide sehr glücklich, dass es gleich auf Anhieb geklappt hat." „Ja, wo ich mir doch so sehr ein Kind von Dir gewünscht habe", lächelt Liane ihren Rocco an. „Wir sollten uns ja melden, sobald die Schwangerschaft feststeht", erinnert Liane den Arzt, „damit wir das weitere Vorgehen besprechen können. Sie wissen doch, ein Kind, das an der Huntington-Krankheit erkranken wird, möchten wir nicht haben. Sie sagten etwas von einer Chorionzottenbiopsie in der zwölften. Schwangerschaftswoche und einem Ergebnis nach zwei bis drei Wochen. Ist dann ein Schwangerschaftsabbruch überhaupt noch erlaubt? Ich möchte aber nicht, dass irgendjemand etwas darüber erfährt, dass es sich um die Huntington-Krankheit handelt; auch meine Frauenärztin nicht. Wir möchten wieder alles anonym machen lassen. Mit Ihren Bedenken wegen der Tötung eines eigentlich gesunden Kindes bei einem Schwangerschaftsabbruch, brauchen

---

48 Kreuz/Wiedemann (2004).
49 In der Wahrnehmung von Geschwistern wird, wie gelegentlich auch in den Medien verkündet, davon ausgegangen, dass „jedes zweite Kind erkranken wird"; wenn also der Bruder bereits Träger der Huntington-Mutation ist, meint das Geschwister, eine geringere Wahrscheinlichkeit zu haben, was mathematisch nach dem Bayes-Theorem auch berechenbar ist. In der Beratungspraxis spielt dies jedoch eine untergeordnete Rolle, da hier vom „Entweder-Oder" ausgegangen werden muss und Ratsuchenden nicht eine unberechtigte Sicherheit gegeben werden sollte. Vgl. Buselmaier/Tariverdian (1999).

Sie mir nicht zu kommen. Ich weiß, dass ich ein krankes Kind nicht verkrafte. Mein Entschluss steht fest." „Ja, wir sind uns einig", pflichtet Rocco bei. Auch die Frage nach seiner eigenen Daseinsberechtigung, hätte seine Mutter seinerzeit ebenso gehandelt, lässt Rocco nicht umschwenken. Auch Liane beharrt auf ihrer Meinung.

In der zwölften Schwangerschaftswoche erfolgt die Chorionzottenbiopsie. Zehn Tage später liegt das Ergebnis der Genanalyse des Kindes vor und wird Liane und Rocco mitgeteilt.

Invasive Pränataldiagnostik

Die invasive Pränataldiagnostik dient der Gewinnung von Gewebsmaterial des Embryos bzw. Feten, meist für eine zytogenetische und/oder molekulargenetische Untersuchung. Als Methoden kommen hauptsächlich die Chorionzottenbiopsie, die Amniozentese und die Chordozentese in Frage. Die einzelnen Methoden unterscheiden sich nach dem Zeitpunkt des Eingriffs und dem eingriffsbedingten Risiko, das hauptsächlich in der Auslösung einer Fehlgeburt besteht. Diesbezüglich ist die nicht-invasive Pränataldiagnostik (z.B. Ultraschalluntersuchung) ohne Risiko für das ungeborene Kind; sie ermöglicht jedoch keine Gewinnung kindlichen Gewebes, wie es für eine molekulargenetische Diagnostik, auch im Falle der Huntington-Krankheit, unerlässlich ist.

Am Ende des ersten Schwangerschaftsdrittels (zehnte bis zwölfte Schwangerschaftswoche) kann die Gewebeentnahme vom Mutterkuchen (Chorionzottenbiopsie) erfolgen. Das Gewebe kann direkt molekulargenetisch untersucht werden, ein Ergebnis liegt nach ein bis maximal drei Wochen vor. Das eingriffsbedingte Fehlgeburtsrisiko wird mit 3 - 5 % angegeben.

Nachdem eine ausreichende Fruchtwassermenge für eine Punktion zur Verfügung steht, kann die Fruchtwasserpunktion (Amniozentese) ab ca. der 15. Schwangerschaftswoche erfolgen. Für die Kultivierung der vom Fetus stammenden Zellen werden ca. zwei Wochen benötigt. Erst dann ist eine umfassende weitere zytogenetische, molekulargenetische oder biochemische Diagnostik möglich, weshalb bei dieser Untersuchung sehr viel Zeit vergeht und die Schwangerschaft weiter fortschreitet. Dagegen steht das geringe eingriffsbedingte geringe Fehlgeburtsrisiko von 0,5 - 1 %.

Für späte und kurzfristig durchzuführende genetische Untersuchungen kann um die 20. Schwangerschaftswoche herum fetales Blut aus der Nabelschnur gewonnen werden (Nabelschnurpunktion, Chordozentese). Zytogenetische und molekulargenetische Untersuchungen sind wie bei einer genetischen Untersuchung aus Blut nach der Geburt möglich. Nach einer Nabelschnurpunktion ist in 2 - 3 % der Fälle mit einem Abort zu rechnen.[50]

---

50 Malone/Bianchi (2003), Crombach/Tutschek (2004).

Psychosoziale und ethische Besonderheiten der Pränataldiagnostik

Als Pränataldiagnostik wird die direkte und indirekte Untersuchung eines ungeborenen Kindes mittels verschiedener konventioneller, nicht-invasiver und invasiver Verfahren verstanden, um dessen Gesundheitszustand, mögliche Erkrankungen und Fehlentwicklungen zu erfassen.[51]

Nach der Definition der European Study Group on Prenatal Diagnosis beinhaltet die Pränataldiagnostik „alle die diagnostischen Maßnahmen, durch die morphologische, strukturelle, funktionelle, chromosomale und molekulare Störungen vor der Geburt erkannt oder ausgeschlossen werden können".[52] Durch die Weiterentwicklung pränataler Untersuchungstechniken, vor allem der Ultraschalluntersuchungen, ist der Fetus aus seiner pränatalen Anonymität herausgetreten, kann vorgeburtlich bildlich dargestellt werden und wird im Krankheitsfall somit selbst zum Patienten.

Im allgemeinen Sprachverständnis wird die Pränataldiagnostik häufig auf eine genetische Diagnostik reduziert, die mittels Fruchtwassergewinnung (Amniozentese), Gewebsentnahme vom kindlichen Anteil des Mutterkuchens (Chorionzottenbiopsie) oder Blutentnahme aus der Nabelschnur (Chordozentese) an embryonalen oder fetalen Zellen durchgeführt wird. Dabei wird übersehen, dass Pränataldiagnostik im eigentlichen Sinn des Wortes jegliche Art von vorgeburtlichen Untersuchungen meint.[53] Die umfassende, vor allem invasive Pränataldiagnostik mittels Amniozentese und/oder Chorionzottenbiopsie ist für viele Frauen und Familien eine wichtige Option bei der Familienplanung, und diese individuelle Entscheidung der Schwangeren zur Pränataldiagnostik ist zu respektieren. Der Wunsch nach einem Kind, vor allem nach einem gesunden Kind, der wohl so alt wie die Menschheit selbst ist, darf jedoch nicht mit dem Recht auf ein Kind und schon gar nicht mit dem Recht auf ein gesundes Kind gleichgesetzt werden.

Eine umfassende Aufklärung über Möglichkeiten, Risiken und Grenzen der Pränataldiagnostik im Rahmen der humangenetischen Beratung ist unabdingbare Voraussetzung für deren Durchführung. Nur so kann der Schwangeren eine qualifizierte Entscheidung für oder gegen eine Untersuchung ermöglicht werden (informed decision making).

Nach Auffassung der Gesellschaft für Humangenetik soll eine pränatale (genetische) Diagnostik nur durchgeführt werden, wenn sie zur Klärung eines medizinischen Problems erforderlich ist. Abgelehnt wird die Erhebung eines vorgeburtlichen Befundes, der lediglich dem Zweck dient, Aussagen über Merkmale ohne Krankheitswert zu machen, auf deren Grundlage eine Entscheidung über einen selektiven Schwangerschaftsabbruch gefällt werden könnte (z.B. pränatale Vaterschaftsdiagnostik, pränatale Geschlechtsbestimmung ohne erhöhtes Risiko bei einer geschlechtsgebunde-

---

51 Berth/Kreuz (2008).
52 Bundesärztekammer (1998).
53 Ebd.

nen Krankheit, Feststellung der Anlageträgerschaft (Heterozygotenstatus) für eine rezessive Erkrankung).[54]

Grundsätzlich sollte die Pränataldiagnostik allen schwangeren Frauen zugänglich sein. Eine vorgeburtliche Diagnostik muss bei einem auffälligen Befund nicht unbedingt den Abbruch der Schwangerschaft nach sich ziehen. Die vorgeburtliche Diagnostik kann auch für die Vorbereitung auf die Geburt eines kranken oder behinderten Kindes für die Eltern hilfreich sein, die keinen Schwangerschaftsabbruch wünschen. Eine solche Vorbereitungszeit ist für manche Eltern für die Trauer um das „Wunschkind" und für die Akzeptanz des erwarteten Kindes, das so ganz anders ist, als es sich die Eltern vorgestellt hatten, wichtig. Bei anderen Eltern kommt es aufgrund des Wissens um die Geburt eines kranken oder behinderten Kindes zu akuten psychischen Stressreaktionen die sich chronifizieren und somatisieren können.[55] In diesen Fällen ist ein Abbruch der Schwangerschaft, auch jenseits der zwölften Schwangerschaftswoche, aus medizinischer Indikation gemäß § 218a Abs. 2 StGB rechtlich zulässig.

Pränatale Diagnostik dient jedoch hauptsächlich dazu, den Schwangeren die Angst vor einem kranken oder behinderten Kind zu nehmen oder Entwicklungsstörungen des Ungeborenen so frühzeitig zu erkennen, dass eine intrauterine Therapie oder adäquate Geburtsplanung unter Beteiligung entsprechender Spezialisten zur unmittelbaren Versorgung des Kindes nach der Geburt erfolgen kann.[56]

Die zu verzeichnende Ausweitung der Pränataldiagnostik ist nicht nur auf neue pränataldiagnostische Möglichkeiten zurückzuführen; sie beruht auf der größer gewordenen Gefahr, rechtlich für ein behindertes Kind haften zu müssen und auf einer Zunahme der Nachfrage seitens der Schwangeren. Dies hat durchaus psychologische Hintergründe, die in der Angst vor Behinderung und/oder Krankheit, dem gesteigerten Bedürfnis nach Sicherheit, der Durchsetzung des eigenen Lebensentwurfes und dem Anspruch auf finanzielle Wiedergutmachung unter Mithilfe des Rechtssystems bestehen. An der Spitze der Ängste von Schwangeren steht die Angst vor einem behinderten Kind. Dies verwundert in einer „Leistungsgesellschaft" nicht, wird doch sogar gelegentlich eine „Garantiekarte" verlangt, die den zunehmenden Anspruch auf ein organisch, geistig und genetisch nicht behindertes Kind dokumentiert. In einer bundesweiten Erhebung stellte Irmgard Nippert[57] fest, dass für 82 % der Befragten ein behindertes Kind nicht vorstellbar sei.[58] Erstaunlicherweise würden sogar 70 % der Patienten mit einer familiären Krebserkrankung

---

54 Gesellschaft für Humangenetik e.V. (1996).
55 Siehe hierzu auch Jahn/Kreuz (2002), Kreuz/Wesner (2004) und Kreuz (2007).
56 Bundesärztekammer (1998).
57 Nippert (1992).
58 Berth/Kreuz (2008).

eine spezifische Pränataldiagnostik in Anspruch nehmen; 31 % würden bei Nachweis einer Krebsdisposition die Schwangerschaft abbrechen.[59]

Methoden der invasiven Pränataldiagnostik, die den Embryo bzw. Feten gefährden, gewinnen immer mehr an Akzeptanz und stellen die Schwangerschaft „auf Probe", bis die Erwartung bestätigt ist, dass das Kind gesund ist. Unauffällige Befunde der invasiven Pränataldiagnostik wiegen die Schwangere in der unberechtigten Sicherheit, ein völlig gesundes Kind zu bekommen. Auffällige Befunde der Pränataldiagnostik haben Auswirkungen: Enttäuschungswut, Schuldgefühle, Selbstanklage, Abwehr durch Verleugnung und Verdrängung und führen zu Entscheidungskonflikten zwischen dem Leben mit einem behinderten Kind und dessen Tod durch die Induktion eines Abortes. Der Konflikt endet meist mit der Entscheidung zum Abbruch der Schwangerschaft und führt zur Verstärkung schon bestehender negativer Stimmungen. Dies erfordert eine optimale Betreuung der Schwangeren bzw. des Paares durch Fachleute verschiedener Disziplinen in Abhängigkeit von der jeweiligen Phase der Pränataldiagnostik, vom Bekanntwerden der Schwangerschaft bis in die Zeit nach der Entbindung bzw. nach dem Abbruch. Gefordert sind hierbei in enger Zusammenarbeit die Hausärzte und „Haus-Gynäkologen", der genetische Berater, der spezielle Gynäkologe am Zentrum, die Fachärzte anderer Disziplinen (z.B. Kinderarzt, Kinderchirurg) und der psychologische Therapeut. In diesem Prozess der Auseinandersetzung (Coping) mit einem auffälligen Pränatalbefund spielen die jeweiligen Beratungsangebote und frühzeitig umfassend gegebenen Informationen eine wichtige Rolle.[60] Schwanger sein heißt „guter Hoffnung" sein. Um diese gute Hoffnung nicht jäh zu zerstören, müssen die Paare auch auf eine schlechte Nachricht rechtzeitig vorbereitet werden.

Psychosoziale und ethische Besonderheiten der Beratungssituation – V

Unter Beachtung der oben zitierten Grundsätze ist es erforderlich, in der humangenetischen Beratung besonders auf die ethischen Aspekte der Pränataldiagnostik und des möglicherweise zu erfolgenden Schwangerschaftsabbruchs hinzuweisen. Da es sich bei der Huntington-Krankheit um eine spätmanifeste Erkrankung handelt, wird ein diesbezüglich gesundes Kind geboren, das irgendwann im Laufe seines Lebens erkranken wird – Krankheitsrisiken bestehen für jeden Menschen, und es ist erlaubt zu fragen, mit welchem Recht Liane und Rocco über Leben und Tod ihres Kindes entscheiden dürfen und mit welchem Recht Rocco (noch) am Leben ist. An dieser Stelle könnte eine Euthanasie-Diskussion geführt werden, was aber nicht Sinn der humangenetischen Beratung ist. Aufgabe ist es vielmehr, in der Beratung auch auf solche Aspekte, die die Ratsuchenden nicht bedacht

---

59 Franke/Kreuz (2001).
60 Kreuz/Wesner (2004).

haben, hinzuweisen und sie zum Nachdenken anzuregen. Der Druck im dargestellten Beratungsgespräch ist groß, die Entscheidung, die von beiden Partnern getragen wird, ist bereits gefallen; Pränataldiagnostik und Schwangerschaftsabbruch können nach entsprechender Beratung und vorliegender medizinischer Indikation rechtlich nicht verwehrt werden. Der Wunsch der Ratsuchenden nach Anonymität ist zu respektieren; dadurch wird es allerdings nicht möglich, z.b. den Gynäkologen oder einen Psychotherapeuten mit einzubeziehen.

Mit der Neufassung des § 218 StGB und dem Wegfall der sogenannten embryopathischen Indikation ist in Deutschland ein Schwangerschaftsabbruch „nicht rechtswidrig, wenn der Abbruch der Schwangerschaft unter Berücksichtigung der gegenwärtigen und zukünftigen Lebensverhältnisse der Schwangeren nach ärztlicher Erkenntnis angezeigt ist, um eine Gefahr für das Leben oder die Gefahr einer schwerwiegenden Beeinträchtigung des körperlichen oder seelischen Gesundheitszustandes der Schwangeren abzuwenden und die Gefahr nicht auf eine andere für sie zumutbare Weise abgewendet werden kann".[61] Die Einschätzung, wann eine „Gefahr" oder eine „Beeinträchtigung" vorliegen, ist auch von ärztlicher Seite nicht immer leicht. Zumindest hat die Neufassung die Probleme um den Schwangerschaftsabbruch nicht verringert und einfacher gemacht, was auch die Teilnehmer der mehrfach erwähnten Studie[62] empfinden: In den Gruppen der Huntington- und Ataxie-Betroffenen und auch der Ratsuchenden und ihrer Begleiter überwiegt die Meinung, ein Schwangerschaftsabbruch sei auch bei einer embryopathischen Indikation gerechtfertigt. In den Gruppen der Nicht-Betroffenen (Studenten, Ärzte, Hebammen-Schülerinnen) wird in einem hohen Prozentsatz (40 - 60 %) die Meinung vertreten, dass nur eine medizinische Indikation den Schwangerschaftsabbruch rechtfertige.

„Sind so kleine Hände ..." – VIII

„Ob es wirklich richtig ist, was wir getan haben?", überlegt Liane in dem Augenblick, in dem der Briefumschlag geöffnet wird. „Hätte ich nicht doch lieber auf den Arzt und mein Herz hören sollen? Egal, jetzt kann ich nicht mehr zurück. Was soll auch Rocco denken. Wir waren uns bisher ja einig."

„Ob es wirklich richtig ist, was wir getan haben?", überlegt in diesem Augenblick auch Rocco. „Eigentlich hat der Arzt doch Recht gehabt. Ich habe schon 31 Jahre glücklich gelebt und eine Frau gefunden, die mich versteht, die ich liebe und die mich liebt. Was verlange ich eigentlich von ihr? Wird mit dem Kind nicht auch ein Teil von mir getötet? Aber jetzt kann ich nicht mehr zurück."

---

61 § 218a Abs. 2 StGB.
62 Kreuz/Wiedemann (2004).

Wie im Zustand der Trance dringen die Worte des Arztes an ihr Ohr. Beide lassen innerlich noch einmal ihr bisheriges Leben an sich vorbeiziehen und gestalten in Gedanken ihre gemeinsame Zukunft, eine Zukunft als Familie. „... damit ist der Fetus Träger der typischen Mutation im Huntingtin-Gen und wird mit großer Wahrscheinlichkeit später an der Huntingtonschen Krankheit erkranken..." hören sie den Arzt mit etwas zittriger Stimme sagen.
– Schweigen –
„'Sind so kleine Hände'", summt Liane in Gedanken, „ich habe sie schon gesehen, auf dem Ultraschallbild." „Ich glaube, ich kann das nicht", sagt sie leise, weinerlich. Verstohlen wischt sich Rocco eine Träne aus dem Auge. „Ich auch nicht", gesteht er. „Dürfen wir uns das mit dem Abbruch noch einmal überlegen – oder müssen wir ...? Wir rufen Sie wieder an, wie wir uns entschieden haben".

Psychosoziale und ethische Besonderheiten der Beratungssituation – VI

Sie müssten den Abbruch durchführen lassen! Nach den Internationalen Richtlinien hat die Pränataldiagnostik nur dann Sinn, wenn im Fall eines positiven Ergebnisses die Schwangerschaft abgebrochen wird.[63] Anderenfalls unterläuft das Austragen des Kindes dessen Selbstbestimmungsrecht; es ist nicht mehr in der Lage, selbst zu entscheiden, ob es seinen Genstatus erfahren möchte oder nicht, und es gibt ein paar Menschen, die unberechtigterweise um seinen Genstatus wissen. Fraglich ist auch, ob ein Kind, von dem die Eltern wissen, dass es an Morbus Huntington erkranken wird, „normal" und wie jedes andere Kind aufwachsen kann. Zumindest wird auch hier täglich die Angst der Eltern mitschwingen, ihr Kind erkranken zu sehen und die gutgemeinte Fürsorge, das Überbehüten und die ständige Beobachtung auf erste Krankheitszeichen werden das Kind aus der Normalität herausheben und die Familie in schwere Problemsituationen führen.

Dieser Zustand beginnt nicht erst mit der Geburt des Kindes. Die Ultraschalluntersuchung hat das Kind bereits zu einer Person werden lassen, es aus der Anonymität herausgeholt und hat bereits feste Bindungen, die sonst erst beim Auftreten der ersten Kindsbewegungen (18. - 20. Schwangerschaftswoche) entstanden, wachsen lassen. Vom menschlichen Standpunkt aus ist die Frage von Liane verständlich, und ihr Zögern wird zum Bekenntnis für das Leben und zu ihrem Huntington-gefährdeten Mann.

Aufgrund der Lebensfähigkeit eines Fetus ab der 24. Schwangerschaftswoche sollte die Entscheidung zum Abbruch der Schwangerschaft nicht zu lange hinausgezögert werden, sondern muss zeitnah getroffen werden. Auch darauf ist in der humangenetischen Beratung hinzuweisen; bereits im Vorfeld sind die Entscheidungswege zu besprechen und festzulegen. Jedoch

---

63 International Huntington Association/World Federation of Neurology (1994).

sind diese Entscheidungen hypothetisch, ohne dass die konkrete Situation vorliegt, und es ist durchaus akzeptabel, wenn die ursprüngliche Entscheidung bei Vorliegen der konkreten Situation anders ausfällt. In diesem Licht ist auch das Zögern der Ratsuchenden zu sehen.

„Sind so kleine Hände ..." – IX

Der Anruf kommt ein halbes Jahr später. „Vielen Dank für die ausführliche Beratung und dass Sie sich soviel Zeit für uns genommen haben. Danilo ist vor zwei Wochen geboren. Sind so kleine Hände ...".

Prädiktive Diagnostik von Kindern

In allen erwähnten Richtlinien wird die genetische Prädiktivdiagnostik von Kindern nur dann befürwortet, wenn sich daraus unmittelbar therapeutische oder prophylaktische Konsequenzen für das Kind ergeben. Im Falle spätmanifester, nicht heilbarer Krankheiten, zu denen (noch) die Huntington-Krankheit, aber auch eine Reihe anderer neurodegenerativer Krankheiten und die meisten hereditären Krebserkrankungen zählen, wird die genetische Prädiktivdiagnostik von Kindern abgelehnt. Erst nach Erreichen der Volljährigkeit wird diese im Rahmen einer umfassenden humangenetischen Beratung auf alleinigen Wunsch des volljährigen Kindes durchgeführt.[64] Nur so kann die Entscheidungsautonomie gewahrt bleiben. Dieser Grundsatz wird zwar sowohl von den humangenetischen Beratern und den Diagnostiklabors eingehalten, jedoch wird von allen Teilnehmern der mehrfach zitierten Studie[65] die genetische Untersuchung von Kindern größtenteils (50 - 90 %) befürwortet: Eltern sollte es erlaubt sein, bei ihrem Kind eine prädiktive genetische Untersuchung durchführen zu lassen, nicht nur, wenn dadurch das Auftreten einer Krankheit verhindert werden kann. Die Ablehnung dieses Wunsches stößt nach den Erfahrungen des Autors bei den Eltern, die das Beste für ihr Kind wollen, häufig auf Unverständnis und muss im humangenetischen Beratungsgespräch ausführlich erläutert werden. Die Eltern zeigen dann bei entsprechender Argumentation Verständnis für die Rückweisung, sind im Nachhinein dankbar für dieses Vorgehen und akzeptieren für sich die Ungewissheit und für ihr Kind die bewahrte Autonomie.

---

64 Gesellschaft für Humangenetik e.V. (2007).
65 Kreuz/Wiedemann (2004).

„Sind so kleine Hände ..." – Epilog

Zwei Jahre, nachdem Danilo geboren wurde, erscheinen Rocco und Liane erneut beim Humangenetiker. Beiden geht es als Familie gut; Rocco ist (noch) symptomfrei und Liane lebt ihre Rolle als Mutter aus. Sie haben die Vergrößerung der Familie geplant; Liane ist erneut schwanger und wünscht dasselbe Vorgehen wie in der ersten Schwangerschaft. Im daraufhin stattfindenden humangenetischen Beratungsgespräch werden alle Aspekte der genetischen Pränataldiagnostik und eines eventuellen Schwangerschaftsabbruchs erneut besprochen. Beide sind in den Jahren reifer geworden, akzeptieren die Argumentation und das zweite Kind so wie es ist, ohne Kenntnis seines Genstatus, und verzichten auf die invasive Pränataldiagnostik. Lediglich die Ultraschallfeindiagnostik möchte Liane in Anspruch nehmen. Sven, Roccos Bruder, ist über alles informiert.

Insgesamt sechs Jahre später meldet sich Sven mit seiner neuen Partnerin erneut in der humangenetischen Beratung. Er hat sich von Mandy und Sindy getrennt, pflegt noch Kontakte zu Nicolé, der es gesundheitlich gut geht und die unbekümmert heranwächst, und denkt jetzt an eine weitere Familiengründung. Er und seine neue Partnerin planen demnächst ein gemeinsames Kind und haben sich über die Pränataldiagnostik informiert. Sven ist sich bewusst, dass weitere Lebensentscheidungen davon abhängen, ob er Träger des Huntington-Allels ist oder nicht. Er wünscht nach eingehender humangenetischer Beratung für sich die Prädiktivdiagnostik. Das Ergebnis lag zum Zeitpunkt der Drucklegung bereits über vier Monate vor, wurde jedoch bisher von Sven noch nicht abgefragt ...

Literatur

Beighton, P./Beighton, G. (1986): The Man Behind the Syndrome. Berlin u.a.
Berth, H./Kreuz, F. (2008): Diagnostik, pränatale, in: Berth et al. (2008), S. 131-135.
Berth, H./Balck, F./Brähler, E. (2008): Medizinische Psychologie und Medizinische Soziologie von A bis Z. Göttingen.
Burgemeister, J. (2003): Teacher was refused job because relatives have Huntington's disease. BMJ 327 (2003), S. 827.
Binedell, J./Soldan, J. R./Harper, P. S. (1998a): Predictive testing for Huntington's disease: I. Predictors of uptake in South Wales. Clinical Genetics 54, 6 (1998), S. 477-488.
Binedell, J./Soldan, J. R./Harper, P. S. (1998b): Predictive testing for Huntington's disease: II. Qualitative findings from a study of uptake in South Wales. Clinical Genetics 54, 6 (1998), S. 489-496.
Bundesärztekammer (1998): Richtlinien zur pränatalen Diagnostik von Krankheiten und Krankheitsdispositionen. Deutsches Ärzteblatt 95, 50 (1998), S. A3236-3242.
Bundesärztekammer (2003): Richtlinien zur pränatalen Diagnostik von Krankheiten und Krankheitsdispositionen. Deutsches Ärzteblatt 100, 9 (2003), S. A538.
Bundesärztekammer (2003): Richtlinien zur prädiktiven genetischen Diagnostik. Deutsches Ärzteblatt 100, 19 (2003), S. A1297-1305.
Buselmaier, W./Tariverdian, G. (1999): Humangenetik. Berlin u.a.
Craufurd, D./Dodge, A./Kerzin-Storrar, L./Harris R. (1989): Uptake of presymptomatic predictive testing for Huntington's disease. The Lancet 334, 8663 (1989), S. 603-605.
Crombach, G./Tutschek, B. (2004): Veränderte Anforderungen an die Beratung zur pränatalen Diagnostik von fetalen Chromosomenanomalien. Der Gynäkologe 37, 3 (2004), S. 257-274.
Decruyenaere, M./Evers-Kiebooms, G./Boogaerts, A./Cloosterman, T./ Cassiman, J. J./Demyttenaere, K./Dom, R./Fryns, J. P./Van den Berghe, H. (1997): Non-participation in predictive testing for Huntington's disease: Individual decision-making, personality and avoidant behaviour in the family. European Journal of Human Genetics 5, 6 (1997), S. 351-363.
Decruyenaere, M./Evers-Kiebooms, G./Van den Berghe, H. (1993): Perception of predictive testing for Huntington's disease by young women: preferring uncertainty to certainty? Journal of Medical Genetics 30, 7 (1993), S. 557-561.
Deutsche Heredo-Ataxie-Gesellschaft e.V. (1995): Richtlinien für die Anwendung molekulargenetischer Untersuchungen zur Vorhersage und Diagnostik von Heredo-Ataxien. Stuttgart.

Drohm, D. (1967): Statistische Befunde bei der Huntingtonschen Chorea unter besonderer Berücksichtigung der inter- und intrafamiliären Variabilität. Inaugural-Dissertation. Marburg.

Evers-Kiebooms, G. (1990): Predictive testing for Huntington's disease in Belgium. Journal of psychosomatic obstetrics and gynaecology 11, Special issue 1 (1990), S. 61-72.

Evers-Kiebooms, G./Cassiman, J. J./Van den Berghe, H. (1987): Attitudes towards predictive testing in Huntington's disease: a recent survey in Belgium. Journal of Medical Genetics 24, 5 (1987), S. 275-279.

Evers-Kiebooms, G./Swerts, A./Cassiman, J. J./Van den Berghe, H. (1989): The motivation of at-risk individuals and their partners in deciding for or against predictive testing for Huntington's disease. Clinical Genetics 35, 1 (1989), S. 29-40.

Franke, B./Kreuz, F. (2001). Attitudes and coping strategies of patients suffering from HBOC and HNPCC and their partners, in: Jordan et al. (2001), S. 22 (Abstract).

Gesellschaft für Humangenetik e.V. (1996): Positionspapier der Gesellschaft für Humangenetik e.V. Medizinische Genetik 8, 2 (1996), S. 125-131.

Gesellschaft für Humangenetik e.V. (2007): Genetische Diagnostik bei Kindern und Jugendlichen. Medizinische Genetik 19, 3 (2007), S. 454-455.

Gfrörer, J. (1992): Risikoperson. Kurzfilm, Jörg Gfrörer Filmproduktion. Berlin.

Gusella, J. F./Wexler, N. S./Conneally, P. M./Naylor, S. L./Anderson, M. A./Tanzi, E./Watkins, P. C./Ottina, K./Wallace, M. R./Sakaguchi, A. Y./Young, A. B./Shoulson, I. (1983): A polymorphic DNA marker genetically linked to Huntington's disease. Nature 306, 5490 (1983), S. 234-238.

Huggins, M./Bloch, M./Wiggins, S./Adam, S./Suchowsky, O./Trew, M./ Klimek, M. L./Greenberg, C. R./Eleff, M./Thompson, L. P./Knight, J./ MacLeod, P./Girard, K./Theilmann, J./Hedrik, A./Hayden, M. R. (1992): Predictive Testing for Huntington Diseases in Canada: Adverse Effects and unexpected Results in those Receiving a Decreased Risk. American Journal of Medical Genetics 42, 4 (1992), S. 508-515.

Huntington, G. S. (1872): On Chorea. Medical and Surgical Reporter of Philadelphia 26 (1872), S. 317-321.

International Huntington Association/World Federation of Neurology: Research Committee Research Group on Huntington's Disease (1994): Guidelines for the molecular genetic predictive test in Huntington's disease. Neurology 44, 8 (1994), S. 1533-1536.

Jahn, S./Kreuz. F. (2002): Coping strategies of pregnant women after so-called „Triple-Diagnostic" and those of their partners. Medizinische Genetik 14, 3 (2002), S. 327 (Abstract).

Jordan, J./Evans, G./Evers-Kiebooms G./Julian-Reynier, C./Kash, K./Watson, M. (Hrsg.) (2001): International Meeting on psychosocial Aspects of Genetic testing for Hereditary Breast and/or Ovarian Cancer (HBOC) and Hereditary Non-Polyposis colorectal Cancer (HNPCC) – The Frankfurt-Meeting, Abstracts. Frankfurt a.M.

Kessler, S./Field, T./Worth, L./Mosbarger, H. (1987): Attitudes of Persons At Risk for Huntington Disease Toward Predictive Testing. American Journal of Medical Genetics 26, 2 (1987), S. 259-270.

Kommission für Öffentlichkeitsarbeit und ethische Fragen der Gesellschaft für Humangenetik e.V. (1991): Stellungnahme zur postnatalen prädiktiven genetischen Diagnostik. Medizinische Genetik 3, 2 (1991), S. 10-11.

Kreuz, F. (1996): Attitudes of German persons at risk for Huntington's disease toward predictive and prenatal diagnostic. Genetic Counseling 7, 4 (1996), S. 303-311.

Kreuz, F. (1999): Genetic counselling of Huntington's disease: Experience over five years. Medizinische Genetik 11, 3 (1999), S. 454.

Kreuz, F. (2007): Befundübermittlung nach Diagnose bei einem Kind mit Down-Syndrom, in: Schwinger/Dudenhausen, S. 46-53.

Kreuz, F./Bockel, B. (1994): Attitudes of persons at risk for Huntington's disease and their partners towards molecular genetic testing. Medizinische Genetik 6, 3 (1994), S. 348 (Abstract).

Kreuz, F./Wiedemann, B. (2004): Genetic counselling and diagnostics: Opinions of counsellees, professionals, and members of lay organisation. European Journal of Human Genetics 12, Supplement 1 (2004), S. 368 (Abstract).

Kreuz, F./Wesner, G. (2004): Sonographic findings: Perceptions of pregnant women and further course of pregnancy. Reproductive Toxicology 18, 1 (2004), S. 143 (Abstract).

Licklederer, C. (2007): Psychisches Befinden und Lebensqualität nach prädiktiver genetischer Diagnostik der Huntington Krankheit. Diplom-Arbeit. Freiburg.

Malone, F. D./Bianchi, D. W. (2003): Prenatal Diagnostic Techniques, in: Nyberg et al. (Hrsg.), S. 943-968.

Markel, D. S./Young, A. B./Penney, J. B. (1987): At-risk persons' attitudes toward presymptomatic and prenatal testing of Huntington disease in Michigan. American Journal of Medical Genetics 26, 2 (1987), S. 295-305.

Mastromauro, C./Myers, R. H./Berkman, B. (1987): Attitudes toward presymptomatic testing in Huntington disease. American Journal of Medical Genetics 26, 2 (1987), S. 271-282.

Meissen, G. J./Berchek, R. L. (1987): Intended use of predictive testing by those at risk for Huntington disease. American Journal of Medical Genetics 26, 2 (1987), S. 283-293.

Müller, A. (2002): Copingverhalten von Risikopersonen für die Huntingtonsche Krankheit in Abhängigkeit von der Prädiktivdiagnostik. Medizinische Dissertation. Dresden.

Nippert, I. (1992): Provision of prenatal genetic diagnosis in the Federal Republic of Germany. Birth Defects: Original Article Series 28 (1992), S. 68-81.

Nyberg, D. A./McGahen, J. P./Pretorius, D. H./Pilu, G. (Hrsg.) (2003): Diagnostic Imaging of Fetal Anomalies. Philadelphia u.a.

Quaid, K. A./Brandt, J./Faden, R. R./Folstein. E. (1989): Knowldge, attitude, and the decision to be tested for Huntington's disease. Clinical Genetics 36, 6 (1989), S. 431-438.

Rieß, O./Andrich, J. (2002): Choreatische Bewegungsstörungen, in: Rieß/Schöls (2002), S. 312-325.

Rieß, O./Schöls, L. (Hrsg.) (2002): Neurogenetik. Stuttgart.

Schwinger, E./Dudenhausen, J. W. (Hrsg.) (2007): Menschen mit Down-Syndrom. Genetik, Klinik, therapeutische Hilfen. München.

Speit, D. (1993): Erfahrungen mit der Psychotherapeutischen Begleitung vor prädiktiver DNA-Diagnostik. Quartalszeitung DHH 3 (1993), S. 7-11.

Steenstraten van der, I. M./Tibben, A./Roos, R. A. C./van de Kamp, J. P./Niermeijer, M. F. (1994): Predictive testing for Huntington disease: nonparticipants compared with participants in the Dutch program. American Journal of Human Genetics 55, 4 (1994), S. 618-625.

The Huntington's Disease Collaborative Research Group (1993): A novel gene containing a trinucleotide repeat that is expanded and unstable on Huntington's disease chromosomes. Cell 72, 6 (1993), S. 971-983.

Tolmein, O. (2004): Gesundheit auf Probe. Gen-ethischer Informationsdienst 165 (2004), S. 36-37.

Van den Kerchove, M./Evers-Kiebooms, G./Kreuz, F./Kroebel, D./Legius E./Morgan, M. (1996): Predictive and prenatal genetic testing in hereditary ataxia's. Report of a workshop. Genetic Counseling 7, 4 (1996), S. 325-327.

Wolff, G./Walter, W. (1992): Attitudes of at-risk persons for Huntington disease toward predictive genetic testing. Birth Defects: Original Article Series 28, 1 (1992), S. 119-126.

World Federation of Neurology: Research Committee Research Group on Huntington's Disease (1989): Ethical issues policy statement on Huntington's disease molecular genetics predictive test. Journal of Neurological Sciences 94, 1-3 (1989), S. 327-332.

Barbara Zoll

Autonomie, Entscheidungsfindung und Nicht-Direktivität in der genetischen Beratung – eine ethische Betrachtung

Zentrales Thema dieses Beitrags sind ethische Überlegungen zu für den genetischen Berater und den Ratsuchenden bzw. Klienten schwierigen Fragestellungen der genetischen Beratung. Im Vordergrund sollen anhand erlebter Beispiele die Fragen der Nicht-Direktivität in der genetischen Beratung und der Autonomie und Selbstbestimmung des Klienten stehen.

Die vordringlichste Aufgabe des Faches Humangenetik ist die genetische Beratung. Darüber hinaus obliegt diesem Gebiet die im Rahmen der genetischen Beratung anfallende Labordiagnostik, die Durchführung klinischer Studien als auch Grundlagenforschung sowie die Aufklärung der Bevölkerung über neue Erkenntnisse in diesem Fach. Mit der Erweiterung des Wissens über genetische Zusammenhänge und der sich daraus ergebenden diagnostischen Möglichkeiten erwachsen zunehmend auch neue ethische Probleme für den genetischen Berater.

Um die Relevanz der genetischen Beratung und der genetischen Diagnostik in Deutschland zu verdeutlichen, soll zunächst eine Zusammenfassung über die Entwicklung der genetischen Leistungen innerhalb eines knappen Jahrzehnts erfolgen.

Genetische Beratungen sollen laut Leitlinie „Genetische Beratung" der Deutschen Gesellschaft für Humangenetik (GfH)[1] ausschließlich von Fachärzten für Humangenetik und von Ärzten mit der Berufsbezeichnung „Medizinische Genetik" durchgeführt werden. Pabst und Schmidtke untersuchten anhand der den gesetzlichen Krankenversicherungen vorliegenden Daten die Inanspruchnahme humangenetischer Leistungen zwischen den Jahren 1996 und 2004.[2] Etwa 90 % humangenetischer Leistungen werden über die gesetzlichen Krankenkassen abgerechnet, sodass die vorliegenden Zahlen als repräsentativ für alle erbrachten humangenetischen Leistungen angesehen werden können.

Erst seit 2005 ist die Abrechnung der humangenetischen Leistungen ausschließlich auf Fachärzte für Humangenetik, die sich als eigene Facharztgruppe in den einzelnen Bundesländern zwischen 1993 und 1996 eta-

---

1   Siehe GfH/BVDH (2007a).
2   Siehe Pabst/Schmidtke (2007).

blierten, auf Ärzte mit der Berufsbezeichnung „Medizinische Genetik" und auf Ärzte mit besonderer Abrechnungsgenehmigung beschränkt.[3] Insgesamt ist die Anzahl genetischer Beratungen über den beobachteten Zeitraum von ca. 40.000 im Jahr 1997 bis zu ca. 47.000 im Jahr 2004 relativ konstant geblieben. Auch für die nächsten Jahre ist nicht mit einer wesentlichen Änderung der Fallzahlen zu rechnen. Interessanterweise werden nur etwa die Hälfte der genetischen Beratungen in reinen humangenetischen Einrichtungen erbracht, etwa ein Fünftel der Beratungen erfolgen in Gemeinschaftspraxen, denen auch Humangenetiker angehören, und ein knappes Drittel in Einrichtungen anderer Fächer wie z.b. der Pathologie, der Frauenheilkunde, der Laboratoriumsmedizin. Ob alle Leistungserbringer tatsächlich Fachärzte für Humangenetik sind oder die Zusatzbezeichnung „Medizinische Genetik" besitzen, lässt sich aus den Daten nicht ermitteln. Allerdings gilt auch der Umkehrschluss nicht, dass etwa humangenetische Beratungen in nicht humangenetischen Fachdisziplinen von Ärzten ohne Fachausbildung durchgeführt werden.

Zu den Aufgaben der Humangenetiker gehören auch Laboruntersuchungen, z.B. prä- und postnatale Chromosomenuntersuchungen sowie gentechnologische Analysen. Während die Anzahl der zytogenetischen Chromosomenanalysen über den Untersuchungszeitraum von 1996 bis 2004 hinweg etwa gleich geblieben ist, haben die molekulargenetischen Analysen deutlich zugenommen.

Bei den pränatalen zytogenetischen Untersuchungen war von 2002 auf 2004 ein leichter Abfall der Analysefrequenz zu verzeichnen, während die Zahlen in den davor liegenden Jahren etwa gleich hoch lagen. Die Abnahme der pränatalen zytogenetischen Untersuchungen spiegelt wahrscheinlich die verbesserten nicht invasiven pränatalen Analysemöglichkeiten wider und ist nicht auf eine veränderte Altersstruktur hin zu niedrigerem Alter der Schwangeren zurückzuführen. Es ist zu erwarten, dass dieser rückläufige Trend der pränatalen Diagnostik in Zukunft weiter anhalten wird und weniger Beratungs- und Laborleistungsbedarf entsteht.

Die Häufigkeit postnataler Chromosomenanalysen unterliegt einigen Schwankungen, aus denen kein sichtbarer Trend hinsichtlich der Entwicklung der Untersuchungszahlen in der Zukunft abgeleitet werden kann.

Im Gegensatz zu den zytogenetischen haben die gentechnologischen Untersuchungen deutlich zugenommen. Allein die Anzahl der DNA-Präparationen, die etwa die obere Grenze der Anzahl der untersuchten Personen repräsentiert, ist um den Faktor vier zwischen 1996 und 2004 gestiegen. Es ist anzunehmen, dass diese Zahl auf zunehmende Kenntnisse über genetische Ursachen monogener (durch Mutationen in nur einem Gen verursachten) und multifaktorieller (durch mehrere Gene und Umweltfaktoren hervorgerufene) Erkrankungen zurückzuführen ist. Auch in den folgenden Jahren ist mit Fortbestehen dieses Trends zu rechnen.

---

3 Siehe EBM (2005).

Bei der statistischen Auswertung der Praxen und Institutionen, die humangenetische Leistungen abgerechnet haben, fällt auf, dass die Untersuchungen, unabhängig davon, ob es sich um zytogenetische oder gentechnologische Untersuchungen handelt, in weniger als 50 % von humangenetischen Einrichtungen erbracht wurden. Während die nicht von Humangenetikern vorgenommenen Laboruntersuchungen in der pränatalen Diagnostik vorwiegend durch Frauenärzte und als „andere" definierte Ärzte abgerechnet wurden, wurden die molekulargenetischen Leistungen überwiegend von Laborärzten abgerechnet. Ob diese Laboruntersuchungen mit einer adäquaten genetischen Beratung verbunden waren, mag angezweifelt werden. Während von der GfH in den Leitlinien zur zytogenetischen und molekulargenetischen Labordiagnostik[4] vor allen zytogenetischen und vor allen molekulargenetischen Untersuchungen eine genetische Beratung empfohlen wird, spätestens aber nach Vorliegen eines auffälligen Befundes, wird in den Richtlinien der Bundesärztekammer zur „prädiktiven Diagnostik"[5] 2003 eine genetische Beratung zwingend nur bei prädiktiver genetischer Diagnostik gefordert. Eine Beratung bereits vor der geplanten Laboruntersuchung muss allerdings bei klinisch gesunden Klienten (prädiktive Diagnostik) und bei Relevanz für die Familienplanung offeriert werden. Erfahrungsgemäß werden diese Richtlinien nicht konsequent beachtet, so dass Klienten von Ärzten über das Beratungsangebot nicht ausreichend informiert werden und ihnen damit die Möglichkeit einer autonomen, selbstverantwortlichen Entscheidung für oder gegen eine Untersuchung vorenthalten wird.

1. Nicht-Direktivität in der genetischen Beratung

Die Zielsetzung der genetischen Beratung wurde bereits 1975 von der American Society of Human Genetics formuliert[6] und hebt zwei wesentliche Aspekte der genetischen Beratung hervor: erstens die dem genetischen Berater obliegende Wissensvermittlung und zweitens eine vom Klienten zu erbringende persönliche Entscheidungsfindung. Um diesen Forderungen gerecht zu werden und einem Klienten zu einer persönlichen und eigenverantwortlichen Entscheidungsfindung zu verhelfen, bedarf es der Aufklärung des Klienten über medizinische Sachverhalte, z.B. über die Schwere einer genetisch bedingten Erkrankung, über Verlauf und mögliche Therapien, Informationen über evtl. zur Verfügung stehende genetische Untersuchungen und pränatal diagnostische Verfahren und über sich daraus ergebende Handlungsoptionen. Nicht-Direktivität bedeutet dabei, die Autonomie des

---

4 Siehe GfH/BVDH (2007c) und (2007d).
5 Siehe Bundesärztekammer (2003).
6 Siehe Ad Hoc Commission on Genetic Counseling of the American Society of Human Genetics (1975).

Klienten zu wahren und nicht für den Klienten entscheiden zu wollen, sondern ihn in seiner Entscheidungsfindung zu unterstützen. Der Stellenwert dieses hohen Standards erklärt sich z.b. aus den oftmals vorhandenen Konflikten zwischen dem persönlichen Interesse an Wahrung der Intimität und dem familiären Begehren nach Weitergabe genetischer Daten zum Schutz der Familienangehörigen. Darüber hinaus spielen gesellschaftliche Probleme wie die Vermeidung von Behinderung infolge Unerwünschtheit und Diskriminierung behinderter Personen und die Vermeidung von Behinderung aus Kostengründen eine Rolle. Nicht zuletzt kann auch die religiöse Einstellung des Klienten Konflikte bei der Herbeiführung seiner Entscheidung hervorrufen. Die Lösung dieser sämtlichen Probleme kann nicht die Aufgabe der genetischen Beratung sein. Nicht-Direktivität in der Beratung ist eine allgemeine Forderung, ihre praktische Umsetzung scheint jedoch nur begrenzt einhaltbar zu sein und in ihrer Absolutheit zudem auch nicht immer im Interesse der Klienten zu liegen. Die Haltung des genetischen Beraters als eines reinen Wissensvermittlers, der es strikt vermeidet, eigene Einstellungen und Wertungen preiszugeben, wird dem Anliegen des Klienten häufig nicht gerecht. Klienten erwarten die Akzeptanz der selbstverantwortlichen Entscheidung durch den genetischen Berater; sie erwarten jedoch auch die Beteiligung und Übernahme von Mitverantwortung durch den genetischen Berater. Das falsch verstandene Anliegen „absoluten", nur Wissen vermittelnden, nicht-direktiven Beratens dient manchem Berater auch dazu, juristische Haftungsansprüche im Fall von Schadensersatzforderungen der Klienten, die durch eingeforderte oder nicht eingeforderte Wissensvermittlung entstehen können, zu vermeiden. Dieses Problem soll im Folgenden anhand von Beispielen aus der genetischen Beratung behandelt werden.

Kasuistik 1: Friedreichsche Ataxie

Aufgrund eines auffälligen Gangbildes bestand bei der 14-jährigen Tochter eines Ehepaares der von den Neuropädiatern geäußerte, dringende Verdacht auf eine Friedreichsche Ataxie. Bei der Friedreichschen Ataxie handelt es sich um eine neurodegenerative Erkrankung, die mit Bewegungsstörungen, Sprachstörungen, Skelettdeformitäten, Muskelatrophie, Diabetes mellitus, Herzmuskelschwäche, Wesensveränderungen und intellektuellem Verlust einhergeht. Erste Symptome treten zwischen dem Kleinkindes- und dem frühen Erwachsenenalter auf. Gehstörungen führen in der Regel nach 10- bis 20-jährigem Krankheitsverlauf zu Rollstuhlabhängigkeit. Die Lebenserwartung beträgt durchschnittlich 30 bis 40 Jahre. Die Friedreichsche Ataxie wird autosomal-rezessiv vererbt. Autosomal-rezessiv bedeutet, dass die Erkrankung dann auftritt, wenn eine Person zwei veränderte Kopien des krankheitsverursachenden Gens besitzt, also homozygot (reinerbig) für den Gendefekt ist. Das Gen für die Friedreichsche Ataxie ist bekannt, und die klinische Verdachtsdiagnose kann mit Hilfe molekulargenetischer Untersuchungen gesichert werden.

Nachdem die Diagnose einer Friedreichschen Ataxie bei dem Kind molekulargenetisch bestätigt worden war, eröffnete die Mutter in der Beratung, dass sie in der 26. Woche schwanger sei. Das Ehepaar hatte insgesamt drei Kinder. Die Eltern berichteten, dass eines der jüngeren Kinder ebenfalls leichte Gangstörungen habe. Aufgrund der beschriebenen Symptomatik war anzunehmen, dass auch dieses Kind bereits an Friedreichscher Ataxie erkrankt war. Nach entsprechender Aufklärung über den voraussichtlichen Verlauf der Erkrankung, den Vererbungsmodus und die Prognose wünschten die Eltern eine pränatale Diagnostik in der bestehenden Schwangerschaft. Über einen möglichen Schwangerschaftsabbruch nach auffälligem Befund, der aufgrund der fortgeschrittenen Schwangerschaft nicht vor der 27./28. Schwangerschaftswoche zu erwarten gewesen wäre, hatten die Eltern noch keine Entscheidung getroffen.

Betrachtet man die Situation dieser Familie, so ergeben sich eine Reihe unterschiedlicher ethischer Probleme: In erster Linie stellt sich die Frage, ob die Eltern des erwarteten Kindes einen Anspruch auf eine pränatale Diagnostik haben, d.h., ob für die Eltern ein Anspruch auf Wissen über die eventuelle Erkrankung ihres Kindes besteht, ob die Ärzte dem Ansinnen der Eltern entsprechen müssen und verpflichtet sind, die Fruchtwasser- bzw. Plazentapunktion und die molekulargenetische Untersuchung des Feten durchzuführen. Zunächst einmal ist festzustellen, dass die Wahrscheinlichkeit einer Erkrankung des Kindes 25 % beträgt. Demgegenüber besteht eine dreifach höhere Wahrscheinlichkeit von 75 %, dass das erwartete Kind nicht von der Friedreichschen Ataxie betroffen sein wird. Sollte sich nach pränataler Diagnostik ein unauffälliger Befund ergeben, würde dies zu einer deutlichen Entlastung und Entspannung der familiären Situation führen. Die Schwangerschaft könnte in freudiger Erwartung auf die bevorstehende Geburt weitergeführt werden.

Was aber würde aus einem auffälligen Befund resultieren? Für die Eltern ergäben sich zwei Optionen: ein Schwangerschaftsabbruch oder die Akzeptanz eines weiteren, an der Friedreichschen Ataxie erkrankten Kindes. Im Falle eines gewünschten Schwangerschaftsabbruchs müsste berücksichtigt werden, dass die Schwangerschaft bei Vorliegen des Untersuchungsergebnisses bereits weit fortgeschritten ist und die künstlich eingeleitete Geburt zu einem lebenden Kind führen könnte. Würde ein Kind mit nachweisbaren Lebenszeichen geboren werden, so wären die Ärzte gesetzlich zur Einleitung lebenserhaltender Maßnahmen verpflichtet. Ein lebendes Kind, zu früh geboren und mit dem zusätzlichen Risiko der Frühgeburtlichkeit versehen, würde nicht dem ausdrücklichen Wunsch der Eltern entsprechen. Um zu verhindern, dass das Kind lebend geboren würde, müsste ein intrauteriner Fetozid durch z.B. Instillation einer kardiotoxischen Substanz in das fetale Herz vor Einleitung des Abbruchs durchgeführt werden. Laut Strafgesetzbuch (StGB) wird ein Schwangerschaftsabbruch bis zum Ende der Schwangerschaft als nicht rechtswidrig beurteilt, wenn eine Gefahr für das Leben oder die Gefahr einer schwerwiegenden Beeinträchtigung des körperlichen oder seelischen Zustands der Schwangeren besteht.[7] Es handelt sich hier um eine sogenannte „medizinische Indikation", für die es weder eine Fristbegrenzung gibt, noch eine verbindliche Schwangerschaftskonfliktberatung vorgesehen ist.

In der geschilderten familiären Situation ist anzunehmen, dass wahrscheinlich nicht nur eine schwerwiegende Beeinträchtigung der Mutter, sondern der gesamten Familie entstünde, sollte auch ein drittes Kind an der Friedreichschen Ataxie erkranken und entsprechend versorgt werden müssen. Es würde sich nicht nur eine erhebliche zusätzliche Arbeitsbelastung der Eltern durch die Versorgung des Kindes ergeben, sondern es ist anzunehmen, dass die psychische Belastung der Eltern durch das Wissen um die zukünftige Erkrankung ihres Kindes weit schwerer wiegt. Viele Partnerschaften halten einer dermaßen schwierigen Situation nicht Stand, was dazu führt, dass ein Elternteil allein die Betreuung des Kindes – hier sogar mehrerer Kinder – übernehmen müsste. Das Familiengefüge könnte durch das vorzeitige Wissen der Eltern um die zukünftige schwere Erkrankung ihres Kindes durch übermäßige Protektion und durch besondere Aufmerksamkeit ihm gegenüber gestört werden. Ein Schwangerschaftsabbruch aus medizinischer Indikation scheint bei Berücksichtigung der hier vorliegenden familiären Situation gerechtfertigt zu sein. Es darf aber auch nicht vergessen werden, dass der späte Schwangerschaftsabbruch selbst sehr häufig zu gravierenden psychischen Problemen führt, die die Gesundheit der Mutter über Jahre hinweg beeinträchtigen können.

Andererseits muss berücksichtigt werden, dass jedes Kind ein Recht auf Leben hat. Wann schützenswertes Leben beginnt, ist eine vielfach geführte Diskussion, die zu unterschiedlichen Ansichten geführt hat. So könnte dieser Zeitpunkt mit der Einnistung des Embryos in die Gebärmutter, mit Beginn des Herzschlags oder Abschluss der Entwicklung des zentralen Nervensystems zusammenfallen. Rechtlich beginnt zu schützendes Leben mit der Befruchtung der Eizelle. Unabhängig von der Diskussion über den Beginn zu schützenden Lebens besteht bei einem in der 27./28. Schwangerschaftswoche geborenen Kind kein Zweifel, dass bei optimaler Therapie recht gute Aussichten auf gesundes Überleben bestehen und eine Diskussion darüber, ob es sich bei einem Feten dieses Schwangerschaftsalters um schützenswertes Leben handelt, erübrigt sich. Es erhebt sich daher die Frage, ob ein Schwangerschaftsabbruch zum Zeitpunkt der Lebensfähigkeit eines Kindes gerechtfertigt ist, wenn nicht der Schwangerschaftsabbruch durch eine lebensbedrohende Erkrankung der Mutter begründet ist.

Allgemein ist anzunehmen, dass Eltern das Beste für ihr Kind wollen. Wie aber kann im Voraus gesagt werden, was das Beste für ein Kind ist? Würde ein Kind mit einer Friedreichschen Ataxie lieber nicht geboren

---

7 Siehe § 218a Abs. 2 StGB.

worden sein, oder findet es Erfüllung in seinem eingeschränkten Leben oder empfindet es sich selbst als gar nicht eingeschränkt? Diese Fragen sind nicht zu beantworten, da die Beurteilung des Kindes nicht eingeholt werden kann. Eine Entscheidung zum Schwangerschaftsabbruch kann daher nur die elterliche Situation und eine mutmaßliche Entscheidung des Kindes berücksichtigen.

Sollten sich die Eltern andererseits nach pränataler Diagnostik eines betroffenen Kindes gegen den Schwangerschaftsabbruch entscheiden, so würde das allgemein geforderte Prinzip des Rechts auf Nichtwissen des Kindes verletzt. Unter den Genetikern herrscht allgemeiner Konsens, dass prädiktive Untersuchungen für nicht therapierbare Erkrankungen nur mit Einverständnis des Betroffenen durchgeführt werden sollen.[8] Ein Einverständnis für eine derartige Diagnostik können Personen aber nur geben, wenn sie die Tragweite ihrer Entscheidung überblicken können. Die Fähigkeit zur eigenverantwortlichen Entscheidung wird Personen allgemein nach Erreichen der Volljährigkeit zugesprochen. Würde man die Untersuchung bei dem Ungeborenen durchführen, so wäre prinzipiell eine Untersuchung an einer nicht einwilligungsfähigen Person erfolgt, deren Entscheidung für oder gegen die Analyse nicht eingeholt werden kann. In diesem Fall müssten die Eltern wieder unter der Annahme, im Interesse ihres Kindes zu handeln, für dieses – aber vorwiegend im eigenen Interesse – entscheiden.

Eine weitere zu diskutierende Lösung des elterlichen Konfliktes bestünde im Verzicht auf pränatale Diagnostik und in der Akzeptanz des Risikos, ein drittes Kind mit einer zukünftigen Behinderung zu bekommen. Dies würde bedeuten, dass der weitere Schwangerschaftsverlauf durch die Unsicherheit und Angst der Mutter empfindlich beeinträchtigt sein könnte. In neuerer Zeit wird unter Fachleuten diskutiert, inwiefern sich Stresssituationen in der Schwangerschaft auf die körperliche und psychische Entwicklung eines Kindes auswirken.[9] Aufmerksamkeitsstörungen, Schlafstörungen und psychosomatische Störungen eines Kindes könnten Folge von psychischem Stress der Mutter in der Schwangerschaft sein, was verständlicherweise wiederum zu weiteren familiären Belastungen führen würde.

Dieses Beispiel aus der genetischen Beratung macht deutlich, dass es keine allgemeinverbindlichen Regelungen zur Lösung eines solchen Konflikts gibt; eine Entscheidung über pränatale Diagnostik und die ggf. daraus resultierenden Konsequenzen müssen im Einzelfall in Absprache mit den Eltern getroffen und von allen Beteiligten verantwortlich getragen werden. Es besteht eine Verpflichtung des genetischen Beraters, die Eltern umfassend über alle ihnen zur Verfügung stehenden Optionen aufzuklären, auch wenn bestimmte Optionen und sich daraus entwickelnde Entscheidungen der Klienten für den Berater selbst ethisch kaum zu vertreten wären. Der

---

8 Siehe Kommission für Öffentlichkeitsarbeit und ethische Fragen der GfH (1989).
9 Siehe Vieten/Astin (2008), S. 67.

genetische Berater ist verpflichtet, die Eltern im Entscheidungsprozess zu begleiten und das Ergebnis dieses Prozesses zu akzeptieren.

Kasuistik 2: Spinale Muskelatrophie

Ein weiteres Beispiel aus der genetischen Beratung soll das Dilemma einer prädiktiven Diagnostik – hier an jungen und unmündigen Kindern – verdeutlichen: Wegen Infertilität des Ehemannes wurde in einer Reproduktionsklinik bei der Frau eine heterologe Insemination mit Spendersamen vorgenommen. Das Ehepaar bekam gesunde Zwillinge. Kurz nach der Geburt wurden die Eltern von der Reproduktionsklinik schriftlich informiert, dass der Samenspender heterozygoter (mischerbiger), klinisch gesunder Träger des Gens für die proximale spinale Muskelatrophie sei. Bei den spinalen Muskelatrophien handelt es sich um neuromuskuläre Erkrankungen mit unterschiedlichem Erkrankungsbeginn und -verlauf. Die Häufigkeit der spinalen Muskelatrophien beträgt ca. 1 : 8.000-10.000 Neugeborene, d.h. jede 35. bis 50. Person in der Bevölkerung ist klinisch gesunder Träger einer mutierten Kopie des entsprechenden Gens. Mit ca. 80 bis 90 % sind die spinalen Muskelatrophien des Kindes- und Jugendalters die weitaus häufigsten Formen. Nur ca. 10 % beginnen im frühen Erwachsenenalter und zeigen einen relativ milden Verlauf. Kinder mit der infantilen Form der spinalen Muskelatrophie erlernen das Gehen nicht, häufig auch nicht das freie Sitzen. Die Lebenserwartung ist deutlich reduziert. Eine verlässliche Vorhersage über den Krankheitsverlauf ist nicht möglich. Die spinalen Muskelatrophien werden auch autosomal-rezessiv vererbt. Das krankheitsverursachende Gen ist bekannt, so dass Genträger mit Hilfe molekulargenetischer Untersuchungen identifiziert werden können. Da die Mutter gesund war und in ihrer Familie keine spinale Muskelatrophie vorkam, bestand für sie das Risiko der Allgemeinheit, ebenfalls heterozygote (mischerbige) Trägerin des Gendefekts zu sein. Eine molekulargenetische Untersuchung der Mutter ergab, dass sie tatsächlich heterozygote Trägerin einer mutierten Kopie des Gens für die spinale Muskelatrophie war. Damit bestand eine Wahrscheinlichkeit von 25%, dass eines oder beide Kinder homozygote Träger der Mutation waren und an spinaler Muskelatrophie erkranken werden. Die Eltern drängten auf eine molekulargenetische Untersuchung ihrer Kinder.

Auch in diesem Fall stellt sich die Frage, ob der genetische Berater dem Wunsch der Eltern nach einer Diagnostik stattgeben und die molekulargenetische, hier prädiktive Untersuchung der Säuglinge in die Wege leiten soll, oder ob er das Ansinnen der Eltern zurückweisen darf. Unter welchen Voraussetzungen dürfen oder sollten gesunde Kinder prädiktiv auf zukünftige Erkrankungen untersucht werden? Haben Eltern das Entscheidungsrecht über die prädiktive Testung ihrer gesunden Kinder hinsichtlich genetischer Erkrankungen, für die es keine Therapie gibt und sich aus dem

Wissen über die zukünftige Erkrankung keine unmittelbaren Konsequenzen ergeben? Eltern tragen die Verantwortung für ihre Kinder und sind daher gehalten, im Interesse der Kinder zu handeln und das eigene Interesse am Wissen über die genetischen Daten ihrer Kinder zurückzustellen.

Unstrittig sind Tests an Kindern, wenn die in Frage kommenden Erkrankungen behandelbar sind oder durch Präventivmaßnahmen sogar verhindert werden können.[10] Prädiktive Testungen erfolgen z.b. im Rahmen des Neugeborenenscreenings auf Stoffwechselstörungen wie die Hypothyreose, Phenylketonurie u.a., die bei frühzeitiger Behandlung z.B. eine geistige Behinderung verhindern können. Eine Diskussion über den Sinn dieser Untersuchungen und die Entscheidung für oder gegen den Test ist verständlicherweise überflüssig.

Eine Entscheidung für oder gegen eine Untersuchung wird naturgemäß schwieriger, wenn es sich – wie im genannten Fall – um eine nicht therapierbare Erkrankung handelt. Würde nicht der unbefangene Umgang zwischen Eltern und Kindern durch das Wissen der bevorstehenden lebensbedrohlichen Erkrankung des Kindes bzw. der Kinder beeinträchtigt werden, sollten die Untersuchungsergebnisse beweisen, dass das oder die Kinder erkranken werden? Andererseits könnte das von den Eltern vorgebrachte Argument für die Durchführung der Analyse überzeugen, dass sich die Eltern auf die Erkrankung ihrer Kinder einstellen möchten. Sie möchten nicht Gefahr laufen, in ständiger Sorge das Kind bzw. die Kinder beobachten zu müssen, um etwaige erste Symptome festzustellen. Aus diesem Grund könnte der Wunsch nach einer molekulargenetischen Untersuchung der Kinder nachvollziehbar sein. Als weiteres Argument für eine prädiktive Testung könnte von den Eltern die Vorsorge für behindertengerechtes Wohnen angeführt werden.

Nicht zuletzt aber muss auch in diesem Fall berücksichtigt werden, dass den Eltern erhebliche Sorgen genommen werden könnten, sollten die Tests bei den Kindern unauffällige Ergebnisse liefern. Die Eltern könnten entspannt die Entwicklung ihrer Kinder verfolgen, ohne Angst haben zu müssen, dass ihre Kinder erkranken und sie diese bald verlieren könnten.

Wessen Autonomie ist bei dieser Fragestellung stärker zu berücksichtigen, die der Eltern oder die der Kinder? Welche Entscheidungen würden von den Kindern selbst getroffen werden? Wollten die Kinder über ihre evtl. bevorstehende Erkrankung informiert sein? Bei Erkrankungen, die sich spät, z.B. im Erwachsenenalter manifestieren, dürfte die Entscheidung unschwer zu Gunsten der Verweigerung eines prädiktiven Tests vor Erreichen der Volljährigkeit ausfallen; bei sich vor dieser Zeit manifestierenden nicht therapierbaren Erkrankungen kann die Frage der prädiktiven Testung jedoch nicht eindeutig geklärt werden.[11] Alle Argumente, die für eine Untersuchung sprechen, müssten gegen solche, die dagegen sprechen, abge-

---

10 Kommission für Öffentlichkeitsarbeit und ethische Fragen der GfH (1995), S. 358.
11 McLean (1998), S. 21.

wogen werden. Es bleibt ein ethisches Dilemma, was wieder nur durch Berücksichtigung des Einzelfalls gelöst werden kann.

Die genetische Untersuchung einer sogenannten „Risikoperson" mit einem Risiko für eine autosomal-rezessive Erkrankung gibt Auskunft über die genetische Ausstattung an einem Genlokus, das heißt, es wird ersichtlich, ob das Kind homozygoter Träger der krankheitsverursachenden Kopien des Gens ist, heterozygoter gesunder Anlageträger einer Kopie oder homozygoter gesunder Träger von zwei nicht mutierten Kopien des Gens. Die Information über den Heterozygotenstatus eines Kindes, dessen Kenntnis keine direkten Konsequenzen nach sich zieht, ist für die Eltern zunächst ohne Relevanz. Den Eltern müsste es genügen zu wissen, dass ihr Kind nicht an der befürchteten Erkrankung leiden wird, es ist klinisch gesund und symptomfrei. Es erhebt sich allerdings die Frage, ob es rechtlich gestattet ist, den Eltern ein vorhandenes Untersuchungsergebnis ihres Kindes vorzuenthalten, selbst wenn die Eltern explizit danach fragen. Wissen die Eltern, dass ihr Kind Anlageträger eines krankheitsverursachenden Gens ist, so können sie darauf hinwirken, dass sich ihr Kind des Risikos einer möglichen Erkrankung eigener zukünftiger Kinder bewusst ist und sich rechtzeitig mit der Problematik auseinander setzt. Eine molekulargenetische Untersuchung des zukünftigen Partners des Kindes gäbe Aufschluss, ob auch er Anlageträger des gleichen Gens ist, wodurch sich für Kinder des Paares ein erhöhtes Risiko für eigene Nachkommen mit einem homozygoten Gendefekt des Paares ergäbe. Auf Wunsch könnte dann bei der Frau eine pränatale Diagnostik in einer Schwangerschaft durchgeführt werden.

Andererseits wird hier wiederum das Recht auf Nichtwissen einer Person missachtet, indem genetische Befunde, die für die Gesundheit des Trägers irrelevant sind, preisgegeben werden, über die die entsprechende Person möglicherweise keine Auskunft haben möchte. Ein allgemeiner Konsens unter den Humangenetikern besteht dahingehend, den Eltern den Heterozygotenstatus ihres Kindes nicht mitzuteilen – sei es nach prä- oder postnataler Diagnostik –, ihnen jedoch die Empfehlung zu geben, das Kind bei Volljährigkeit über sein Heterozygotenrisiko zu informieren und es auf die Inanspruchnahme der genetischen Beratung hinzuweisen.[12]

Der beschriebene Fall birgt ein weiteres ethisches Problem, nämlich die Frage, ob Paaren, die eine heterologe Insemination vornehmen lassen, besondere Fürsorgepflicht zuteil werden sollte. Rechtlich bestehen derzeit keine Pflichten, Samenspender gezielt auf Chromosomenanomalien – oder wie im genannten Fall – auf Heterozygotie für eine häufige autosomalrezessiv erbliche Erkrankung zu untersuchen. Als Argument gegen solche Untersuchungsverfahren kann angeführt werden, dass der Samenspender einem Lebensgemeinschaftspartner gleichgestellt ist und dieser normaler-

---

12 Kommission für Öffentlichkeitsarbeit und ethische Fragen der GfH (1995), siehe dazu auch GfH/BVDH (2007b).

weise nicht routinemäßig hinsichtlich möglicher Trägerschaft für genetisch bedingte Erkrankungen oder Chromosomenanomalien untersucht wird. Unklarheit würde sich auch über den Umfang von Untersuchungen ergeben. Es ist nicht möglich, Personen hinsichtlich sämtlicher autosomalrezessiver Erkrankungen zu untersuchen, da der Aufwand unangemessen groß wäre und viele der Gene, die für autosomal-rezessive Erkrankungen kodieren, noch nicht bekannt sind. Man müsste sich auf die häufigsten untersuchbaren, autosomal-rezessive Erkrankungen verursachenden Gene beschränken. Was aber sind „häufige autosomal-rezessive Erkrankungen" und wie sollte mit der Untersuchung auf spät manifestierende autosomaldominante Erkrankungen und Chromosomenanomalien verfahren werden? Es erforderte eine Katalogisierung sogenannter häufiger genetisch bedingter Erkrankungen. Genetisch bedingte Erkrankungen sind im Vergleich zu erworbenen Krankheiten insgesamt selten. Sollte also z.B. bei einer Heterozygotenhäufigkeit von 1 % oder erst bei 10 % oder einer Häufigkeit für spät manifestierende autosomal-dominante Erkrankungen von 1 : 10.000 eine molekulargenetische Untersuchung der Samenspender erfolgen? Wäre es dann nicht gerechtfertigt, alle Klienten auf Wunsch hinsichtlich Heterozygotie für die häufigsten autosomal-rezessiven Erkrankungen, spät manifestierenden autosomal-dominanten Erkrankungen und auch hinsichtlich Chromosomenanomalien zu untersuchen?

Es muss allerdings berücksichtigt werden, dass die heterologe Insemination mit großem Aufwand, hohen Kosten und Unannehmlichkeiten für das Paar verbunden ist, sodass die Forderung nach bestmöglichen Voraussetzungen für die Geburt eines gesunden Kindes geschaffen werden sollten. Derzeit wird unter einigen Juristen und Humangenetikern die Frage erörtert, ob und ggf. welche Untersuchungen bei Samenspendern sinnvoll sind, um das Risiko für Erkrankungen oder Fehlbildungen bei nach heterologer Insemination gezeugten Kindern so gering wie möglich zu halten.[13] Das Ergebnis dieser Diskussion und die sich daraus entwickelnden Konsequenzen bleiben abzuwarten.

2. Autonomie des Klienten und Schweigepflicht

Ein weiteres Anliegen dieses Beitrags ist die ethische Betrachtung der Autonomie des Klienten und die Wahrung der Schweigepflicht gegenüber an genetischen Daten interessierten Dritten. Angesichts der oft komplexen genetischen Themen und der weitreichenden Folgen für den Klienten (aber auch den Berater) sind eine umfangreiche Aufklärung über und ein Einverständnis für genetische Untersuchungen von überaus großer Bedeutung.

Die im Zusammenhang mit dem Datenschutz von Fachleuten und dem Großteil der Gesellschaft kritisch beobachteten Probleme beinhalten den

---

13 Persönliche Mitteilung.

Respekt vor der Privatsphäre einer Person und die Einhaltung der Schweigepflicht gegenüber der Weitergabe wichtiger Informationen an interessierte Dritte. Beispielhaft seien hier zu nennen: Weitergabe persönlicher Daten gegen den Wunsch des Klienten an Familienangehörige, Arbeitgeber oder Versicherungen oder z.b. die Eröffnung „falscher" Vaterschaft gegenüber dem Ehemann oder den Kindern. Werden in der genetischen Beratung Kenntnisse über den Klienten gewonnen, die – wie es nicht selten vorkommt – für die persönliche Lebensplanung eines Angehörigen von Bedeutung sind, so steht der genetische Berater vor dem Dilemma, einerseits die Privatsphäre des Klienten schützen zu müssen, andererseits fühlt er sich verpflichtet, weitere Personen vor eventuellem größerem Schaden zu bewahren. In diesem Zwiespalt darf der Berater nicht seine Neutralität verletzen und Partei für den Klienten oder die vor Schaden zu bewahrende Person ergreifen. Wichtige Forderungen an den genetischen Berater zielen auf seine Neutralität und seine Aufgabe ab, die Entscheidungsautonomie des Klienten zu respektieren und ihn in seinem Entscheidungsprozess zu unterstützen. Nicht-Direktivität und Berücksichtigung der Patientenautonomie sind oberstes Gebot der genetischen Beratung. In einzelnen Fällen gerät der genetische Berater jedoch in Konfliktsituationen, in denen er die Ansprüche eines Klienten gegen die Ansprüche Anderer abwägen und die Klientenautonomie in Frage stellen muss (siehe Kasuistik 3).

Im Zuge der Aufklärung der Bevölkerung über die Missbrauchsmöglichkeiten aller persönlichen Daten kommt es immer häufiger bei Klienten zur Verweigerung, eigene genetische Daten an Familienmitglieder weiterzugeben oder diese für die genetische Beratung Verwandter zur Verfügung zu stellen.

Kasuistik 3: Chromosomenanomalie

Folgendes Fallbeispiel soll diese Situation verdeutlichen: Ein Ehepaar stellt sein körperlich und geistig behindertes Kind mit der Bitte um eine Diagnosestellung in einem humangenetischen Institut vor. Bei dem Kind wird eine unbalancierte Chromosomenanomalie (Chromosomenumbau mit Zugewinn und/oder Verlust chromosomalen Materials) mit Überschuss chromosomalen Materials eines Chromosoms und teilweisem Fehlen chromosomalen Materials eines anderen Chromosoms als Ursache der Behinderung diagnostiziert. Nach Untersuchung der Eltern stellt sich heraus, dass die Mutter Trägerin einer für sie gesundheitlich nicht beeinträchtigenden balancierten Translokation (Chromosomenumbau ohne Verlust oder Zugewinn chromosomalen Materials) ist. Nach Feststellung dieses Befundes besteht auch für weitere Familienmitglieder ein Risiko, Träger dieser balancierten Translokation zu sein, verbunden mit dem Risiko, ebenfalls Kinder mit einer körperlichen und geistigen Behinderung zu bekommen oder vermehrt Aborte zu erleiden. Die Eltern verweigern jegliche Weitergabe des Befundes und sind auch selbst nicht bereit, ihre Verwandten hinsichtlich deren Risiken zu informieren. Selbst die Befundmitteilung an den Haus- oder Kinderarzt wird untersagt.

Im Grundgesetz wird von einem eigenverantwortlichen Menschen ausgegangen, dessen Handlungs- und Entscheidungsspielraum von staatlicher Seite nicht beeinträchtigt werden soll.[14] Dem Einzelnen steht der Anspruch auf Wahrung seiner Privat- und Intimsphäre zu. Hierunter fällt auch die Befugnis des Individuums, selbst über die Preisgabe und Verwendung persönlicher Daten zu entscheiden. Diesen verfassungsrechtlich geschützten Privatbereich eines Klienten nicht zu verletzen, sind auch die genetischen Berater verpflichtet. Bestehen demgegenüber aber nicht Pflichten des Arztes, Angehörige eines Klienten vor vermeidbaren Risiken zu bewahren? Und besteht nicht für die Klienten eine ethische und moralische Verpflichtung, Verwandte über das bestehende Risiko zu informieren oder z.B. durch den genetischen Berater oder einen Arzt über deren genetisches Risiko unterrichten zu lassen? Besteht ein moralischer Anspruch an Träger genetischer Risiken, ihre Familien auf deren eigenes genetisches Risiko hinzuweisen? In der Literatur wird dieses Thema kontrovers diskutiert.[15] Während die Gesellschaft für Humangenetik (GfH) empfiehlt, jeden Fall als Einzelfall zu betrachten und individuell zu entscheiden,[16] wird von der Weltgesundheitsorganisation (WHO) in einem Entwurf gefordert, der genetische Berater solle das Recht und die Pflicht haben, auch gegen den erklärten Willen des Klienten die Familienangehörigen über ihr Risiko aufzuklären.[17] In dieser Situation sollte zur Abwehr eines persönlichen Schadens das Recht auf Information einer sogenannten Risikoperson vor dem Recht auf Autonomie des Klienten und Geheimhaltung seiner genetischen Ausstattung rangieren.

Die Prinzipien der absoluten Schweigepflicht lassen sich nicht in allen Bereichen aufrechterhalten. Es wird daher vorgeschlagen, die „Zustimmung nach Aufklärung" durch einen „Vertrag nach Aufklärung" zu ersetzen, durch den die Grenzen und der Umfang des persönlichen Datenschutzes und die Rechte und Pflichten des Klienten und des Beratenden geregelt werden.[18] Solche Verträge, schon zu Beginn einer Beratung abgeschlossen, könnten vor schwer zu lösenden Konflikten bewahren. Dennoch werden Situationen auftreten, in denen entschieden werden muss, ob das persönliche Recht auf Datenschutz des Einzelnen und Einhaltung der ärztlichen Schweigepflicht höher gestellt sein soll als die Pflicht der Datenfreigabe, und ob es doch Möglichkeiten gibt, trotz Geheimhaltung der Patientendaten, Familienmitglieder auf das für sie bestehende Risiko hinzuweisen.

---

14 Siehe Grundgesetz für die Bundesrepublik Deutschland, Art. 2 Abs. 1 und 2.
15 Siehe Fröhlich (2003), S. 79-80.
16 Kommission für Öffentlichkeitsarbeit und ethische Fragen der GfH (1996), S. 128.
17 Siehe WHO (1998).
18 Siehe Sass (2001).

Weitere schwerwiegende Probleme entstehen, wenn Arbeitgeber, Versicherungen oder der Staat Interesse an genetischen Daten von Personen haben, sei es, um z.B. den Klienten oder die Allgemeinheit vor bestimmten Risiken zu bewahren, sei es z.B. aus pekuniärem Interesse. Die mit der Weitergabe persönlicher genetischer Daten verbundenen Probleme an diese Gruppe Dritter soll hier nicht Gegenstand der Diskussion sein.

Fazit

In der genetischen Beratung treten außerordentlich viele ethische Fragestellungen und Probleme auf, von denen in diesem Aufsatz nur wenige skizziert werden konnten. Besonders häufig müssen sich Humangenetiker mit kritischen Fragen der Klientenautonomie, der Selbstbestimmung und des Schutzes sensibler Daten auseinander setzen. Der mündige Klient fordert von den Humangenetikern zunehmend genetische Leistungen ein, die nicht nur für den Klienten selbst, sondern für Familienangehörige relevant sind und teilweise die Rechte Anderer tangieren. Eine allgemeine, allen Personen gerecht werdende Lösung der Probleme ist kaum möglich, sodass Handlungsvorschriften durch Handlungsempfehlungen oder -vorschläge ersetzt werden müssen. Jeder Beratungsfall ist als individueller Fall zu behandeln und bedarf daher auch der individuellen Bearbeitung und Lösung.

Literatur

Ad Hoc Committee on Genetic Counseling of the American Society of Human Genetics (1975): Genetic Counseling. American Journal of Human Genetics 27, 2 (1975), S. 240-242.

Barnes, C. (1998): Testing children for balanced chromosomal translocations: parental views and experiences, in: Clarke (1998), S. 51-60.

Bundesärztekammer (2003): Richtlinien zur prädiktiven genetischen Diagnostik. Deutsches Ärzteblatt 100, 19 (2003), S. A1297-1305.

Clarke, C. (Hrsg.) (1998): The Genetic Testing of Children. Oxford, Washington DC.

Deutsche Gesellschaft für Humangenetik (GfH)/Berufsverband Deutscher Humangenetiker e.V. (BVDH) (2007a): Genetische Beratung. Medizinische Genetik 19, 4 (2007), S. 452-453.

Deutsche Gesellschaft für Humangenetik (GfH)/Berufsverband Deutscher Humangenetiker e.v. (BVDH) (2007b): Genetische Diagnostik bei Kindern und Jugendlichen. Medizinische Genetik 19, 3 (2007), S. 454-455.

Deutsche Gesellschaft für Humangenetik (GfH)/Berufsverband Deutscher Humangenetiker e.v. (BVDH) (2007c): Zytogenetische Labordiagnostik. Medizinische Genetik 19 (2007), S. 456-459.

Deutsche Gesellschaft für Humangenetik (GfH)/Berufsverband Deutscher Humangenetiker e.v. (BVDH) (2007d): Molekulargenetische Labordiagnostik. Medizinische Genetik 19, 4 (2007), S. 460-462.

Düwell, M./Mieth, D. (Hrsg.) (2000): Ethik in der Humangenetik. Tübingen, Basel.

Einheitlicher Bewertungsmaßstab (EBM) (2005): Kassenärztliche Bundesvereinigung, Präambel 11 (2005), S. 153.

Emmrich, M. (Hrsg.) (1999): Im Zeitalter der Bio-Macht. Frankfurt a.M.

Forrest, L. E./Delatycki, M. B./Skene, L./Aitken, M. A. (2007) Communicating genetic information in families – a review of guidelines and position papers. European Journal of Human Genetics 15, 6 (2007), S. 612-618.

Fröhlich, S. (2003): Schweigepflicht und Aufklärungspflicht? Eine Umfrage zur Arzt- und Patientenethik, in: Sass/Schröder (2003), S. 93-110.

Hauschild, R./Claussen, U. (1998): Die Bedeutung des Beratungsauftrags in der genetischen Beratung und seine Beziehung zum „Recht auf Nicht-Informiertwerden". Automatismen oder individuelle Entscheidung? Medizinische Genetik 10, 2 (1998), S. 316-318.

Hillenkamp, T. (Hrsg.) (2002): Medizinrechtliche Probleme der Humangenetik. Berlin, Heidelberg.

Hümmeler, E. (1993): Erfahrung in der genetischen Beratung: eine theologisch-ethische Diskussion. Forum Interdisziplinäre Ethik 6, Frankfurt a.M. u.a.

Kettner, M. (Hrsg.) (1998): Beratung als Zwang. Schwangerschaftsabbruch, genetische Aufklärung und die Grenzen kommunikativer Vernunft. Frankfurt a.m., New York.
Kommission für Öffentlichkeitsarbeit und ethische Fragen der GfH (1989): Erklärung der Gesellschaft für Humangenetik. Medizinische Genetik 1, 1 (1989), S. 51.
Kommission für Öffentlichkeitsarbeit und ethische Fragen der GfH (1995): Stellungnahme zur genetischen Diagnostik bei Kindern und Jugendlichen. Medizinische Genetik 7 (1995), S. 358-359.
Kommission für Öffentlichkeitsarbeit und ethische Fragen der GfH (1996): Positionspapier der Gesellschaft für Humangenetik e.V. Medizinische Genetik 8 (1996), S. 125-131.
Kommission für Grundpositionen und ethische Fragen der GfH (2007): Neufassung des Positionspapiers der Deutschen Gesellschaft für Humangenetik e.v. Medizinische Genetik 19, 3 (2007), S. 378-379
Liening, P. (2000): Autonomie und neue gendiagnostische Möglichkeiten, in: Düwell/Mieth (2000), S. 173-201.
Lunshof, J. E. (2000): Genetische Beratung: Zwischen Nichtdirektivität und moralischem Diskurs, in: Düwell/Mieth (2000), S. 173-201.
McLean, S. A. M. (1998): The genetic testing of children: some legal and ethical concerns, in: Clarke (1998), S. 17-26.
Mieth, D. (1998): Reflections on testing in childhood, in: Clarke (1998), S. 37-45.
Neuer-Miebach, T. (1999): Zwang zur Normalität, in: Emmrich (1999), S. 69-104.
Nippert, I. (2002): Psychologisch und soziologisch beobachtbare und prognostizierbare Konsequenzen gentechnologischer Forschung für Individuum und Gesellschaft, in: Orth (2002), S. 63-83.
Orth, G. (Hrsg.) (2002): Forschen und tun, was möglich ist? Münster u.a.
Pabst, B./Schmidtke, J. (2007): Daten zu ausgewählten Indikatoren II, in: Schmidtke et al. (2007), S. 195-203.
Patzig, G. (1993): Ethische Probleme der Postnataldiagnostik, in: Schöne-Seifert/Krüger (1993), S. 147-153.
Positionspapier der Gesellschaft für Humangenetik e.V. (1996): Medizinische Genetik 1 (1996), S. 125-131.
Rantanen, E./Hietala, M./Kristoffersson, U./Nippert, I./Schmidtke, J./Sequeiros, J./Kääriäinen, H. (2008): What is ideal genetic counselling? A survey of current international guidelines. European Journal of Human Genetics 16, 4 (2008), S. 445-452.
Reif, M./Baitsch, H. (Hrsg.) (1986): Genetische Beratung Hilfestellung für eine eigenverantwortliche Entscheidung? Berlin, Heidelberg.
Richtlinien des Arbeitskreises für Donogene Insemination zur Qualitätssicherung der Behandlung mit Spendersamen in Deutschland (2006): www.donogene-insemination.de.

Rudloff-Schäffer, C. (2001): Übereinkommen über Menschenrechte und Biomedizin des Europarates vom 04.04.1997, in: Winter et al. (2001), S. 74-76.
Sass, H.-M. (2001): A Contract Model for Genetic Research and Health Care. Eubios. Journal of Asian and International Bioethics 11 (2001), S.130-132.
Sass, H.-M./Schröder, P. (Hrsg.) (2003), Patientenaufklärung bei genetischem Risiko, Münster u.a.
Schäfer, D. (1998): Wann sind genetische Beratungen sinnvoll? Über Definition, Funktion und Bedeutung genetischer Beratung, in: Kettner (1998), S. 187-221.
Schmidtke, J. (2002): Vererbung und Ererbtes. Ein humangenetischer Ratgeber. 2. Auflage. Chemnitz.
Schmidtke, J./Müller-Röber, B./van der Daele, W./Hucho, F./Köchy, K./ Sperling, K./Reich, J./Rheinberger, H.-J./Wobus, A. M./Boysen, M./ Domasch, S. (Hrsg.) (2007): Gendiagnostik in Deutschland. Status quo und Problemerkundung. Supplement zum Gentechnologiebericht. Forschungsberichte der Interdisziplinären Arbeitsgruppen der Berlin-Brandenburgischen Akademie der Wissenschaften, Band 18. Limburg.
Schöne-Seifert, B./Krüger, L. (Hrsg.) (1993): Humangenetik. Ethische Probleme der Beratung, Diagnostik und Forschung. Stuttgart u.a.
Schröder, P. (2003): Patientenaufklärung und Gesundheitskommunikation im Internet, in: Sass/Schröder (2003), S. 57-78.
Steigleder, K. (2000): Müssen wir, dürfen wir schwere (nicht-therapierbare) genetisch bedingte Krankheiten vermeiden? in: Düwell/Mieth (2000), S. 91-118.
Suthers, G. K./Armstrong, J. /Trott, D. (2006): Letting the family know: balanced ethics and effectiveness when notifying relatives about genetic testing for a familial disorder. Journal of Medical Genetics 43, 6 (2006), S. 665-670.
Vieten, C./Astin, J. (2008): Effects of a mindfulness-based intervention during pregnancy on prenatal stress and mood: results of a pilot study. Archives of Woman's Mental Health 11 (2008), S. 67-74.
Wertz, D. /Nippert, I./Wolff, G. (2003): Patient and Professional Responsibilities in Genetic Counseling, in: Sass/Schröder (2003), S. 79-92.
World Health Organization (WHO) (1998): Proposed International Guidelines on Ethical Issues in Medical Genetics and Medical Services. [doc.ref.who/hgn/eth/98.1]. Genf.
Winter, S. F./Fenger, H./Schreiber, H.-L. (Hrsg.) (2001): Genmedizin und Recht. Rahmenbedingungen und Regelungen für Forschung, Entwicklung, Klinik, Verwaltung. München.
Wolf, U. (2002): Was wollen und sollen wir wissen? Probleme der Humangenetik, in: Hillenkamp (2002), S. 111-118.
Wolff, G. (1993): Ethische Aspekte pränataler Diagnostik aus der Sicht eines Genetikers, in: Schöne-Seifert/Krüger (1993), S. 25-34.

Wolff, G. (1998): Über den Anspruch von Nichtdirektivität in der genetischen Beratung, in: Kettner (1998), S. 173-185.
Wuermeling, H.-B. (2001): Gesellschaftliche Grenzfragen der Gen- und Fortpflanzungsmedizin aus ethischer Sicht, in: Winter et al. (2001), S. 575-579.
Zimmerli, W. C. (1993): Von den Pflichten möglicher Eltern und den Rechten möglicher Kinder, Ethische Dimensionen des Heterozygoten-Trägerscreenings, in: Schöne-Seifert/Krüger (1993), S. 83-99.

Wolfram Henn

Schweigepflicht und Datenschutz bei genetischer Beratung
Ethische Grundlagen informationeller Selbstbestimmung

Bereits seit der Antike zählt die Schweigepflicht zum Kernbestand des ärztlichen Berufsethos:

> „Was ich in meiner Praxis sehe oder höre oder außerhalb dieser im Verkehr mit Menschen erfahre, was niemals anderen Menschen mitgeteilt werden darf, darüber werde ich schweigen, in der Überzeugung, daß man solche Dinge streng geheimhalten muss."[1]

In weithin ungebrochener Tradition, auch was die Erwartungshaltung von Patienten gegenüber Ärzten anbetrifft, hat sich die Schweigepflicht bis in die modernen ärztlichen Berufsordnungen und das Strafrecht hinein als sanktionsbewehrte Vorschrift gehalten.[2] Der zentrale Zweck der Schweigepflicht besteht im Schutz des Vertrauensverhältnisses zwischen Arzt und Patienten.

Aus der Patientensicht stellt die Verschwiegenheit des Arztes sicher, dass ihn betreffende medizinische Informationen nicht in unbefugte Hände geraten und er sowohl vor „harter" Diskriminierung, beispielsweise durch seinen Arbeitgeber, als auch „weicher" Diskriminierung, also vor den Folgen privater Neugier anderer, geschützt ist. Dieses Sicherheitsgefühl trägt entscheidend zur Bereitschaft bei, dem Arzt Sorgen und Beschwerden anzuvertrauen, die mit Ängsten oder Schamgefühl beladen sind.

Für den Arzt liegt seine festgeschriebene Verschwiegenheit insofern in seinem eigenen Interesse, als er mit ihrer Hilfe illegitime Eingriffe Dritter in seine Beziehung zum Patienten abwehren kann; die Schweigepflicht konstituiert nämlich ein Zeugnisverweigerungsrecht gegenüber allen Personen und Institutionen, die keinen gesetzlich begründeten Auskunftsanspruch haben. Vor allem aber wird dem Arzt der Zugang zu sensiblen Informationen des Patienten erst durch dessen Vertrauen darauf ermöglicht, dass diese vor dem Zugriff Unbefugter geschützt sind. Letztlich ist auch ein funktionierendes Gesundheitswesen ohne klare und restriktive Regeln über den Zugang autorisierter Personen zu Patientendaten kaum denkbar.

In dieser ethischen und rechtlichen Ausformung steht die ärztliche Schweigepflicht allerdings in paternalistischer Tradition: Es wird darin nur

---

1   Hippokratischer Eid, zitiert nach Capelle (1955), S. 179.
2   § 203 StGB.

festgeschrieben, wie der Arzt mit den Informationen umzugehen hat, die ihm vom Patienten direkt offenbart oder anderweitig bekannt geworden sind. Restriktionen bezüglich seines eigenen Zugangs zu Patientendaten findet man hier dagegen nicht.

Tatsächlich ist das Konzept der Patientenautonomie und insbesondere der Bestimmungshoheit des Patienten über seine medizinischen Daten sehr viel jünger als die Schweigepflicht. Erst vor gut 100 Jahren entwickelte sich, zunächst im anglo-amerikanischen Raum, die Vorstellung, dass ein zur allgemeinen persönlichen Selbstbestimmung fähiger Patient im Kontext medizinischer Behandlung seine Autonomie nicht an den Arzt verliert: „Every human being of adult years and sound mind has the right to determine what shall be done with his own body."[3]

Erst in der zweiten Hälfte des vergangenen Jahrhunderts hat sich, zunächst außerhalb der Medizin, der Gedanke von der Selbstbestimmung über den eigenen Körper auch auf persönliche Daten erweitert. Das Konzept der vom Staat zu schützenden „informationellen Selbstbestimmung" hat sich in Deutschland v.a. im Zusammenhang mit dem Streit um die Volkszählung 1983 im öffentlichen Bewusstsein und der Rechtsprechung des Bundesverfassungsgerichtes etabliert:

> „Das Grundrecht gewährleistet [...] die Befugnis des Einzelnen, grundsätzlich selbst über die Preisgabe und Verwendung seiner persönlichen Daten zu bestimmen. Einschränkungen dieses Rechts auf ‚informationelle Selbstbestimmung' sind nur im überwiegenden Allgemeininteresse zulässig."[4]

In diesem Sinne sind auch die Ausnahmen von der ärztlichen Schweigepflicht vorgegeben. Alltäglich und in den meisten Fällen ethisch unproblematisch ist die Weitergabe medizinischer Informationen durch den Arzt auf Wunsch des Patienten. Das rechtliche Legitimierungsinstrument dafür ist die Entbindung von der Schweigepflicht, deren Wirksamkeit einen *informed consent* voraussetzt, also eine – nicht obligat, aber empfehlenswerter Weise schriftliche – Willenserklärung des einwilligungsfähigen und über die Folgen seines Handelns adäquat aufgeklärten Patienten. Im Zusammenhang ärztlicher Mit- oder Weiterbehandlung wird meist von einem konkludenten oder stillschweigenden Einverständnis des Patienten zur Weitergabe ihn betreffender Informationen ausgegangen, so auch in den ärztlichen Berufsordnungen:

> „Wenn mehrere Ärztinnen und Ärzte gleichzeitig oder nacheinander dieselbe Patientin oder denselben Patienten untersuchen oder behandeln, so sind sie untereinander von der Schweigepflicht insoweit befreit, als das Einverständnis der Patientin oder des Patienten vorliegt oder anzunehmen ist."[5]

---

3 Schloendorff vs. The Society of New York Hospital. 211 N.Y. 125; 105 N.E. 92; 1914. Zur Forschungsethik und der Entwicklung der Selbstbestimmung des Patienten bzw. Probanden siehe auch Frewer/Schmidt (2007).
4 BVerfGE 65, 1 (43).
5 § 9 Abs. 4 Muster-Berufsordnung für Ärzte in der Fassung von 2006.

Auch diese Norm setzt implizit voraus, dass für alle Ärzte, die einen Patienten behandeln, die Kenntnis aller ihn betreffenden medizinischen Informationen so evident im Patienteninteresse liege, dass weder eine gesonderte Einwilligung noch eine Einschränkung der Weitergabe auf das zur aktuellen Behandlung Erforderliche notwendig sei. Dies mag in den meisten Fällen zutreffen, aber gerade im Zusammenhang genetischer Beratung kommt es vor, dass Patienten nur eine selektive zwischenärztliche Kommunikation wünschen. Wenn beispielsweise in einem Beratungsgespräch zu einer familiären Belastung mit der Huntington-Krankheit die Familienanamnese auch Hinweise auf eine erbliche Brustkrebsdisposition in der anderen Elternlinie erbringt, ist es sinnvoll und kann vom Patienten auch verlangt werden, dass Neurologen und Internisten getrennte Arztberichte jeweils nur zu den ihr Fachgebiet betreffenden Aspekten zugehen. Ein beide Krankheiten umfassender Bericht würde sensible prädiktive Informationen unnötigerweise an Ärzte weiterleiten, für die sie nicht bedeutsam sind.

Außer durch die willentliche Entbindung von der Schweigepflicht durch den Patienten wird der Arzt auch durch verschiedene Rechtsnormen berechtigt, oft auch verpflichtet, ohne Einwilligung des Patienten oder sogar gegen seinen Willen autorisierten Stellen patientenbezogene Informationen zukommen zu lassen. Dies gilt beispielsweise für meldepflichtige Infektionskrankheiten wie etwa einen Salmonellen-Ausscheiderstatus oder für Berufskrankheiten wie etwa ein Pleuramesotheliom nach beruflicher Asbestbelastung. Hier ist die Aufhebung der Schweigepflicht durch das dem Patientenwillen übergeordnete Interesse anderer Personen an Leben und körperlicher Unversehrtheit oder aber bindende sozialrechtliche Normen legitimiert.[6] Die quantitativ umfänglichsten, aber im Bewusstsein der meisten Patienten wenig präsenten Ausnahmen von der Schweigepflicht finden im Abrechnungswesen der Krankenkassen statt. Von weithin unterschätzter Bedeutung gerade für humangenetische Fragestellungen ist dabei die (technisch ja gerade für die einfache Weitergabe in Datennetzen konzipierte) ICD-10-Verschlüsselung von Diagnosen. Hier wird, auch unter Berücksichtigung der Einbindung des Personals der Kostenträger in das erweiterte ärztliche Berufsgeheimnis, meines Erachtens nur unzureichend abgewogen, inwieweit zugunsten eines effizienten Abrechnungswesens hochsensible Patientendaten preisgegeben werden müssen.

Ein schwieriger Sonderfall ist der rechtfertigende Notstand nach § 34 des Strafgesetzbuches, nach dem eine Person in Entscheidungskonflikten immer dann nicht rechtswidrig handelt,

„wenn bei Abwägung der widerstreitenden Interessen, namentlich der betroffenen Rechtsgüter und des Grades der ihnen drohenden Gefahren, das geschützte Interesse das beeinträchtigte wesentlich überwiegt."[7]

---

6   Dettmeyer (2006b).
7   § 34 StGB.

Hier darf also unter strengen Auflagen eine Güterabwägung stattfinden, nach der die Schweigepflicht zum Schutz eines höheren Rechtsgutes, namentlich Leben und Gesundheit Dritter, durchbrochen werden darf.[8]

Von mindestens ebenso großer ethischer und praktischer Relevanz wie die Legitimation der Weitergabe bereits vorliegender Daten ist die Frage, welche Informationen im Interesse des Patienten überhaupt erhoben werden sollen. Auch hier hat sich, insbesondere im Kontext der medizinischen Genetik, ein Wandel ethischer Konzepte vom Paternalismus zur Patientenautonomie vollzogen.

Nach traditionellem und in der somatisch-therapeutischen Medizin weiterhin vorherrschendem Verständnis liegt ein Mehr an Diagnostik im Zweifel im Interesse des Patienten und bedarf im Rahmen der Therapiefreiheit keiner Begründung durch den Arzt – es sei denn, es handelt sich um komplikationsträchtige invasive diagnostische Maßnahmen oder solche, deren Kosten vom Patienten selbst zu tragen sind. Erst in den letzten Jahrzehnten hat sich die Erkenntnis durchgesetzt, dass manche Diagnosen psychisch traumatisierend wirken können, auch wenn ihre Erhebung nicht mit einer organischen Gefahr für den Patienten verbunden ist. Aus entsprechenden Erfahrungen zunächst in der Psychiatrie, dann auch in der Humangenetik hat sich das Recht auf Nichtwissen als weiterer Kerngedanke der informationellen Selbstbestimmung etabliert.[9]

Danach verfügt der Patient gegenüber dem Arzt nicht nur über ein Schutzrecht gegen eine unbefugte Weitergabe bereits vorhandener, ihn betreffender Informationen, sondern auch über ein Abwehrrecht gegen die Erhebung von Informationen, deren Kenntnis er für sich selbst nicht wünscht.[10] Das Recht des Patienten auf Nichtwissen gilt auch dann, wenn dessen Wahrnehmung aus ärztlicher Sicht Schaden zu verursachen droht. Es darf also auch eine medizinisch dringend indizierte Untersuchung abgelehnt werden, und nach einem solchen *informed dissent* besteht für den Arzt auch kein Haftungsrisiko für Folgen der nicht durchgeführten Diagnostik.[11]

Besonderheiten genetischer Informationen

Zweifellos gibt es zwischen verschiedenen Arten medizinischer Informationen substanzielle Unterschiede bezüglich ihres Schutzbedürfnisses. Dies sind zum einen Daten, deren Missbrauch zu „harter" Diskriminierung, beispielsweise auf dem Arbeitsmarkt, führen kann, zum anderen solche, die zwar nicht in dieser Weise objektiv gefährlich sind, aber vom Patienten als

---

8 Parzeller/Bratzke (2000). Siehe auch Frewer/Säfken (2003).
9 Austad (1996). Siehe u.a. auch den Beitrag von Hildt in diesem Band.
10 Lindner (2007).
11 Regenbogen/Henn (2003).

sozial stigmatisierend im Sinne möglicher „weicher" Diskriminierung – einfacher ausgedrückt: als peinlich – empfunden werden. Letzteres gilt beispielsweise für sexuell übertragbare Erkrankungen oder für Parasitosen, zu deren Offenbarung gegenüber einem Arzt vom Patienten eine hohe emotionale Hemmschwelle überwunden werden muss, selbst wenn sie leicht therapierbar sind.

Ein besonders ausgeprägtes „hartes" wie „weiches" Diskriminierungspotenzial wohnt, neben psychiatrischen Diagnosen, solchen aus der medizinischen Genetik inne. Dies liegt in den biologischen Besonderheiten genetischer Informationen, aber auch in deren verbreiteter subjektiver Wahrnehmung begründet:

- Konstitutionelle genetische Merkmale ändern sich zeitlebens nicht, sodass sie, zumindest grundsätzlich, zu jedem beliebigen Zeitpunkt – auch pränatal – festgestellt werden können.
- Die zeitliche Entkopplung zwischen genetischen Merkmalen, die zu Krankheiten disponieren, und deren symptomatischer Manifestation führt zur Möglichkeit prädiktiver Diagnostik.
- Bei vielen genetisch (mit)bedingten Krankheiten besteht eine ausgeprägte Diskrepanz zwischen diagnostischen und therapeutischen Optionen, so dass genetische Diagnosen oft als schicksalhaft erlebt werden.
- Die Diagnose einer erblichen Erkrankung bei einem Menschen lässt häufig auch Rückschlüsse auf Krankheitsrisiken bei anderen Personen zu. Dies gilt übrigens nicht nur für Ergebnisse geplanter Gentests, sondern es kommt in fast allen klinischen Disziplinen immer wieder zur unerwarteten Diagnose schwerwiegender erblicher Erkrankungen, etwa bei der Feststellung einer familiären Darmpolyposis im Rahmen einer Routine-Koloskopie zur Krebsvorsorge.

Aus diesen biologischen Gegebenheiten genetischer Informationen hat sich eine anhaltende Diskussion entwickelt, inwieweit sie als kategorial verschieden zu anderen Arten medizinischer Informationen zu betrachten sind, und welche ethischen und rechtlichen Schlüsse aus einem solchen „genetischen Exzeptionalismus" zu ziehen sind.[12]

Im wissenschaftlichen Diskurs scheint sich mehr und mehr eine Ablehnung des Exzeptionalismus durchzusetzen, unter anderem mit Rücksicht auf die Tatsache, dass eine explizite Sonderstellung genetischer Daten deren Diskriminierungspotenzial vergrößern kann.[13] Dennoch gibt es auf der normativen Ebene durchaus Sonderregelungen für genetische Diagnosen, beispielsweise die Erfordernisse für vorbereitende psychosoziale Beratungsgespräche in Richtlinien zu prädiktiven und pränatalen genetischen Untersuchungen.[14] Darin wird auch die besondere Sensibilität derartiger

---

12 Damm/König (2008).
13 Brändle et al. (2007).
14 Bundesärztekammer (2003).

genetischer Diagnosen thematisiert und eine restriktive Auslegung der Schweigepflicht gefordert.[15]

Genetische Daten, Versicherungen und Arbeitgeber

Informationen über Patienten, aus denen sich Schlüsse auf deren künftig zu erwartenden Gesundheitszustand ableiten lassen, sind von hohem Interesse für Personen und Institutionen, deren wirtschaftliche Kalkulationen medizinische Prognosen einbeziehen. Dies sind namentlich private Versicherungsunternehmen sowie Arbeitgeber.[16]

Während gesetzliche Krankenkassen unter Kontrahierungszwang stehen, also ihre Vertragsgestaltung nicht vom aktuellen Gesundheitszustand oder absehbaren gesundheitlichen Risiken der versicherten Person abhängig machen können, basiert die Risikokalkulation für private Kranken-, Berufsunfähigkeits- oder Pflegerentenversicherungen auf individuellen medizinischen Informationen über den Versicherungsnehmer zum Zeitpunkt des Vertragsabschlusses. Daher ist es zulässige und übliche Praxis, dass Versicherer ihre Antragsteller mittels ausführlicher Fragebögen nach aktuellen gesundheitlichen Einschränkungen sowie risikoerheblichen Vorerkrankungen befragen und sich durch Entbindungserklärungen von der Schweigepflicht Zugang zu den Unterlagen behandelnder Ärzte gewähren lassen. Verschweigen oder Irreführung über solche Vertragsrisiken kann für den Versicherungsnehmer zum späteren Verlust des Leistungsanspruchs führen und daher existenzgefährdend werden.

Hieraus hat sich der Usus entwickelt, dass Versicherungsunternehmen ihren Antragstellern pauschale Formulare zur Entbindung aller vorbehandelnden Ärzte von ihrer Schweigepflicht vorlegen. Diesem undifferenzierten Vorgehen hat kürzlich aber das Bundesverfassungsgericht eine klare Absage erteilt:

> „Eine alle Ärzte und Krankenhäuser einbeziehende umfassende Schweigepflichtentbindung im Versicherungsvertrag kommt einer Generalermächtigung nahe [...], die [dem Versicherungsnehmer] seinen informationellen Selbstschutz praktisch unmöglich macht."[17]

Vielmehr muss nach der Rechtsprechung eine Schweigepflichtentbindung immer auf die für ihren Zweck unverzichtbaren Informationen beschränkt sein, sonst ist sie unwirksam.

Speziell für genetische Daten mit prädiktiver Relevanz und entsprechendem Diskriminierungspotenzial muss die A-priori-Annahme gelten, dass der Patient an ihrer Weitergabe kein Interesse hat. Andererseits gibt es keine ethische oder rechtliche Grundlage dafür, den Patienten an der Offen-

---

15 International Huntington Association/World Federation of Neurology (1994).
16 Lemke (2006b).
17 Bundesverfassungsgericht, zitiert nach Kiesecker (2007), S. 351-354.

barung seiner Daten zu hindern, sofern er über die Tragweite seines Handelns angemessen aufgeklärt ist. Ein praktikabler Ausweg aus diesem Dilemma besteht für einen genetischen Berater, dem eine aus seiner Sicht suspekte Schweigepflichtentbindung zugegangen ist, in der Kontaktaufnahme mit dem Patienten mit Rücksprache über seine Bedenken. Besteht der Patient entgegen der Empfehlung des Beraters auf der Weitergabe, so ist es aus meiner Sicht keine unzulässige Bevormundung, ihm die entsprechenden Unterlagen nach Hause zu schicken, damit er sie ggf. selbst weitergeben kann.

Mahnungen zur Zurückhaltung gegenüber der unnötigen freiwilligen Preisgabe sensibler genetischer Daten bleiben um so wichtiger, als sogar der Branchenverband der privaten Versicherungswirtschaft selbst in einem bis 2011 geltenden Moratorium seinen weitgehenden Verzicht darauf erklärt hat, Zugang zu Ergebnissen von Gentests anzustreben.[18] Umgekehrt gilt die Schweigepflicht auch dann uneingeschränkt, wenn der Arzt den Eindruck haben muss, dass das Ergebnis einer genetischen Untersuchung vom Patienten missbräuchlich zur Antiselektion verwendet wird, also zum Abschluss eines Versicherungsvertrages unter arglistiger Ausnutzung seines Wissensvorsprungs gegenüber dem Versicherungsunternehmen.[19] Hier stünde das durch eine Offenbarung zu schützende Rechtsgut, nämlich das Eigentum des Versicherungsunternehmens, zweifellos nicht hoch genug, um einen Bruch der Schweigepflicht zu rechtfertigen.

Inwieweit Betriebsärzte befugt sind, Ergebnisse von Einstellungs- oder Vorsorgeuntersuchungen ohne explizites Einverständnis des Arbeitnehmers dem Arbeitgeber mitzuteilen, ist im juristischen Schrifttum umstritten.[20] Die Mitteilung eines genetischen Befundes an einen Arbeitgeber wäre aber sicherlich nur in extremen Ausnahmesituationen zu rechtfertigen, etwa im – selbst erlebten – Fall eines Verkehrspiloten mit Huntington-Krankheit im Frühstadium. Im Rahmen einer solchen Güterabwägung gibt es aber meist noch die Möglichkeit, dem Patienten eine Frist einzuräumen, die erforderliche Mitteilung an den Arbeitgeber in überprüfbarer Weise selbst vorzunehmen, was im genannten Fall auch geschah.

Ein auf Gesetzesebene fixiertes Verbot des Zugriffs von Versicherern und Arbeitgebern auf genetische Patientendaten fehlt in Deutschland im Gegensatz zu anderen europäischen Ländern nach wie vor.[21] Die seit 2001 aus verschiedenen Parteien gemachten Regelungsvorschläge lassen aber einen parteiübergreifenden Konsens zugunsten einer restriktiven Haltung erwarten.[22] Der Entwurfstext von Bündnis 90/Die Grünen für ein Gendiagnostikgesetz von 2006 geht in dieser Hinsicht konform mit den Eck-

---

18 Gesamtverband der Deutschen Versicherungswirtschaft (2001).
19 Schmidtke (1997b).
20 Klöcker (2001).
21 Lippert (2004).
22 Henn (2005).

punkten des Bundeskabinetts von April 2008, von denen ausgehend die Vorgaben des Koalitionsvertrages der Großen Koalition umgesetzt werden sollen.

Intrafamiliäre Kommunikation: Probleme und Lösungsansätze

Aus der Besonderheit genetischer Diagnosen, dass ihre Bedeutung über das untersuchte Individuum hinaus auch für mit ihm blutsverwandte andere Personen bedeutsam sein kann, entsteht die Problematik der intrafamiliären Kommunikation genetischen Wissens. Diese ergibt sich insbesondere bei spät manifestierenden, aber präventiv beeinflussbaren genetischen Krankheitsdispositionen wie etwa familiären Krebssyndromen.[23]

Gerade hier kann es für einen Familienangehörigen lebensrettend sein, von einem betroffenen „Indexpatienten" über die familiäre Krebsdisposition und den Status als Risikoperson informiert zu werden und dann ggf. klinisch-präventive Maßnahmen und/oder eine genetische Diagnostik in Anspruch nehmen zu können. Diese Wahrnehmung der Entscheidungsautonomie über Wissen oder Nichtwissen setzt notwendigerweise die Kenntnis voraus, dass überhaupt ein familiär bedingtes Risiko für eine bestimmte Krankheit besteht. Die Verantwortung, diesen Informationsstand innerhalb der Familie herzustellen, liegt ausschließlich beim Indexpatienten selbst und nicht beim behandelnden Arzt. In den Leitlinien zur genetischen Beratung der Deutschen Gesellschaft für Humangenetik wird ein aktives Herantreten an Angehörige durch den Arzt grundsätzlich abgelehnt:

> „Eine solche Kontaktaufnahme ohne ausdrücklichen Wunsch der Angehörigen darf nicht erfolgen. Dies enthebt den Berater jedoch nicht der Verpflichtung, die Patienten bzw. Ratsuchenden auf gesundheitsrelevante Risiken für Angehörige auf angemessene Weise hinzuweisen."[24]

Allerdings lehrt die Erfahrung, dass von einer genetischen Erkrankung betroffene Indexpatienten oft auch nach eindringlichen Aufforderungen durch betreuende Ärzte nicht bereit sind, Familienangehörige über deren genetisches Risiko zu informieren, oder gemachte diesbezügliche Zusagen nicht einhalten. Dies gilt insbesondere gegenüber entfernteren Verwandten.[25] Eine wesentliche kausale Rolle für diese Zurückhaltung spielen Schamgefühle, die dem engsten Persönlichkeitsbereich zugerechneten eigenen genetischen Unzulänglichkeiten preiszugeben, sowie ebenso irrationale Schuldgefühle, den Familienfrieden mit einer beunruhigenden, wenn auch objektiv noch so wichtigen Nachricht zu stören.[26]

---

23 Henn (2002).
24 Deutsche Gesellschaft für Humangenetik (2007).
25 Claes et al. (2003).
26 Henn/Schindelhauer-Deutscher (2007).

Hiervon ausgehend kann sich der genetische Berater der äußerst schwierigen Güterabwägung gegenübersehen, bei leitliniengemäß nichtaktivem Vorgehen zwar die Schweigepflicht zu wahren, damit aber nichtsahnenden Risikopersonen den Zugang zu möglicherweise vital bedeutsamer Prävention vorzuenthalten.

Diese Problematik ähnelt der vieldiskutierten Frage aus der Infektiologie, ob ein Arzt den Lebenspartner eines HIV-Patienten über dessen Status aufklären darf, wenn Anlass zum Zweifel besteht, dass der Patient selbst dies tut. Nach geltender Rechtsprechung ist der Arzt nicht nur berechtigt, sondern zum Schutz des höherwertigen Rechtsgutes der Gesundheit des Partners sogar verpflichtet, in einer solchen Situation seine Schweigepflicht zu brechen – allerdings nur, wenn er selbst behandelnder Arzt beider Partner ist.[27] Gerade dies ist aber bei der genetischen Beratung in aller Regel nicht der Fall. Auch wenn meines Erachtens ein aktives Ansprechen eines von ihm nicht mitbehandelten, aber konkret von einem schweren und behandelbaren Erbleiden – Beispiel familiäre Darmpolyposis – bedrohten Angehörigen durch den Arzt als rechtfertigender Notstand nach § 34 StGB abgedeckt wäre, sollten doch alle Anstrengungen unternommen werden, den Konflikt im Konsens mit dem Indexpatienten zu lösen.

Hierfür bietet sich insbesondere die Einbeziehung weiterer gemeinsamer Familienmitglieder als Vermittler an. Lässt ein Indexpatient erkennen, dass es ihm schwerfallen würde, selbst an seine Angehörigen heranzutreten, so hat es sich oft als hilfreich erwiesen, ein weiteres Beratungsgespräch gemeinsam mit einer in der Gesamtfamilie respektierten Person anzubieten, beispielsweise bei Kommunikationshemmnissen zwischen Geschwistern, einem gemeinsamen Eltern- oder Großelternteil. Für diese ist es aus ihrer Autoritätsstellung heraus meist weniger belastend, das genetische Risiko in der Familie zu kommunizieren, als für den – noch dazu ja oft selbst schwer kranken – Indexpatienten selbst.

In jüngster Zeit sind in verschiedenen Ländern erfolgreiche Ansätze unternommen worden, die Rolle des neutralen Moderators der Risikokommunikation aus der unmittelbaren Arzt-Patienten-Beziehung wie auch der betroffenen Familie herauszuverlagern und stattdessen eine neutrale Institution heranzuziehen. So können in Australien Patienten mit familiären Tumorleiden den staatlichen „Familial Cancer Service" mit der Benachrichtigung ihrer Angehörigen und Beratungsangeboten für diese beauftragen.[28] Auch in Finnland ist ein solches Kommunikationsmodell auf hohe Akzeptanz gestoßen und hat sich dort als effizientes Mittel der Risikokommunikation erwiesen.[29] Ob solche Modelle auch hierzulande so reibungslos funktionieren würden, ist insofern zurückhaltend zu betrachten, als in den

---

27 OLG Frankfurt/M. 8.7.1999, NJW 2000, 875 ff. Siehe auch Frewer/Säfken (2003) und Säfken/Frewer (2007).
28 Suthers et al. (2006).
29 Aktan-Collan et al. (2007).

genannten Ländern staatliche Einrichtungen in der primären Gesundheitsversorgung traditionell eine viel größere Rolle spielen als in Deutschland.

Nichtaufklärung untersuchter Personen

Mit der Akzeptanz des „Rechtes auf Nichtwissen" hat sich in der medizinischen Genetik das Erfordernis entwickelt, ethisch begründete Regeln für die Nicht-Weitergabe vorliegender Informationen an den Patienten zu entwickeln.[30]

Ein Abweichen vom in der Medizin sonst üblichen Postulat der Weitergabe sämtlicher vom Arzt erhobener diagnostischer Informationen an den Patienten kommt immer dann in Betracht, wenn ein erklärtes oder vermutliches Interesse des Patienten daran besteht, nicht informiert zu werden. Generell empfiehlt es sich, bereits im Rahmen der Aufklärung über eine geplante genetische Untersuchung mit dem Patienten zu erörtern, welche möglicherweise unwillkommenen Nebenbefunde entstehen könnten, und als Element eines differenzierten *informed consent* festzulegen, welche davon übermittelt werden sollen.

Alltäglich und unproblematisch ist beispielsweise der Wunsch einer Schwangeren, dass ihr als Ergebnis der Fruchtwasseruntersuchung nur für die Gesundheit des werdenden Kindes bedeutsame Chromosomenbefunde, nicht aber das Geschlecht des werdenden Kindes mitgeteilt werden sollen.

Schwieriger dagegen ist das Problem der Paternität: Risikoberechnungen bei monogen erblichen Erkrankungen setzen die Richtigkeit der im Familienstammbaum angegebenen Vaterschaftsverhältnisse voraus. Dieser für manche Ratsuchende unerwartete Aspekt muss in der genetischen Beratung angesprochen werden. Es kommt immer wieder vor, dass sich nach einem Beratungsgespräch zu einer solchen Fragestellung eine Ratsuchende telefonisch an den Arzt wendet und ihm mitteilt, ihr in die Untersuchung einbezogener Ehemann sei nicht der Vater eines der untersuchten Kinder und dürfe dies auch nicht erfahren.

Selbstverständlich gilt die Schweigepflicht auch gegenüber Ehepartnern, und in der Güterabwägung stünde der durch die Offenbarung der Nichtvaterschaft gefährdete soziale Bestand der Familie höher als der diagnostische Auftrag des Arztes. Es kann also in seltenen Fällen unumgänglich sein, dass der Humangenetiker der ratsuchenden Familie lediglich mitteilt, dass die von ihm veranlasste Untersuchung kein informatives Ergebnis erbracht habe, ohne den wahren Grund dafür zu nennen. Diese Güterabwägung gilt auch dann, wenn bei der Familienuntersuchung im Labor eine Nichtvaterschaft offenbar wird, ohne dass eine der untersuchten Personen darauf hingewiesen hat. Zur Begründung kann die Annahme herangezogen werden, dass sich der Anspruch des Patienten auf Informa-

---

30 Henn (2002).

tionen nur auf diejenigen medizinischen Fragen bezieht, die er dem Arzt gestellt hat und zu deren Klärung er sein Einverständnis gegeben hat.[31]

Ein Sonderfall in der medizinischen Genetik ist die Gefahr des Missbrauchs von Befunden durch die untersuchte Person selbst bei der Pränataldiagnostik. Dass sich vorgeburtliche Untersuchungen nur auf gesundheitlich relevante Eigenschaften des werdenden Kindes beziehen dürfen, ist unumstritten; speziell eine pränatale Vaterschafts- oder Geschlechtsdiagnostik mit dem Ziel einer Selektion nach elterlichen Wunschkriterien wird weltweit einheitlich abgelehnt.[32] Allerdings wird auch im Rahmen medizinisch indizierter pränataler Chromosomendiagnostik als methodenbedingt anfallender Nebenbefund das Geschlecht des Feten ermittelt. Liegt nun das Ergebnis der Pränataldiagnostik, speziell nach einer Chorionzottenbiopsie, schon vor der 12. Schwangerschaftswoche vor, so besteht grundsätzlich die Gefahr des Missbrauchs der Geschlechtsbestimmung durch die Schwangere für eine illegitime Geschlechtsselektion über den Umweg der lediglich an eine soziale Pflichtberatung gebundenen Konfliktindikation. Aus diesem Grund gilt auch ohne eine explizite gesetzliche Grundlage die Empfehlung, das Geschlecht des werdenden Kindes auch gegen den Wunsch der Schwangeren grundsätzlich nicht vor der 14. Schwangerschaftswoche mitzuteilen.[33] Diese Zurückhaltung führt verschiedentlich zu Unmut bei untersuchten Frauen oder ihren Partnern, dennoch erscheint die Verzögerung der pränatalen Geschlechtsmitteilung zur Prävention von Missbrauch ethisch geboten, da weder ein objektiver Schaden entsteht noch durch das gegenüber allen untersuchten Personen einheitliche Vorgehen eine Diskriminierung stattfindet.

In jüngster Zeit wird allerdings diese bewährte Zurückhaltung durch kommerzielle, über das Internet vermarktete Geschlechtsbestimmungen in der Frühschwangerschaft aus mütterlichem Blut unterlaufen.[34] An der Belastbarkeit von Selbstverpflichtungen der Anbieter und der mit ihnen kooperierenden Frauenärzte, das Ergebnis der Geschlechtsbestimmung erst nach der 12. Schwangerschaftswoche mitzuteilen, darf gezweifelt werden. Auch wenn solche Verfahren von humangenetischer Seite strikt abgelehnt werden, können sie letztlich wohl nur durch ein gesetzliches Verbot unterbunden werden.[35]

---

31 Henn (2002).
32 Nationaler Ethikrat (2003).
33 Deutsche Gesellschaft für Humangenetik (1990).
34 Deutsche Gesellschaft für Humangenetik (2008).
35 Henn (2008).

Schutz elektronisch verwalteter genetischer Daten

Mit der Möglichkeit, medizinische Informationen in elektronischer Form zu verwalten und in geschlossenen oder offenen Datennetzen weiterzuleiten, hat die ärztliche Schweigepflicht die neue Dimension angenommen, den technisch erleichterten und schwieriger zu kontrollierenden Datenfluss mit wirksamen technischen und normativen Mechanismen einzudämmen.

Dies gilt zunächst für die Datensicherheit innerhalb der medizinischen Einrichtung selbst. Insbesondere an Großklinika mit zahlreichen Fachabteilungen sind klinikweite Netzwerke mit komplexen und erfahrungsgemäß nicht immer restriktiv gehandhabten Zugriffshierarchien üblich geworden. Der Querzugriff auf Daten aus anderen, einen Patienten mitbehandelnden Abteilungen mag in der Akutmedizin sinnvoll und durch das eingangs erwähnte Mitbehandlerprivileg unter der Annahme eines mutmaßlichen Einverständnisses legitimiert sein. Genetische Diagnosen und insbesondere schriftlich festgehaltene Beratungsinhalte sind aber in aller Regel nicht für zeitkritische Therapieentscheidungen erforderlich, sodass es gute Gründe gibt, deren Verfügbarkeit in Kliniknetzen nicht zuzulassen und stattdessen in genetischen Einrichtungen separate Datenverwaltung durchzuführen. (Dass diese „Insellösungen" ihrerseits in ihrer baulichen und technischen Infrastruktur sowie der Administration auf angemessenem Niveau stehen müssen, ist evident, aber muss dennoch immer wieder kritisch hinterfragt werden.)

Im Umgang mit den Kostenträgern bergen die zur Leistungsabrechnung geforderten Diagnoseverschlüsselungen ein großes Potenzial für die leichtfertige, missbräuchliche oder schlicht fehlerhafte Weitergabe hochsensibler Patientendaten. Es empfiehlt sich daher, die omnipräsenten ICD-Codierungen bezüglich genetischer Beratungen und Diagnostik so sparsam und unspezifisch einzusetzen wie nur irgend möglich. Ob die ICD-Suffixe „V" und „A" für „Verdacht" und „Ausschluss" einer Krankheit bei der Verarbeitung im Rechnungswesen immer korrekt weitergegeben werden, darf bezweifelt werden. Die Vorstellung, dass bei einer privaten Krankenversicherung für einen Patienten nach dem Ausschluss einer Huntington-Anlage der ICD-Schlüssel G10 ohne das Suffix „A" im System verbleiben könnte, mahnt zur Vorsicht.

Eine gänzlich neue Dimension des technischen Transfers medizinischer Daten eröffnet die sich rapide entwickelnde Gesundheitstelematik. Die elektronische Gesundheitskarte (eGK) und die darauf aufbauend für die nähere Zukunft geplante elektronische Patientenakte sollen einen auf hohem Niveau technisch geschützten und auf legitimierte Personen begrenzten Zugriff auf Patienteninformationen ermöglichen.[36] Zentrales Kontrollinstrument soll dabei die in § 291 Abs. 3 SGB V festgelegte Entscheidungshoheit des Patienten darüber sein, welche seiner Daten auf

---

36 Gundermann (2008).

der eGK gespeichert werden dürfen. Angesichts ihrer vorgesehenen flächendeckenden und verpflichtenden Einführung für alle Patienten erscheint es aber unrealistisch anzunehmen, dass sich jeder über die mögliche Tragweite der Speicherung sensibler Daten bewusst wird oder gar eine jeweils differenzierte Aufklärung erfolgen kann. Auf keinen Fall darf ein gleichartiges stillschweigendes Einverständnis des Patienten in die Speicherung seiner Daten vorausgesetzt werden, wie es in den Berufsordnungen für die Weitergabe von Informationen an mitbehandelnde Ärzte angenommen wird.

Aus diesem Grund hat die Deutsche Gesellschaft für Humangenetik in einer Stellungnahme Empfehlungen ausgesprochen, unter welchen Bedingungen eine Speicherung genetischer Daten auf der eGK vertretbar sein kann.[37] Diese Empfehlung soll auch als praktische Handreichung für genetische Berater dienen, welche Teile der Dokumentation des Beratungsprozesses telematisch zugänglich gemacht werden sollten.

Als Kernpunkte werden darin festgehalten:

- In den gespeicherten Dokumenten sollen keine Informationen über Dritte erkennbar sein. Daher wird von der Speicherung von Beratungsbriefen mit Familienanamnese auf der eGK abgeraten.
- Präventiv relevante genetische Informationen sollten nur mit gleichzeitiger Interpretation abgespeichert werden; dies gilt beispielsweise für Mutationsnachweise in Genen für familiäre Krebserkrankungen, die ohne begleitende molekulargenetische und klinische Kommentierung irreführend sein können.
- Rein prädiktive, therapeutisch nicht wegweisende Daten wie z.B. eine Anlageträgerschaft für die Huntington-Krankheit sollen nicht auf der eGK gespeichert werden.

Diese restriktive Handhabung soll sich auch auf Patientendaten mit genetischer Relevanz beziehen, die durch andere Fachdisziplinen gewonnen werden; gemeint sind hier z.B. internistisch-endoskopische Befunde, die auf eine familiäre Darmpolyposis hinweisen.

Auch hier geht es letztlich gerade nicht darum, genetischen Informationen einen exzeptionalistischen Sonderstatus innerhalb der Medizin zuzuweisen, sondern vielmehr um eine pragmatische und im Zweifel restriktive Abwägung, welche Daten tatsächlich zugunsten einer effizienten Gesundheitsfürsorge und -vorsorge außerhalb der individuellen Arzt-Patienten-Beziehung verfügbar gemacht werden müssen.

Realistischerweise muss festgestellt werden, dass unter Ärzten außerhalb der traditionell mit diskriminierungsträchtigen Patientendaten umgehenden medizinischen Fächer – neben der Humangenetik sei hier die Psychiatrie genannt – oft ein erheblicher Mangel an Sensibilität für den Datenschutz herrscht. Auch kann im Umgang mit Ratsuchenden eine Überbeto-

---

37 Deutsche Gesellschaft für Humangenetik (2008).

nung der Patientenautonomie („Ihre Daten gehören Ihnen – machen Sie damit, was Sie wollen") leicht zur Überforderung führen. Ein Hinweis auf ein drohendes Problem ist noch lange kein unzulässiger Paternalismus; deshalb kann es für den Arzt ethisch geboten sein, in so schwierig zu überschauenden Sachzusammenhängen wie dem medizinischen Datenschutz den Schutz der Nicht-Direktivität zu verlassen und im Sinne eines *shared decision making* Verantwortung mit zu übernehmen.[38] So sollte im genetischen Beratungsgespräch einerseits den Ratsuchenden dringend Zurückhaltung bei der Weitergabe ihrer Untersuchungsbefunde an Arbeitgeber oder Versicherer empfohlen werden, andererseits mit ihnen gemeinsam abgewogen und konkret geplant werden, welche Familienmitglieder zu welchem Zeitpunkt über die sie betreffenden Belange informiert werden müssen.

---

38 Murray et al. (2007).

Literatur

Aktan-Collan, K./Haukkala, A./Pylvänäinen, K./Järvinen, H. J./Peltomäki, P./Rantanen, E./Kääräinen, H./Mecklin, J. P. (2007): Direct contact in inviting high-risk members of hereditary colon cancer families to genetic counselling and DNA testing. Journal of Medical Genetics 44, 11 (2007), S. 732-738.

Austad, T. (1996): The right not to know – worthy of preservation any longer? An ethical perspective. Clinical Genetics 50, 2 (1996), S. 85-88.

Brändle, C./Reschke, D./Wolff, G. (2007): Genetischer Exzeptionalismus – Woher, wohin, wozu?, in: Schmidtke et al. (2007), S. 123-142.

Bundesärztekammer (2003): Richtlinien zur prädiktiven genetischen Diagnostik. Deutsches Ärzteblatt 100, 19 (2003), S. A1297-1305.

Claes, E./Evers-Kiebooms, G./Boogaerts, A./Decruynaere, M./Denayer, L./Legius, E, (2003): Communication with close and distant relatives in the context of genetic testing for hereditary breast and ovarian cancer in cancer patients. American Journal of Medical Genetics 116A, 1 (2003), S. 11-19.

Damm, R./König, S. (2008): Rechtliche Regulierung prädiktiver Gesundheitsinformationen und genetischer „Exzeptionalismus". Medizinrecht 26, 2 (2008), S. 62-70.

Dettmeyer, R. (2006a): Arzt & Recht, 2. Auflage. Berlin.

Dettmeyer, R. (2006b): Schweigepflicht und Schweigerecht, in: Dettmeyer (2006a), S. 73-86.

Deutsche Gesellschaft für Humangenetik e.V. (1990): Erklärung zur pränatalen Geschlechtsdiagnostik. Medizinische Genetik 2, 2 (1990), S. 8.

Deutsche Gesellschaft für Humangenetik e.V. (2007): Leitlinie zur genetischen Beratung. http://www.medgenetik.de/sonderdruck/2007_ll_genetische_beratung.pdf

Deutsche Gesellschaft für Humangenetik e.V. (2008): Stellungnahme zum Thema: Erfassung genetischer Daten auf einer elektronischen Gesundheitskarte. http://www.gfhev.de/de/leitlinien/Diagnostik_LL/stellungnahme_gfh_gesundheitskarte.pdf.

Deutsche Gesellschaft für Humangenetik e.V. (2008): Stellungnahme zur pränatalen Geschlechtsbestimmung aus mütterlichem Blut in der Frühschwangerschaft. http://www.medgenetik.de/sonderdruck/07_03_14_Stellungnahme.pdf.

Frewer, A./Säfken, C. (2003): Ärztliche Schweigepflicht und die Gefährdung Dritter. Medizinethische und juristische Probleme der neueren Rechtsprechung. Ethik in der Medizin 15, 1 (2003), S. 15-24.

Frewer, A./Schmidt, U. (Hrsg.) (2007): Standards der Forschung. Historische Entwicklung und ethische Grundlagen klinischer Studien. Klinische Ethik, Band 1. Frankfurt a.M. u.a.

Gesamtverband der Deutschen Versicherungswirtschaft (GDV) (2001): GDV-Mitgliedsunternehmen legen freiwillige Selbstverpflichtung vor. http://www.gdv.de.

Gundermann, L. (2008): Telematikinfrastruktur der elektronischen Gesundheitskarte: Basis für sichere Datenspeicherung. Deutsches Ärzteblatt 105, 6 (2008), S. A268-271.

Henn, W. (2002): Probleme der ärztlichen Schweigepflicht in Familien mit Erbkrankheiten. Zeitschrift für Medizinische Ethik 48, 1 (2002), S. 343-354.

Henn, W. (2005): Der Diskussionsentwurf des Embryonenschutzgesetzes – ein Meilenstein der Patientenautonomie? Ethik in der Medizin 17, 1 (2005), S. 34-38.

Henn, W. (2008): Ethische Bedingungen für genetische Untersuchungen in der Schwangerschaft sowie im Kindes- und Jugendalter. Deutsche Medizinische Wochenschrift 133, 4 (2008), S. 147-150.

Henn, W./Schindelhauer-Deutscher, H. J. (2007): Kommunikation genetischer Risiken aus der Sicht der humangenetischen Beratung: Erfordernisse und Probleme. Bundesgesundheitsblatt 50, 2 (2007), S. 174-180.

International Huntington Association/World Federation of Neurology (1994): Guidelines for the molecular genetic predictive test in Huntington's disease. Journal of Medical Genetics 31 (1994), S. 555-559.

Kiesecker, R. (2007): Informationelles Selbstbestimmungsrecht des Versicherungsnehmers versus Offenbarungsinteresse des Versicherungsunternehmens. Medizinrecht 25, 6 (2007), S. 351-354.

Klöcker, I. (2001): Schweigepflicht des Betriebsarztes im Rahmen arbeitsmedizinischer Vorsorgeuntersuchungen. Medizinrecht 19, 4 (2001), S. 183-187.

Lemke, T. (2006a): Die Polizei der Gene. Formen und Felder genetischer Diskriminierung. Frankfurt a.M.

Lemke, T. (2006b): Genetische Diskriminierung: Empirische Evidenz und Rechtslage, in: Lemke (2006a), S. 39-58.

Lindner, J. F. (2007): Grundrechtsfragen prädiktiver Gendiagnostik. Medizinrecht 25, 5 (2007), S. 286-295.

Lippert, H. D. (2004): Gesetze und Gesetzesinitiativen zum genetischen Test. Ein Überblick. Rechtsmedizin 14, 2 (2004), S. 94-102.

Murray, E./Pollack, L./White, M./Lo, B. (2007): Clinical decision-making: physicians' preferences and experiences. BMC Family Practice 8: 10 (2007). doi: 10.1186/1471-2296-8-10.

Nationaler Ethikrat (2003): Genetische Diagnostik vor und während der Schwangerschaft. http://www.ethikrat.org/stellungnahmen/pdf/Stellungnahme_Genetische-Diagnostik.pdf.

Parzeller, M./Bratzke, H. (2000): Arztrecht: Grenzen der ärztlichen Schweigepflicht. Deutsches Ärzteblatt 97, 37 (2000), S. A2364-2370.

Regenbogen, D./Henn, W. (2003): Probleme der ärztlichen Aufklärung und Beratung bei der prädiktiven genetischen Diagnostik. Medizinrecht 21, 3 (2003), S. 152-158.

Säfken, C./Frewer, A. (2007): The Duty to Warn and Clinical Ethics. Legal and Ethical Aspects of Confidentiality and HIV/AIDS. HEC FORUM 19, 4 (2007), S. 310-323.

Schmidtke, J. (1997a): Vererbung und Ererbtes. Ein humangenetischer Ratgeber. Hamburg.

Schmidtke, J. (1997b): Genetische Tests und Lebensversicherungen, in: Schmidtke (1997a), S. 147-149.

Schmidtke, J./Müller-Röber, B./van der Daele, W./Hucho, F./Köchy, K./Sperling, K./Reich, J./Rheinberger, H.-J./Wobus, A. M./Boysen, M./Domasch, S. (Hrsg.) (2007): Gendiagnostik in Deutschland. Status quo und Problemerkundung. Supplement zum Gentechnologiebericht der Berlin-Brandenburgischen Akademie der Wissenschaften, Band 18. Limburg.

Suthers, G. K./Armstrong, J./McCormack, J./Trott, D. (2006): Letting the family know: balancing ethics and effectiveness when notifying relatives about genetic testing for a familial disorder. Journal of Medical Genetics 43, 8 (2006), S. 665-670.

Christine Schirmer

Genetische Beratung aus Betroffenenperspektive
Von der Diagnose zur Entscheidung – ein Erfahrungsbericht

Seit einigen Jahren arbeite ich als Beraterin in Berlin mit den Schwerpunkten Beratung im Schwangerschaftskonflikt und psychosoziale Beratung von werdenden Eltern oder Paaren mit Kinderwunsch. Durch kollegialen Austausch und in Zusammenhang mit interner Supervision war ich vor Beginn meiner Schwangerschaft beruflich häufig mit dem Thema der Beratung rund um Pränataldiagnostik und Genetik konfrontiert.

Als ich – über 35 Jahre alt – erneut schwanger wurde, habe ich mich bewusst gegen eine Nackenfaltentransparenz-Messung und andere pränataldiagnostische Untersuchungen entschieden. Der Grund dafür war zum einen meine Erfahrung aus der ersten Schwangerschaft, dass mir pränataldiagnostische Verfahren keine innere Sicherheit oder Beruhigung gebracht hatten. Andererseits hatte ich im Vorfeld der Schwangerschaft beschlossen, mein Kind so annehmen zu wollen, wie es das Schicksal für mich bestimmt hat – vor allem deshalb, weil ich grundsätzlich in einer Gesellschaft leben möchte, die auch Leben in den „Randbereichen" von Normalität akzeptiert und fördert. Ich wollte natürlich kein behindertes Kind, wer will das schon, aber ich dachte, wenn es wirklich so kommt, dann ist das in Ordnung.

Allerdings bin ich zunächst völlig entsetzt gewesen und stand ganz und gar neben mir, als ich bei einem Ultraschall in der 27. Woche – mir ging es körperlich schlecht und ich war in sehr kurzer Zeit unglaublich rund geworden – erfahren musste, dass mit dem Fötus etwas nicht normal ist.

Ich hatte das große Glück, dass eine meiner ärztlichen Kolleginnen für mich ganz rasch einen Termin in einer ihr bekannten Berliner Praxis, die auf Feindiagnostik spezialisiert ist, organisiert hat. Sie hat mich und meinen Partner dorthin und auch später zu anderen wichtigen Terminen begleitet. In dieser Praxis habe ich gute Erfahrungen gemacht: Der Arzt hat mich z.B. gefragt, ob ich die Schallbilder sehen möchte – ich wollte nicht. Und er hat sich erkundigt, ob er das, was er beim Ultraschall sieht, gleich mit uns besprechen soll, oder ob wir das im Anschluss an den Untersuchungstermin tun sollen. Ich fand gerade das für mich sehr wichtig, so konnte ich ganz angezogen und aufrecht sitzend die festgestellten Auffälligkeiten „entgegennehmen".

Ich habe mich ernst genommen und sehr menschlich behandelt gefühlt. Vor allem hatte ich den Eindruck, mitbestimmen zu können und nicht nur Träger eines Objektes von Forschungsinteresse zu sein.

Im Anschluss an den Ultraschall hat der Arzt mit uns die Auffälligkeiten besprochen. Es war tatsächlich einiges außerhalb der üblichen Normen. Aus den gemessenen Werten ergab sich eine hohe Wahrscheinlichkeit für Trisomie 21 oder eine andere Trisomie.

Obwohl der Arzt sehr einfühlsam war, ist doch im Nachhinein auffällig, wie selektiv ich die Inhalte des Gesprächs registriert habe. Manches, was der Arzt sagte, habe ich überhaupt nicht gehört und anderes hat meine ganze Aufmerksamkeit gebunden. Zum Beispiel hat der Ultraschall eine auffällige „Hirnventrikelweite" ergeben. Ich hatte vorher noch nie etwas von Hirnventrikelweiten gehört und in mir entstanden gleich furchtbare Phantasien über völlig fehl entwickelte Gehirnstrukturen. Dabei überhörte ich manch andere wichtige Sätze, z.B. nahm ich nur am Rand wahr, dass über die Wahrscheinlichkeit eines möglichen Herzfehlers gesprochen wurde. Ich war extrem aufgewühlt und traurig. Es überkam mich das furchtbare Gefühl, ein „Monster" in meinem Bauch zu haben. Mein erster Impuls war der dringliche Wunsch, es so schnell wie nur möglich wieder loszuwerden. Ich konnte die Welt (und meine Gefühle) nicht mehr verstehen.

Am nächsten Tag sind wir wieder in die Praxis gefahren. Jetzt, da sich herausstellte, dass mit dem Fötus einiges „unnormal" war, wollten mein Partner und ich doch die Ursache wissen und entschieden uns für eine Amniozentese. Auch zu diesem Termin hat uns die ärztliche Kollegin begleitet. Sie war für mich wie ein Halt gebender Engel, weil sie mir praktisch die medizinischen Fachtermini auf meinen Wunsch hin immer wieder übersetzen und so genau wie möglich deren Folgen und Zusammenhänge erklären musste und das auch unermüdlich getan hat. Darüber hinaus verstand sie sehr gut, dass mich meine Ambivalenzen „umtrieben" und hatte für meine Sorgen und Ängste großes Verständnis.

Und ohne meinen Partner hätte ich das alles gar nicht durchgestanden. Nie zuvor war er für mich eine so starke emotionale Stütze.

Schon einen Tag später, Samstagnachmittag, hatten wir dann Gewissheit: Der FISH-Test[1] bestätigte eine sehr hohe Wahrscheinlichkeit für die Trisomie 21. Damit stand fest, dass wir ein Kind mit Down-Syndrom erwarteten.

Die weiteren Ultraschall-Untersuchungen und Gespräche mit den Ärzten zeigten dann, dass die Situation des Fötus nicht durch die Trisomie 21, wohl aber durch die damit in Zusammenhang stehenden großen Fruchtwassermengen und die Flüssigkeitseinlagerungen in seinem ganzen Körper schwierig war. Es wurde uns zunehmend bewusst: Der Hydrothorax war ein echtes, existenzielles Problem. Unklar blieb, ob der Fötus – damals noch

---

1 Fluoreszenz-in-situ-Hybridisierung (FISH): molekularzytogenetische Methode zum Nachweis der Trisomie 21.

prima durch mich versorgt – die Schwangerschaft und später die Geburt überleben würde. Und wenn ja, dann in welchem Zustand? „Prognose ungewiss!" stand auf dem Befund. Es wurde uns mitgeteilt, dass er nur dann eine Überlebenschance hätte, wenn gleich nach der Geburt eine Operation stattfinden würde. Das hieß in jedem Fall: Intensivstation. Heute, nachdem alles vorbei ist, scheint mir meine Angst vor der Intensivstation absurd, aber zu dem Zeitpunkt bedeutete für mich Intensivstation vor allem Tod, kalte Technik, große Ohnmacht und Fremdbestimmung durch Apparate und medizinisches Personal. Das war zu viel für mich. Ich wünschte mir, diese Schwangerschaft möge sich doch bitte noch vor der Geburt von selbst verabschieden.

Die Ärztin eines Sozialmedizinischen Dienstes,[2] eine in der Beratung rund um pränatale Diagnostik sehr erfahrene Fachfrau, hat mir geholfen, in dieser schwierigen Situation meinen Weg zu finden. Zeitgleich suchte ich mir psychotherapeutische Unterstützung bei einer Musiktherapeutin. Es war für mich wichtig, meiner Ohnmacht und Enttäuschung Ausdruck zu geben, die Ängste in Begriffe zu fassen und so meine Entscheidung im Schwangerschaftskonflikt zu finden.

Von der Ärztin wurde für mich der Kontakt zu zwei Perinatalzentren in Berlin hergestellt, und ich habe in beiden relativ schnell und unkompliziert einen Termin bekommen. Es war eine immense Hilfe, dass sie für uns praktisch den Weg freigemacht und einige Schritte vororganisiert hatte, ohne uns dabei zu bevormunden. So mussten wir uns nicht mit lästigen, überflüssigen Untersuchungen oder zusätzlichen Erstkontakten auseinandersetzen. Für mich war irgendwann (wieder) klar, dass ich keinen Schwangerschaftsabbruch machen lassen wollte. Im weiteren Schwangerschaftsverlauf waren mein Partner und ich dann mit unserer Klinikwahl sehr zufrieden. Dort erklärte uns der zuständige Arzt die Möglichkeiten zum weiteren Vorgehen. Ich weiß nicht, ob den Ärztinnen und Ärzten, die mit solchen Fällen konfrontiert sind, bewusst ist, wie wertvoll ein freundlicher Blick oder ein paar persönliche Worte in einer derart fremden Situation sind. Mir war das immer eine Freude, wenn wir in der Kommunikation mit dem Arzt neben den Dramen, die uns Befunde und Diagnosen bescherten, auch Situationen erlebten, in denen es möglich war, ein bisschen selbstironisch zu sein. Aber es war uns auch klar, dass dabei ein Arzt extrem aufpassen muss, denn bei ihm wird jedes Wort auf die Goldwaage gelegt, jedes Stirnrunzeln sofort interpretiert, jedes Schweigen oder Wegsehen als Aussage gewertet. Schließlich geht es um nicht mehr oder weniger als um Leben und Tod.

In Begleitung meines Partners war ich dann noch dreimal zur Entlastungspunktion. Dadurch wurde uns das Krankenhaus ein bisschen vertrauter. Außerdem hatten wir Gelegenheit, die Intensivstation kennen zu lernen. Auf der Intensivstation arbeiteten u.a. drei Krankenschwestern in

---

2   Die ehemaligen Berliner Sozialmedizinischen Dienste heißen jetzt: Zentren für sexuelle Gesundheit und Familienplanung.

der Funktion von Elternberaterinnen. Diese Frauen waren nach der Geburt für mich ein einziger Segen. Mein Sohn wurde nach Blasensprung als Frühchen per Kaiserschnitt entbunden. Nach dem Blasensprung fuhren wir in die Klinik. Dort wurde festgestellt, dass das Kind noch nicht in Geburtsposition lag, sondern sehr weit oben. Die Herztöne waren in Ordnung. Ein Kinderarzt kam zu uns und sprach über die Optionen und die damit möglicherweise verbundenen Komplikationen. Eigentlich wollten wir keinen Kaiserschnitt, sondern eine spontane Geburt. Wieder einmal mussten wir uns von unseren ursprünglichen Plänen verabschieden.

Es war jetzt alles sehr dramatisch, mir ging es schlecht. Der Grund dafür war die Vorstellung, nach der Geburt könnte ein Lungenflügel reißen oder die Ursache für den Hydrothorax könnte Leukämie sein ... – jetzt stand der Augenblick der Wahrheit dicht bevor. Ich hatte entsetzliche Angst vor einem schwerstbehinderten Kind und wünschte mir sehr, es möge gesund überleben. Und gleichzeitig war da immer noch der Wunsch, es würde sich nun von selbst verabschieden.

Seine Lungen machten die Beatmung mit, mein Sohn hat die zweistündige Operation gut überstanden und lag dann auf der Intensivstation. Der Kaiserschnitt war mit Periduralanästhesie (PDA) als Rückenmarksnarkose gemacht worden, ich konnte ihn also gleich nach seiner Operation sehen. Aber das war alles ganz grässlich: dieses kleine Menschlein, überall Schläuche und Drähte!

Die Drainage, die gelegt worden war, damit die Flüssigkeit aus dem Brustkorb ablaufen konnte, sorgte dafür, dass ich ihn zunächst nicht in den Arm nehmen durfte, nur ein bisschen streicheln, mit ihm sprechen, für ihn singen. So oft wie möglich versuchte ich, bei ihm zu sein. Aber ohne das Kind in den Arm nehmen oder am eigenen Körper wärmen zu können, hinterlässt das hilflose Stehen neben Inkubator oder Wärmebett eine erschütternde Leere. Es war eine bleierne Zeit, in der dann glücklicherweise von Tag zu Tag die Aussichten für meinen Sohn besser wurden. Durch die Drainage verlor er die Flüssigkeit.

Doch er blieb mir irgendwie fremd. Ich durfte ihn einige Wochen lang nicht stillen, er musste mit fettfreier Spezialnahrung gefüttert werden. Die Essensprozedur war nervenaufreibend. Er trank schlecht, so wurde er immer zusätzlich noch mit der Sonde gefüttert. Alle drei Stunden begann eine neue Mahlzeit, später alle vier Stunden. Wir mussten uns für eine Mahlzeit immer sehr viel Zeit lassen, damit sein Körper sie bei sich behielt. So kam es nicht selten vor, dass zwischen einer und der nächsten Mahlzeit nur ein paar Minuten lagen. Ich hatte damals das Gefühl, aus Raum und Zeit hinausgefallen zu sein. Und dann kam noch das schlechte Gewissen meinem älteren Sohn gegenüber hinzu, der in diesen Wochen nicht besonders viel von seinen Eltern hatte. Er war aber zum Glück immer sehr vergnügt und hat mit dafür gesorgt, dass in dieser schweren Zeit keiner von uns völlig den Boden unter den Füßen verloren hat.

Obwohl wir schon nach wenigen Wochen die Intensivstation mit unserem kleinen Sohn verlassen konnten, fühlten sich für mich diese Wochen wie Jahre an.

Zuhause waren wir dann auf uns selbst gestellt. Wir wurden zwar von unserer Hebamme nachbetreut, und es kam täglich eine Krankenschwester, die kontrollierte, ob die Sonde richtig saß und die sozusagen einen medizinischen Blick auf den Kleinen warf. Was meine Beziehung zu dem Kind anging, lag aber vieles im Argen. Es war mein Wunsch, mir weitergehend Unterstützung zu suchen. Ich fand sie bei einer mir bekannten Entwicklungspsychologin und der Musiktherapeutin. Ich musste klären, woher eigentlich die großen Ambivalenzen meinem Kind gegenüber kamen. Und es war wichtig, mich mit meinem schlechten Gewissen auseinanderzusetzen, weil ich meinem Kind immer wieder den Tod gewünscht hatte. Es hat einige Zeit gedauert, bis ein gutes Gefühl gegenüber meinem Baby, das so viel Aufmerksamkeit forderte, die Oberhand gewann. Parallel zu meiner inneren Arbeit hat sich mein Sohn immer besser entwickelt. Nach sechs Wochen bescherte er mir das „Erfolgs"-Erlebnis, dass sich all das lästige Abpumpen der Milch und die aufwändige Fütterprozedur gelohnt hatten: Er ließ sich jetzt stillen, ein wahres Geschenk für unsere Beziehung.

Heute denke ich, dass wir mit ihm und seiner Entwicklung nach der Geburt unglaubliches Glück gehabt haben und immer noch haben. Ich verbringe tolle Stunden mit ihm, er ist so ansteckend lebenslustig! Der Kleine hat einen großartigen Vater, der ihn von Anfang an (viel selbstverständlicher als ich) akzeptieren und lieben konnte, so wie er war. Und er hat einen sehr liebevollen großen Bruder, für den es bis heute keine Rolle spielt, dass sein Bruder das Down-Syndrom hat.

Was die Pränataldiagnostik und unsere Begleitung in der Zeit zwischen Diagnose und Geburt angeht, denke ich, hatte ich beste Bedingungen, auch wenn ich mich trotzdem immer wieder elend, allein und ratlos fühlte. Dankbar bin ich vor allem dafür, dass ich in den Entscheidungsprozessen (auch was einen möglichen Schwangerschaftsabbruch betrifft) bis zum letzten Tag der Schwangerschaft ein souveränes Gefühl hatte. Ich halte ehrlich gesagt gar nichts von einer Beratungspflicht für die betroffenen Frauen/Paare. Die Beratungspflicht sollte bei den gynäkologischen Ärzten und Ärztinnen liegen, und zwar *bevor* die Pränataldiagnostik beginnt. Es wäre wünschenswert, dass in den gynäkologischen Praxen darüber aufgeklärt würde, in welche Entscheidungsnöte man geraten kann, wenn es tatsächlich einen auffälligen Befund gibt und darüber, dass es grundsätzlich ein „Recht auf Nicht-Wissen" gibt. Sinnvoll wäre auch das obligatorische Angebot, eine psychosoziale Beratungsstelle aufsuchen zu können.

Für die Entscheidung nach einer Diagnose und im Beratungsprozess ist vor allem Zeit ein wichtiger Faktor. Mein Partner und ich fanden in dieser Phase insbesondere die Angebote hilfreich, bei denen sich Menschen ganz auf uns und unsere Situation einlassen konnten, kein Zeitdruck herrschte und eine gewisse Erfahrung und Beratungskompetenz vorhanden war.

Dabei spielten die medizinischen Aspekte oft nur eine Nebenrolle. Es ging immer wieder vor allem darum, überhaupt mit unserer Situation klarzukommen und einen für uns in unserer Situation stimmigen Weg zu finden zwischen den Extremen „Maximaltherapie" und „Sterbenlassen".

Die Beratungen und Hilfen, die ich/wir gesucht und bekommen habe/n, waren alle freiwillig. Die Einführung einer Zwangsberatung nach einer auffälligen Diagnose vor einem möglichen Schwangerschaftsabbruch halte ich sowohl vor dem Hintergrund meiner Erfahrungen als Beraterin als auch als Betroffene für unsinnig. Will man Frauen und Paare im Prozess der Entscheidungsfindung unterstützen, dann sollte unbedingt dafür Sorge getragen werden, dass dies in einer offenen, gleichberechtigten Atmosphäre geschieht. Auch subtile Formen von Bevormundung oder gar Entmündigung sollten unbedingt vermieden werden.

Literaturempfehlungen

Baumgärtner, B./Stahl, K. (2005): Einfach schwanger? Wie erleben Frauen die Risikoorientierung in der ärztlichen Vorsorge? Frankfurt a.M.

Dietschi, I. (1998): Testfall Kind. Das Dilemma der Pränatalen Diagnostik. Zürich.

Ensel, A. (2002): Hebammen im Konfliktfeld der Pränatalen Diagnostik. Zwischen Abgrenzung und Mitleiden. Einführung, Hintergrund, Erfahrungen, Perspektiven. Karlsruhe.

Gruber, G. (2006): Meine eigentlichen Gefühle konnten wenig Platz finden, in: Strachota (2006), S. 55-56.

Gruber, K. (2006): Völlig unbekümmert ging ich zu dieser Untersuchung, in: Strachota (2006), S. 52-54.

Herb, M. (2006): Man redet sich ein, alles sei in Ordnung, in: Strachota (2006), S. 41-42.

Herb, R. (2006): Das Warten war dann eine Ewigkeit, in: Strachota (2006), S. 41-42.

Lothrop, H. (2002): Gute Hoffnung – jähes Ende. Fehlgeburt, Totgeburt und Verluste in der frühen Lebenszeit. Begleitung und neue Hoffnung für Eltern. 10. aktualisierte Auflage. München.

Ortmanns, N. (Hrsg.) (1997): Schatten über guter Hoffnung. Erfahrungen mit der vorgeburtlichen Diagnostik. Münster.

Jelinek, E. (2006): Nun begann die Zeit des Wartens, in: Strachota (2006), S. 33-36.

Jelinek, G. (2006): Wir wollten Gewissheit haben und stimmten zu, in: Strachota (2006), S. 37-40.

Remark, S. (2006): Vor der Fruchtwasseruntersuchung hatte ich große Angst, in: Strachota (2006), S. 61-65.

Schindele, E. (1990): Gläserne Gebär-Mutter. Vorgeburtliche Diagnostik – Fluch oder Segen. Mit Beiträgen von A. Waldschmidt und A. D. Brockmann. Frankfurt a.M.

Schindele, E. (1995): Schwangerschaft: zwischen guter Hoffnung und medizinischem Risiko. Mit einem Beitrag von A. Waldschmidt. Hamburg.

Schwinger, E./Dudenhausen, J. W. (Hrsg.) (2007): Menschen mit Down-Syndrom. Genetik, Klinik, therapeutische Hilfen. München.

Stoller, C. (1996): Eine unvollkommene Schwangerschaft. Zürich.

Strachota, A. (Hrsg.) (2006): Zwischen Hoffen und Bangen. Frauen und Männer berichten über ihre Erfahrungen mit pränataler Diagnostik. Frankfurt a.M.

Swientek, C. (1998): Was bringt die pränatale Diagnostik? Informationen und Erfahrungen. Freiburg i.Br.

Weigert, V. (2001): Bekommen wir ein gesundes Kind? Pränatale Diagnostik: Was vorgeburtliche Untersuchungen nutzen. Reinbek bei Hamburg.

Westmüller, C. (2006): Darf ich Gott spielen?, in: Strachota (2006), S. 104-121.

Westmüller, P. (2006): Ich versuchte, möglichst ruhig und gelassen zu wirken, in: Strachota (2006), S. 122-141.

Links

http://www.da-sdownst-du.de
http://www.eltern-beraten-eltern.de
http://www.lebenshilfe.de
http://www.leona-ev.de
http://www.profamilia.de

II. Genetische Beratung und ethische Fragen in der Forschung

Ingrid Vlasak

Erwartungen und spätere Erfahrungen von Klient(inn)en: Zur Qualitätssicherung genetischer Beratung

Im Umfeld eindrucksvoller Fortschritte bei genetischem Wissen und Analysemethoden ist der Prozess genetischer Beratung häufig gekennzeichnet von Unsicherheiten sowohl seitens der Ratsuchenden als auch der Berater/innen. Studien zu verschiedenen Aspekten dieser Dienstleistung versuchen, Einblicke in die „black box" genetischer Beratung[1] zu geben.

Von besonderer Relevanz ist dabei die Frage, wie Ratsuchende den Beratungsprozess erleben. Nach einem Rückblick auf die Entwicklung von Konzepten und Evaluationsmethoden folgen Überlegungen zu den Erwartungen und Erfahrungen von Klient/innen genetischer Beratung. Sie beruhen u.a. auf den Ergebnissen einer Fragebogenstudie an Klient/innen allgemeiner genetischer Beratung.[2] Eine Kombination qualitativer und quantitativer Befragungsmethoden erlaubte generalisierbare Aussagen zu verschiedenen Auswirkungen und deren Zusammenhängen, aber auch unmittelbare Einblicke in die von Klient/innen berichtete Wahrnehmung von Stärken und Schwächen im Beratungsprozess. Schließlich möchte ich Anregungen diskutieren, wie einige der gewonnenen Erkenntnisse in die Beratungspraxis integriert werden könnten.

Konzepte und Evaluierung genetischer Beratung

Genetische Beratung ist zwar eine – verglichen mit anderen Bereichen des Gesundheitswesens – junge Disziplin, aber sie hat eine bewegte (und leider

---

1   Biesecker/Peters (2001).
2   Vlasak (2003). Es wurden die Daten von 56 Klient/innen an vier österreichischen und deutschen Beratungsstellen für die Studie ausgewertet. Ausgeschlossen von der Befragung wurden Klient/innen, denen aufgrund ihrer persönlichen Situation oder mangelnder Deutschkenntnisse nicht zugemutet werden konnte, die Fragebögen selbst auszufüllen. Auch Pränatalberatungen und Eigenrisikoberatungen (vor allem bezüglich genetischer Prädisposition für Brustkrebs) wurden nicht berücksichtigt, weil für diese beiden großen Gruppen von Ratsuchenden meist an eigenen Zentren ganz bestimmte Aspekte der Beratung im Vordergrund stehen, was das Gesamtbild der genetischen Beratung verzerren könnte.

in ihrem Vorfeld durch ideologisch-politische Verirrungen und Verbrechen belastete) Geschichte.

Darin zeigt sich eine Entwicklung von einem eugenisch geprägten Konzept über ein zwar schon an einzelnen Familien, dabei aber noch überwiegend präventiv orientiertes Konzept zu einem, bei dem der Aspekt der Hilfestellung für die Klient/innen in den Vordergrund getreten ist.[3] Während bei der „präventiven" genetischen Beratung früherer Jahrzehnte das vorrangige Ziel war, die Geburt erbkranker Nachkommen zu verhindern, hat die moderne genetische Beratung den Anspruch, ihren Klient/-innen zu helfen, genetische Information in einer für sie sinnvollen Weise zu nutzen – bei minimaler psychologischer Belastung und maximaler persönlicher Kontrolle.[4]

Ein Komitee der National Society of Genetic Counselors (NSGC) in den USA formulierte in einem aufwändigen Prozess, der auch Kommentare von Klient/innen-Organisationen berücksichtigte, folgende Definition:

> „Genetic counseling is the process of helping people understand and adapt to the medical, psychological and familial implications of genetic contributions to disease. This process integrates:
> - Interpretation of family and medical histories to assess the chance of disease occurrence or recurrence.
> - Education about inheritance, testing, management, prevention, resources and research.
> - Counseling to promote informed choices and adaptation to the risk or condition."[5]

Dass Prävention hier genannt wird, ist kein Rückfall auf überkommene Ziele genetischer Beratung, sondern bezieht sich auf neue diagnostische Möglichkeiten, die genetischen Anteile vieler Krankheiten zu analysieren. Das erlaubt den Träger/innen „nachteiliger" Genkonstellationen, durch Änderungen ihres Lebensstils und/oder häufige Vorsorgeuntersuchungen eine Erkrankung zu verhindern, zu verzögern oder rechtzeitig zu behandeln. Es wird ein breites neues Aufgabengebiet genetischer Beratung sein, über diese Möglichkeiten, aber auch deren Grenzen, zu informieren und Klient/-innen bei ihren Entscheidungen und Handlungen zu unterstützen. In neuem Licht erscheint angesichts dieser neuen präventiven Handlungsoptionen auch die Rolle der Nicht-Direktivität: Dieses fundamentale ethische Konzept genetischer Beratung ist nicht zu rechtfertigen, sobald Interventionen möglich sind, die für Klient/innen vorteilhaft sein können. Bloße Informa-

---

3   Reif/Baitsch (1986).
4   Biesecker/Peters (2001).
5   National Society of Genetic Counselors (NSGC), Definition (2005): http://www.nsgc.org/about/definition.cfm, vgl. auch Resta et al. (2006). Die zugrundeliegenden ethischen Richtlinien sind im Code of Ethics dargelegt: http://www.nsgc.org/about/codeEthics.cfm (Zugriff: 31.08.2008).

tion ohne die Darlegung von Handlungsoptionen würde in diesen Fällen dem Prinzip der Vorteilhaftigkeit widersprechen.[6]

Die in den neueren Definitionen zum Ausdruck kommende zunehmende Beachtung psychologischer Aspekte zeigt sich in der Beratungspraxis auch bei der traditionell zentralen Leistung genetischer Beratung, der Vermittlung von Informationen. Diese geht heute über die Erklärung medizinischer Fakten und Risikozahlen als Entscheidungsgrundlage für die Klient/innen hinaus und berücksichtigt die mögliche subjektive Bedeutung dieser Informationen. Diese wird von zahlreichen psychologischen oder psychischen Einflussfaktoren mitbestimmt und entscheidet in diesem Gefüge über den „Erfolg" der Beratung.[7]

Mit den Zielen ändern sich auch die Evaluationskriterien genetischer Beratung: Frühe Studien maßen den „Erfolg" genetischer Beratung an Auswirkungen („Outcomes") wie dem Wissensgewinn, also der Effektivität, mit der genetische Informationen vermittelt werden konnte. Ein weiteres Kriterium war das Reproduktionsverhalten, also wie Klient/innen diese Informationen als Grundlage für ihre Reproduktionsentscheidungen benutzten.[8] Später thematisierten Evaluationsstudien auch psychologische Auswirkungen wie die Wahrnehmung persönlicher Kontrolle,[9] (Un-)Gewissheit oder Angst bzw. deren Veränderungen sowie die Zufriedenheit der Klient/innen mit der genetischen Beratung[10].

Neben diesen unterschiedlichen Auswirkungen findet der *Prozess* der genetischen Beratung zunehmend Beachtung, etwa die Kommunikation zwischen Berater/innen und ihren Klient/innen oder auch die Umstände vor und nach dem eigentlichen Beratungsgespräch: Einstellungen, Erwartungen und Bedürfnisse von Ratsuchenden sowie die Art, wie sie (und auch die Berater/innen) den Prozess erleben und bewerten.[11] Für beide Bereiche,

---

6 Resta (2006).
7 Schon aus diesen kurzen Überlegungen zu ethischen und psychologischen Aspekten ärztlichen Handelns bei der genetischen Beratung wird deutlich, dass eine solide klinisch-genetische Aus- und Weiterbildung zwar nötig, aber bei weitem nicht ausreichend ist, um den hohen Anforderungen der Beratungspraxis gerecht zu werden. Bereits aus einem Review von 1986 stammt die ironische Forderung, genetische Berater/innen sollten idealerweise zumindest erfahrene Genetiker/innen, klinische Spezialist/innen, Psycholog/innen, Therapeut/innen, Lehrer/innen und Sozialarbeiter/innen sein, vgl. Reif/Baitsch (1986). Oder wie Kessler meint: „In sum, the skills needed for teaching and counseling differ so vastly, they require an unusually gifted and flexible professional to combine them both in the short-term interactions of genetic counseling. But this, in a nutshell, is the challenge of the profession", siehe Kessler (1997), S. 294. Da die Vereinigung so vieler unterschiedlicher Kompetenzen in der Person einer Beraterin/eines Beraters kaum möglich ist, werden vermutlich interdisziplinäre Praxismodelle, die bei Bedarf eine Betreuung Ratsuchender durch mehrere Spezialist/innen im Team vorsehen, weiter an Bedeutung gewinnen.
8 Zur Übersicht siehe Clarke et al. (1996).
9 Berkenstadt et al. (1999).
10 Shiloh et al. (1990).
11 Vgl. z.B. Bernhardt et al. (2000).

Erwartungen von Patient/innen vor der ärztlichen Leistung[12] und deren Bewertung danach,[13] lagen zunächst nur Studien aus anderen Bereichen des Gesundheitswesens vor.

Was erwarten Ratsuchende von genetischer Beratung?

Eine englische Untersuchung aus dem Jahr 2000 erhob vergleichweise differenziert, welche Erwartungen aus einem Katalog vorgegebener Antworten Klient/innen genetischer Beratung bestätigten, wie weit sie diese Erwartungen dann erfüllt sahen und wie dies mit anderen Auswirkungen zusammenhing. Die meisten der Befragten gaben an, „Information" zu erwarten (und dann auch erhalten zu haben).[14] Durch die geschlossene Fragestellung wurden hier „keine" oder andere Erwartungen, die nach den Vorstellungen der Untersucher/innen unrealistisch[15] waren, gar nicht erfasst.

Dass viele Ratsuchende keine oder unvollständige bzw. unrealistische Erwartungen hatten und dies rückblickend bedauerten, wurde erst später aufgrund einer qualitativen Arbeit ersichtlich.[16] Die am häufigsten genannte Erwartung betraf verschiedene Aspekte medizinischer Information, etwa die Darstellung und Interpretation von Stammbaumdaten. Nach einer anderen Studie aus demselben Jahr[17] wurden dagegen „Unterstützung und Optionen" häufiger erwartet als „Information". Allerdings wurden hier nicht Klient/innen realer Beratungen befragt, sondern eine Stichprobe aus der Normalbevölkerung anhand fiktiver Beratungsszenarien.[18]

Angesichts des unscharfen Bildes, das unterschiedliche Befragungsformate von den tatsächlichen Erwartungen der Proband/innen ergaben,[19] versuchten wir einen „Vorher-Nachher-Vergleich":[20]

---

12 Williams et al. (1995) untersuchten Erwartungen von Patient/innen in der allgemeinmedizinischen Praxis.
13 Siehe z.B. Collins/Nicholson (2002) zu einer Studie über die Bedeutung von „Zufriedenheit" bei Patient/innen in der Dermatologie.
14 Michie et al. (1997). Interessanterweise war aber die Erfüllung dieser Erwartung kein Prädiktor für positive Auswirkungen wie die Verminderung von Angst und Besorgnis, wohl aber die Erfüllung der (weniger häufig genannten) Erwartung, „beruhigt" zu werden oder „einen Rat" zu bekommen.
15 Erwartungen wie „Gewissheit erhalten" oder ein „positives Ergebnis" sind leider nicht immer realistisch und wurden daher hier nicht als Antwortkategorien vorgegeben, werden aber auf offene Fragen nach den Erwartungen häufig genannt, wie später gezeigt wird.
16 Bernhardt et al. (2000).
17 Jay et al. (2000).
18 Die nach dem Schneeballsystem rekrutierten Proband/innen wurden gebeten, sich in die Lage von Patient/innen zu versetzen, die mit einer auffälligen genetischen Diagnose (Cystische Fibrose pränatal bzw. Chorea Huntington präsymptomatisch) zur genetischen Beratung kämen. Sie sollten angeben, welche Beratungsinhalte sie von männlichen bzw. weiblichen Berater/innen erwarten würden, vgl. Jay et al. (2000).
19 Wang et al. (2004).

Die prospektiv erhobenen freien Antworten der Klient/innen auf offene Fragen nach ihren Erwartungen, Hoffnungen und Befürchtungen wurden jenen gegenübergestellt, die dieselben Klient/innen retrospektiv aus vorgegebenen Gruppen „realistischer" Antworten bestätigten: Erstere sollten Erwartungen identifizieren, die Ratsuchende vor ihrem Beratungsgespräch spontan und frei nennen, ohne durch von Fachleuten vorgegebene Antwortmöglichkeiten auf bestimmte Erwartungen fixiert zu werden. Die geschlossene Befragung nach der Beratung erfolgte anhand von insgesamt 22 Items aus den Bereichen Information, psychische und praktische Unterstützung, um in diesem breiten Spektrum an Antwortmöglichkeiten den Befragten eine differenzierte Beschreibung ihrer Erwartungen zu erlauben. Da sich dieser Katalog von Erwartungen an den Ansprüchen orientiert, die genetische Berater/innen an ihre Leistung haben, konnte auch erhoben werden, in welchem Ausmaß diese Erwartungen jeweils erfüllt wurden. Ein bemerkenswertes Ergebnis der prospektiven Befragung war zunächst, dass ein Drittel der Proband/innen überhaupt verneinte, bestimmte Erwartungen bzw. Hoffnungen oder Befürchtungen hinsichtlich des bevorstehenden Beratungsgesprächs zu haben. Diese Klient/innen waren entweder tatsächlich unwissend bezüglich Inhalte und Verlauf einer genetischen Beratung, wie etwa auch Bernhard et al.[21] berichteten, oder sie wollten oder konnten in der gewiss belastenden Situation unmittelbar vor dem Beratungsgespräch nicht über diese Frage nachdenken.

Die Erwartungen der prospektiv antwortenden Klient/innen waren am häufigsten der Kategorie „Gewissheit erhalten" zuzuordnen. Diese Hoffnung kann aber bekanntermaßen in manchen Fällen auch bei bestem Willen und Können der Berater/innen nicht erfüllt werden. Das gleiche gilt für ein „positives Ergebnis". Erst die dritthäufigste Nennung „Information" ist eine realistische Erwartung an genetische Beratung. Unter diesen ist sie wohl die bedeutendste, wie auch Michie et al.[22] bei der Reihung vorgegebener Erwartungen ermittelten.

Retrospektiv bestätigten dagegen die meisten Ratsuchenden (also auch viele jener, die zuvor keine oder andere Erwartungen genannt hatten), sie hätten erwartet, Informationen über die Ursache der fraglichen Erkrankung und über das Risiko für (weitere) Kinder zu erhalten und im Beratungsteam weiterhin Ansprechpartner zu haben. Wesentlich seltener rechneten sie mit psychischer Unterstützung: So meinte z.B. nur jede/r Fünfte, er/sie habe erwartet, von Schuldgefühlen entlastet zu werden. Sofern Erwartungen bestanden, konnten diese meist auch zufriedenstellend erfüllt werden. Aspekte psychischer Unterstützung sahen Ratsuchende, wie ihre Kommentare zeigen, als willkommene Zugabe, während sie Information eher erwarteten und – bei entsprechenden Mängeln – auch eher vermissten.

---

20 Vlasak/Amann (2005) und (2006).
21 Bernhardt et al. (2000).
22 Michie et al. (1997b).

Wie beurteilen Klient/innen ihre Beratung?

Die Qualität eines derart komplexen Prozesses wie der genetischen Beratung ist schwer zu evaluieren, zumal ihr subjektiv empfundener Wert für die Ratsuchenden – und darauf kommt es derzeit nach den Zielsetzungen genetischer Beratung an – von vielfältigen Umständen mitgeprägt ist, die nicht im Einflussbereich des Beratungsteams liegen.

Einleitend wurde schon angesprochen, dass sich die Evaluierung genetischer Beratung von reinen Outcome-Studien zu vermehrter Berücksichtigung von Prozessdaten entwickelte. Auf problematische Bewertungskriterien wie z.B. das Reproduktionsverhalten möchte ich hier nicht näher eingehen – diese Evaluationsmethoden sind noch dem präventiven Paradigma genetischer Beratung vergangener Jahrzehnte verpflichtet und heute ethisch nicht mehr zu rechtfertigen.[23]

Ein anderes früher gemessenes Resultat, die Effektivität der Informationsvermittlung, orientiert sich bereits an dem angestrebten Nutzen für individuelle Ratsuchende – wenn auch zunächst noch vorwiegend von dem Gedanken motiviert, durch Information die Ratsuchenden in die Lage zu versetzen, die „richtigen" Reproduktionsentscheidungen selbst zu treffen. Heute wird Information als „wertfreie" Hilfe zu Entscheidungen gesehen, die zu den Ratsuchenden, ihren Werten und ihrer Situation entsprechend „passen". Allerdings wird die Art, z.B. eine erhaltene Risikoinformation zu interpretieren, von persönlichen, familiären, gesellschaftlichen und situativen Faktoren beeinflusst („framing"). Da genetische Risiken von Ratsuchenden nicht als Fakten gespeichert werden, sondern in ihrer individuellen Interpretation, wird verständlich, dass die Wiedergabe dieser und anderer Informationen ein sehr störanfälliges, ungenaues und wenig valides Maß für die Effektivität genetischer Beratung ist.

Von den Erwartungen Ratsuchender war schon im vorigen Abschnitt die Rede. Das Ausmaß, in dem Erwartungen im Beratungsprozess erfüllt werden, kann auch als Parameter für die Beurteilung der Qualität dieser Leistung dienen. Für die allgemeinärztliche Praxis wurde eine signifikante Korrelation der Zahl erfüllter Erwartungen mit der Zufriedenheit in aufwändigen statistischen Analysen belegt.[24] Somit konnte dieser intuitiv einleuchtende Zusammenhang wissenschaftlich abgesichert werden. Im Bereich genetischer Beratung untersuchten Michie et al.[25], wie sich die Erfüllung von Erwartungen auswirkt. Danach ist es nicht ausreichend, wenn erwartete Informationen vermittelt werden, dadurch allein wird die Zufriedenheit nicht erhöht. Was Klient/innen als positiv wahrnehmen, ist wenn sie

---

23 Unter anderem hat die Arbeit von Behindertenorganisationen dazu beigetragen, dass heute nicht mehr als Beratungsziel definiert wird, „erbkranke" Feten abzutreiben. Vgl. z.B. Biesecker (2001) und Resta (2006).
24 Williams et al. (1995).
25 Michie et al. (1997a) und (1997b).

– ihren Erwartungen entsprechend – Beruhigung erlebten. Jay et al.[26] fanden in ihrer Studie zu Erwartungen gesunder Proband/innen in fiktiven Beratungsszenarien heraus, dass jene Szenarien am besten beurteilt wurden, die – zusätzlich zu den erwarteten Leistungen „Unterstützung und Optionen" auch „Information" boten, also die Erwartungen übererfüllten. Eine australische Studie[27] zeigte, dass Klient/innen mehr Information und weniger psychosoziale Unterstützung erhielten als erwartet und damit insgesamt zufrieden waren.

Angesichts der Ziele genetischer Beratung, das Wohl der Klient/innen und ihrer Angehörigen zu fördern oder ihre Belastung zu mindern, ist die Untersuchung von Parametern persönlicher Befindlichkeit (z.b. Angst) bzw. deren Veränderung ein Weg, den „Erfolg" genetischer Beratung zu messen. Ebenso kann die Variable „wahrgenommene persönliche Kontrolle" (perceived personal control = PPC) im Beratungsprozess in einer für Ratsuchende günstigen Weise beeinflusst werden. Entsprechende Messungen wurden als Instrument zur Evaluierung genetischer Beratung vorgeschlagen und validiert.[28] In den drei Dimensionen kognitive Kontrolle (gesicherte Informationen über Diagnose, Erbgang, Prognose, Wiederholungsrisiko), Entscheidungskontrolle (Möglichkeit, unter verschiedenen Handlungsoptionen zu wählen) und Handlungskontrolle (Möglichkeiten pränataler Diagnostik, Therapie) sollten die wesentlichen Elemente genetischer Beratung erfassbar sein.

Auch die Zufriedenheit Ratsuchender lässt sich multidimensional messen und als Evaluationskriterium genetischer Beratung verwenden. Da Skalen aus anderen Disziplinen die speziellen Aspekte genetischer Beratung nicht entsprechend erfassen konnten, hat eine israelische Gruppe einen eigenen Fragebogen entwickelt.[29] Drei faktorenanalytisch ermittelte Dimensionen genetischer Beratung wurden als relevant für die Zufriedenheit Ratsuchender identifiziert:

Die *instrumentale* Skala erfasst die Zufriedenheit mit der fachlichen Kompetenz der Berater/innen, also ihrer Fähigkeit, medizinische und genetische Informationen zu vermitteln und zu erklären.

Die *affektive* Skala misst ihr Verhalten gegenüber den Ratsuchenden als Personen (inwiefern sie ihnen Interesse, Zeit und Einsatz widmen).

Die *prozedurale* Skala dient der Bewertung administrativer Aspekte (z.B. Wartezeit, Verrechnung).

Für die Beurteilung der Qualität genetischer Beratung ist die Zufriedenheit der Klient/innen ein nahe liegendes Kriterium, ist aber dennoch aus mehreren Gründen problematisch: Einerseits liegt es in der Natur genetischer Beratung, bei der in vielen Fällen weder eine (sichere) Diagnose noch

---

26 Jay et al. (2000).
27 Davey et al. (2005).
28 Berkenstadt et al. (1999).
29 Shiloh et al. (1990).

eine Therapie angeboten werden kann und eine „Heilung" nicht möglich ist, dass betroffene Klient/innen damit nicht so zufrieden sein können wie in anderen ärztlichen Disziplinen, die ein Problemklar benennen und dann auch lösen können. Um dennoch einen Eindruck von der Qualität einer genetischen Beratung zu erhalten, sollte die Zufriedenheit nicht nur global, sondern wie beschrieben zusätzlich in mehreren Dimensionen beurteilt werden. Andererseits schätzen nach Williams et al.[30] Klient/innen im Gesundheitswesen allgemein ihre Zufriedenheit hoch ein – höher, als es oft ihrem tatsächlichen Erleben entspricht. Das liege daran, dass sie erlebte Mängel bei der Evaluation nicht berücksichtigen, weil sie die fehlende oder schlechte Leistung nicht dem Aufgaben- bzw. Verantwortungsbereich der Leistungsträger zuordnen („perceived duty", d.h. „dafür sind die ja nicht zuständig", bzw. „perceived culpability", d.h. „dafür können die ja nichts"). Williams et al. empfehlen daher, statt der „Zufriedenheit" die „Erfahrungen" der Ratsuchenden zu erheben.

In der Untersuchung,[31] die Grundlage für die späteren Überlegungen zu praxistauglichen Instrumenten für die Qualitätskontrolle genetischer Beratung ist, wurden beide Ansätze verglichen: multidimensionale Messung der Zufriedenheit der Klient/innen und offene Fragen nach ihren Erfahrungen. Zusätzlich wurden Auswirkungen wie spezifischer Wissensgewinn, wahrgenommene persönliche Kontrolle und die Erfüllung von Erwartungen erhoben sowie reine Prozessdaten (Rahmenbedingungen und eine Beurteilung des Beraters/der Beraterin).

Aus den erhaltenen Daten kann man sich ein Bild davon machen, wie Ratsuchende die genetische Beratung erleben: Die Informationen, die Klient/innen bei der genetischen Beratung erhalten, drücken sich in ihrem subjektiven Wissensgewinn aus: 55 % der Befragten sagten nach der Beratung, sie wüssten jetzt „mehr" oder „viel mehr", ihr Wissen sei „jetzt ausreichend". Weitere 33 % empfanden ebenfalls einen Wissensgewinn, sahen aber noch Informationsdefizite. 12 % schätzten ihr Wissen „wie vorher" ein, die Kategorie „unklarer als vorher" wählte keine/r der Befragten. Das Beratungsziel, Informationen zu vermitteln, konnte also in den meisten Fällen erreicht werden. Wie wichtig den Klient/innen diese Leistung ist, sieht man auch an den entsprechenden freien Kommentaren: Die meisten jener, die positive Anmerkungen machten, zeigten sich beeindruckt vom hohen Fachwissen der Berater/innen und ihrem Bemühen, schwer verständliche Sachverhalte zu erklären. Aber auch die negativen Kommentare thematisierten vor allem die – hier eben mangelhafte – Informationsvermittlung.

Der kognitive Bereich war auch die einzige Dimension mit einem statistisch signifikanten Gewinn an wahrgenommener persönlicher Kontrolle (siehe Tab. 1). Die in der genetischen Beratung erhaltenen Informationen

---

30 Williams et al. (1998).
31 Vlasak (2003).

wirken sich also unmittelbar auf das kognitive Kontrollempfinden aus, während sie vermutlich nur indirekt und längerfristig in Überlegungen zu Entscheidungen[32] und Verhalten[33] umgesetzt werden.

Der subjektiv wahrgenommene Gewinn an kognitiver Kontrolle, der auch schon kurz nach der genetischen Beratung nachweisbar war, korrelierte mit den übrigen untersuchten Auswirkungen. Die deutlichsten Zusammenhänge ergaben sich mit der Zufriedenheit (am meisten jener mit den Berater/innen), dem Wissensgewinn und der Erfüllung der Erwartungen, Information zu erhalten.[34] Das bestätigt für den Bereich der kognitiven persönlichen Kontrolle die postulierte Eignung der PPC als valides Evaluationskriterium genetischer Beratung.

Die Zufriedenheit der Klient/innen wurde mit jeweils fünfstufigen Likert-Skalen (analog dem österreichischen Schulnotensystem) für die instrumentelle Dimension (Zufriedenheit mit Informationen), die affektive Dimension (Zufriedenheit mit den Berater/innen), die prozedurale Dimension (Zufriedenheit mit den Rahmenbedingungen) und zusätzlich für die Zufriedenheit mit der Erfüllung von Erwartungen sowie insgesamt gemessen. Bei generell guter Beurteilung der Zufriedenheit (siehe Tab. 2a und 2b) gab es Unterschiede zwischen den einzelnen Bereichen bzw. Aspekten: Sowohl am Median als auch an der Häufigkeit der Antwort „sehr zufrieden" gemessen erhielten die Berater/innen jeweils die beste Beurteilung, die Erfüllung von Erwartungen die relativ schlechteste. (Dennoch waren die meisten Klient/innen immerhin noch „ziemlich zufrieden".) Das rechtfertigt die Forderung von Shiloh et al.[35] nach einer multidimensionalen Messung von Zufriedenheit, aber auch die Kritik von Williams et al.,[36] „Zufriedenheit" allein könne aufgrund der oben beschriebenen Verzerrungen durch „perceived duty" und „perceived culpability" nicht mehr als eine ziemlich einheitliche Scheinbeurteilung liefern.

Tatsächlich ermöglichte erst die Auswertung der in freien Kommentaren beschriebenen Erfahrungen der Klient/innen, die Williams et al. als alternatives Evaluationskriterium vorschlagen, Erkenntnisse über konkrete Stärken und Schwächen der untersuchten Beratungen.

68 % bzw. 43 % der Befragten beantworteten offene Fragen nach ihren positiven bzw. negativen Erfahrungen. Sie beschrieben teils in Stichworten, teils ausführlich insgesamt 58 positive und 31 negative Eindrücke, die in Kategorien zusammengefasst wurden:

---

32 Entscheidungen fallen in der Regel nicht während des Beratungsgesprächs, sondern einige Zeit später, vgl. Wertz et al. (1984).
33 Nicht jede Entscheidung führt auch zu entsprechendem Verhalten, wie z.B. Harper et al. (1993) für geplante vs. durchgeführte prädiktive Analysen auf Morbus Huntington eindrucksvoll zeigen konnten.
34 Korrelationskoeffizient 0,4; signifikant auf dem 1%-Niveau, d.h. <1% Irrtumswahrscheinlichkeit.
35 Shiloh et al. (1990).
36 Williams et al. (1998).

59 % der Antwortenden äußerten sich positiv über das Fachwissen, die Kompetenz und die gut verständlichen Erklärungen der Berater/innen, z.B. „sachliche Erklärungen und doch persönlich", „er hat mir alles sehr gut erklärt, ich habe sehr genaue Informationen bekommen", „guter Gesprächsaufbau".

44 % lobten die Persönlichkeit der Berater/innen und/oder ihr Verhalten ihnen gegenüber im Gespräch, z.B. „sympathische Ausstrahlung", „kein typisches Arzt-Patienten-Verhältnis", „auf unsere Fragen wurde genau eingegangen", „der Berater hat für mich als einfache Hausfrau in einer einfachen Sprache (ohne Fachausdrücke) gesprochen". Mehrere Klient/innen hoben die Offenheit und Ehrlichkeit ihrer Berater/innen hervor, auch die Grenzen des Wissens oder schmerzliche Informationen anzusprechen: „auf viele Fragen gibt es keine Antwort und dies hat uns der Arzt auch offen gesagt", oder „dass die Realität vermittelt und nichts beschönigt wurde". Allerdings meinte ein Klient auch, es werde „um den heißen Brei herumgeredet". Ein Paar betonte vor allem das gute Gefühl, ehrliches Interesse zu finden und „endlich ernst genommen zu werden".

22 % der Antwortenden schätzten besonders die Gesprächsatmosphäre („angenehm", „ruhig", „ungestört", „viel Zeit", „lockere Atmosphäre"), und 28 % nannten einen oder mehrere weitere Aspekte, etwa dass sie jetzt zuversichtlicher seien, weil „die Erkrankungswahrscheinlichkeit relativiert" werden konnte oder dass sie „nicht allein mit dem Problem" seien und dass „unsere Wünsche gehört" wurden. Auch für die „Vermittlung weiterer Ansprechpartner" oder die „Weitervermittlung an eine andere Klinik zur weiteren Genuntersuchung" waren einige der Ratsuchenden dankbar.

Schließlich war es mehreren Klient/innen ein Bedürfnis, sich auf diesem Weg für die Beratung zu bedanken. Ihre Entscheidung für ein Beratungsgespräch sei richtig gewesen. Mehrfach wurde betont, dass genetische Beratungseinrichtungen gut und wichtig seien („ich bin sehr froh, dass es dieses Angebot gibt und dass ich mich für ein Beratungsgespräch entschieden habe"), allerdings sei genetische Beratung – wie ein Vater meinte – „in der Öffentlichkeit zu wenig bekannt".

Mehr als die Hälfte (54 %) der Personen, die sich zur Frage nach negativen Erfahrungen bzw. fehlenden Beratungsinhalten äußerten, war mit der Gesprächsführung der Berater/innen unzufrieden. Offenbar gelang es oft doch nicht, Informationen verständlich zu vermitteln („die ganzen Fremdwörter haben mir nicht gefallen"; „weniger Fachausdrücke") bzw. diesbezüglich ausreichend rückzufragen („nachfragen, ob der Patient mitkommt und versteht, wovon man spricht"). Einige Klient/innen fühlten sich „unpersönlich" behandelt bzw. „nicht einbezogen". Ein Klient beklagte die „selbstgefällige Präpotenz des Beraters".

42 % der Antwortenden übten Kritik an den Rahmenbedingungen des Beratungsgesprächs. Meist betraf dies die lange Wartezeit auf einen Termin bzw. auf ein Untersuchungsergebnis. Mehrere Klient/innen klagten über störende Telefonanrufe an die Berater/innen während des Gesprächs. Einige

hätten sich gern besser auf die Beratung vorbereitet („vielleicht wären wir dann schon weiter") bzw. „hinterher auftauchende Fragen geklärt".

Ein Viertel der kritischen Antworten bezog sich auf das genetische Problem selbst (z.B. „fast keine Aussage ist eindeutig", „dass die Gefahr größer als erwartet ist", „dass die Gentechnik die Krankheit (noch) nicht sicher zuordnen kann" oder „hätte ich mir erwartet, dass mehr möglich gewesen wäre").

Ein Beispiel für praxisrelevante Informationen zur Qualität der Beratungen, die aus den vorgegebenen Beurteilungsskalen allein nicht zu erschließen wären, sind die mehrfach kritisierten Telefonanrufe an die Berater/innen während des Gesprächs, die von den Klient/innen als sehr störend empfunden wurden, obwohl alle bis auf eine Klientin eine ungestörte Gesprächsatmosphäre bestätigt hatten.

Auch dass einige Klient/innen über unverständliche Erklärungen klagten, wurde in den entsprechenden Skalen (für die Beurteilung der Erklärungen der Berater/innen bzw. für die Verständlichkeit von Informationen) durch die Mehrzahl jener „übertönt", die von den Erklärungen ihrer Berater/innen sehr positiv beeindruckt waren.

Einer der häufigsten Kritikpunkte – die lange Wartezeit auf einen Termin – findet bei der statistischen Auswertung der Skala „Zufriedenheit mit der Wartezeit auf einen Termin" nur ungenügenden Ausdruck: Sie wurde zwischen „ziemlich zufrieden" und „okay" eingestuft, obwohl für viele Klient/innen eine durchschnittliche Wartezeit von fast fünf Wochen in einer Zeit zwischen Sorgen und Hoffnung verständlicherweise eine große Belastung ist.

Frei und spontan formulierte Äußerungen der Klient/innen geben also ihre subjektiven Erfahrungen mit der genetischen Beratung authentisch und anschaulich wieder, während ein auf vorgegebene Antwortmöglichkeiten und Skalen beschränkter Fragebogen zu Informationsverlusten führen kann. Ähnliches konnte bereits für die Erwartungen der Klient/innen gezeigt werden – auch hier erhält man ein umfassenderes Bild, indem man offene Fragen, die zeigen sollen, was für die Klient/innen wichtig ist, je nach Bedarf mit Fragen kombiniert, die dem Wissenschaftler zur Beurteilung der Beratung wichtig erscheinen.

Zusammenfassend lassen sich typische „erfolgreiche" Beratungen wie folgt charakterisieren: Klient/innen erfahren in der genetischen Beratung einen beträchtlichen Wissensgewinn. Damit erfüllen sich ihre realistischen Erwartungen von Information – die Vermittlung von psychischer bzw. praktischer Unterstützung, die kaum erwartet wird, entspricht sogar einer Übererfüllung ihrer Erwartungen. Die Klient/innen beurteilen ihre Berater/innen gut bis sehr gut und sind mit allen Aspekten der Beratung zufrieden bis sehr zufrieden. Kein Zusammenhang mit den genannten positiven Auswirkungen konnte für Geschlecht, Alter, Schulbildung, Indikation und Dauer des Beratungsgesprächs nachgewiesen werden.

Was bedeutet das für die Praxis genetischer Beratung?

Befragungsmethoden

Der hier beschriebene Methodenvergleich zur Erhebung von Erwartungen Ratsuchender sowie retrospektiv von ihrer Zufriedenheit bzw. ihren Erfahrungen im Beratungsprozess zeigt die Vor- und Nachteile der unterschiedlichen Methoden:

Bei geschlossenen Fragen lässt sich beliebig differenzieren. Diese Methode hat ihre Berechtigung, wenn man von vornherein an bestimmten Fragen interessiert ist, aber auch wenn man möglichst viele Aspekte berücksichtigen will. Die Auswertung quantitativer, standardisiert erhobener Daten ist in der Regel weniger aufwändig als bei qualitativen, offen erhobenen Daten. Trotz des höheren Aufwandes sind qualitative Erhebungen aber gewinnbringend. Im Sinne einer spontanen Rückmeldung der subjektiven Eindrücke der Befragten sind aber offene Fragen, die zu freien Antworten einladen, eine wertvolle und praxisgerechte Datenquelle. So erfährt man sehr anschaulich und unmittelbar nicht nur, „wo der Schuh drückt", sondern auch, welche Aspekte den Befragten selbst besonders wichtig sind – sie werden am häufigsten genannt.

Wie könnte ein praxistaugliches Instrument zur Evaluierung genetischer Beratung aussehen?

Um genetischen Beratungsstellen eine kontinuierliche Evaluation ihrer Arbeit zu ermöglichen, scheint es vorteilhaft, ein Instrument zu wählen, das beide Formate verbindet. Eine entsprechende Erhebung müsste, um praxistauglich zu sein, hohe Aussagekraft mit geringem Aufwand kombinieren. Daher bietet sich ein standardisiertes Instrument zur Erfassung von Zufriedenheit an, idealerweise eine 12-Item-Kurzform des speziell für die Evaluation genetischer Beratung entwickelten Fragebogens „satisfaction with genetic counseling".[37] Sie ermöglicht eine rasche und doch ausreichend differenzierte Messung der Zufriedenheit, korreliert gut mit anderen relevanten Auswirkungen (Wissensgewinn, wahrgenommene persönliche Kontrolle, Erfüllung von Erwartungen, Beurteilung der Berater/innen). Darüber hinaus hat diese Version den Vorteil, fertig konzipiert und hinsichtlich ausreichender Gütekriterien psychometrischer Tests (Objektivität, Reliabilität und Validität) geprüft zu sein. Mit ergänzenden offenen Fragen, die von Beratungsstellen individuell danach ausgewählt werden, an welchen Aspekten von Rückmeldungen sie besonders interessiert sind, sollte dies ein praxisgerechtes Instrument ergeben. Dessen Einsatz kann ebenso wie die humangenetische Stellungnahme des beratenden Arztes/der beratenden

---

37 Shiloh et al. (1990).

Ärztin zum integralen Bestandteil der Praxis werden. Der geringe Mehraufwand belastet weder die Ratsuchenden noch die Beratungsstelle in unzumutbarer Weise und ist durch die Chance, rasch und effizient auf unmittelbare Hinweise für die Beratungspraxis zu reagieren, gewiss gerechtfertigt.

Was sagen uns die Ratsuchenden selbst?

Als praxisrelevante Hinweise aus der beschriebenen Untersuchung seien die folgenden angeführt: Besonders anerkannt werden das Fachwissen und die Kompetenz der Berater/innen sowie die Geduld, mit der sie versuchen, schwer verständliche Sachverhalte zu erklären. In diesem Punkt scheint es durchaus Verbesserungsnotwendigkeiten zu geben, z.B. weniger Fachausdrücke zu verwenden. Es ist eine anspruchsvolle Aufgabe, sich beim Thema Genetik um Verständlichkeit zu bemühen, aber es scheint sich angesichts der vielen dankbaren Kommentare nicht nur zu lohnen, sondern ist auch explizit Aufgabe genetischer Beratung.

Ratsuchende schätzen es auch, wenn unangenehme Informationen offen diskutiert werden – seien es ungünstige Befunde oder Prognosen, sei es, dass die beratenden Ärzt/innen eingestehen müssen, wenn sie an die Grenzen ihrer Informations- oder Therapiemöglichkeiten stoßen.

Wichtig sind auch Beziehungsaspekte wie „angehört" oder „ernst genommen zu werden" auf der positiven Seite sowie mangelnde Empathie und Wertschätzung als negative Beispiele.

Die Rahmenbedingungen scheinen die Gesamtbeurteilung der Beratung zwar wenig zu beeinflussen, sie werden aber sehr wohl registriert: Auf der positiven Seite stehen ausreichend Zeit und das Einbeziehen des Partners/der Partnerin, während lange Wartezeiten auf einen Termin und Unterbrechungen oder Störungen beim Beratungsgespräch als störend und verbesserungswürdig erlebt werden.

An Versäumnissen nannten mehrere Klient/innen außerdem, dass ihnen eine Art Nachgespräch einige Zeit nach der eigentlichen Beratung fehlen würde. Bei dieser Gelegenheit könnten Fragen geklärt werden, die erst bei der Verarbeitung des Gesprächs aufgetaucht sind oder „in der Aufregung" vergessen wurden. Ein Paar bewertete es als eigenes Versäumnis, den Berater vor dem Gespräch nicht angerufen zu haben – sie hätten sich so vielleicht „besser vorbereiten" können. Damit sind wir wieder an einem Punkt, mit dem gute genetische Beratung beginnt, nämlich der Vorbereitung auf das Gespräch.

Wie können sich Klient/innen besser auf genetische Beratung vorbereiten?

Da Klient/innen, die ihren Erwartungen gemäß beraten werden, zufriedener sind als enttäuschte Ratsuchende, ist natürlich eine Annäherung von erwarteten und tatsächlich erhaltenen Beratungsleistungen anzustreben. Das kann von der Seite der Berater/innen her erfolgen, indem diese möglichst gut auf die Erwartungen und Bedürfnisse der Ratsuchenden eingehen – was auch bereits in hohem Maß geschieht, wie die besprochenen Daten zeigen. Nun können aber nur realistische Erwartungen erfüllt werden. Angesichts der vielen fehlenden bzw. unrealistischen Erwartungen auf Seiten der Klient/innen liegt ein Ansatzpunkt bei der Vorbereitung auf das Gespräch. Je realistischer die Erwartungen sind, um so eher werden die Beratungen von den Ratsuchenden als angemessen, zufriedenstellend und hilfreich erlebt werden.

Wie kann aber im Vorfeld der Beratung den Klient/innen möglichst gut vermittelt werden, worum es dabei geht und was sie erwarten können – und was nicht? Obwohl genetische Beratungsstellen die Ratsuchenden zwischen Erstkontakt und Beratungsgespräch in Broschüren oder auf speziellen Internetseiten über genetische Beratung zu informieren versuchen, kommen viele ohne oder mit unrealistischen Erwartungen zur Beratung. Ob diese Informationen zu wenig, zu viel, nicht ausreichend verständlich oder für Teile der Ratsuchenden nicht zugänglich sind, ist meines Wissens bisher kaum untersucht worden.[38] Viele Berater/innen bieten auch an, telefonisch für Fragen im Vorfeld der Beratung zur Verfügung zu stehen; doch dieser Service wird kaum genützt – offenbar ist hier die Schwelle zu hoch.

Diese bereits bestehenden Informationsangebote sind wichtig und sinnvoll, sie sind nur offenbar für einen gar nicht geringen Teil der Ratsuchenden nicht effizient genug – aus einem oder mehreren der zuvor genannten Gründen. Diese Klient/innen würden davon profitieren, Informationen nicht nur passiv angeboten, sondern aktiv vermittelt zu bekommen – und zwar in einer Art, die ihren individuellen Bedürfnissen angepasst ist (dazu später mehr). Natürlich muss auch diese Leistung, wie für die begleitende Evaluierung gefordert, darauf ausgerichtet sein, dass der absehbare Nutzen den Mehraufwand rechtfertigt.

Wie lassen sich gewonnene Einsichten in die Beratungsroutine integrieren?

Genetische Beratung versteht sich heute als Kommunikationsprozess zwischen Ratsuchenden und Berater/innen. Kommunikation als Austausch von Informationen betrifft hier typischerweise medizinische Fakten: Anamnese- und Stammbaumdaten in die eine Richtung (Berater/in), klinischgenetische Informationen in die andere (Ratsuchende/r). Erst allmählich

---

38 Siehe auch den Beitrag von Wolf und Ilkilic in diesem Band.

setzt sich die Einsicht durch, dass auch nicht-medizinische Informationen wichtig für eine erfolgreiche Beratung sind. Meist kennen Ärzt/innen zu Beginn eines Beratungsgesprächs aber nur die Eigen- und Familienanamnese ihrer Klient/innen. Deren Bedürfnisse und Fähigkeiten, Erwartungen und Hoffnungen, Vorkenntnisse und Bewältigungsmuster sind oft nicht bekannt. Ebenso unklar bleibt vielen Berater/innen, ob und wie eine Beratung „angekommen" ist, was besonders geholfen hat und was sie vielleicht besser anders gemacht hätten. Entsprechende Hinweise von den Klient/innen an das Beratungsteam vor bzw. nach dem eigentlichen Beratungsgespräch können eine sinnvolle und hilfreiche Ergänzung in diesem Kommunikationsprozess darstellen. Und auch der umgekehrte Informationsfluss vom Beratungsteam an die Ratsuchenden ist im Umfeld des Beratungsgesprächs verbesserungswürdig: Von Informationsdefiziten im Vorfeld war bereits ausführlich die Rede, aber auch nach der Beratung brauchen manche Klient/innen Unterstützung in Form kompetenter Ansprechpartner, etwa um nach einer gewissen Zeit Unverstandenes nachzufragen. Die beratenden Ärzt/innen stehen dafür zwar bei Bedarf zur Verfügung, z.B. in einer Telefonsprechstunde, aber mit dem bekannten Problem einer gewissen Hemmschwelle, dieses Angebot tatsächlich anzunehmen.

Es scheint wichtig, auch vor und nach dem Beratungsgespräch aktiv auf die Klient/innen zuzugehen – als selbstverständlicher Teil der Beratungsroutine. Jeweils ein kurzes persönliches oder telefonisches Gespräch einige Zeit vor und nach dem Beratungstermin könnte dem Informationsbedürfnis beider Seiten Rechnung tragen.

Diesen Teil des Beratungsprozesses könnte – außerhalb der kostbaren eigentlichen Beratungszeit, die dem Gespräch mit humangenetisch ausgebildeten Ärzt/innen vorbehalten bleiben soll – auch nicht-medizinisches Personal übernehmen.[39] Unterstützung und Entlastung der beratenden Ärzt/innen bei der Vor- und Nachbetreuung ihrer Klient/innen durch entsprechend ausgebildetes Pflegepersonal oder Sozialarbeiter/innen könnten

---

39 Vgl. z.B. Farnish et al. (1998), Greco/Mahon (2003): In vielen Ländern hat sich das Modell der „Genetic Nurses" bewährt, deren Kompetenzen allerdings weit über die hier skizzierten Aufgaben hinausgehen: Genetic Nurses sind Krankenschwestern mit Zusatzausbildungen, die sie zur Betreuung genetischer Patient/innen befähigen und berechtigen. Mittlerweile ist daraus z.B. in England ein eigenes Berufsbild entstanden mit standardisierter Ausbildungs- und Anerkennungsstruktur auf zwei Ebenen: Genetic Clinical Nurses (GCN) haben einen Bachelor-Abschluss und sind zu folgenden Leistungen berechtigt: Familienanamnese aufnehmen, Stammbaum erstellen, erbliche und nicht erbliche Risikofaktoren analysieren, mögliche genetische Erkrankungen (bzw. Veranlagungen) identifizieren, genetische Information und psychosoziale Unterstützung vermitteln, pflegerische Aufgaben für betroffene bzw. gefährdete Ratsuchende bzw. Familien wahrnehmen. Advanced Practice Nurses in Genetics (APNG) benötigen eine Ausbildung auf zumindest Master-Niveau und dürfen zusätzlich genetische Beratungen durchführen, genetische Untersuchungen veranlassen und deren Ergebnisse interpretieren.

helfen, den *speziellen* Anforderungen dieser Leistung des Gesundheitssystems gerecht zu werden. Ein derartiges Modell scheint mir aus mehreren Gründen vorteilhaft:

Die Ratsuchenden haben vom Erstkontakt an konstante Ansprechpartner/innen im Beratungsteam, die sie durch den Beratungsprozess begleiten. Angesichts der vielfältigen, nicht nur klinisch-genetischen Kompetenzen, die für eine erfolgreiche genetische Beratung gefordert sind, geht die Entwicklung hin zu multidisziplinären Beratungsteams. Ratsuchende wissen die Konstanz einer vertrauten Ansprechperson besonders zu schätzen. Diese kommt sogar, wenn das sinnvoll erscheint und gewünscht wird, am Beginn des Beratungsprozesses zu den Klient/innen nach Hause. Dabei ist das Ziel, die persönliche und familiäre Situation der Ratsuchenden kennen zu lernen, ihre Möglichkeiten und Grenzen einzuschätzen und Vertrauen aufzubauen. In diesem Rahmen fällt es leichter, Ängste, Schuldzuweisungen, Familienmythen usw. zu erkennen und für die Agenda des eigentlichen Beratungsgesprächs zu berücksichtigen. Auch die Sammlung von Eigen- und Familienanamnesedaten kann vorbereitet werden, etwa bei Bedarf durch Hilfe beim Ausfüllen der Anamnesebögen.

Gleichzeitig bietet dieses Vorgehen den Ratsuchenden einen niedrigschwelligen Zugang zu Informationen über Ablauf, Möglichkeiten und Grenzen von genetischer Beratung. Wie wichtig das ist, wurde angesichts fehlender bzw. falscher Erwartungen von Klient/innen bei den Überlegungen zur Vorbereitung der Beratung diskutiert.

Wenn bessere Kommunikation im Vorfeld die eigentliche Beratung erleichtert, so ist auch bei einer in die Beratungsroutine fest eingeplanten „Nachlese" ein interaktiver Zugang für beide Seiten lohnend: Die Beratungsstelle erhält wertvolles Feedback über ihre Arbeit (idealerweise in standardisierter Form wie z.B. dem oben vorgeschlagenen Evaluationsinstrument), während die Ratsuchenden Fragen „nachreichen" können, die noch unklar sind, ihnen aber vielleicht „zu banal" oder „dumm" erscheinen, als dass sie deshalb von sich aus um ein Nachgespräch mit dem Arzt/der Ärztin zu bitten wagten. Gegenüber einer vertrauten Ansprechperson, die hierarchisch den Berater/innen „untergeordnet" ist, fallen solche Schwellen weg. Dennoch ist sie aufgrund ihrer Ausbildung kompetent, die noch offenen Bedürfnisse der Klient/innen zu erfüllen oder sie bei Bedarf an die richtige Stelle zu verweisen (sei es wieder zurück zum Arzt/der Ärztin, sei es z.B. zu Selbsthilfegruppen oder Ämtern). In genetischen Beratungsstellen ist immer wieder zu beobachten, dass die Sekretär/innen unfreiwillig in diese Rolle geraten, wenn außer den Berater/innen selbst niemand für die Kommunikation im Umfeld der Beratung zur Verfügung steht. Das Sekretariatspersonal ist damit mangels Zeit und entsprechender Ausbildung überfordert. Eine Betreuungsfunktion, die in englischsprachigen Ländern z.B. die Genetic Clinical Nurses innehaben, ist in deutschsprachigen Ländern kaum entsprechend besetzt. Jede Beratungsstelle hat Ärzt/innen, Sekretär/innen, Reinigungs- und häufig Laborpersonal, warum nicht ebenso selbstverständlich einen „guten Geist", der die Ratsuchenden durch den Beratungsprozess begleitet und ihnen hilft, optimal von der genetischen Beratung zu profitieren?

Tab. 1: Perceived Personal Control (PPC) vor / nach Beratung

PPC	vor / nach Beratung		
Anzahl = 51	vor Beratung	nach Beratung	
	Median	Median	p
PPC kognitiv (0 bis 6)	3,41	4,43	< 0,001***
PPC Entscheidung (0 bis 6)	4,57	4,57	n.s.
PPC Verhalten (0 bis 6)	2,57	3,02	n.s.
PPC gesamt (0 bis 18)	10,55	11,73	0,077°
t-Test für abhängige Stichproben *** = signifikant auf dem 0,1%-Niveau, ° = „Trend", n.s. = nicht signifikant			

Tab. 2a: Zufriedenheit mit genetischer Beratung und Gesamtbeurteilung

Zufriedenheit mit	Anzahl	Prozent (%)	Median
Rahmenbedingungen gesamt	55		1,79
sehr zufrieden	24	43,6	
ziemlich zufrieden	15	27,3	
okay	13	23,6	
eher unzufrieden	1	1,8	
sehr unzufrieden	2	3,6	
Information gesamt	54		1,81
sehr zufrieden	20	37,0	
ziemlich zufrieden	22	40,7	
okay	9	16,7	
eher unzufrieden	1	1,9	
sehr unzufrieden	2	3,7	
Erfüllung von Erwartungen	48		2,04
sehr zufrieden	14	29,2	
ziemlich zufrieden	19	39,6	
okay	8	16,7	
eher unzufrieden	3	6,3	
sehr unzufrieden	4	8,3	
Berater/in	52		1,68
sehr zufrieden	26	50,0	
ziemlich zufrieden	12	23,1	
okay	9	17,3	
eher unzufrieden	3	5,8	
sehr unzufrieden	2	3,8	
Gesamtbeurteilung (Schulnoten)	52		1,70
sehr gut	26	50,0	
gut	11	21,2	
befriedigend	8	15,4	
genügend	5	9,6	
nicht genügend	2	3,8	

Tab. 2b: Zufriedenheit mit Rahmenbedingungen und Information (Details)

Zufriedenheit mit	Anzahl	Median
Rahmenbedingungen		
Wartezeit auf Termin	48	2,35
Dauer des Beratungsgesprächs	49	1,68
Vereinbarung weiterer Gespräche	42	2,00
Raumatmosphäre angenehm	47	2,33
Raumatmosphäre ungestört	43	1,37
zusätzliche Anwesende	28	1,30
gesamt	55	1,79
Information		
Menge	54	1,78
Verständlichkeit	53	1,75
praktischer Wert	53	2,00
gesamt	54	1,81

Likert-Skala für Zufriedenheit: 1 = „sehr zufrieden", 2 = „ziemlich zufrieden", 3 = „okay", 4 = „eher unzufrieden", 5 = „sehr unzufrieden".

Literatur

Berkenstadt, M./Shiloh, S./Barkai, G./Katznelson, M. B. M./Goldman, B. (1999): Perceived Personal Control (PPC): A New Concept in Measuring Outcomes of Genetic Counseling. American Journal of Medical Genetics Part A 82, 1 (1999), S. 53-59.

Bernhardt, B. A./Biesecker, B. B./Mastromarino, C. L. (2000): Goals, Benefits and Outcomes of Genetic Counseling: Client and Genetic Counselor Assessment. American Journal of Medical Genetics Part A 94, 3 (2000), S. 189-197.

Biesecker, B. B. (2001): Goals of genetic counselling. Clinical Genetics 60, 5 (2001), S. 323-330.

Biesecker, B. B./Peters, K. F. (2001): Process Studies in Genetic Counseling: Peering into the Black Box. American Journal of Medical Genetics Part C: Seminars in Medical Genetics 106, 3 (2001), S. 191-198.

Clarke, A./Parsons, E./Williams, A. (1996): Outcomes and process in genetic counselling. Clinical Genetics 50, 6 (1996), S. 462-469.

Collins, K./Nicholson, P. (2002): The Meaning of "Satisfaction" for People with Dermatological Problems: Reassessing Approaches to Qualitative Health Psychology Research. Journal of Health Psychology 7, 5 (2002), S. 615-629.

Davey, A./Rostant, K./Harrop, K./Goldblatt, J./O'Leary, O. (2005): Evaluating Genetic Counseling: Client Expectations, Psychological Adjustment and Satisfaction with Service. Journal of Genetic Counseling 14, 3 (2005), S. 197-206.

Farnish, S. (1988): A developing role in genetic counseling. Journal of Medical Genetics 25 (1988), S. 392-395.

Resta, R./Biesecker, B. B./Bennett, R. L./Blum, S./Estabrooks Hahn, S./Strecker, M. N./Williams, J. L. (2006): A New Definition of Genetic Counseling: National Society of Genetic Counselors' Task Force Report. Journal of Genetic Counseling 15, 2 (2006), S.77-83.

Greco, K. E./Mahon, S. M. (2003): Genetics Nursing Practice Enters a New Era With Credentialing. The Internet Journal of Advanced Nursing Practice 5, 2 (2003).

Harper, P. S./Ball, D. M./Hayden, M. R. (1993): Presymptomatic testing for Huntington's disease: a worldwide survey. The World Federation of Neurology Research Group on Huntington's Disease. Journal of Medical Genetics 30 (1993), S. 1020-1022.

Jay, L. R./Afifi, W. A./Samter, W. (2000): The Role of Expectations in Effective Genetic Counseling. Journal of Genetic Counseling 9, 2 (2000), S. 95-115.

Kessler, S. (1997): Psychological aspects of genetic counselling IX: Teaching and Counseling. Journal of Genetic Counseling 6, 3 (1997), S. 287-295.

Michie, S./McDonald, V./Marteau, T. M. (1997a): Genetic counselling: information given, recall and satisfaction. Patient Education and Counseling 32, 1-2 (1997), S. 101-106.

Michie, S./Marteau, T. M./Bobrow, M. (1997b): Genetic counselling: the psychological impact of meeting patients' expectations. Journal of Medical Genetics 34 (1997), S. 237-241.

Reif, M./Baitsch, H. (1986): Genetische Beratung. Berlin.

Resta, R. G. (2006): Defining and Redefining the Scope and Goals of Genetic Counseling. American Journal of Medical Genetics Part C: Seminars in Medical Genetics 142C, 4 (2006), S. 269-275.

Shiloh, S./Avdor, O./Goodman, R. M. (1990): Satisfaction with genetic counseling: Dimensions and measurement. American Journal of Medical Genetics 37, 4 (1990), S. 522-529.

Vlasak, I. (2003): Genetische Beratung: Erwartungen und Erfahrungen von Klient/innen. Diplomarbeit, Universität Salzburg.

Vlasak, I./Amann, G. (2005): Genetische Beratung aus der Sicht von Klient/innen. Journal für Fertilität und Reproduktion 15, 1 (2005), S. 13-20.

Vlasak, I./Amann, G. (2006): Über die Erwartungen Ratsuchender an die genetische Beratung. Medizinische Genetik 18, 3 (2006), S. 237-241.

Wang, C./Gonzalez, R./Merajver, S. D. (2004): Assessment of genetic testing and related counseling services: current research and future directions. Social Science and Medicine 58 (2004), S. 1427-1442.

Wertz, D. C./Sorenson, J. R./Heeren, T. C. (1984): Genetic counseling and reproductive uncertainty. American Journal of Medical Genetics 18, 1 (1984), S. 79-88.

Williams, S./Weinman, J./Dale, J./Newman, S. (1995): Patient expectations: What do primary care patients want from the GP and how far does meeting expectations affect patient satisfaction? Family Practice 12 (1995), S. 193-201.

Williams, B./Coyle, J./Healy, D. (1998): The meaning of patient satisfaction: An explanation of high reported levels. Social Science and Medicine 47, 9 (1998), S. 1351-1359.

Jeanne Nicklas-Faust

Testen oder nicht?
Schwierige Fragen der Gendiagnostik aus Elternsicht

Die Durchführung gendiagnostischer Verfahren, die Ergebnismitteilung und die Verarbeitung von Resultaten aus solchen Untersuchungen und schließlich auch die Verwertung der Erkenntnisse können mannigfaltige Fragen aufwerfen, die auch ethische Aspekte aufweisen. Hierbei zeichnet sich die Lage allerdings durch sehr unterschiedliche Rahmenbedingungen und Ausgangssituationen wie auch Konsequenzen genetischer Diagnostik aus. Die häufigste Form genetischer Diagnostik in Deutschland betrifft die pränatale Diagnostik (PND) genetisch determinierter Erkrankungen und Behinderungen. Mit dieser Diagnostik ist in der Regel die Entscheidung über eine Weiterführung der Schwangerschaft verknüpft; therapeutische Optionen ergeben sich dagegen eher selten. Die Theologin und Diplom-Pädagogin Claudia Heinkel beschreibt dieses Dilemma folgendermaßen:

„Mit der Weiterentwicklung und Ausdifferenzierung der diagnostischen Verfahren halten die therapeutischen Möglichkeiten nicht Schritt. Der weitaus größte Teil der Erkrankungen und Fehlbildungen kann nur diagnostiziert werden und ist weder therapierbar noch behandelbar. PND kann Frauen und Männer in kaum erträgliche und kaum lösbare Konflikt- und Entscheidungssituationen stürzen: Nach einer oft langen Kette von Untersuchungen, in die sie meist ahnungslos und ohne bewusste Entscheidung dafür oder dagegen hineingeraten sind, sehen sie sich bei einem auffälligen Befund vor die Entscheidung gestellt, zu wählen – zwischen dem Abbruch der (erwünschten) Schwangerschaft, weil ihr Kind nicht der Norm entspricht, oder dem Leben mit einem behinderten Kind, das in dieser Gesellschaft zunehmend als vermeidbar gilt und allenfalls als persönlich zu verantwortende und zu bewältigende Entscheidung akzeptiert wird."

Damit kommt es zu einer unauflösbaren Konfliktlage, da jede Handlungsmöglichkeit das eigentlich nicht Gewollte einschließt. So schreibt sie weiter:

„Ein großer Teil des Konfliktpotenzials der PND sowohl für die einzelne Frau und ihren Partner wie auch für die Gesellschaft ist auf diese Schere zwischen Diagnostik und Therapie zurückzuführen: PND wird dadurch zu einem brisanten medizinischen Angebot, das Konflikte verursachen kann, die weit über medizinisches Denken und Handeln hinausgehen. Sie berühren unsere Wertvorstellungen, unsere Bilder von Gesundheit und Krankheit, von Glück und Leid, von verantwortlicher Elternschaft und vom Zusammenhalt einer Gesellschaft."[1]

---

1   Heinkel (2007), S. 53.

Von dieser Diagnostik sind überwiegend Eltern betroffen, die bisher kein Kind mit einer Behinderung haben, sondern im Rahmen der konventionellen Schwangerschaftsvorsorge Maßnahmen der Pränataldiagnostik wahrnehmen. Wie eine aktuelle Studie der Bundeszentrale für gesundheitliche Aufklärung (BZgA) zeigt, ist die Inanspruchnahme pränataldiagnostischer Verfahren hoch – 85 % der Frauen haben mindestens eine pränataldiagnostische Maßnahme durchführen lassen,[2] eine umfassende Information und Aufklärung durch die Ärzte findet allerdings erst nach den Maßnahmen bei „auffälligem Befund" statt.[3] Auch gendiagnostische Verfahren bei Kindern, die zur diagnostischen Klärung einer Krankheit oder Behinderung, insbesondere aber wenn sie präsymptomatisch durchgeführt werden, können schwerwiegende Entscheidungsprobleme aufwerfen. Zu der generellen Notwendigkeit, ethische Fragen im Umgang mit gendiagnostischen Verfahren zu diskutieren, schreibt unter der Überschrift „Der Test als ein ethisch relevanter Vorgang und der Umgang mit *Risiken*" der Theologe Bondolfi:

> „Die Möglichkeiten und die Handlungserweiterungen, die mit genetischen Tests eröffnet worden sind, wurden nicht von der Allgemeinheit der Bevölkerung direkt gewünscht oder verlangt, sondern wurden als Angebot von verschiedenen im Bereich der Genetik und Medizin tätigen Institutionen vorgeschlagen. Letztere sollten darüber nachdenken, dass jeder Test strukturell eine Dimension der Überzeugung und der Aufforderung enthält. Der Test hat, beabsichtigt oder nicht, eine persuasive Wirkung. [...] In diesem Sinn wohnt jedem Test, und dies sicherlich nicht nur im Bereich der Genetik, sondern bei jedem Test, eine Erwartung der Machbarkeit inne. Diese Machbarkeit realisiert sich aber fast nie, da Gendiagnostik in der Regel eine solche bleibt und die Möglichkeiten sowohl der Prävention als auch der Therapie strukturell immer kleiner sind als diejenigen der Diagnostik."[4]

Unterschiedliche Methoden gendiagnostischer Untersuchungen

Am Beispiel pränataldiagnostischer Maßnahmen lässt sich auch zeigen, wie breit das Spektrum gendiagnostischer Verfahren ist: Zunächst wird die Anamnese dazu eingesetzt, Informationen über in der Familie bisher aufgetretene Erkrankungen und Behinderungen zu erhalten, was in einzelnen Fällen bereits die Vorhersage eines Risikos ermöglicht. So besteht für Nachkommen eines Menschen, der an Chorea Huntington erkrankt ist, ein Risiko von 50 % auch die entsprechende Veranlagung in sich zu tragen. Kommen erste Krankheitssymptome hinzu, die ebenfalls anamnestisch erhoben werden, kann allein aus der Befragung bereits eine Verdachtsdiagnose gestellt werden. Anschließend besteht die Möglichkeit, schon mit bloßem Auge oder mit bildgebenden Verfahren charakteristische morphologische Zeichen genetisch determinierter Erkrankungen festzustellen. Ein

---

2 Bundeszentrale für gesundheitliche Aufklärung (2006), S. 32.
3 Ebd., S. 50.
4 Bondolfi (2000), S. 1665. Kursivierung in der Überschrift im Original fett gedruckt.

Neugeborenes mit Trisomie 21 wird in aller Regel bereits aufgrund seines Erscheinungsbildes als solches erkannt. Bei einer durch Ultraschall feststellbaren zystischen Umbildung der Nieren ist im Zusammenhang mit der Familienanamnese eine angeborene polyzystische Nierendegeneration zu diagnostizieren. Eine weitere Variante gendiagnostischer Verfahren ist die Analyse von veränderten Genprodukten, z.b. der bei einer Hämophilie A verminderten Konzentration von Gerinnungsfaktor VIII im Blut. Schließlich ist die direkte Untersuchung der Chromosomen und einzelner Genanlagen möglich, einerseits über die Untersuchung von Zahl und Form der Chromosomen (wie z.b. bei der Trisomie 21), andererseits über direkte Nachweise einzelner Genabschnitte mithilfe molekulargenetischer Marker.

Aussagekraft gendiagnostischer Ergebnisse und ihre Vermittlung

Betrachtet man nun den Gegenstand gendiagnostischer Verfahren, so ist festzustellen, dass bestimmte genetische Dispositionen sehr unterschiedliche Folgen haben. Es gibt wenige Erkrankungen, bei denen eine monogenetische Ursache zum voll ausgebildeten Krankheitsbild führt. Die Chorea Huntington gehört dazu, auch die Trisomie 21. Die weitaus größte Anzahl der Krankheiten hat jedoch eine multifaktorielle Genese[5] und ist somit allein mit gendiagnostischen Verfahren nicht eindeutig festzustellen. Damit stellt ein Ergebnis aus gendiagnostischen Untersuchungen häufig nur eine Anfälligkeit für bestimmte Erkrankungen dar, die eine sichere Vorhersage für den Einzelfall unmöglich macht. Dies erschwert die Ergebnismitteilung, da gerade gendiagnostisch erhobene Befunde oft als eindeutige Voraussage interpretiert werden. Darüber hinaus ist die Mitteilung von Risiken generell besonders schwierig – zumal auch Fachleute die Befunde nicht immer angemessen deuten[6] und eine spezifische humangenetische Beratung selten in Anspruch genommen wird. Ein Faktor, der dazu beiträgt, gendiagnostisch erhobene Befunde als eindeutige Voraussage zu deuten, ist die Tatsache, dass sie als angeborene Eigenschaften scheinbar unveränderbar über das ganze Leben bestehen. Dabei wird oft nicht berücksichtigt, dass selbst für

---

5   Für viele andere: Propping (2007), S. 10.
6   So wird in den Richtlinien der Bundesärztekammer (BÄK) zur Prädiktiven Diagnostik genetischer Risiken empfohlen, absolute Risiken mitzuteilen statt wie sonst häufig üblich, relative Risiken. Die BÄK verweist auf die Arbeiten von Hoffrage und Gigerenzer. Sie zeigten zuerst in einer Studie, dass auch damit täglich befasste Ärzte die Häufigkeit einer Brustkrebserkrankung bei positiver Mammografie zu mehr als 90 % falsch einschätzen, wenn sie die notwendigen Informationen, wie in der Medizin üblich als Wahrscheinlichkeiten erhielten. Siehe Gigerenzer (2004), S. 67-69. Diese Schwierigkeit der Interpretation von Erkenntnissen, die in relativen Häufigkeiten angegeben werden, haben sie später in vielen anderen Studien auch für Ärzte/Ärztinnen, Medizinstudenten, Berater/Beraterinnen und Juristen/Juristinnen nachgewiesen.

monogenetisch verursachte Erkrankungen keine hundertprozentige Penetranz besteht.[7]

Besonderheiten genetischer Informationen

Eine Besonderheit genetischer Daten ist, dass sie häufig präsymptomatisch erhoben werden. Das bedeutet, lange bevor sich erste Krankheitszeichen zeigen, wird ein subjektiv gesunder Mensch zu einem vom Krankheitsausbruch bedrohten Menschen. Zu den psychischen Folgen der Gendiagnostik liegen bisher vor allem Studien vor, die die akuten Effekte betrachten.[8] Bezogen auf die Chorea Huntington hat die Besonderheit einer Voraussage lange vor dem Beginn einer zum Tode führenden Erkrankung dazu geführt, dass entgegen vorheriger Aussagen[9] und Erwartungen der Prozentsatz derer, die sich bei entsprechender Familienanamnese testen lassen, recht gering ist.[10] Die Bedrohlichkeit eine „positiven" Ergebnisses wird durch die vermeintliche Sicherheit der Voraussage verstärkt, die beispielsweise bei Frauen, die als Trägerinnen des BRCA1 bzw. 2-Gens eine lediglich 40 - 50 % Wahrscheinlichkeit haben, an Brustkrebs zu erkranken, zu Überlegungen einer prophylaktischen Brustentfernung führen.[11] Als Ursache für diese vermeintliche Sicherheit gibt Rehmann-Sutter das kulturell dominante Bild des Genoms an. Es werde gesehen als

> „Blaupause (blueprint), die DNA als Buch des Lebens, als Architekturplan, als Bedienungsanleitung für den Körper oder vielleicht am deutlichsten, als Programm für die Entwicklung des Körpers."[12]

Aus diesen nicht mit aktuellen Erkenntnissen der Molekularbiologie übereinstimmenden Bildern ergebe sich aus seiner Sicht jedoch die Überschätzung der Vorhersagesicherheit gendiagnostischer Untersuchungen.[13] Feuerstein und Kollek gehen noch weiter, wenn sie folgern:

---

7   So schreiben Rauch/Hofbeck (2005): „Bei rein monogener Erkrankung wäre eine vollständige Penetranz anzunehmen, während bei polygenen und multifaktoriellen Ursachen für die einzelnen Gene bzw. Faktoren jeweils eine niedrige Penetranz besteht. Da eine Vielzahl der als monogen klassifizierten genetischen Syndrome für einzelne Manifestationen wie z.B. Herzfehler jedoch keine vollständige Penetranz aufweisen, sind auch bei diesen Erkrankungen, genetische oder nichtgenetische Modifikatoren, welche die Manifestation beeinflussen, zu postulieren." Vgl. Rauch/Hofbeck, S. 142.
8   Schmedders (2004), S. 44.
9   In Untersuchungen vor der Verfügbarkeit des Test lagen die Angaben bei Risikopersonen im Bereich von 57 - 84 % zum Wunsch, den Test in Anspruch zu nehmen, siehe Creighton (2003), S. 463.
10 In einer Untersuchung deutschsprachiger Länder lag er bei 3 - 4 %, siehe Laccone (1999) S. 804, international im Bereich von 5 - 24 %, siehe Creighton (2003), S. 463.
11 Chen (2006), S. 867, Schmedders (2004), S. 46.
12 Rehmann-Sutter (2008), ohne Seite.
13 Ebd.

"Die einfache Gleichung: Wissen gleich Nutzen geht also bei den meisten Gentests nicht auf. Wissen schafft nicht nur Sicherheit, sondern bringt auch neue wissenschaftlich-medizinische Unsicherheiten hervor. Eine bisher als schicksalhaft angenommene und individuell kaum beeinflussbare Unsicherheit wird so durch genetische Tests zum kalkulierbaren Risiko, das Entscheidungen erfordert, ohne dass diese Sicherheit bringen könnten."[14]

Auf diese Weise tritt der möglicherweise beabsichtigte Effekt, Ungewissheit in Sicherheit zu überführen, nicht zwangsläufig ein. So zeigen Untersuchungen, dass auch bei negativ getesteten Personen belastende Gedanken und negative Lebensüberzeugungen auftreten; Huggins[15] fand beispielsweise, dass 10 % der negativ auf Huntington Getesteten Schwierigkeiten mit dem neuen Status hatten.

Als weitere Besonderheit genetischer Informationen ist anzuführen, dass genetische Informationen häufig auch Aussagen über blutsverwandte Angehörige ermöglichen.[16] Gleichzeitig fühlen sich Eltern, und insbesondere Mütter,[17] häufig schuldig, wenn ihre Nachkommen krank oder behindert geboren werden. Dies gilt in besonderer Weise für die sogenannten Erbkrankheiten, obwohl gerade im Bereich der chromosomal bedingten Behinderungen meist Spontanmutationen vorliegen, somit die Behinderung nicht von den Eltern „vererbt" wird, sondern ihre Ursache in einer „Störung" der Erbanlagen des Kindes liegt. Diese Störung kann vor oder bei der Befruchtung der Eizelle selbst auftreten und ist ein Grund dafür, warum das Wiederholungsrisiko für viele genetisch bedingten Behinderungen eher niedrig ist. Den Eltern wird in diesem Fall eine genetische Beratung empfohlen, um die Geburt weiterer Kinder mit Behinderung zu vermeiden.

Liegt in einer Familie bereits eine erbliche Erkrankung vor, wird den Eltern in aller Regel die Verantwortung für die Entscheidung zugeschrieben, eine Weitergabe an ihre Nachkommen zu vermeiden.[18] Besteht bei spät manifestierenden Erkrankungen die Möglichkeit, sie bereits an Kinder vererbt zu haben, wird dies als sehr belastend erlebt.[19]

Betrachtung der ethischen Implikationen

Welche ethischen Implikationen ergeben sich aus dieser komplexen Ausgangslage? Als etabliertes Verfahren können die mittleren ethischen Prinzipien als Prüfsteine für die ethischen Implikationen herangezogen werden. Beauchamp und Childress haben Autonomie, Benefizienz und Non-Malefi-

---

14 Feuerstein/Kollek (2001), S. 28.
15 Huggins (1992), zitiert nach Schmedders (2004), S. 50.
16 Vgl. zu diesem Aspekt der Gendiagnostik: Rechtsdienst der Lebenshilfe (2003), S. 85.
17 Schmedders (2004), S. 56.
18 Miles-Paul (2002).
19 Schmedders (2004) S. 49.

zienz sowie Gerechtigkeit benannt; als erstes soll die Autonomie betrachtet werden.[20] Für eine autonome Entscheidung im Umfeld gendiagnostischer Verfahren sind zunächst Einwilligungsfähige zu betrachten. Menschen, die einwilligungsfähig sind, können nach einer umfassenden Information über die Möglichkeiten, Grenzen und Risiken gendiagnostischer Verfahren in diese einwilligen und so ihre Autonomie ausüben. Als problematisch kann sich erweisen, dass die antizipierten Folgen oftmals anders empfunden werden, wenn sie tatsächlich eingetreten sind, als dies erwartet wurde.[21] Dieses Problem besteht grundsätzlich bei Entscheidungen, die mit bisher nicht erlebten Konsequenzen behaftet sind; besonders gilt dies jedoch für existenziell bedeutsame Folgen. Zusätzlich akzentuiert wird dies, wenn eine Konsequenz im Vorhinein nicht erwartet, sondern als unwahrscheinlich angesehen wird. Dies gilt z.B. für die Situation der Pränataldiagnostik, die trotz aller Ambivalenz in der Regel unter der Annahme, „weil es die Sorge vor einer Erkrankung des Kindes nehmen kann",[22] in Anspruch genommen wird. Ebenso gibt es in Familien, die von vererbten Krankheiten betroffen sind, innere Annahmen, wer betroffen ist und wer nicht.[23] Um dennoch eine autonome und nicht etwa eine auf falschen Vorannahmen beruhende Entscheidung zu ermöglichen, sollten die Schwierigkeiten in der Antizipation und evtl. bestehende Vorannahmen in der Aufklärung und Beratung angesprochen werden. Dennoch bleibt das Problem bestehen, dass wie Rehmann-Sutter es ausdrückt, die „Offenheit der Zukunft" verloren geht; das Ergebnis selbst beeinflusst und verändert das weitere Leben. Das Ergebnis wird vom Betroffenen in seinen Lebenskontext eingefügt, der ein ganz anderer ist, als der Lebenskontext des Beratenden – so können Deutungen entstehen, die von Beratenden nicht überschaut werden und damit auch nicht im Vorfeld der Entscheidung angesprochen werden können. Zusammengefasst ergeben sich hieraus grundsätzliche Einschränkungen der autonomen Entscheidungsfindung, die nur minimiert, aber nicht aufgehoben werden können.

Neben der Autonomie der Selbstbetroffenen ist auch die Autonomie der von der Entscheidung bzw. vom Ergebnis mittelbar beeinflussten Personen – hierbei besonders Blutsverwandter – zu beachten. Die Rechtfertigung, gendiagnostische Untersuchungen durchführen zu lassen, wird vom Recht auf informationelle Selbstbestimmung hergeleitet, das sich auf die Ausübung von Autonomie zurückführen lässt. Gleichlautend lässt sich auch das „Recht auf Nichtwissen"[24] mit autonomer Entscheidung begründen – es kann jedoch zu Konflikten führen, wenn Blutsverwandte unterschiedlich

---

20 Beauchamp/Childress (1994).
21 Rehmann-Sutter (2008).
22 Bundeszentrale für gesundheitliche Aufklärung (2006), S. 41.
23 Schmedders (2004), S. 60.
24 Rechtsdienst der Lebenshilfe (2003), S. 88; zur Betonung des Rechts auf Nichtwissen siehe Bundesvereinigung Lebenshilfe (2002).

entscheiden und durch die Untersuchung des einen auch Aussagen über den anderen getroffen werden.

Entscheidungen von Eltern für die Untersuchung ihrer nichteinwilligungsfähigen Kinder

Bei einer Entscheidung von Eltern für ihre geborenen oder ungeborenen Kinder kann dies in Ausübung des Elternrechts zum Wohl des Kindes geschehen. In dieser Situation kommt es als Grundlage einer ethisch begründbaren Entscheidung zu einer Abwägung zweier ethischer Prinzipien – des Wohltuns (Benefizienz) und der Autonomie. Generell sind die mittleren Prinzipien nicht priorisiert, sondern werden miteinander abgewogen[25] – so können sie auch gegeneinander laufende Entscheidungen begründen. Hierbei sind unterschiedliche Prinzipien für eine Person zu betrachten. So kann eine Maßnahme zwar der Achtung der Autonomie einer Person dienlich sein, gleichzeitig aber ihrer Benefizienz entgegenstehen. Oder es kann zu Konflikten zwischen der Beachtung der Autonomie verschiedener Personen, schließlich auch zu Konflikten unterschiedlicher Prinzipien für zwei oder mehr Personen kommen. In der Situation, in der Eltern für ihre nichteinwilligungsfähigen Kinder entscheiden, könnte der Aspekt der Benefizienz folgendermaßen berücksichtigt werden: Steht z.B. eine Untersuchung in Frage, die die genetische Disposition für eine Erkrankung feststellt, so ist wesentlich, ob eine präventive Maßnahme oder Therapie eingeleitet werden kann. Ist Vorbeugen oder Behandeln zum Wohl des Kindes möglich, kann dieses gegenüber dem Recht auf Nichtwissen abgewogen werden, das ein Kind in Ausübung seiner Autonomie später selbst geltend machen könnte. So hat der Gesetzentwurf von Bündnis 90/Die Grünen für ein Gendiagnostikgesetz[26] eine Untersuchung spät manifestierender Erkrankungen ausgeschlossen, wenn keine Prävention oder Therapie möglich ist.[27] Die Wahrung der aktuellen Autonomie der betroffenen Kinder gebietet es, sie in die Entscheidung einzubeziehen, soweit dies aufgrund ihres Verständnisses und ihrer persönlichen Reife möglich ist. Gerade in Familien, in denen genetisch bedingte Erkrankungen zum Erfahrungsschatz dazugehören, setzen sich auch Kinder bereits hiermit auseinander.[28]

Neben der Beurteilung anhand der mittleren Prinzipien kommt auch die Anwendung anderer theoretischer Ansätze in Betracht. Wird die Entscheidung für eine Untersuchung eines Kindes tugendethisch betrachtet, so könnte sich folgende Einschätzung ergeben: Eltern als Entscheidungsbefugte für ihre Kinder trachten danach, gut und verantwortungsvoll zu handeln.

---

25 Marckmann (2005).
26 Bundestagsdrucksache 16/3233 (2006).
27 Vgl. auch Bundesvereinigung Lebenshilfe (2007), S. 3 ff.
28 Schmedders (2004) S. 47.

Ein zentrales Prinzip stellt hier die Menschenwürde dar, die wesentlich durch die Selbstzwecklichkeit des Menschen bestimmt ist.[29] Diagnostische Verfahren, deren Ergebnis für das Kind selbst einen Gewinn darstellt, wären tugendethisch begründet. Es verbietet sich jedoch, Kinder Untersuchungen auszusetzen, die den Interessen anderer dienen und sie so bloß Mittel zum Zweck sein lassen.

Die Careethik sieht dagegen „eine Praxis der Achtsamkeit und Bezogenheit, die Selbstsorge und kleine Gesten der Aufmerksamkeit ebenso umfasst wie pflegende und versorgende menschliche Interaktionen sowie kollektive Aktivitäten"[30] als geboten an. In dieser Achtsamkeit und Bezogenheit werden Denken und Handeln verwoben, zählen nicht nur rationale Argumente, sondern auch Gefühle und die intersubjektive Praxis. In ihrer Beschreibung häufig asymmetrischer Fürsorgebeziehungen stellt sie ein der Eltern-Kind-Beziehung angemessenes Paradigma dar. Die Begründung einer Handlung ergibt sich somit aus einer Haltung gegenseitigen Respekts, ohne die jeweilige Autonomie zum Maßstab zu nehmen. Schließlich ergeben sich aus diesem reflektierten Handeln, das affektiv-emotionale mit kognitiven Anteilen verbindet, Moralimpulse zur Entscheidungsfindung.[31]

Entscheidungen im Rahmen von Pränataldiagnostik

Generell sind aus ethischer Perspektive auch Entscheidungen im Kontext von Pränataldiagnostik in der beschriebenen Weise mit den Auswirkungen auf die ethischen Prinzipien abzuwägen. Als Besonderheit gilt allerdings die allgemein akzeptierte Einschätzung, dass aufgrund der Untrennbarkeit von Frau und Kind in der Schwangerschaft, der schwangeren Frau ein stärkeres Eingriffsrecht zugestanden wird.[32] Inwieweit dies auch bei Lebensfähigkeit des Kindes noch trägt, muss bezweifelt werden; so schlagen die Deutsche Gesellschaft für Gynäkologie und Geburtshilfe und die Bundesärztekammer eine Begrenzung vor, die die Lebensfähigkeit des Kindes mit einbezieht.[33] Für die Information und Beratung im Kontext von pränataldiagnostischen Untersuchungen gilt jedenfalls, dass neben der Information zu den medizinischen Implikationen eine auf die Lebenssituation bezogene psychosoziale Beratung wesentlich für die Entscheidungsfindung ist.[34] Dies gebietet auch die Einbeziehung des dritten Prinzips, der Non-Malefizienz, das Nicht-Schaden. Für das ungeborene Kind wird dieses Prinzip in aller Regel hintangestellt, wenn die Überzeugung besteht, eine Fortführung der

---

29 Honnefelder (1994), S. 220.
30 Conradi (2001), S. 13.
31 Ebd., S. 181.
32 Deutsche Gesellschaft für Gynäkologie und Geburtshilfe (2007).
33 Bundesärztekammer/Deutsche Gesellschaft für Gynäkologie und Geburtshilfe (2006).
34 Heinkel (2007).

Schwangerschaft stelle für die Mutter einen zu großen Schaden dar. Die Integrität der Mutter erhält in der Abwägung somit ein höheres Gewicht. Für die Non-Malefizienz bezogen auf die Mutter ist allerdings auch zu bedenken, dass die Entscheidung für die Mutter auch auf lange Sicht vertretbar sein muss, um das Aufkommen von Beeinträchtigungen durch die Entscheidung selbst vorzubeugen. So gaben in der Studie von Rohde und Woopen nach zwei Jahren nur etwa die Hälfte der befragten Frauen an, dass sie sicher wieder die gleiche Entscheidung treffen würden; ein weiteres Drittel gab an, dass sie dies wahrscheinlich tun würden.[35] Weiterhin zeigten sich auch nach zwei Jahren erhebliche Auswirkungen im Sinne einer Trauerreaktion und stärkeren Ängsten in einer neuen Schwangerschaft. Daher ist es empfehlenswert, den Eltern für die Entscheidungsfindung genügend Zeit und Raum zu geben, um eine Kurzschlussreaktion in der Schocksituation zu vermeiden. Stattdessen sollte eine wohl abgewogene Entscheidung, die von allen Beteiligten getragen werden kann, angestrebt werden. Eine ausreichende Information vor der Untersuchung als Grundlage für die Entscheidungsfindung bei pathologischem Befund wurde jedoch weder in der Studie der BZgA noch bei Rohde und Woopen festgestellt:

> „Im Nachhinein gaben etwa dreiviertel der Frauen an, sich ausreichend über die Risiken von PND aufgeklärt gefühlt zu haben, bezüglich möglicher Konsequenzen (also wie man beispielsweise mit einem pathologischen Befund umgehen könnte) waren es nur etwas mehr als die Hälfte."[36]

Die niedrige Inanspruchnahme einer humangenetischen Beratung einerseits und einer psychosozialen Beratung andererseits weisen darauf hin, dass diese z.B. in Richtlinien der Bundesärztekammer[37] empfohlene Vorgehensweise, um eine informierte Einwilligung im Sinne wohlverstandener Autonomie zu ermöglichen, in der Praxis nicht ausreichend umgesetzt wird. Auch die Ergebnisse der Studie der BZgA weisen darauf hin, dass Entscheidungen zur Inanspruchnahme von Pränataldiagnostik nicht durchweg auf der Basis einer umfassenden Information, im Sinne einer bewusst und autonom gefassten Entscheidung zustande kommen. Für die ethische Begründbarkeit von Entscheidungen wäre hier eine Änderung der herrschenden Praxis erforderlich. Ergänzend zu ärztlicher Aufklärung und psychosozialer Beratung bieten Elternselbsthilfevereine an vielen Orten die Möglichkeit eines Gespräches bei zu erwartender Behinderung eines Kindes mit selbst betroffenen Familien. Der Vorteil der Perspektive Gleichbetroffener, wie aus der Geschichte von Selbsthilfegruppen weidlich bekannt, ist die eigene Betroffenheit, die damit einhergeht, bestimmte Ereignisse, wie beispielsweise eine Erkrankung oder Behinderung und die damit einhergehenden

---

35 Rohde/Woopen (2007) S. 16.
36 Bundeszentrale für gesundheitliche Aufklärung (2006). Siehe Rohde/Woopen (2007), in der Durchführung einer Untersuchung psychosozialer Beratung bei Frauen mit einem pathologischen Befund in der Pränataldiagnostik, S. 16.
37 Bundesärztekammer (2003), S. 1302.

Gefühle in den eigenen Alltag, in das eigene Leben integrieren zu müssen. Hierbei zeigt sich häufig auch ein Übergang der Deutungshoheit eines Lebens mit Behinderung von den medizinischen Fachleuten zu den selbst Betroffenen. Sie gestalten ihr Leben und ihren Weltbezug im Rahmen des Bewältigungsprozesses neu und ändern häufig ihr Wertsystem.[38] Aus dieser persönlichen und häufig existenziell bedeutsamen Erfahrung ergibt sich eine besondere Perspektive, die in der Situation eines pathologischen Ergebnisses bei Pränataldiagnostik einen Bezug zur Lebenswelt von Familien mit behinderten Kindern herstellen kann. Dies kann in der Entscheidungssituation, die häufig einen starken Bezug zu eigenen Lebensentwürfen hat, hilfreich sein. So kann die Entscheidung ergänzt durch diese Perspektive auf einer breiten Basis erfolgen, wobei jedoch kein Automatismus zugunsten eines Austragens der Schwangerschaft besteht.[39]

Eine besondere Problematik besteht, wenn Eltern bereits ein Kind mit einer Behinderung haben und pränataldiagnostische Verfahren in Anspruch nehmen, um eine Behinderung eines weiteren Kindes auszuschließen. In dieser Situation ist es besonders bedeutsam, die Möglichkeiten aber auch Grenzen der Pränataldiagnostik darzustellen.[40] Die Auffassung, dass mit der Nutzung pränataldiagnostischer Verfahren eine Behinderung auszuschließen sei, ist weit verbreitet; dabei lassen sich nach Schätzung des Humangenetikers Wolfram Henn unter Nutzung aller Verfahren nur etwa ein Viertel der angeborenen Behinderungen pränatal diagnostizieren.[41]

Weiterhin ist der Aspekt zu beachten, welche Auswirkungen die „Verhinderung" eines weiteren Kindes mit einer speziellen Behinderung auf das bereits in der Familie mit dieser Behinderung lebende Kind und die Familiendynamik hat. Liegt der Entscheidung eine grundsätzliche Ablehnung zugrunde oder eher die Einsicht in eigene Grenzen? Diesen Fragen in der Beratung von Eltern Raum zu geben, ermöglicht eine wohl abgewogene,

---

38 Kast (1989).
39 Persönliche Mitteilung, „Eltern beraten Eltern" und Lebenshilfe Berlin (2007).
40 In diesem Sinne und wiederum im Zusammenhang mit Gendiagnostik siehe Bundesvereinigung Lebenshilfe (2007), S. 6.
41 Prof. Dr. med. Wolfram Henn, Humangenetiker in Homburg/Saar, persönliche Mitteilung: „Wenn wir vom in Deutschland durchschnittlichen Gebärendenalter von 30 Jahren ausgehen, dann liegt in dieser Altersgruppe die Wahrscheinlichkeit für eine im Fruchtwasser erkennbare Chromsomenanomalie bei gerade mal 0,2 %. Von den nicht-chromosomalen Behinderungen sind pränatal erkennbar nur die sehr seltenen, schon familiär bekannten monogenen Erbleiden (weit unter 1 Promille) sowie die auf Ultraschallebene erkennbaren Organfehlbildungen, von denen Herzfehler mit ca. einer Inzidenz von ca. 0,7 % bei weitem am häufigsten sind. Nicht pränatal erkennbar sind die quantitativ größten Gruppen von Behinderungen, nämlich an bei weitem erster Stelle die prä- und perinatal erworbenen (von der Infektion über den Alkohol der Mutter bis zu Frühgeburtlichkeit und perinataler Hypoxie) sowie die genetisch bedingten ohne morphologische Veränderungen, z.B. Stoffwechselstörungen oder geistige Behinderungen."

autonome Entscheidung, bei der auch die Non-Malefizienz, keinen Schaden für die Familie und ihre Mitglieder herbeizuführen, Beachtung findet. Betrachtet man Entscheidungen im Kontext von Pränataldiagnostik aus tugendethischer Perspektive, scheint wiederum die Menschenwürde das zentrale Prinzip. Vor der Annahme, dass die Menschenwürde jedem zukommt – ohne Ansehen von Leistung, Konstitution oder Selbstbewusstsein,[42] fällt die Rechtfertigung eines Spätabbruchs bei lebensfähigem Kind sehr schwer. Ein Abbruch aufgrund einer Behinderung ist aus tugendethischer Sicht nicht zu rechtfertigen, da er eine Entscheidung über den Lebenswert voraussetzt, die mit der Menschenwürde des ungeborenen, aber lebensfähigen Kindes nicht vereinbar ist.[43] Inwieweit dies auch vor dem Stadium der Lebensfähigkeit gilt, ist Gegenstand ganz grundsätzlicher Auseinandersetzungen, die den Rahmen dieses Beitrages sprengen. So kommt eine Einleitung der Geburt mit Todesfolge bei lebensfähigem Kind nur in der Güterabwägung eines erheblichen Schadens für die Mutter in Betracht. Aus careethischer Sicht legt die besondere Vulnerabilität des ungeborenen Kindes – auch in der Angewiesenheit auf die Mutter – nahe, seine Position zu stärken. Dies könnte bedeuten, der Mutter Unterstützung zu geben, damit sie die schwierige Lebenslage bewältigen kann, oder auch die Erziehung in einer Pflegefamilie zu ermöglichen. Die besondere Stärke des careethischen Ansatzes zeigt sich hier darin, die existenziell-emotionalen Fragen, die sich in einer solchen Entscheidungssituation stellen, zu berücksichtigen und die Bedürftigkeit aller anzuerkennen.[44]

Gesellschaftliche Folgen der Pränataldiagnostik

Im Kontext der flächendeckenden Anwendung pränataldiagnostischer Maßnahmen zur frühzeitigen Entdeckung angeborener Behinderung und hier insbesondere der Trisomie 21, anderer numerischer Chromosomenanomalien sowie der Spina bifida stellt sich die Frage, inwieweit diese gesellschaftliche Praxis das Leben von Menschen mit einer Behinderung und ihren Familien beeinträchtigt und die gesellschaftliche Solidarität gefährdet. Ein relevantes Prinzip ist das der Gerechtigkeit, bei der vorhandene Möglichkeiten und Ressourcen gerecht aufgeteilt werden. Dabei stellt sich die Frage, ob eine Zuschreibung von Verantwortung, z.B. für die Nicht-Vermeidung einer Behinderung, zu einem ethisch gerechtfertigten Entzug gesellschaftlicher Unterstützungsleistungen führen kann. Ein weiteres Prinzip ist das der Non-Malefizienz: Wenn durch die vielfältigen Angebote und breite Inanspruchnahme von Pränataldiagnostik die gesellschaftliche Erwartungshaltung entsteht, Behinderung sei vermeidbar, während gleichzei-

---

42 Honnefelder (1994), S. 222.
43 Ebd., S. 224.
44 Conradi (2001), S. 178.

tig Behinderung gerade als im Leben erworbene Behinderung weiter zunimmt, kann eine Haltung entstehen, die für Menschen mit einer Behinderung und ihre Familien einen Schaden darstellt.[45] Diese Aspekte gesellschaftlicher Veränderungen lassen sich sehr schwer in Einzelentscheidungen einbeziehen – andererseits ist von einer wechselseitigen Beeinflussung auszugehen, die im Extremfall eine autonome Entscheidung im Sinne einer Abwägung individueller Begründungen in Frage stellen kann.

Hier ist eine gesellschaftliche Verfasstheit zu fordern, in der eine ethisch begründbare Entscheidung möglich ist, indem die im Übrigen geltenden Regelungen zum Ausgleich für besondere Belastungen durch staatliche Leistungen und Sozialversicherungen auch für den Fall eintreten, dass eine möglicherweise vorhersehbare Krankheit oder Behinderung bewusst in Kauf genommen wird. Eine gesellschaftliche Akzeptanz von Krankheit und Behinderung an sich läuft als Forderung leer; von einer humanen Gesellschaft wird man jedoch zu Recht erwarten dürfen, dass sie sich verschiedenen Lebensformen öffnet und niemanden ausgrenzt. Bezogen auf die aktuelle Entwicklung in Deutschland lassen sich zwei gegenläufige Tendenzen wahrnehmen: Einerseits werden Angebote der Pränataldiagnostik zur Vermeidung der Geburt eines behinderten Kindes in sehr großem Maße wahrgenommen,[46] und an manchen Stellen wird die Erwartungshaltung formuliert, Behinderung müsse es gar nicht mehr geben. Andererseits sind über Integration in Kindergarten und Schule, vermehrte Angebote gemeindenaher Wohnformen und die Repräsentanz von Menschen mit Behinderungen in den Medien Menschen mit Behinderung Teil des Alltags geworden. Zudem werden Menschen mit Behinderungen mit rechtlichen Regelungen, angefangen mit Artikel 3 Absatz 3 Satz 2 des Grundgesetzes,[47] immer stärker vor Diskriminierungen geschützt. Somit muss die Frage offen bleiben, welche Auswirkungen die gehäuften Einzelentscheidungen im Rahmen von Pränataldiagnostik auf Menschen mit Behinderungen haben. Bondolfis Bewertung könnte so als Zusammenfassung der grundsätzlichen Problematik dienen:

> „Die Einführung von Tests vor der Therapiemöglichkeit für die untersuchte Leibesfrucht führt dazu, dass der Vorschlag der Interruptio als einzige Massnahme angesehen wird und dadurch einer eugenischen Mentalität in der medizinischen Praxis Vorschub leistet. Der Zusammenhang zwischen Eugenik und pränataler Diagnostik ist indirekt aber zugleich real, so dass nur differenzierende Antworten diesem Sachverhalt gerecht und dienlich sein können."[48]

---

45 Dazu Bundesvereinigung Lebenshilfe (2007), S. 3.
46 Bundeszentrale für gesundheitliche Aufklärung (2006).
47 „Niemand darf wegen seiner Behinderung benachteiligt werden."
48 Bondolfi (2000), S. 1667.

Untersuchung zur Diagnose von Krankheiten und Behinderungen

Neben den präsymptomatischen Untersuchungen finden gendiagnostische Untersuchungen auch zur Abklärung unklarer Krankheits- oder Behinderungszustände bei Kindern statt. Auch hier kann sich die Frage einer positiven Konsequenz für das Kind stellen. Stellt eine exakte Diagnose bereits einen Wert an sich dar oder erst mittelbar über die Möglichkeit, Therapieentscheidungen und Fördermaßnahmen an die zugrunde liegende Krankheit oder Behinderung anzupassen? Kann die Frage nach dem Risiko eines erneuten Auftretens bei weiteren Kindern eine hinreichende Rechtfertigung für eine gendiagnostische Untersuchung sein? In der Betrachtung von Eltern und Kindern zeigt sich in der Praxis die Tendenz, Eltern einen weiten Entscheidungsspielraum zuzugestehen, der mit dem familiären Wohlergehen begründet werden könnte. Dennoch scheint es erforderlich, in der Aufklärung und Beratung von Eltern auch die Interessen des Kindes und die Folgen, denen es ausgesetzt sein könnte, explizit anzusprechen, um diese in die Entscheidung einzubeziehen.

Fazit

Gendiagnostischen Untersuchungen, bei denen Eltern für ihre Kinder entscheiden, liegen häufig komplexe Situationen zugrunde, in denen verschiedene Werte miteinander abgewogen werden müssen. Häufig spielen Ambivalenzen und sich ausschließende Interessen eine große Rolle, sodass es schwieriger Abwägungsprozesse bedarf, um zu ethisch begründbaren Entscheidungen zu gelangen, die von den Eltern und ihren Kindern auch langfristig getragen werden können. Kurz lässt sich zusammenfassen, dass in der elterlichen Entscheidung für gendiagnostische Untersuchungen von Kindern die Benefizienz, das Wohltun für die Kinder und ihr durch die Autonomie abgesichertes Recht auf Nichtwissen wie auch die Autonomie und das Wohl der Eltern in Konflikt geraten können. Auch zwischen Eltern kann es konfligierende Interessen geben, wenn sich z.B. aus dem Ergebnis des Kindes eine Erkenntnis auch über einen Elternteil ergibt, die dieser nicht wissen möchte. Als Anforderung für die Information und Beratung von Eltern und Kindern zu gendiagnostischen Verfahren ergibt sich, dass ausreichend Zeit und Raum für eine umfassende Darstellung des Verfahrens und seiner möglichen Konsequenzen wie auch der dadurch berührten Interessen aller Familienmitglieder vorhanden sein muss. Gleichzeitig ist es notwendig, die der Entscheidung und Ausgangssituation inhärente Begrenzung einer autonomen Entscheidungsfindung zu bedenken. Die meisten Entscheidungsprozesse bedürfen hierbei mehrfacher Gesprächsmöglichkeiten aus unterschiedlichen Perspektiven – medizinisch wie psychosozial –

und ziehen sich mindestens über einige Tage hin. Die fachliche Qualität der Information und Beratung muss eine verständliche und fachgerechte Darstellung gerade auch von Risikoergebnissen gewährleisten. Dabei sind neben rationalen Gesichtspunkten auch die emotionalen Folgen zu betrachten, zumal bei genetisch verursachten Krankheiten und Behinderungen das Thema der Schuld für die Weitergabe genetischer Merkmale häufig präsent ist.

Literatur

Beauchamp T. L./Childress, J. F. (1994): Principles of Biomedical Ethics. New York, Oxford.
Bondolfi, A. (2000): Ethik und Gendiagnostik. Schweizer Medizinische Wochenschrift 130 (2000), S. 1662-1668.
Bundesvereinigung Lebenshilfe (2002): Ethische Grundaussagen der Bundesvereinigung Lebenshilfe für Menschen mit geistiger Behinderung e.V., überarbeitete Neuauflage. Marburg.
Bundesvereinigung Lebenshilfe (2007): Stellungnahme der Bundesvereinigung Lebenshilfe für Menschen mit geistiger Behinderung e. V. zu dem Gesetzentwurf der Fraktion BÜNDNIS 90/DIE GRÜNEN „Entwurf eines Gesetzes über genetische Untersuchungen beim Menschen (Gendiagnostikgesetz – GenDG)" BT-Drs. 16/3233 vom 26. Oktober 2007, http://www.bundestag.de/ausschuesse/a14/anhoerungen/066/stllg/BVL H.pdf (Zugriff: 15.04.2008).
Bundeszentrale für gesundheitliche Aufklärung (BZgA) (2006): Schwangerschaftserleben und Pränataldiagnostik. Repräsentative Befragung Schwangerer zum Thema Pränataldiagnostik. Köln.
Bundesärztekammer (2003): Richtlinien zur prädiktiven genetischen Diagnostik. Deutsches Ärzteblatt 100, 19 (2003), S. A1297-1305.
Bundesärztekammer/Deutsche Gesellschaft für Gynäkologie und Geburtshilfe (2006): Vorschlag zur Ergänzung des Schwangerschaftskonfliktsrechtes aus medizinischer Indikation, http://www.bundesaerztekammer.de/downloads/Vorschlag_Schw_recht.pdf (Zugriff: 12.04.2008).
Bundestagsdrucksache 16/3233 (2006): Entwurf eines Gesetzes über genetische Untersuchungen bei Menschen (Gendiagnostikgesetz – GenDG) der Fraktion BÜNDNIS 90/DIE GRÜNEN. Berlin.
Chen, S./Iversen, E. I./Friebel, T./Finkelstein, D./Weber, B. L./Eisen, A./ Peterson, L. E./Schildkraut, J. M./Isaacs, C./Peshkin, B.N./Corio, C./ Leondaridis, L./Tomlinson, G./Dutson, D./Kerber, R./Amos, C. I./ Strong, L. C./Berry, D. A./Euhus, D. M./Parmigiani, G. (2006): Characterization of BRCA1 and BRCA2 mutations in a large United States Sample. Journal of Clinical Oncology 24, 6 (2006), S. 863-871.
Conradi, E. (2001): Take Care. Frankfurt a.M., New York.
Creighton, S./Almqvist, E. W./MacGregor, D./Fernandez, B./Hogg, H./ Beis, J./Welch, J. P./Riddell, C./Lokkesmoe, R./Khalifa, M./MacKenzie, J./Sajoo, A./Farrell, S./Robert, F./Shugar, A./Summers, A./Meschino, W./Allingham-Hawkins, D./Chiu, T./Hunter, A./Allanson, J./ Hare, H./Schween, J./Collins, L./Sanders, S./Greenberg, C./Cardwell, S./Lemire, E./MacLeod, P./Hayden, M. R. (2003): Predictive, pre-natal and diagnostic genetic testing for Huntington's disease: the experience in Canada from 1987 to 2000. Clinical genetics 63, 6 (2003), S. 462-475.

Deutsche Gesellschaft für Gynäkologie und Geburtshilfe (2007, aktualisierte Fassung): Positionspapier Schwangerschaftsabbruch nach Pränataldiagnostik, http://www.dggg.de/_download/unprotected/praenatal_abbruch_nach_diagnostik.pdf (Zugriff: 12.04.2008).

Epplen, J. T./Przuntek, H. (1998): Morbus Huntington: Im Spannungsfeld zwischen Klinik, Gendiagnostik und ausstehender Gentherapie. Deutsches Ärzteblatt 95, 1-2 (1998), S. A32-36.

Feuerstein, G./Kollek, R. (2001): Vom genetischen Wissen zum sozialen Risiko: Gendiagnostik als Instrument der Biopolitik, Aus Politik und Zeitgeschichte 27 (2001), S. 26-33.

Ganten, D./Ruckpaul, K./Wauer, R. R. (Hrsg.) (2005): Molekularmedizinische Grundlagen von fetalen und neonatalen Erkrankungen. Heidelberg.

Gigerenzer, G. (2004): Das Einmaleins der Skepsis. Über den richtigen Umgang mit Zahlen und Risiken. Berlin.

Heinkel, C. (2007): Vom Recht auf Beratung im Kontext von Pränataldiagnostik. BZgA FORUM Sexualaufklärung und Familienplanung 1 (2007), S. 52-56.

Honnefelder, L. (1994): Humangenetik und Menschenwürde, in: Honnefelder/Rager (1994), S. 214-236.

Honnefelder, L./Rager, G. (Hrsg.) (1994): Ärztliches Urteilen und Handeln. Zur Grundlegung einer medizinischen Ethik. Frankfurt a.M.

Kast, V. (1989): Der schöpferische Sprung: Vom therapeutischen Umgang mit Krisen. München.

Laccone, F./Engel, U./Holinski-Feder, E./Weigell-Weber, M./Marczinek, K./Nolte, D./Morris-Rosendahl, D. J./Zühlke, C./Fuchs, K./Weirich-Schwaiger, K./Schlüter, G./von Beust, G./Vieira-Saecker, A. M. M./Weber, B. H. F./Riess, O. (1999): DNA analysis of Huntington's disease. Five years of experience in Germany, Austria and Switzerland. Neurology 53 (1999), S. 801-806.

Marckmann, G. (2005): Prinzipienorientierte Medizinethik im Praxistest, in: Rauprich/Steger (2005), S. 398-415.

Miles-Paul, O. (2002): Muss ich mich schuldig fühlen, wenn ich trotz einer vererbbaren Sehbehinderung ein Kind in die Welt setze?, http://www.1000fragen.de/dialog/diskussion/pate.php?gid=70 (Zugriff: 12.04.2008).

Propping, P. (2007): Gendiagnostik in der Medizin, Perspektiven und Rahmenbedingungen in Anforderungen an ein Gendiagnostik-Gesetz. Dokumentation der Fachtagung veranstaltet von der Friedrich-Ebert-Stiftung in Zusammenarbeit mit der Berlin-Brandenburgischen Akademie der Wissenschaften am 11.10.2007, Berlin.

Rauch, A./Hofbeck, M. (2005): Herzfehlbildungen, in: Ganten et al. (2005), S. 141-182.

Rauprich, O. /Steger, F. (Hrsg.) (2005): Prinzipienethik in der Biomedizin. Moralphilosophie und medizinische Praxis. Kultur der Medizin, Band 14. Frankfurt a.M., New York.

Rechtsdienst der Lebenshilfe (2003): Auf dem Weg zu einem Gentestgesetz? Leitlinien rechtlicher Regelungen zur prädiktiven genetischen Diagnostik 1 (2003), S. 85-88.

Rehmann-Sutter, C. (2008): Ethische Aspekte der Gendiagnostik von VHL (von Hippel-Lindau Krankheit), Rundbrief Februar 2008 für von der von Hippel-Lindau Erkrankung betroffene Familien, http://www.hippel-lindau.de/aktueller-rundbrief.html#Vortrag%20PD%20Pietilä (Zugriff: 01.05.2008).

Roode, A./Woopen, C. (2007): Psychosoziale Beratung in der Pränataldiagnostik. BZgA FORUM Sexualaufklärung und Familienplanung 1 (2007), S. 14-17.

Schmedders, M. (2004): Leben mit der genetischen Diagnose. Bern.

Silja Samerski

Die Entscheidungsfalle. Über die „selbstbestimmte Entscheidung" durch genetische Beratung

Nervös sitzen Frau G. und ihr Ehemann der genetischen Beraterin gegenüber. Sie erwarten ihr zweites Kind, Frau G. ist bereits im sechsten Monat schwanger. An Ostern hatte sie erfahren, dass ihre Tante vor einigen Jahren einen Schwangerschaftsabbruch hatte, angeblich mit der Diagnose „Down-Syndrom". Nun ist sie sichtlich beunruhigt. „Ich möcht' halt wissen, ob in meinen Chromosomen, ob das vererbt worden ist", erklärt sie der Beraterin. Ihr Gynäkologe hatte deshalb vorgeschlagen, eine Fruchtwasseruntersuchung zu machen. Die genetische Beraterin wiegt den Kopf und gibt zu bedenken: „Sie sind schon 23. Woche". Etwas gequält fügt sie hinzu: „Was macht man?!" Dann stellt sie klar, dass sie diese Frage auch nicht beantworten kann. Das ist auch nicht das Ziel der Beratung: Das Ehepaar G. soll durch die Aufklärung zu einer eigenen Entscheidung kommen. Ihre eigene Aufgabe, so die Beraterin, sei lediglich, sie zu informieren: „Gut, ich kann Sie hier informieren, jetzt, was, äh, machbar ist, und" – *schnauft* – „letztendlich, was dann getan wird, entscheiden Sie, denn – wir können an der Stelle nicht raten, abraten, wir tragen keine Konsequenzen."[1]

Genetische Berater verstehen es ausdrücklich als ihre Aufgabe, die Klienten zu einer „selbstbestimmten" oder „eigenverantwortlichen Entscheidung" zu befähigen. Die genetische Beratung ist, so bestärkt die Gesellschaft für Humangenetik in einem aktuellen Positionspapier,[2] eine „medizinisch kompetente, individuelle Entscheidungshilfe".[3] Immer wieder stellen genetische Berater daher während der Beratungssitzungen klar, dass sie keinen Ratschlag geben werden: Sätze wie „Den Rat müssen Sie bei sich selber suchen", oder „Das müssen Sie entscheiden" gehören zum Standardrepertoire der genetischen Beratung.[4] Warum pochen Human-

---

1   Alle Zitate sind wörtlich aus Beratungstranskripten entnommen, die ich für eine empirische Studie über die „selbstbestimmte Entscheidung" durch genetische Beratung angefertigt habe. Für diese Studie habe ich 30 genetische Beratungssitzungen an drei verschiedenen Beratungsstellen teilnehmend beobachtet und die Gespräche mit Tonband aufgenommen. Zu Details siehe Samerski (2002).
2   Deutsche Gesellschaft für Humangenetik (2007).
3   Kommission für Öffentlichkeitsarbeit und ethische Fragen der Gesellschaft für Humangenetik (1996), S. 129.
4   Siehe Samerski (2002).

genetiker – so deutlich und ausdrücklich wie kaum eine andere medizinische Zunft – auf die Selbstbestimmung ihrer Klienten? Welche Rolle spielt die „selbstbestimmte Entscheidung" in der genetischen Beratung?

Gemeinhin wird die „selbstbestimmte Entscheidung" der Beratenen als Bollwerk gegen staatlichen Zwang und Expertenkontrolle begrüßt.[5] Solange die Beratenen „informierte Entscheidungen" treffen, so die gängige Annahme, solange können Beratung und Testangebote nicht schaden. Wie meine Analyse vorgeburtlicher genetischer Beratungssitzungen zeigen wird, ist jedoch das Gegenteil der Fall. Es sind gerade die „selbstbestimmten Entscheidungen", welche die Beratenen in neue Zwangslagen bringen. Die Beratung über das, was „machbar ist", wie die Genetikerin sagte, und die Aufforderung, aus diesen machbaren Optionen eine auszuwählen, macht jede Eigenwilligkeit unmöglich. Statt die Freiheit zu vergrößern, verpflichten sie die Beratenen zur „Risiko-Verwaltung" ihres kommenden Kindes und bürden ihnen dadurch „Verantwortung" für den Ausgang der Schwangerschaft auf.

Die „selbstbestimmten Entscheidungen", zu der Schwangere in der genetischen Beratung aufgefordert werden, verlangen eine Denkweise, die der „guten Hoffnung"[6] auf ein Kind diametral entgegensteht: Die Schwangere wird ausführlich über Risiken aufgeklärt und soll lernen, diese statistischen Wahrscheinlichkeiten zur Grundlage einer Entscheidung zu machen. Da ein vorgeburtlicher Test die Schwangerschaft in Frage stellen könnte, ist die Entscheidung darüber immer auch eine Entscheidung über das Ungeborene. Die werdende Mutter wird also im Namen der Selbstbestimmung dazu aufgefordert, ihr kommendes Kind zum Gegenstand von Risikobilanzen und von Management-Entscheidungen[7] zu machen. Einfach „guter Hoffnung" sein und auf ihr Kind warten, das kann eine beratene Schwangere nicht mehr.

Diese quasi unternehmerischen Entscheidungen, die den Frauen abverlangt werden, bürden ihnen eine ganz neue Form der Verantwortung auf

---

5   „Practically everybody working in genetic counseling favors non-directive counseling and tries to conduct his or her work according to this ideal. This should provide strong warranty against misuse of genetic counseling or related activities." Berg (1989), S. X. Siehe auch Deutsche Gesellschaft für Humangenetik (2007).

6   Barbara Duden hat gezeigt, dass es historisch keine objektivierbare Schwangerschaft gegeben hat, sondern „schwanger" für die besondere Haltung der Frau dem kommenden Kind gegenüber stand, für ihre somatische „hexis". Der heute antiquierte Ausdruck „guter Hoffnung" sein, gibt diese Bedeutung noch wieder. Siehe Duden (2000) und (2002).

7   Management-Entscheidungen, für welche die Entscheidungstheorie eine Technik zur Optimierung des wahrscheinlichen Nutzens bereitgestellt hat, beruhen auf einem neuartigen, formalen Entscheidungsverständnis. Entscheiden bedeutet hier nicht mehr die Tätigkeit des Entschließens oder Klärens, sondern die Wahl zwischen vorgegebenen Optionen mit berechenbaren Risiken. Zur Geschichte des Entscheidungsbegriffs und dem Umbruch im Entscheidungsverständnis siehe Samerski (2002), S. 56-63.

– nämlich Verantwortung für etwas, das außerhalb ihrer Kontrolle und Reichweite liegt: für den Ausgang der Schwangerschaft. Durch seine Aufklärung über Risiken und Testoptionen macht der Berater es unausweichlich, eine Wahl zwischen risikobehafteten Optionen zu treffen. Auch, wenn die Schwangere keinen Test macht, entscheidet sie sich, aus Sicht des Beraters, für eine Option, die wie alle anderen auch ein Risiko hat – nämlich das Risiko, ein behindertes Kind zu bekommen. Genetische Beratung muss daher als Ritual verstanden werden, das in erster Linie eine symbolische Funktion hat. Es suggeriert Entscheidbarkeit und individuelle Verantwortlichkeit in einem Moment des Lebens, in dem es besonders wenig zu bestimmen gibt – nämlich, wenn ein Kind unterwegs ist. Genau dort, wo die „gute Hoffnung" bisher Sinnbild war für die Haltung der Schwangeren, weil sie sich beherzt auf ein Wagnis einließ, wird heute Frauen das Gefühl von technischer Machbarkeit und Verantwortung eingeimpft.

Die Beratung von Ehepaar G.

Fast zwei Stunden dauert die genetische Beratung von Ehepaar G. Wie eine genetische Beratung auszusehen hat, ist weitgehend standardisiert; und dieses Programm spult die Genetikerin ab. Sie beginnt damit, dass sie nach weiteren Risiken in der Familie fahndet. Nicht selten habe ich es erlebt, dass die Beratenen nach einer solchen „Risiko-Fahndung" mit zahlreichen weiteren Risiken behaftet waren – mit Risiken, von denen sie nichts geahnt hatten: Ein zurückgebliebener Neffe, der frühe Herzinfarkt eines Onkels oder der Brustkrebs einer Tante geben den Genetikern Anlass, den Beratenen und ihrem erhofften Nachwuchs erhöhte Risiken zu attestieren.[8] Die Genetikerin erfragt erst den Gesundheitszustand von Ehepaar G. und schließlich denjenigen der gesamten Verwandtschaft. Dabei taucht ein schwerhöriger Neffe auf, sodass die Beraterin das Ehepaar später über die Vererbungsweisen von Innenohrschwerhörigkeit aufklärt. Als die Rede auf die Tante mit dem Frühabort kommt, stellt sich heraus, dass die Geschichte vom „Mongolismus" lediglich auf Hörensagen beruht. Genauere Informationen sind aufgrund familiärer Spannungen auch nicht einzuholen. Nach einer halben Stunde ist die Stammbaumaufnahme abgeschlossen.

Nun beginnt die Beraterin einen einstündigen „Crash-Kurs" in Genetik; sie will, wie sie erklärt, eine „Grundlage schaffen für das Verständnis und für den Umgang mit dem Problem". Zunächst listet sie auf, was beim Kinderkriegen alles schief gehen kann: Drei bis fünf Prozent betrage das „Basisrisiko", so erklärt die Beraterin dem beunruhigten Paar, „dass mal mit 'nem Kind was nicht stimmen kann". Die werdenden Eltern lernen, was es alles für Krankheiten und Missbildungen gibt, und in welche Ursachen-

---

8   Samerski (2002), S. 194-195.

kategorien diese aufgeteilt werden: Nabelschnurumschlingung oder Infektionen können zu Behinderungen führen und werden als „äußere Einwirkungen" klassifiziert. Häufig sind sogenannte multifaktorielle Erkrankungen, und dann gibt es noch genetische Faktoren wie „veränderte Erbanlagen" und Chromosomenstörungen. Zu jeder der „Ursachen" listet die Genetikerin ein paar Beispielerkrankungen auf. Von vielen hatte Ehepaar G. ganz offensichtlich noch nie etwas gehört: Mukoviszidose, Lippen-Kiefer-Gaumenspalte, Neuralrohrdefekte, Herzfehler ... Die werdenden Eltern sind nachher bestens darüber informiert, was beim Kinderkriegen alles schief gehen kann. Nachdem die Genetikerin also klargestellt hat, auf welches Risiko sich die werdenden Eltern mit der Schwangerschaft eingelassen haben, kommt sie ganz ausführlich auf Chromosomenstörungen zu sprechen. Im Eilverfahren werden die Beratenen, die Sorge um die Gesundheit ihres Kindes haben, in die zytologischen Vorgänge während der Keimzellbildung, in die Techniken der Chromosomenpräparation und in die Möglichkeiten von Chromosomenaberrationen eingeführt. Einer Tabelle entnimmt die Beraterin die altersabhängige Wahrscheinlichkeit der Grundgesamtheit aller 31-jährigen Schwangeren, ein Kind mit Down-Syndrom zu bekommen. Dieses schreibt sie Frau G. als „ihr Risiko" zu: Es betrage „1 : 826". Das sei weit unter dem Durchschnitt. Trotzdem heißt das aber nicht, dass sie aus dem Schneider sei, mahnt die Beraterin:

> „Ich mein', es gibt sicherlich auch junge Eltern, die es mal treffen kann, weil die ja auch eher die Fruchtwasseruntersuchung nicht machen. Aber es ist sicher nicht so, dass man jetzt allen routinemäßig die Fruchtwasseruntersuchung anzubieten hat."

Denn die Frage „Fruchtwasseruntersuchung Ja oder Nein?" ist, so macht die Beraterin klar, eine Kosten-Nutzen-Abwägung: altersabhängige Wahrscheinlichkeit für ein Kind mit Down-Syndrom versus Wahrscheinlichkeit eines induzierten Aborts.

> „Es ist ja, wissen Sie ja auch, ein bisschen ein Fehlgeburtsrisiko auch mit drin. Ist zwar gering, aber null ist es sicher nicht. Sonst... es würden sonst hier mehr gesunde Kinder zu 'nem Abgang kommen, als dass man mal was finden würde. Ab hier [sie deutet auf die Tabelle] fängt das in etwa auch im Verhältnis an zu stehen, dass man mal was finden könnte."

Die Beraterin hat hier deutlich gemacht, dass das sogenannte „Altersrisiko" nichts anderes ist als das Ergebnis einer Bilanzierung von Risiken, einer statistischen Kosten-Nutzen-Analyse. Diese stellt sicher, dass – dem *Gesetz der großen Zahlen folgend*[9] – bei sehr vielen Untersuchungen mehr Chromosomenveränderungen entdeckt als Fehlgeburten ausgelöst werden. Frau G. soll jedoch auf Grund dieser Zahlen entscheiden, ob sie die Untersu-

---

9 Das „Gesetz der großen Zahlen" besagt, dass sich die Häufigkeit eines Zufallsergebnisses immer weiter an dessen Wahrscheinlichkeit annähert, je öfter das Zufallsexperiment durchgeführt wird. Damit sich z.B. die relative Häufigkeit der Augenzahl 10 der theoretischen Wahrscheinlichkeit von 0,22 annähert, muss man die Würfel mehrere hundert Male werfen.

chung machen soll. Bei ihr regiert aber nicht das Gesetz der großen Zahlen, sondern Fortuna, das Schicksal, oder – statistisch gesehen – der Zufall. Daher sind solche Kosten-Nutzen-Analysen für Frau G. bedeutungslos, da sie ja keine „statistische Population aus Geburtsereignissen", sondern ein Kind erwartet. Daher kann auch die Beraterin von den Zahlen kein ärztliches „Soll" ableiten. Sie betont ausdrücklich, dass Frauen selbst entscheiden müssen, was sie sich antun lassen wollen: „Aber jede entscheidet's für sich und kriegt die Untersuchung, wenn man's wünscht."

Das Gerücht über die Tante ist nicht gerade ein stichhaltiger Hinweis dafür, dass es in der Familie von Frau G. eine erbliche Chromosomenumlagerung gibt – aber, wie die Genetikerin betont, ohne Untersuchung kann es auch nicht ausgeschlossen werden. Bei den Chromosomen „kann immer mal 'was schief gehen", erfahren die Beratenen, und lernen, was das alles sein kann: Es kann eins zu viel da sein oder eins zu wenig, sie können sich umlagern oder es können „Stücke ausgetauscht" sein: „Es ist alles möglich", mahnt die Expertin. Dann spekuliert sie darüber, ob das Ehepaar G. eine Chromosomenumlagerung haben könnte. Immerhin komme das mit einer Häufigkeit von 1 : 600 vor in der Bevölkerung, „ohne dass man's weiß":

> „Also, bei dem Verwandtschaftsgrad hab' ich hier noch nicht erlebt, dass ich mal eine Umlagerung gefunden hab', dann. Aber, es soll's geben. Es wird in den Büchern geschrieben an anderen Stellen schon mal, dass es so was [...] auch mal geben kann."

Bei einer solchen Umlagerung wäre das Risiko etwas erhöht, dass das kommende Kind eine Chromosomenaberration haben könnte. Ausführlich referiert die Genetikerin über die „Meiose" und die Fehlermöglichkeiten bei der Chromosomenaufteilung. Abschließend bietet sie dem Ehepaar eine Chromosomenuntersuchung aus dem Blut an, um eine solche Translokation auszuschließen. Aber die Untersuchung hat ihre Tücken, sie könnte das Ehepaar schwer in die Bredouille bringen. Sollte tatsächlich etwas gefunden werden, dann müsste sie dem werdenden Kind ein erhöhtes Risiko für eine Chromosomenstörung attestieren. Außerdem können solche Tests auch unerwartete Ergebnisse haben und noch ganz andere Chromosomenveränderungen ans Tageslicht bringen. Tun ließe sich jedoch nichts; die einzige „Prävention" wäre die Fruchtwasseruntersuchung und ggf. – was die Beraterin jedoch nicht ausdrücklich sagt – ein Schwangerschaftsabbruch. Angesichts solcher Dilemmata kann die Beraterin nichts raten, sie kann nur davor warnen. „Ich hab's nur angesprochen, ja. Ich möchte Sie nicht in Situationen bringen, wo man sich dann auch wiederum schwer tut." Das stellt sie klar und überlässt es dann den Beratenen zu entscheiden, in welche Zwickmühle sie sich am liebsten bringen möchten.

Risiko: Ein epidemisches Mißverständnis

Das Ehepaar G. ist nun bestens darüber aufgeklärt, was alles sein *könnte*. Ihre Zukunft ist von zahlreichen Risiken überschattet. Die Beraterin hat kaum eine Aussage darüber gemacht, was mit den beiden Menschen *ist*, die ihr da gegenüber sitzen, sondern nur aufgelistet, was sein *könnte*. Die meiste Zeit sprach sie daher im Modus irrealis, also im hypothetischen Konjunktiv: Es „könnte", man „würde", man „müsste". Oder sie hat Aussagen darüber gemacht, was alles vorkommen kann, was es im Allgemeinen so gibt. Oft hat sie dieses „könnte", ihre Spekulationen über Ehepaar G., in statistische Begrifflichkeiten gefasst: Sie hat das „Basisrisiko" erläutert, das jede Schwangerschaft mit sich bringt, das Wiederholungsrisiko für Taubheit, das altersabhängige Risiko für ein Kind mit Down-Syndrom, das allgemeine und spezifische Risiko für eine Chromosomenumlagerung, das Risiko für eine Chromosomenstörung beim Kind, falls Frau G. eine solche Umlagerung haben sollte, und das Fehlgeburts-Risiko bei einer Fruchtwasserpunktion. Über sich und das kommende Kind hat das Ehepaar G. damit nichts erfahren. Mit den vielen Risiken hat die Beraterin lediglich den Horizont an beängstigenden Möglichkeiten ausgeweitet, aber keinerlei Aussage darüber gemacht, was ist oder sein wird. Wahrscheinlichkeiten beziffern die Häufigkeit eines Ereignisses in einer fiktiven Kohorte, in einer Grundgesamtheit. Sie beziehen sich *per definitionem* nicht auf eine konkrete Person, sondern nur auf einen konstruierten „Kasus"; niemals auf das „Ich" oder „Du" in einer umgangssprachlichen Aussage, sondern immer nur auf ein Ereignis aus einer statistischen Population.

Das Ehepaar G. ist jedoch zur genetischen Beratung gekommen in der Annahme, dass sie dort etwas Konkretes über sich und ihr kommendes Kind erfahren. Die Beratenen gehen ja nicht davon aus, dass die Genetikerin ihnen lediglich die probabilistischen Eigenschaften fiktiver Patientenkohorten zuschreibt, sondern glauben, dass ihre Aussagen Hand und Fuß haben.[10]

---

[10] Zwischen den Erwartungen der Beratenen und dem, was der genetische Berater tatsächlich sagen kann, liegt eine Kluft – zu dem Ergebnis kommen eine Reihe empirischer Studien. Auf der Suche nach Rückversicherung und Gewißheit werden die Beratenen mit Wahrscheinlichkeitszahlen, unsicheren Diagnosen und unvorhersagbaren Krankheitsverläufen konfrontiert, siehe u.a. Sarangi et al. (2003), Smith et al. (2000) und Zuuren et. al. (1997). Zudem lässt sich im Falle einer „schlechten Nachricht" zumeist keinerlei therapeutische oder präventive Maßnahme ergreifen. „It is concluded that the high degree of uncertainty in the information provided during genetic counseling – reflecting the true state of the art – is in direct contrast to the needs of clients", vgl. Zuuren et al. (1997), S. 129. Smith et al. (2000) haben diese Widersprüchlichkeit in den Aussagen der Berater festgestellt: Die allgemeinen Ausführungen des Beraters vermitteln den Klienten den Eindruck, Gene würden die menschliche Konstitution determinieren, und die genetischen Testmöglichkeiten brächten sicheres Wissen und könnten Probleme lösen. Im konkreten Fall dagegen müssen die Berater einräumen, dass anhand des Testergebnisses keine Voraussagen

In der genetischen Beratung gerinnen abstrakte Wahrscheinlichkeiten daher zu scheinbar konkreten, persönlichen Bedrohungen. In den Ohren der Beratenen klingt das „Risiko für eine Chromosomenstörung" beunruhigend – auch wenn es nur Häufigkeiten von Ereignissen in Grundgesamtheiten beziffert. Fast unvermeidlich erzeugt daher das Gespräch mit einem Genetiker Angst, weil hier probabilistische Berechnungen zu konkreten Vorhersagen oder gar Diagnosen mutieren.[11]

Die Tatsache, dass diese Risikozuschreibung im Rahmen einer Beratung stattfindet, die sich „genetische Beratung" nennt und mit Vererbung zu tun haben soll, verschlimmert dieses Missverständnis. Außerhalb des Labors, sei es im Fernsehen, in Zeitungen, in der Arztpraxis und sogar in der genetischen Beratung,[12] haben „Gene" eine allumfassende Erklärungskraft. Im populärwissenschaftlichen „Gen-Glauben" ist der Genotyp linear kausal für den Phänotyp, erscheinen „Gene" als Ursachen für das persönliche „So-Sein". Ob die blauen Augen und blonden Haare, das Nägelkauen der Tochter oder die Sauferei des Onkels – im Alltagsverständnis sind es die „Gene", die machen, dass jemand so ist, wie er ist.[13] Wenn also die Genetikerin ihren Klienten etwas „Genetisches" attestiert, dann scheint das Schicksal besiegelt. „Gene" oder „genetische Risiken" suggerieren Unheil, das bereits im Körper vorprogrammiert ist.[14] Genau genommen ist „genetisch bedingt" nichts als ein Kürzel oder eine Hypostasierung für eine statistische Korrelation. Doch nach dem „Jahrhundert des Gens",[15] in dem Gene als Erklärung für Gott und die Welt herangezogen worden sind, klingt ein „Genfehler" oder ein „genetisches Risiko" bedrohlich: Sie erscheinen als etwas, das latent schon in einem sitzt, als Bedrohung im eigenen Leib.

Die Entscheidung zwischen Risiken

Das Missverständnis, durch das Risiken zu Bedrohungen und „Gendefekte" zu körperlichen Fehlern gerinnen, ist nicht etwa eine vermeidbare Nebenwirkung der genetischen Beratung, sondern im Gegenteil: Es ist eine Voraussetzung für die „selbstbestimmte Entscheidung". Die Beratenen lernen,

---

gemacht werden können und daher keine Antworten auf die Fragen und Sorgen der Beratenen möglich sind.
11 Weir (2006) argumentiert, dass das „klinische Risiko", also das Risiko am Krankenbett oder in der Arztpraxis, eine Schimäre ist: Es vermischt die klinische Diagnose mit statistischen Häufigkeiten. Zur krank machenden Wirkung von ärztlichen Risikozuschreibungen siehe Kavanagh/Broom (1998) und Gifford (1986).
12 Samerski (2008).
13 Hier beziehe ich mich auf Interviews für eine Studie über das „Alltags-Gen", also das „Gen" in der Umgangssprache. Siehe Duden/Samerski (2007).
14 Samerski (2008).
15 Evelyn Fox Keller hat in einem gleichnamigen Buch vorgeschlagen, das 20. Jahrhundert „das Jahrhundert des Gens" zu nennen – und es mit dem Anbruch des 21. Jahrhunderts hinter sich zu lassen. Siehe Fox Keller (2001).

persönliche Überlegungen durch Risikobilanzen zu ersetzen. Das ist die wichtigste Lektion des genetischen Entscheidungsunterrichts: Den Beratenen wird beigebracht, sich nicht mehr auf ihre Erfahrung, ihre Intuition oder ihre eigenen Sinne zu verlassen, sondern eine persönliche und folgenreiche Entscheidung auf der Grundlage von statistischen Abstrakta zu treffen – anhand von Wahrscheinlichkeitskurven und Risikotabellen.

Seitdem Humangenetiker keine Ratschläge mehr erteilen, sondern ihre Klienten zu eigenen Entscheidungen bringen wollen, ist eine ganze Reihe von Untersuchungen über die „reproduktiven Entscheidungen" nach einer genetischen Beratung erschienen.[16] „Entscheidung" ist ein Forschungsgegenstand, und die Frage nach der Korrelation von Informations-„Input" und Entscheidungs-„Outcome" ein neues Forschungsfeld. Die meisten dieser Studien analysieren das, was Frauen nach einer Beratung tun – ob sie sich z.B. einem Test unterziehen oder nicht, oder ob sie die Schwangerschaft abbrechen – als „entweder – oder" und korrelieren dieses mit messbaren Einflussfaktoren wie z.B. „Risikoeinschätzung". Ein solches Entscheidungsverständnis hat seine Wurzeln in der Entscheidungstheorie, also in einem Entscheidungsmodell, das unternehmerische Entscheidungen berechenbar machen soll. Dieses ursprünglich statistische Modell wird heute als Anleitung dafür propagiert, wie Entscheidungen getroffen werden sollen.[17] Professioneller Entscheidungsunterricht ist von einem solchen Entscheidungsverständnis geprägt.[18] In der genetischen Beratung lernen schwangere Frauen, dass eine Entscheidung nur dann als „informiert" und „selbstbestimmt" gilt, wenn sie sich über Chancen und Risiken informiert und diese gegeneinander abgewogen haben. Damit fordern die genetischen Berater ihre Klientinnen also zu einer Kosten-Nutzen-Analyse auf, zu einem ökonomischen Kalkül. Dieses mag hilfreich sein, wenn es um Aktienkurse und Investitionsrisiken geht. Die Frauen sorgen sich jedoch um das Kind, das sie unter ihrem Herzen tragen. Und da sind ökonomische Kalküle gänzlich verfehlt. Daher müssen auch die genetischen Berater selbst, Experten für Risikoberechnung und Risikoaufklärung, passen, wenn sie von ihren Klienten nach der Bedeutung solcher Wahrscheinlichkeitszahlen gefragt werden. Sie überlassen es ihren Klienten, den abstrakten Zahlen persönliche Bedeutung abzuringen. Nachdem er seiner schwangeren Klientin ein Risiko von 0,6 % für ein Kind mit Chromosomenstörung zugeschrieben hat, stellt ein Genetiker klar, dass er diese Zahl nicht bewerten kann: „[...] jeder muss für sich entscheiden", ob man das nun „hoch" finden möchte oder ob man sich sagt: „das ist ja [...] banal, das vergess' ich gleich wieder." Und als die aufgeklärte Frau, sichtlich ratlos,

---

16 Siehe z.B. Frets et al. (1990), Beeson/Golbus (1985).
17 Vgl. Hammond et al. (1999).
18 Siehe Samerski (2002).

noch einmal nachhakt: „Ja, was ist das? Hm!", da schiebt er ihr nochmals den schwarzen Peter zu: „Das müssen Sie wissen".[19]

Kränkende Diagnostik

Von Risiken, die nichts über eine konkrete Person aussagen, lassen sich keine ärztlichen Empfehlungen ableiten. Daher ist die Rede von der „ärztlichen Indikation" im Zusammenhang mit vorgeburtlicher Diagnostik irreführend, wie der Humangenetiker Jörg Schmidtke deutlich gemacht hat.[20] Und es gibt noch einen weiteren gewichtigen Grund, warum Humangenetiker in vorgeburtlichen Beratungssitzungen keinen Ratschlag erteilen können: Sie können ihren Klienten keine Heilung anbieten. Für das, was sie anhand genetischer Testbefunde vorhersagen, gibt es in aller Regel keine Therapie. Pränatale Tests stellen also einen Patienten her, dem nicht zu helfen ist – er kann lediglich abgetrieben werden.

Das ist der Grund, weshalb die Beraterin zögert, Frau G. eine Fruchtwasseruntersuchung anzubieten. Der Schwangerschaftsabbruch scheint ihr im siebten Monat keine Option mehr. Deshalb offeriert sie ihren Klienten lieber die Chromosomenuntersuchung aus dem Blut. Damit könnte – bei negativem Testergebnis – Frau G. beruhigt werden, ohne dass sie ein Fehlgeburtsrisiko eingehen oder das „chromosomale Make-up" des kommenden Kindes untersuchen lassen müßte. Dieses Angebot hat jedoch seine Tücken – und daher will die Genetikerin es ihren Klienten auch nicht empfehlen, sondern überläßt ihnen die Entscheidung. Damit sie diese „informiert" treffen, listet sie auf, in welche Bredouille sie der Test bringen könnte. Brächte er nicht die erhoffte Beruhigung, dann würden die werdenden Eltern nämlich richtig in der Klemme stecken. „Wenn was bei rauskommen würde, [...] was macht man damit?", gibt die Beraterin zu bedenken. Dem werdenden Kind müßte dann im siebten Monat ein erhöhtes Risiko für eine Chromosomenstörung attestiert werden; weitere Klarheit bringen könnte dann eine Nabelschnurpunktion – und die brächte ein Risiko für das Ungeborene mit sich. Eine Fruchtwasseruntersuchung hätte den Nachteil, dass das Ergebnis zwei, drei Wochen auf sich warten lassen würde. Aber auch hier stellte sich dann wieder die Frage: Was dann?

Noch eine weitere Entscheidung müssen die Beratenen treffen: Soll sich nur Frau G. untersuchen lassen, in deren Familie ja der Frühabort war, oder Herr G. gleich mit? Was, wenn nun wider Erwarten gar nicht bei Frau G., sondern bei Herrn G. irgend eine Chromosomenveränderung gefunden

---

19 Samerski (2002), S. 218.
20 Siehe Schmidtke (1995). Da sich – statistisch gesehen – bei keiner schwangeren Frau ein „genetische(s) Risiko" ausschließen läßt, schlägt Schmidtke konsequenterweise vor, allen Frauen genetische Tests anzubieten. Wenn alle umfassend aufgeklärt und beraten werden, dann können sie selbst eine „persönliche, aktive Entscheidung" treffen, vgl. Schmidtke (1995), S. 51.

würde? Das sei zwar nicht unbedingt zu erwarten, konstatiert die Beraterin, aber: „Wir haben's schon erlebt, ja, es ist immer alles möglich, ich muss es ansprechen, ja". Das brächte das Ehepaar G. wieder in die Klemme. Dann hätten sie plötzlich ein neues Risiko, und es würde sich wieder die Frage nach weiteren Untersuchungen und dem „was dann?" stellen. Mit allem, was die Beraterin ihren Klienten anbietet, können sie also in die Bredouille kommen. Etwas tun, oder gar heilen ließe sich sowieso nichts. Für derart pathogene Diagnostik möchte die Beraterin keine Verantwortung übernehmen. Das überlässt sie den werdenden Eltern:

> „Aber, wenn wir was finden würden" – *schnauft* – „was man dann damit macht. Und ob Sie da überhaupt jetzt was wissen möchten, [...] muss ich Ihnen die Entscheidung überlassen, ich kann Sie nur informieren."

Herr G. fragt nach, ob denn durch den angebotenen Chromsomen-Test dem Kind etwas „passieren" kann, und sie beschließen dann, als die Beraterin verneint, dass sie ihn machen lassen wollen. Beide, „dann haben wir's weg beim nächsten Mal", begründet der Mann. Und was weiß Ehepaar G., wenn der Chromosomentest aus dem Blut, wie erhofft, negativ ausfällt? Darüber, ob das Kind gesund sein wird oder nicht, sagt der Test nichts aus. Eine einzige Möglichkeit, eine Translokation bei Frau G., auf die in diesem Fall nicht einmal etwas Stichhaltiges hinweist, wäre damit ausgeschlossen. Die Untersuchung ist nichts anderes als ein Ritual, mit dem der Glaube an Expertenwissen, Sicherheit und technische Machbarkeit bestärkt wird – solange die Beratenen Glück haben, das erhoffte „o.k." bekommen und tatsächlich alles gut geht.[21] Die Beraterin weist durchaus darauf hin, dass mit dem Test lediglich ein einziges Risiko unter vielen ausgeschlossen wird. Frau G.s Schwangerschaft würde damit wieder zum Durchschnitt gehören, was nichts anderes bedeutet als: Alles ist weiterhin möglich. Wenn das Testergebnis unauffällig ist, „dann können wir sagen, Sie haben sicher kein höheres Problem, als eine 31-jährige Schwangere, dann" – *lakonisch* –: „Fehlverteilungen können immer noch passieren, ja. Das kann uns alle mal treffen."

Die Entscheidungsfalle

Je undurchsichtiger und heilloser der „Test-Dschungel", desto entschiedener pochen die Genetiker auf die „selbstbestimmte Entscheidung" ihrer Klienten. Die Konsequenzen fragwürdiger Untersuchungen wollen die Experten nicht selbst verantworten – und schieben die Entscheidung daher ihren Klienten in die Schuhe.[22] Doch die Beratenen lernen nicht nur, die

---

21 „Meistens können wir beruhigen", kommentiert die Beraterin.
22 Zum Übergang vom *Doctor knows best* zum *patient decides best* in der zweiten Hälfte des 20. Jahrhunderts, als „Apparatemedizin", Organtransplantation und Gene-

Folgen pathogener Diagnostik auf die eigene Kappe zu nehmen, sondern auch, die Geburt ohne Test als entscheidungsbedürftige Option zu verstehen, für deren Folgen sie verantwortlich sind. Genetische Berater sind sehr bemüht, ihre Klienten nicht zum Test zu drängen, sondern ihnen alle Optionen offen zu halten. Sie bieten ihnen sowohl den Test als auch die ungetestete Schwangerschaft an, und informieren über die jeweiligen Chancen und Risiken. Das, was noch zur Generation meiner Mutter selbstverständlich war, nämlich das Kind ohne Wenn und Aber auf die Welt zu bringen, bedarf plötzlich einer Risikoabwägung. Dieser Zwang, sich auch „informiert" für die Geburt ohne Wenn und Aber entscheiden zu müssen, stellt schwangeren Frauen eine Falle – die Entscheidungsfalle. Wer einfach schwanger sein will, so die Botschaft des genetischen Entscheidungsunterrichtes, muss wissen, welche Risiken das mit sich bringt. Die werdende Mutter muss sich zumindest „informiert" dafür entscheiden und die Folgen selbst verantworten.[23]

Ein Kind zu erwarten ist jedoch keine abwägbare Option. Ein Test, der die Schwangerschaft in Frage stellt, kann von einer Frau in „guter Hoffnung" nicht einfach mit „Pro" und „Contra" in Erwägung gezogen werden.[24] Eine schwangere Frau, Mitte dreißig, ist von ihrem Frauenarzt zur genetischen Beratung überwiesen worden, weil ihre Schwester unter Osteogenesis imperfecta leidet. Sie hat bereits ein gesundes Kind und unterzieht sich, aus einem diffusen Verantwortungsgefühl heraus, nun zum zweiten Mal einer genetischen Beratung. Da diese Erkrankung sehr selten ist und ein vorgeburtlicher Test sehr aufwändig wäre, ist das Thema – zur Zufriedenheit der Schwangeren – schnell erledigt. Die Sitzung ist damit jedoch noch nicht beendet: Der Berater beginnt nun, seinen Beratungspflichten nachzukommen, und klärt die Frau über das Risiko für ein Kind mit Down-Syndrom und die Möglichkeit einer Fruchtwasseruntersuchung auf. Die Frau ist verwirrt. Sie hatte einen solchen Test nie in Betracht gezogen. Der Berater versucht klarzustellen, dass er ihr lediglich eine Entscheidungsgrundlage vermitteln wollte:

B: „Ja, Und ich habe […] ich hab nicht […]. Ich mein, ich hab nicht dafür oder nicht dagegen geredet, ich möchte nur sagen,"
F: „Ja, man weiß es ganz äh, […] aus […]."
B: „Sie müssen […] auseinander […] [versucht auseinanderzusetzen]."
F: „Ja, ja, ist o.k. Aber ich habe da trotzdem jetzt da keine Gedanken dazu gemacht, ob's überhaupt in Frage kommt, oder nicht."

---

tik Ärzte vor ganz neue, unmögliche Entscheidungen stellten, siehe Samerski (2002), S. 76-86.
23 Zur Absurdität von technogenen Entscheidungen rund um Schwangerschaft, Geburt und die Gesundheit von Kindern siehe u.a. Landsman (1998).
24 Das ist ein Grund, weshalb die Göttinger Medizinsoziologen Friedrich, Stehmann und Hentze-Acheampong zum Ergebnis gekommen sind, die Entscheidung zur Pränataldiagnostik sei eine „unmögliche Entscheidung". Siehe Friedrich et al. (1998).

B: „Ja, Und das kön[nen] [...], brauchen wir ja nicht heute jetzt unbedingt zu entscheiden."
F: „Ne, für mich ist es kein Thema, muss ich grad mal so sagen."

„Kein Thema", das darf es im Zeitalter selbstbestimmter Entscheidungen nicht geben. Der Berater besteht darauf, dass die Schwangere eine „informierte Entscheidung" trifft:

B: „Gut. Ja. Äh, ich bin noch ein bisschen unsicher, dass ich, äh, mit der Fruchtwassergeschichte, was ich erzählt habe, Sie in Konflikte gebracht habe, das wollte ich natürlich nicht. Ich wollte jetzt schon, dass Sie, sozusagen, eher eine Entscheidung für oder gegen treffen können."

Für den Berater ist es offenbar nicht nachvollziehbar, dass die Schwangere eine solche Entscheidung für oder gegen nicht in Einklang bringen kann mit ihrer Haltung, mit ihrer Hoffnung auf das Kind. Sie weiß, wie sie sagt, dass ihr auch alle Tests zusammen kein gesundes Kind garantieren können. „Gottvertrauen braucht man doch eigentlich auch, wenn man [...] ein Kind kriegen will", hält sie den Testangeboten entgegen. Für sie gibt es daher nichts zu entscheiden. Der Berater jedoch hatte die Fruchtwasseruntersuchung als eine erwägenswerte Option dargestellt, mit Chancen und Risiken, und damit ihre Haltung bedroht.

Das Nebeneinanderstellen von Testen und Nicht-Testen stellt der Schwangeren also eine „Entscheidungsfalle". Einfach ein Kind erwarten, das kann sie dann nicht mehr. Plötzlich wird es unausweichlich, Risiken einzugehen. Sei es die Fehlgeburt durch die Fruchtwasserpunktion oder das Kind mit Down-Syndrom – auch das, was sie nicht will und nicht beeinflussen kann, muss sie plötzlich als Risiko in Kauf nehmen. Ausdrücklich legt ein genetischer Berater seiner Klientin nahe, dass Frauen heute selbst Schuld sind, wenn sie ihr Schicksal hinnehmen. Sie muss wissen, was sie tut, wenn sie sich nicht testen lässt, stellt er klar. Erst legt er ihr eine steil nach oben ansteigende Risikokurve vor – das altersabhängige Risiko für ein Kind mit Down-Syndrom, und dann stellt er klar: „Immerhin weiß man das, und man muss, wenn man nicht will, sein Schicksal also nicht hinnehmen".[25]

Victim blaming: Die soziale Funktion der Beratung zur „selbstbestimmten Entscheidung"

Bis weit in die 1980er Jahre rieten Humangenetiker ihren Patientinnen ohne viel Federlesens zur Fruchtwasseruntersuchung und anschließend, bei auffälligem Befund, zum Schwangerschaftsabbruch. Sie verstanden es als ihre Aufgabe, die Geburt ungewöhnlicher Menschen zu verhüten, um „Leid" zu verhindern. *Doctor knows best,* davon gingen sie aus, und erwarteten von

---

25 Samerski (2002), S. 224.

ihren Patienten *compliance*.[26] Heute dagegen legen Humangenetiker größten Wert darauf, klarzustellen, dass sie lediglich eine „Hilfestellung für eine selbstverantwortliche Entscheidung"[27] geben. Schwangere Frauen sollen lernen, selbst zu entscheiden, welche Risiken sie mit ihrer Schwangerschaft eingehen wollen, und von welchen Testergebnissen sie das Kommen ihres Kindes abhängig machen. Diese Entscheidungen bringen Frauen jedoch weder ihrem eigentlichen Wunsch näher, einem gesunden oder „normalen" Kind,[28] noch vergrößern sie ihre Autonomie. Im Gegenteil: Sie bürden schwangeren Frauen Verantwortung auf für das Risikomanagement ihrer Schwangerschaft. Sie fordern sie dazu auf, das Kommen ihres Kindes von seinen vorausberechneten Entwicklungschancen abhängig zu machen. Das ist die Tücke der „selbstbestimmten Entscheidungen": Die genetische Beratung über Risiken und Testoptionen suggeriert, dass es etwas über das kommende Kind zu wissen und etwas für seine Gesundheit zu tun gäbe. Sie nähren die Illusion, das Wohl ihres Kindes, ja sein So-Sein hinge von ihren Entscheidungen ab, von ihrem vorgeburtlichen Risikomanagement. „Risk talk, far from limiting or rationalizing guilt, actually leads to a proliferation of guilt by assuming responsibility everywhere."[29] Damit wird der Schwangeren Verantwortung für eine Zukunft aufgebürdet, die zwar statistisch berechnet werden kann, aber trotzdem ungewiss bleibt. Ganz neue Möglichkeiten des *victim blaming* tun sich auf: Ganz gleich, was die Beratene entschieden hat, und was nachher mit ihrer Schwangerschaft und ihrem Kind sein wird – sie kann immer zur Rechenschaft gezogen werden. Es wird immer sie gewesen sein, die die Entscheidung getroffen hat – und das Risiko eingegangen ist.

Die genetische Aufklärung über Risiken und Testmöglichkeiten erzwingt also eine neue Haltung zur Zukunft. Sie zerstört die Freiheit, dem Schicksal, der Natur oder dem lieben Gott zu überlassen, was nicht bestimmbar und machbar ist. Das Wissen um die Unvorhersehbarkeit von morgen weicht der Illusion von Machbarkeit und Kontrolle. Das gilt nicht nur für pränatale genetische Beratungen; auch Frauen, die anhand von Genetikunterricht und Risikokalkulationen über einen Brustkrebs-Gentest entscheiden sollen, bekommen unter dem Regime von „Wissen" und „Prävention" Verantwortung für das Management ihrer Risiken aufgeladen – und können doch nichts tun.[30] Die Aufforderung zur „selbstbestimmten"

---

26 Zur Geschichte verschiedener Konzepte in der genetischen Beratung siehe Waldschmidt (1996).
27 Der Genetiker Helmut Baitsch und die Psychologin Maria Reif veröffentlichen 1986 ein Buch unter gleichnamigem Titel, das als Wendepunkt im Verständnis von genetischer Beratung gilt. Siehe Reif/Baitsch (1986).
28 Interviews zeigen, dass Frauen sich keine „perfekten Babies" wünschen, sondern einfach nur hoffen, dass ihre Kinder „normal" sind. Siehe Press et al. (1998).
29 Ruhl (1999), S. 106.
30 Die Nützlichkeit der empfohlenen Screening-Untersuchungen ist umstritten, siehe u.a. Dersee (2000), Perl (2000), Mühlhauser/Höldke (2000).

Entscheidung" während der Schwangerschaft ist jedoch besonders brisant. Für Frauen wird es immer schwieriger, noch „guter Hoffnung" zu sein. Spätestens nach der genetischen Beratung geht ihnen auf, was schwanger sein heute bedeutet: Offensichtlich erwarten sie nicht ein Kind, auf das sie sich freuen könnten, sondern einen „Risikoträger", der vermessen, berechnet und bewertet werden muss. Sie können nicht auf ein „Du" hoffen, das bald das Licht der Welt erblickt, sondern sollen ein „Es" managen, über dessen Kommen sie eine berechnete Entscheidung treffen sollen.

Literatur

Arbeitskreis Frauengesundheit in Medizin, Psychotherapie und Gesellschaft (Hrsg.) (2000): Brust 2000 – Gesundheitspolitische Ein- und Aussichten. Dokumentation der 6. Jahrestagung des Arbeitskreises Frauengesundheit in Medizin, Psychotherapie und Gesellschaft (AKF) am 6. und 7. November 1999 in Bad Pyrmont. Bielefeld.

Beeson, D./Golbus, M. S. (1985): Decision making: Whether or not to have prenatal diagnosis and abortion for X-linked conditions. American Journal of Medical Genetics 20, 1 (1985), S. 107-114.

Berg, K. (1989): Foreword, in: Wertz/Fletcher (1989), S. VII-X.

Burri, R. V./Dumit, J. (Hrsg.) (2007): Biomedicine as Culture: Instrumental Practices, Technoscientific Knowledge, and New Modes of Life. New York, London.

Dersee, T. (2000): Mammographie-Screening in der Kontroverse. Zweifel am Sinn von Mammographie-Reihenuntersuchungen nach 20 Jahren Screening in Kanada und vor einem Neubeginn in Deutschland. Dr. med. Mabuse 25 (2000), S. 24-26.

Deutsche Gesellschaft für Humangenetik (2007): Positionspapier der Deutschen Gesellschaft für Humangenetik e.V. (http://www.gfhev.de).

Duden, B. (2000): Hoffnung, Ahnung, ‚sicheres' Wissen. Zur Historisierung des Wissensgrundes vom Schwangergehen. Die Psychotherapeutin 13 (2000), S. 25-37.

Duden, B. (2002): Die Gene im Kopf – der Fötus im Bauch. Hannover.

Duden, B./Samerski, S. (2007): "Pop-genes": An investigation of "the gene" in popular parlance, in: Burri/Dumit (2007), S. 167-189.

Fox Keller, E. (2001): Das Jahrhundert des Gens. Frankfurt a.M.

Franklin, S./Ragoné, H. (Hrsg.) (1998): Reproducing Reproduction. Kinship, Power and Technological Innovation. Philadelphia.

Frets, P. G./Duivenvoorden, H. J./Verhage, F./Niermeijer, M. F./van den Berge, S. M. M./Galjaard, H. (1990): Factors influencing the reproductive decision after genetic counseling. American Journal of Medical Genetics 35, 4 (1990), S. 496-502.

Friedrich, H./Henze, K. H./Stemann-Acheampong, S. (1998): Eine unmögliche Entscheidung. Pränataldiagnostik: Ihre psychosozialen Voraussetzungen und Folgen. Berlin.

Gifford, S. (1986): The meaning of lumps; a case study of the ambiguities of risk, in: Janes et al. (1986), S. 213-246.

Hammond, J. S./Keeney, R. L./Raiffa, H. (1999): Smart Choices. A Practical Guide to Making Better Decisions. Boston.

Janes, C. R./Stall, R./Gifford, S. M. (Hrsg.) (1986): Anthropology and Epidemiology: Interdisciplinary Approaches to the Study of Health and Disease. Dordrecht.

Kavanagh, A. M./Broom, D. H. (1998): Embodied Risk: My Body, Myself? Social Science and Medicine 46, 3 (1998), S. 437-444.

Kommission für Öffentlichkeitsarbeit und ethische Fragen der Gesellschaft für Humangenetik (1996): Positionspapier. Medizinische Genetik 8 (1996), S. 125-131.

Landsman, G. (1998). Reconstructing Motherhood in the Age of "Perfect" Babies: Mothers of Infants and Toddlers with Disabilities. Signs 24, 1, S. 69-99.

Mühlhauser, I./Höldke, B. (2000): Mammographie. Brustkrebs-Früherkennungs-Untersuchung. Mainz.

Perl, F. M. (2000): Risikofaktoren und Früherkennung für Brustkrebs auf dem Prüfstand, in: Arbeitskreis Frauengesundheit in Medizin, Psychotherapie und Gesellschaft (2000), S. 46-82.

Press, N. A./Browner, C. H./Tran, D./Morton, C./Le Master, B. (1998): Provisional Normalcy and "Perfect Babys": Pregnant Women's Attitudes Toward Disability in the Context of Prenatal Testing, in: Franklin/Ragoné (1998), S. 46-65.

Rehmann-Sutter, C./Müller, H. (Hrsg.) (2008): Disclosure Dilemmas in Genetic Counseling [vorläufiger Titel]. London (im Erscheinen).

Reif, M./Baitsch, H. (1986): Genetische Beratung. Hilfestellung für eine selbstverantwortliche Entscheidung? Berlin.

Ruhl, L. (1999): Liberal Governance and Prenatal Care: Risk and Regulation in Pregnancy. Economy and Society 28, 1 (1999), S. 95-117.

Samerski, S. (2002): Die verrechnete Hoffnung. Von der selbstbestimmten Entscheidung durch genetische Beratung. Münster.

Samerski, S. (2008): The symbolic fallout of gene talk, in: Rehmann-Sutter/Müller (2008) (im Erscheinen).

Sarangi, S./Bennert, K./Howell, L./Clarke, A. (2003): 'Relatively speaking': relativisation of genetic risk in counselling for predictive testing. Health, Risk & Society 5, 2 (2003), S. 155-170.

Schmidtke, J. (1995): Die Indikationen zur Pränataldiagnostik müssen neu begründet werden. Medizinische Genetik 1 (1995), S. 49-52.

Smith, J. A./Michie, S./Allanson, A./Elwy, R. (2000): Certainty and Uncertainty in Genetic Counselling: A Qualitative Case Study. Psychology and Health 15, 1 (2000), S. 1-12.

Waldschmidt, A. (1996): Das Subjekt in der Humangenetik. Expertendiskurse zur Programmatik und Konzeption der genetischen Beratung 1945-1990. Münster.

Weir, L. (2006): Pregnancy, Risk, and Biopolitics: On the Threshold of the Living Subject. London.

Wertz, D. C./Fletcher, J. C. (1989): Ethics and Human Genetics. A Cross-Cultural Perspective. Berlin.

Zuuren, F. J. v./Schie, E. C. M. v./Baaren, N. K. v. (1997): Uncertainty in the Information Provided During Genetic Counseling. Patient Education and Counseling 32, 1 (1997), S. 129-139.

Rouven Porz

Sinn- und Vernunftwidrigkeiten in der genetischen Diagnostik
Die Patientenperspektive in qualitativen Interviews

> „Ich habe mich entschieden, dass ich den Test im Moment nicht mache. [...]
> Chorea Huntington wird immer in meinem Leben bleiben, meine Mutter
> hat die Krankheit, und wir sind vier andere potenzielle Genträger in der
> Familie, und jemand davon wird die Krankheit haben. Ob ich es habe
> oder nicht, es wird sowieso in meinem Leben sein."
> Daniela (Zürich, Schweiz 2003)[1]

Dieses Zitat entstammt einem qualitativen Interview, das ich im Rahmen eines Forschungsprojektes im Jahre 2003 durchgeführt habe. Die von mir befragte, junge Frau war zum Zeitpunkt des Gesprächs 29 Jahre alt. Sie machte an dieser Stelle deutlich, dass sie sich gegen die Durchführung eines prädiktiven Gentests entschieden hat. Ihre Mutter war zu jener Zeit schon an Chorea Huntington erkrankt und zeigte auch bereits Symptome der neuronalen Degenerationserkrankung. Ich hatte mit der Mutter am Tag zuvor ein Interview durchgeführt. Daniela entschied sich damals gegen den Test, der ihr vom Arzt ihrer Mutter nahe gelegt worden war. Sie wollte noch nichts von ihrer möglichen Krankheitsdisposition erfahren. Sie schien genau zu verstehen, warum sie sich gegen den Gentest entschieden hat: Ihre Lebenswelt ließe sich sowieso nicht mehr ohne die Krankheit denken, sie müsse sich so oder so mit der Krankheit auseinandersetzen, entweder weil sie irgendwann selbst betroffen sein würde, oder weil sie sich um erkrankte Familienmitglieder kümmern müsse.

Nicht alle der von uns befragten Menschen konnten so klar über ihre gendiagnostischen Erfahrungen sprechen wie Daniela. Vordergründig schienen sie zwar alle zu verstehen, worum es geht, schließlich war ihnen die medizinische Seite in der genetischen Beratung erklärt worden: ihre Krankheiten, ihre Familie, ihre Erbanlagen etc. Aber was würde der genetische Test für sie persönlich bedeuten? Wie würden sie sich mit dem neuen Wissen arrangieren? Ich möchte in dem vorliegenden Text aufzeigen, dass die gendiagnostischen Erfahrungen für die meisten unserer Interviewteilnehmer von Missverständnissen begleitet waren, von existenziellen Unverständnissen, manchmal kleinerer, manchmal aber auch größerer Art. Dazu positioniere ich mich selbst zuerst im Bereich der Gendiagnostik (1),

---

1   Die Namen der befragten Personen sind zur Anonymisierung geändert.

gebe dann einen kurzen Einblick in Ausrichtung und Methodik der Interviewstudie, auf die ich mich vorliegend beziehe (2). In einem nächsten Schritt verwende ich konkrete Interviewzitate in zweierlei Hinsicht: Ich möchte auf gegenwärtige Verständnisprobleme in der Interviewsituation hinweisen, darauf aufbauend von einem anhaltendem Unverständnis sprechen. Ich weise diese unterschiedlichen Arten von Verständnisproblemen dazu als Sinn- bzw. Vernunftwidrigkeiten aus (3). Ich schließe mit der Forderung, diesen existenziellen Dimensionen von Sinnfragen einen größeren Raum in der genetischen Beratung zu widmen, gleichzeitig möchte ich damit gegen den genetischen Determinismus argumentieren (4).

1. „Dreiundzwanzig und ich"[2]

Als ich Mitte der 1990er Jahre während meines Biologiestudiums meine ersten eigenen Restriktionsenzyme zur Auftrennung von DNA-Sequenzen in der Hand hielt, da war das *Human Genome Project* (HGP) gerade in voller Ausführung.[3] Während uns damals die Grundlagen der Gentechnologie im Laborkurs an einfachen Bakterien illustriert wurden, so hatte sich das HGP in einem weltweit koordinierten Kraftakt zum Ziel gesetzt, die gesamte menschliche Erbsubstanz zu kartieren. So sollte der molekulargenetisch-orientierten Medizin zum Durchbruch verholfen werden. Der therapeutische Imperativ war eine wegweisende Komponente im HGP, und ich erinnere mich, dass dieser Imperativ mit großer Hoffnung – und dem Gefühl einer wichtigen Menschheitsentwicklung beizuwohnen – auch in unser Labor überschwappte.

Als Bill Clinton im Juni 2000 zu den vorläufigen Ergebnissen vom HGP bedeutungsvoll verkündete, „today, we are learning the language in which God created life",[4] da konnte auch ich als Biologe eine emotionale Betroffenheit nicht leugnen. Diese Betroffenheit ist aus meiner Sicht zwar mittlerweile einer Skepsis gewichen, aber die Skepsis bezieht sich nicht auf die Genetik an sich, sondern auf die Interpretation der genetischen Daten. Die Programmtheorie ist offensichtlich zu kurzatmig, um die Komplexität der Erbanlagen zu erklären.[5] Außerdem fehlt mir aus philosophischer Sicht die hermeneutische Dimension im naturwissenschaftlich-geprägten Beratungskontext der genetischen Diagnostik.[6]

Gleichzeitig scheint aber dennoch jeder mittlerweile zu wissen, was gemeint ist, wenn von Genen die Rede ist. Die Zeitungen berichten von unseren Erbanlagen und die amerikanische Filmindustrie macht seit Jahren

---

2 Vgl. hierzu www.23andme.com (Zugriff: 18.05.2008).
3 Vgl. die Zusammenfassung der National Institutes of Health (1990) sowie aus retrospektiver Sicht Jasny/Roberts (2003), S. 277ff.
4 Vgl. Weidmann (2004), S. 116.
5 Vgl. Rehmann-Sutter/Neumann-Held (2006).
6 Vgl. Porz (2008).

Gebrauch von unseren Hoffnungen und Ängsten, indem uns die zukünftigen Möglichkeiten und Grenzen der Gentechnologien in digitaler Bildqualität präsentiert werden.[7] Aber wo stehen wir wirklich? Was ist *science*, und wie viel ist noch *fiction*?

Ein Blick in die Statistik des OMIM-Kataloges zeigt dazu 18.566 erkannte Gensequenzen des menschlichen Genoms im Internet an.[8] Eine beeindruckende Statistik, aber was bedeuten Statistiken für den Einzelfall? Ein Google-Schritt weiter, und es bietet sich mir die Möglichkeit, *online* einen Gentest durchführen zu lassen. Die Internetseiten kommen freundlich daher, und ich frage mich, ob sich die Benutzer der persönlichen Tragödien bewusst sind,[9] die sie durch einen unbedacht durchgeführten genetischen Test auslösen könnten? In meinem Postfach findet sich ein Veranstaltungsprogramm der *Gen Suisse*. Ich zähle für die Schweiz für das Jahr 2008 insgesamt über 50 angebotene Veranstaltungen im Umfeld von Genetik, Genforschung, Gendiagnostik und dem molekularen Verständnis von Krankheiten.[10] Eine beeindruckende Anzahl, ich könnte in fast jeder Woche dieses Jahres eine öffentliche Veranstaltung zu Genetik in Anspruch nehmen.

Ganz offensichtlich hat die molekulare Genetik großen Einzug in unsere Lebenswelt gehalten, bedingt durch enorme Forschungsanstrengungen, begünstigt durch das *world wide web*, und scheinbar neugierig von der Öffentlichkeit aufgenommen. Aber ist die Gendiagnostik wirklich schon alltäglich? Verstehen Patienten die Statistiken? Werden durch unbedacht durchgeführte Gentests Tragödien ausgelöst? Wie viel weiß die Öffentlichkeit? Es scheint mir sinnvoll, solche Fragen genau den Menschen zu stellen, die selbst schon persönliche Erfahrungen zu genetischen Tests gesammelt haben. Das ist das Ziel einer qualitativen Forschungsausrichtung, und dazu möchte ich zuerst unsere eigene Studie kurz vorstellen.

2. Methodischer Hintergrund: Eine qualitative Interviewstudie zu Entscheidungen in der Gendiagnostik

Die qualitative Interviewstudie, auf die ich mich vorliegend beziehe, wurde in den Jahren 2002 - 2005 an der Universität Basel in der ‚Arbeitsstelle für Ethik in den Biowissenschaften' durchgeführt. Die Studie nannte sich „Time as a contextual element in ethical decision-making in the field of

---

7 Beispielhaft möchte ich verweisen auf *Gattaca* (1997), *The Sixth Day* (2000), *The Island* (2005), aber auch insbesondere *Blade Runner* (1982) und generell Science Fiction Filme wie *Das fünfte Element* (1997) und *Matrix* (1999).
8 Vgl. die Anzahl aller erfassten und vermuteten Gene im OMIM-Katalog: 18.566 Eintragungen am 31.03.2008: http://www.ncbi.nlm.nih.gov/Omim/mimstats.html.
9 Porz/Rommetveit (2008).
10 Gen Suisse (2008).

genetic diagnosis." Genauere Angaben zur Methodik der Studie bzw. zu den Ergebnissen finden sich an anderer Stelle veröffentlicht.[11]

Hauptsächliches Forschungsziel unserer Studie war es, gendiagnostische Entscheidungssituationen aus der Perspektive der Betroffenen zu untersuchen. Gleichzeitig lag ein Fokus auf den zeitlichen Aspekten dieser Entscheidung. Wir gingen in der Studie davon aus, dass der Sicht der eigentlich Betroffenen im ethischen Diskurs zu genetischen Fragestellungen bislang zu wenig Beachtung geschenkt worden ist.

Es wurden zu vier unterschiedlichen Bereichen von genetischen Untersuchungen insgesamt 25 semi-strukturierte Interviews durchgeführt. Zum einen wurden Menschen interviewt, die sich für oder gegen die Durchführung von genetischen Tests zu Krebsdispositionen entschieden hatten, zum zweiten wurden Interviews geführt zu Carrier-Tests bei der autosomal-rezessiv vererbten Mukoviszidose, drittens wurden zwei Familien interviewt, die von der autosomal-dominanten Erbkrankheit Chorea Huntington betroffen sind. Viertens wurden Interviews mit Frauen zur Pränataldiagnostik in die Studie eingeschlossen, v.a. weil Diagnostiken wie Amniozentese und Chorionzottenbiopsie in ihren Standardanwendungen auf Chromosomen abzielen und damit als genetische Untersuchung bezeichnet werden können,[12] zum anderen, weil in der Durchführung unserer Studie schnell deutlich wurde, dass diese pränataldiagnostisch verwendeten Diagnosetechniken von den betroffenen Frauen auch als eine Art von genetischem Test wahrgenommen wurden.

Die Konzeption unserer Fragen in der Interviewausführung und die Auswertung der semi-strukturierten Interviews folgten denen in der *Grounded Theory* entwickelten Methoden für qualitative Forschung.[13] Darüber hinaus verwendeten wir die interpretative phänomenologische Analyse (IPA), wie sie von Jonathan A. Smith entwickelt worden ist.[14] Ziel der IPA ist, die Perspektive einzelner Betroffener in ihrer Lebenswelt verstehen zu lernen. Dabei gilt es, die Wahrnehmung und das Verständnis der Betroffenen zu untersuchen, ohne vorher festgelegte Analysekategorien anzuwenden. Unsere qualitative Methodik erhebt keinen Anspruch auf statistische Repräsentativität. Unsere Vorgehensweise fühlt sich dem Bereich der sogenannten Empirischen Ethik zugehörig: Die aus empirischen Interviewdaten gewonnenen Interpretationsergebnisse werden mit dem normativen Diskurs der biomedizinischen Ethik in einen Zusammenhang gestellt.[15]

---

11 Zur Forschungsgruppe gehörten Jackie Leach Scully, Rouven Porz und Christoph Rehmann-Sutter (Schweizerischer Nationalfonds, 1114-64956.01). Zur Fragestellung vgl. Porz et al. (2002), S. 382ff. Zu den Ergebnissen Scully et al. (2007), S. 208-217.
12 SAMW (2004), S. 9.
13 Vgl. Glaser/Strauss (1998) und Charmaz (2003), S. 81-110.
14 Smith (2003b), S. 51-80 und Smith et al. (2002), S. 131-144.
15 Van der Scheer/Widdershoven (2004), S. 71-79, Molewijk et al. (2004), S. 55-69.

Es wurde in der Studie schnell deutlich, dass die gen- bzw. pränataldiagnostisch-geprägten Situationen von unseren Teilnehmenden oftmals als unverständliche Lebenssituationen beschrieben wurden. Situationen bzw. Momente, die sie weder zu verarbeiten, noch zu erzählen wussten. An anderer Stelle weise ich ähnliche Situationen auch als „absurd" aus; ich spreche auch von existenziellen Grenzsituationen im Zusammenhang mit der Gendiagnostik.[16] Vorliegend möchte ich mich aber auf Interviewstellen beziehen, die im ersten Moment weitaus harmloser erscheinen, die einem Zuhörer der Patientengeschichte vielleicht auf den ersten Blick gar nicht auffallen, die aber auf den zweiten Blick durchaus interessante Schlussfolgerungen zum Verständnis der Patientenperspektive zulassen. Ich unterscheide zwei Arten von Verständnisproblemen: Sinn- und Vernunftwidrigkeiten.

3. Sinn- und Vernunftwidrigkeiten

In manchen Interviews ergaben sich Stellen, an denen es den Teilnehmenden scheinbar nicht möglich war, die eigenen narrativen Ausführungen mit einem ausreichenden Sinngehalt zu füllen. Ihnen fehlten oft ganz einfach die Worte. Sie waren an einer Stelle in ihrer Geschichte angelangt, die sie scheinbar selbst nicht ganz verstanden hatten und deshalb auch nicht leicht erzählen konnten. Dieses Unverständnis ist aus ethischer Sicht interessant, zum einen, weil die Betroffenen an diesen Stellen ganz auf sich selbst zurückgeworfen schienen. Zum zweiten könnte dieses Unverständnis durch fehlende Informationen zu den genetischen Untersuchungen bedingt sein. Letztlich und drittens ist dieses Unverständnis auch aus Sicht der qualitativen Interviewführung interessant, weil dadurch zwei zeitliche Ebenen in einer Interviewsituation deutlich werden. Diese zwei Ebenen möchte ich hier weiter verfolgen:

(a) Es kann sein, dass das Unverständnis in der Interviewsituation selbst auftritt, z.B. zu einem Aspekt, auf den der Interviewte in den Ausführungen zum ersten Mal stößt. Dann tritt in der Interviewsituation selbst ein Moment des Sinnverlustes ein. Eine solche kurze Gesprächspause, eine solche Form von Erklärungsnot, soll hier als *gegenwärtiges Unverständnis* bezeichnet werden: Dem Interviewteilnehmenden fehlt kurz der Sinnzusammenhang.

(b) Es kann auch sein, dass der Interviewteilnehmer von einem in der Vergangenheit aufgetretenem Unverständnis erzählt, auf das er sich bislang immer noch keinen Reim machen kann. Dieses *anhaltende Unverständnis* ist dann zwar schon einmal überdacht worden, aber der Versuch der Reflektion ist immer noch nicht von Verständnis gekrönt.

---

16 Vgl. Porz (2008), Fußnote 6.

Das ehemalige Unverständnis bleibt immer noch unverständlich und kann noch keiner schlüssigen Erklärung zugeordnet werden.

Die erste, gegenwärtige Art von Sinnverlust benenne ich für den vorliegenden Zusammenhang als Sinnwidrigkeit. Die zweite, bereits andauernde Art von Erklärungsmangel möchte ich als Vernunftwidrigkeit bezeichnen.

Ad (a) Sinnwidrigkeiten – gegenwärtiges Unverständnis

Wenn der Begriff der Sinnwidrigkeit also in meiner Interpretation Interviewstellen beschreiben soll, in denen die von mir befragten Menschen im gegenwärtigen Moment des Interviews kurz in eine Situation des Sinnverlusts versetzt waren, dann kann dies z.B. an einer Stelle des Interviews mit Judith verdeutlich werden. Judith war zum Zeitpunkt des Interviews 36 Jahre alt und sie erzählte mir von ihren Entscheidungen zur Pränataldiagnostik in ihrer ersten und zweiten Schwangerschaft. Wichtig hierbei ist es zu wissen: Sie war zum Zeitpunkt des Interviews gerade zum zweiten Mal schwanger, und sie thematisierte ihre zweite Schwangerschaft deshalb aus gegenwärtiger Sicht. Sie erzählte, dass sie in ihrer ersten, vergangenen Schwangerschaft gesundheitliche Probleme gehabt hätte. Sie hätte sich deshalb körperlich schonen müssen und die Vorfreude auf ihr Kind damals kaum genießen können. Gerade in diesem Moment wurde ihr scheinbar in der Interviewsituation selbst bewusst, dass sie es jetzt in ihrer gegenwärtigen zweiten Schwangerschaft doch eigentlich verdient hätte, einen ordentlichen Schwangerschaftsverlauf ohne besondere Probleme zu haben. Schließlich hatte sie doch schon so viele Probleme in der ersten Schwangerschaft gehabt. Und plötzlich schien sie sich zu fragen, wie sie denn jetzt überhaupt mit einem erneuten problematischen Verlauf umgehen würde? Was, wenn sie jetzt wieder eine „Risikoschwangerschaft" hätte wie damals?

> Judith: „Ich habe immer noch ein schlechtes Gewissen, die Gefühle, die ich bei der ersten Schwangerschaft hatte, dieses euphorisch sein, dieses einfach nur ‚gute Mutter-Gefühl', das hatte ich nicht. [...] aber ich denke, es ist wichtig, die pränatale Zeit! Aber man kann es nicht beeinflussen, ich kann es nicht erzwingen. [Pause] Jetzt wieder eine Risikoschwangerschaft? [Pause] Das würde mich umwerfen, ich habe damit nicht gerechnet, [Pause] [...] jetzt beim zweiten Mal muss nicht, wie beim ersten Mal, wieder vorzeitig alles unsicher sein."

Ich interpretiere dies so, dass sich bei ihr an dieser Stelle eine Sinnwidrigkeit einstellte. Sie hatte zum Zeitpunkt des Interviews gar keine Indizien dafür, wieder eine „Risikoschwangerschaft" annehmen zu müssen. Trotzdem hatte sie plötzlich Angst davor. Sie drückte sich aus, als ob sie dies dann als ungerecht empfinden würde: Wo doch die erste Schwangerschaft schon so schwierig war, da müsste doch jetzt die gegenwärtige, zweite Schwangerschaft besser werden? Interessant für unseren Zusammenhang ist hier: Judiths Sinnwidrigkeit ist nicht direkt rational zu erklären, und sie hat keinen direkten Bezug zur genetischen Seite der Pränataldiagnostik. Trotzdem ist Judith verunsichert, und die Verunsicherung stellte sich ein, als sie im Interview scheinbar zum ersten Mal darüber nachdachte. Als Interviewer konnte ich bemerken, dass Judith hier in ihren Erzählungen stockte. Ich stellte darauf hin eine weiterführende Frage, um das unsichere Thema der Risikoschwangerschaft hinter uns zu lassen. Am Ende des Interviews kam Julia aber noch einmal von selbst auf diesen Moment der Sinnwidrigkeit zu sprechen. Ihr war es scheinbar auch aufgefallen, dass sie sich kurz in einem Unverständnis verlaufen hatte. Am Ende des Interviews also, nur eine halbe Stunde nach ihrer Unsicherheit, da hatte Julia bereits eine Erklärung für ihre kurzzeitig aufgetretene Sinnwidrigkeit. Ihre Erklärung hörte sich beinahe wie eine Entschuldigung an: Judith: „[...] ich habe auch zu viel gesehen, im Krankenhaus, selber. [...] Da laufen bei mir Filme ab, Filme ab, was alles schief gehen kann."

Hier zeigt sich, dass eine Sinnwidrigkeit nicht notwendigerweise in eine Vernunftwidrigkeit übergehen muss. Judith hatte sehr schnell eine Erklärung für ihren kurzen Sinnverlust im Interview gefunden und damit war ihre Sinnwidrigkeit wieder überwunden. Sie bezog sich auf ihre eigenen Erfahrungen im Krankenhaus und sie erklärte sich sozusagen selbst, warum sie im Laufe des Interviews beim Thema Risikoschwangerschaft etwas unsicher geworden war.

Eine weitere Form eines gegenwärtigen Unverständnisses stellte ich in einem Interview zu einem diagnosesichernden Gentest ein. Die 59-jährige Frida erzählte mir von ihren beiden Brustkrebserkrankungen und auch davon, dass sie im Moment auf das Testergebnis ihres Gentests warte, der ihr bestätigen sollte, dass ihre Brustkrebserkrankungen erblicher Natur seien. Sie hatte beschlossen, dies für ihre Tochter wissen zu wollen. Schließlich könnte es für die 29-jährige Tochter wichtig sein zu wissen, ob ihre Mutter eine Veranlagung für Brustkrebs in sich trage. In dieser Situation des Interviews provozierte ich als Interviewer versehentlich eine Sinnwidrigkeit bei der Interviewteilnehmerin Frida, als sich aufgrund meiner Fragen die folgende Gesprächssituation ergab:

[Ich]: „Gab es je eine Möglichkeit, dass ihre Tochter das [einen Gentest] hätte selbst machen können?"
Frida: „Aha [sehr überrascht], dass man den Test direkt an der Tochter, aha, das hat mir der Onkologe nicht vorgeschlagen."
[Ich]: Gut, nur als Gedanke, Sie machen es jetzt zwar selbst, und vielleicht könnte ihre Tochter ja auch den Test machen.
Frida: „Man hat Blut genommen, das hat man gleich genommen für Genf [zur Untersuchung dort] und äh, und äh, er [der Onkologe] hat gesagt, ich habe gedacht, das sei dann dasselbe."
[Ich]: „Sie hatten dann gemeint [sehr zögerlich], ähm, das wäre dann automatisch dasselbe Resultat wie bei der Tochter?"
Frida: „Ja, irgendwie hatte ich gedacht, wenn es kommt, dass ich erblich belastet bin, dann hat sich das auf meine Tochter vererbt."

Fridas gegenwärtiges Unverständnis ergab sich hier, weil sie sich nicht darüber bewusst war, dass allein *ihr* Testresultat nicht ausreicht, um zuverlässige Aussagen zu der Disposition der *Tochter* zuzulassen. Frida hatte gedacht, dass ihr eigener Gentest ausreichen würde, um Rückschlüsse auf die Tochter zu ziehen – und durch meine Fragen muss ihr bewusst geworden sein, dass die Tochter wohl selbst einen Test durchführen lassen muss, um wirklich verlässliche Ergebnisse zu erhalten.

Diese Beispiele von Sinnwidrigkeiten sollen nicht dazu dienen, die Situation des Interviews in Frage zu stellen. In einem Interview zu einer schwierigen Lebenssituation lässt es sich kaum vermeiden, dass Themen angesprochen werden, die zu Unverständnissen führen können. Dazu haben die von uns interviewten Menschen eine Einverständniserklärung unterschrieben, und dazu sind unsere Fragen auch von einer Ethikkommission in Basel geprüft worden. Es sollte hier vielmehr aufgezeigt werden, dass diese Unverständnisse in Formen auftreten können, die der Experte vielleicht nicht zu erwarten mag. Als genetischer Berater mag man vielleicht nicht auf die Idee kommen, dass Judith eine Art von natürlicher Gerechtigkeit erwartet, wenn sie über ihre Pränataldiagnostik nachdenkt. Und man mag auch nicht erwarten, dass Frida sich für einen genetischen Test entscheidet, ohne wirklich verstanden zu haben, welche Aussagekraft das Testergebnis hat.

Ad (b) Vernunftwidrigkeiten – anhaltendes Unverständnis

Sinnwidrige Stellen fanden sich in den Interviews generell nur selten, da die Interviewteilnehmer in der Regel nur das erzählen, was sie für sich selbst verständlich in Worte fassen können. Sinnwidrigkeiten sind demnach in der Gegenwart verhaftet und unsere Form der Interviewdurchführung stellt eher eine Rekonstruktion ehemals gegenwärtiger – und damit in der Interviewsituation selbst vergangener – Erlebnisse dar. Als Vernunftwidrigkeiten möchte ich weiterführend Stellen interpretieren, in denen sich der Sinnverlust nicht in der Interviewsituation selbst einstellte, sondern schon in Bezug auf einen bestimmten Aspekt der Geschichte in den Überlegungen der Betroffenen vorhanden war. Eindrückliche Beispiele von Vernunftwidrigkeiten wurden z.B. bei dem Geschwisterpaar Patrick und Nicole deutlich. Die beiden 26- und 29-jährigen Geschwister wurden von mir unabhängig voneinander jeweils zu ihren Überlegungen zur familiären Krankheit Chorea Huntington interviewt. Beiden hatten sich für den Moment gegen die Durchführung eines präsymptomatischen Tests entschieden; dies, obwohl ihr Vater an Huntington erkrankt war. Für beide schien aber unerklärlich, warum gerade sie von der möglichen Erbkrankheit Chorea Huntington betroffen sein sollten. Sie empfanden ihre Erkrankungsmöglichkeit als eine Ungerechtigkeit, für die es in ihren Augen keine sinnvolle Erklärung zu geben schien. Ihr anhaltendes Unverständnis über diese scheinbare Ungerechtigkeit gipfelte im Interview in den folgenden Aussagen:

> Patrick: „[...] dann frage ich mich schon, warum muss ich das haben?"
> Nicole: „Ja, warum muss es mich jetzt treffen? Das ist doch ungerecht. Was habe ich denn getan im Leben, dass ich das Risiko für die Krankheit habe?"

Insbesondere bei Nicole wurde deutlich, dass die Vernunftwidrigkeit der „ungerechten" Krankheitsdisposition bei ihr zu existenziellen Lebenskrisen geführt hat:

> Nicole: „,Warum ich?', Auch das ganze Hinterfragen: ,warum ich dann?' Das war so ziemlich ein gutes halbes Jahr lang ziemlich regelmäßig der Fall."

Nicole hatte bis dahin keine persönliche Erklärung für ihre Krankheitswahrscheinlichkeit gefunden. Man mag einwenden, dass es vielleicht keine sinnvolle Erklärung für eine tödliche Erbkrankheit geben kann, dennoch sollte es dem genetischen Berater bewusst sein, dass die Betroffenen zumindest zu versuchen schienen, eigene Erklärungen zu finden bzw. zu konstruieren.

Auch in anderen Interviews zu Chorea Huntington fanden sich Stellen, die man als Vernunftwidrigkeiten deuten kann. So war es z.B. für die 62-jährige Elisabeth unerklärlich, warum ihr Bruder die Disposition für Chorea Huntington geerbt hat und nicht sie selbst. Ihr Bruder war mittlerweile erkrankt, wohingegen sie keine Symptome zeigte:

> Elisabeth: „Weil mein Bruder ist ein [...] guter Mensch und ja, da habe ich immer gedacht: Warum muss jetzt ausgerechnet mein Bruder das bekommen? Warum nicht ich, ich bin ja älter."

Die Vernunftwidrigkeit scheint sich für sie zum einen durch das jüngere Alter ihres Bruders zu ergeben. Zum zweiten durch ihre Annahme, ihn als einen „guten Menschen" anzusehen. Aus diesen Gründen folgert sie, dass er eigentlich nicht hätte erkranken dürfen. Offensichtlich haben beide Gründe keine wirklichen Auswirkungen darauf, ob jemand erkrankt oder nicht – dennoch ist es genau das Festhalten an diesen Gründen, das für Elisabeth in einem unauflösbaren Widerspruch endet.

Sinn- und Vernunftwidrigkeiten können sich auch ineinander verwoben präsentieren. Eine unserer Interviewteilnehmerinnen, Gerlinde, erklärte mir im Interview, dass sie schon länger darüber nachdenke, ob sie nicht einen prädiktiven Gentest zu ihrer eventuellen Brustkrebsdisposition durchführen lassen sollte. Ihre beiden Schwestern seien an Brustkrebs erkrankt, und es wäre ihr nicht klar, ob es sich um erblich bedingten Brustkrebs handele oder nicht. Gleichzeitig war sich die 41-jährige Gerlinde aber unsicher, ob es nicht gerade die Inanspruchnahme eines prädiktiven Tests sein könnte, die dann bei ihr den Krankheitsausbruch auszulösen vermag:

> Gerlinde: „Ich gehe von der Vorrausetzung aus, wenn ich so etwas in mir habe, dass ich dann ja vielleicht nach dem leben müsste, und ich ja dann vielleicht drauf komme, dass ich es ja haben müsste, so. [...] und ich hätte Angst, dass mich der Test

irgendwo so beeinflussen würde, dass ich es kriege [sie zögert, beginnt zu lachen]. Es ist noch schwierig, das zu sagen. [...] Ich denke, das Schicksal, das schlägt zu. Aber ich glaube, ich habe vielleicht schon einen gewissen Einfluss darauf, es herauszufordern oder nicht. So. Ja. Und vielleicht, eben, das ist widersprüchlich, ich könnte ja auch sagen, die umgekehrte Variante, dann bekämpfe ich das jetzt mit ‚gesund leben' und, und, und. Ja."

Gerlinde bemerkte hier während ihren Ausführungen im Interview scheinbar, dass sie gar nicht recht auszudrücken vermochte und scheinbar auch nicht zu verstehen wusste, inwiefern ein prädiktiver Test auch ein Auslöser der Krankheit sein könnte: Schließlich würde sie durch den Test ja ihr Schicksal herausfordern? Ihre unverständliche Ausdrucksweise zeigt hier, dass sie einerseits schon länger über den Test nachdachte, und sich deshalb über die Inspruchnahme in einem anhaltenden Unverständnis befand (Vernunftwidrigkeit). Gleichzeitig schien sie im Interview selbst zu merken, während sie sprach, dass sie gar nicht sinnvoll auszudrücken vermochte, was ihr an der scheinbaren Herausforderung des Schicksals überhaupt Sorgen macht (Sinnwidrigkeit).

Ein weiteres Wechselspiel aus Sinn- und Vernunftwidrigkeiten wurde auch bei der 38-jährigen Corinna deutlich, als diese von dem Tag ihrer Klinikeinlieferung zur Tumorentfernung erzählte. Sie war zu jenem Zeitpunkt an Brustkrebs erkrankt gewesen. In ihrem Fall war ihre Brustkrebserkrankung nicht nur tragisch an sich, sondern gleichzeitig auch überraschend. Dies aus folgendem Grund: Ihre gesamte väterliche Verwandtschaft war an Dickdarmkrebs verstorben, und sie überlegte zu jener Zeit gerade einen prädiktiven Gentest zur Dickdarmkrebsdisposition durchführen zu lassen. Genau zu diesem Zeitpunkt wurde bei ihr dann überraschenderweise der Brustkrebs diagnostiziert. Sie schilderte ihre Einlieferung in die Klinik folgendermaßen:

> Corinna: „[...], also an einem Dienstag Abend, hatte ich diesen Bericht bekommen von meinem Arzt, und der hat mir dann gesagt, ich muss am Mittwoch morgen in ein Spital kommen und an diesem Mittwoch morgen bin ich aufgestanden, und die Sonne hat geschienen, ich bin raus gegangen, es war Februar, es war relativ kalt, aber die Sonne hat geschienen und ich hatte so ein befreiendes Gefühl, so ein Glücksgefühl fast. [...] Über alles, worüber ich mir vorher Gedanken machte, was mich ärgerte, das war alles plötzlich weg. [...] Wie als wäre ich auf die Welt gekommen, es geht um mich nur. Ganz komisch. [...] Eigenartig. Und ich habe mich noch lange nach diesem Glücksgefühl gesehnt."

Corinnas Schilderung kann als ein Wechselspiel aus Sinn- und Vernunftwidrigkeiten interpretiert werden. Einerseits ist es ihr möglich, die damalige Grenzsituation der Krankenhauseinlieferung mittlerweile narrativ zu rekonstruieren. Andererseits rutscht sie im Interview aber auch in gegenwärtige Sinnwidrigkeiten, wenn ihr im Moment der Wiedergabe nicht vollkommen klar ist, warum und wieso sie ihre Geschichte jetzt in dieser Weise erzählt (vgl. „Ganz komisch", „Eigenartig"). Davon abgesehen scheint sie immer noch damit beschäftigt, dieses damalige Erlebnis im Ganzen besser verstehen zu lernen – deshalb kann geschlossen werden, dass dieses Erlebnis für sie immer noch eine Vernunftwidrigkeit darstellt. Sie führte weiter aus:

> Corinna: „Es war aber auch ein Glücksgefühl dabei, das ist ganz komisch. Vielleicht können sie das nicht genau, nicht gut verstehen."

Sie sprach zwar hier davon, dass ich nicht gut verstehen könne, was sie meint. Es schien mir aber vor allem so, als könne sie jene unbestimmte Wahrnehmung eines Sinnverlustes (Sinnwidrigkeit) noch immer nicht in einer für sie vernünftigen Erklärung (Vernunftwidrigkeit) ausdrücken.

4. Gegen den genetischen Determinismus – Offenheit für Interpretation

Die Gendiagnostik ist ein relativ neuer, aber schnell anwachsender Zweig der molekularbiologischen Medizin. Dies zeigt sich deutlich in der vermehrten Anwendung der pränatalen Diagnostik, andererseits in einer zunehmenden Anzahl genetischer Tests. Für die betroffenen Patienten ergeben sich daraus offensichtlich neuartige Lebenssituationen, die mit Sinn- und Vernunftwidrigkeiten einhergehen können. Vor oder während der Entscheidungsphasen zu einer solchen Diagnostik kann die neuartige Lebenssituation durch die Unüberschaubarkeit und Folgenschwere der zu treffenden Entscheidung überschattet sein. Nach der Entscheidung für eine gendiagnostische Untersuchung ergibt sich für den Betroffenen ein neues, molekularbiologisch begründetes Wissen über den Körper: Im Falle der pränatalen Diagnostik ergibt sich z.B. ein Wissen über die chromosomale Konstitution des ungeborenen Kindes, im Falle eines genetischen Tests ein Wissen über die eigene genetische Veranlagung bzw. über die eventuellen erblichen Zusammenhänge. Den Menschen fehlen oftmals offenbar greifbare Erklärungsmuster, um aus einer existenziellen Sicht zu verstehen, was mit ihnen in der Gendiagnostik überhaupt geschieht. Es reicht offensichtlich nicht aus, nur über die Genetik informiert zu werden, wenn tief greifende Sinn- und Vernunftwidrigkeiten bei den Betroffenen ausgelöst werden können.

Man könnte hier einwenden, dass solche Unverständnisse in allen Bereichen der Medizin zu finden sind und mit vielen medizinischen Diagnosen einhergehen können. Die meisten Menschen sind schließlich überfordert, wenn sie mit einer gravierenden oder unerwarteten Diagnose konfrontiert werden. Für viele Menschen bricht die gewohnte Lebenswelt zusammen, wenn sie im Angesicht einer lebensbedrohenden Krankheit erstarren. Das mag stimmen, doch das Besondere an der Gendiagnostik ist, dass Gene immer noch eine kulturelle Neuheit darstellen und dass ein allgemeines Wissen zu Genen in unserer Bevölkerung noch nicht „kulturell verankert" vorliegt.[17] Gene begegnen uns zwar täglich in den Medien, aber es scheint mir, dass es noch kein allgemein anerkanntes, kulturell gesichertes Erklärungsmuster gibt, wie unsere Erbanlagen denn nun *wirklich* funktionieren und was sie *wirklich* mit uns machen. Wir sind die erste Generation, die sich in dieser Weise mit ihren Erbanlagen auseinandersetzen kann – bzw. muss. Die Betroffenen haben kaum die Möglichkeiten, sich bei ihren Eltern, Freunden oder Bekannten über ähnliche Erlebnisse zu informieren, sie sind generell die ersten, die sich genetischen Tests unterziehen. In unserer Interviewstudie wurde deutlich, dass dies zu Ängsten führen kann und dass diese Ängste wiederum zu Verständnisproblemen auf der Patientenseite beitragen, die sich in Sinn- und Vernunftwidrigkeiten zeigen können.

Natürlich könnte man auch einwenden, dass sich die Betroffenen möglichst schnell damit abfinden müssen, dass die molekularbiologischorientierte Medizin das Erbmaterial zunehmend als Dreh- und Angelpunkt des menschlichen Körpers identifiziert. Aber wie soll es medizinischen Laien gelingen, diesen Erklärungsmustern einen Sinn zuzusprechen, der ihnen neue Körpergewissheiten schenken kann? Aus Sicht der *Disability Studies* führt Tom Shakespeare in seinem Text „Rights, risks and responsibilites" in diesem Zusammenhang aus, dass die vermeintlichen Errungenschaften des *Human Genome Project* (HGP) eher zu einem Rückschritt im Verständnis von Krankheiten und Behinderungen führten. Je mehr man über das menschliche Genom wisse, so betont er, umso mehr „duplication, redundancy, and quirks from (our) evolutionary history" könnten aufgedeckt werden.[18] Plötzlich sähe sich jeder mit Fehlern in den eigenen Erbanlagen konfrontiert – ganz zu schweigen von der Menge an Neumutationen, mit denen jede Zelle unseres Körpers aus biologischer Sicht täglich und zeitlebens zu kämpfen hat. Für Shakespeare führt diese Biologisierung unseres Körperbewusstseins zu einer klaren Aussage:

> „We are all disabled now. [...] the new knowledge generated by the HGP has the power to reconfigure our knowledge of disability in ways which will impact on non-disabled people, as well as disabled people [...]."[19]

Wenn das HGP also dazu führt, dass wir uns bald alle „disabled" fühlen, sollte es dann wirklich das neue Paradigma unserer Körpergewissheit sein? Es scheint, dass der genetische Determinismus dazu führt, dass unseren Erbanlagen, – die wir gemeinhin als Gene bezeichnen (unser *Genotyp*) – eine oftmals wichtigere Qualität zugesprochen wird als unserem physischen bzw. psychischen Erscheinungsbild – unserem *Phänotyp*.

Der norwegische Wissenschaftsphilosoph Kjetil Rommetveit führt diesen Gedanken kritisch aus und paraphrasiert ihn, indem er auf den

---

17 Die Begriffsbildung „kulturell verankert" („culturally anchored") übernehme ich von Jackie Leach Scully. Veröffentlicht in Porz et al. (2008), S.168.
18 Siehe Shakespeare (2003), S. 199.
19 Ebd., S. 206 und 208.

französischen Philosophen René Descartes (1596-1650) zurückgreift: Unter Bezugnahme auf Galileo Galilei (1564-1642) hatte Descartes in seiner Suche nach evidenten Wahrheiten einen Unterschied zwischen primären und sekundären Qualitäten postuliert. Unter primären Qualitäten verstand er die klar und deutlich bestimmbaren physikalischen Eigenschaften aller in der Welt vorhandenen Körper: Ausdehnung, Gestalt und Bewegung. Unter sekundären Qualitäten verstand er weniger verlässliche Sinneswahrnehmungen wie Gerüche, Farben und Töne etc. Für Descartes waren alle Vorgänge in allen lebenden Körpern durch die primären Qualitäten mathematisch und mechanisch zu erklären, dementsprechend sprach er diesen einen höheren Stellenwert zu – sie waren wahr und für ihn objektiv fassbar, während er den sekundären Qualitäten nur subjektive Erfassbarkeit zusprach und sie damit als unzuverlässig abstempelte. Genau eine solche Annahme eines Qualitätsunterschiedes unterstellt Rommetveit auch den Anhängern des genetischen Determinismus. Er drückt dies aus, indem er pointiert schreibt:

> „The similarity to the aforementioned primary and secondary qualities of Descartes and Galilei is striking: today, primary qualities may be reinterpreted as genotype whereas the secondary qualities are the phenotype."[20]

Wollen wir es also zulassen, dass unseren Erbanlagen der Stellenwert von primären Qualitäten zugeschrieben wird, während unser körperliches und seelisches Erscheinungsbild nur als unzuverlässige, sekundäre Ausführung des primären genetischen Programms begriffen wird? Ich denke nicht – dementsprechend versteht sich der vorliegende Text auch als ein Plädoyer gegen die Annahme eines genetischen Determinismus. Genau deshalb sollte hier die Betonung der Patientenperspektive dazu dienen, auf die Komplexität menschlicher Lebenswelten aufmerksam machen zu können. Selbst wenn molekularbiologische Errungenschaften die nicht zu unterschätzende Rolle unserer Erbanlagen täglich neu beweisen, es wird immer einen Reduktionismus darstellen, wenn Definitionen von Krankheit und Gesundheit sich nur an den Erbanlagen ausrichten.

---

20 Rommetveit (2006), S. 252.

Danksagung

Unsere Forschungsarbeit wurde durch die Unterstützung des Schweizerischen Nationalfonds ermöglicht (Projektnummer: 1114-64956.01). Ich danke Jackie Leach Scully und Christoph Rehmann-Sutter für ihre hilfreichen Ideen und weise darauf hin, dass meine Ausführungen immer im Licht der von uns gemeinsam im Team durchgeführten Interviewstudie gesehen werden müssen. Ein großer Dank geht an unsere anonymisierten Interviewteilnehmer und -teilnehmerinnen, ohne deren Bereitschaft zum gemeinsamen Gespräch keine qualitative Interviewstudie hätte durchgeführt werden können. Teile dieses Textes wurden bei der Foundation Brocher in Genf geschrieben, ich danke auch dem Brocher Team, insbesondere Roland und Philipp. Für weitere hilfreiche Stellungnahmen danke ich Nicole Porz, Andreas Frewer und Irene Hirschberg.

Literatur

Charmaz, K. (2003): Grounded Theory. Qualitative Psychology, in: Smith (2003b), S. 81-110.
Gen Suisse (2008): Tage der Genforschung. Bern.
Glaser, B. G./Strauss, A. L. (1998): Grounded Theory: Strategien qualitativer Forschung. Bern (Erstausgabe als: The discovery of Grounded Theory – Strategies for qualitative research, 1967, Chicago).
Jasny, B. R./Roberts L. (2003): Building on the DNA Revolution. Science 300, 5617 (2003), S. 277-282.
Molewijk, B./Stiggelbout, A. M./Otten, W./Dupuis, H. M./Kievit, J. (2004): Empirical data and moral theory. A plea for integrated empirical ethics. Medicine, Health Care and Philosophy 7, 1 (2004), S. 55-69.
National Institutes of Health (1990): U.S Human Genome Project. 1990 Summary. Maryland.
Orme, M./Lincoln, L./Margerisson, C. (Hrsg.) (2008): Albert Camus in the 21st century. Amsterdam.
Porz, R. (2008): Zwischen Entscheidung und Entfremdung. Patientenperspektiven in der Gendiagnostik und Albert Camus' Konzepte zum Absurden. Paderborn (im Druck).
Porz, R./Scully, J. L./Rehmann-Sutter, C. (2002): Welche Rolle spielt der Faktor Zeit bei Entscheidungsprozessen zu genetischen Tests? Medizinische Genetik 14, 4 (2002), S. 382-384.
Porz, R./Scully, J. L./Rehmann-Sutter, C. (2008): The absurd in the field of genetic diagnosis, in: Orme et al. (2008), S. 157-168.
Rehmann-Sutter, C./Neumann-Held, E. (2006): Genes in development. Re-reading the molecular paradigm. Durham.
Rommetveit, K. (2006): Biotechnology. Action and choice in second modernity. Bergen.
Rommetveit, K./Porz, R. (2008): Tragedy and *Grenzsituationen* in genetic prediction. Medicine, Health Care and Philosophy (2008). doi: 10.1007/s11019-008-9139-x.
SAMW (2004): Genetische Untersuchungen im medizinischen Alltag. Hrsg. von der Schweizerischen Akademie der medizinischen Wissenschaften. Basel.
Scully, J. L./Porz, R./Rehmann-Sutter, C. (2007): You don't make genetic test decisions from one day to the next: Using time to preserve moral space. Bioethics 21, 4 (2007), S. 208-217.
Shakespeare, T. (2003): Rights, risks and responsibilities: new genetics and disabled people. Debating biology. Sociological reflections on health, medicine and society, in: Williams et al. (2003), S.198-209.
Smith, J. A. (Hrsg.) (2003a): Qualitative Psychology. London.
Smith, J. A. (2003b): Interpretative phenomenological analysis, in: Smith (2003a), S. 51-80.

Smith, J. A./Michie, S./Stephenson, M./Quarrell, O. (2002): Risk perception and decision-making processes in candidates for genetic testing for Huntington's disease: An interpretative phenomenological analysis. Journal of Health Psychology 7, 2 (2002), S. 131-144.

Van der Scheer, L./Widdershoven, G. (2004): Integrated empirical ethics: loss of normativity. Medicine, Health Care and Philosophy 7, 1 (2004), S. 71-79.

Weidmann, K. (2004): The code, the text and the language of God. EMBO reports 5, 2 (2004), S. 116-118.

Williams, S. J./Birke, L./Bendelow, G. A. (Hrsg.) (2008): Debating biology. Sociological reflections on health, medicine and society. London.

László Kovács, Andreas Frewer

Die Macht medizinischer Metaphern: Studien zur Bildersprache genetischer Beratung und ihren ethischen Implikationen

In der Medizin lässt sich in letzter Zeit – nicht zuletzt aufgrund der Betonung von Patientenautonomie im Arzt-Patienten-Verhältnis und der Förderungsstruktur naturwissenschaftlich-klinischer Forschung – ein verstärktes Bemühen zur Allgemeinverständlichkeit erkennen. Zeichen eines „guten Arztes" ist mittlerweile, dass er die Inhalte seiner Wissenschaft in einer anschaulichen und überzeugenden Form vermitteln kann. Selbstverständlich muss er dabei auf die Eigenschaften unterschiedlicher Diskurse Rücksicht nehmen. Der kompetente Mediziner wird für seine Darstellungen unter Kollegen andere Formulierungen benutzen als im Patientengespräch oder bei Treffen einer Selbsthilfegruppe und wieder andere bei einer Fachtagung oder in einem Internetforum. Jeder Diskurs erfordert eine sprachliche Anpassung an den Kontext. Diese Anpassung ist umso schwerer, wenn man ein inhaltlich von der Alltagserfahrung der Zuhörer relativ weit entferntes Feld thematisieren muss, wie es z.B. in der genetischen Beratung geschieht. Für diese schwierige Übersetzungsleistung stehen dem Humangenetiker u.a. Metaphern zur Verfügung. Diese prägnanten Sprachbilder, die nach der Regel der Analogie funktionieren,[1] erlauben nicht nur eine Übertragung aus dem Bekannten ins Unbekannte, sondern sie beeindrucken – sowohl die Zuhörer als auch diejenigen, von denen sie verwendet werden. Deshalb haben sie weitreichende Konsequenzen für das Verständnis von medizinischen Inhalten unter Wissenschaftlern sowie in der Gesellschaft. Im Folgenden wird am Beispiel der Genetik dargestellt, wie Metaphern das Nachdenken über fachspezifische Inhalte beeinflussen.

Der Text gliedert sich in drei große Abschnitte: Zunächst sollen Relevanz und Funktionen von Metaphern, dann die Methoden ihrer Analyse im Allgemeinen dargestellt werden. Im zweiten Abschnitt werden Metaphern aus der genetischen Beratung vorgestellt, welche thematisch „Leitmeta-

---

1 Von Aristoteles stammt die älteste und vielleicht auch bekannteste Definition der Metapher: „Eine Metapher ist die Übertragung eines fremden Nomens und zwar entweder von der Gattung auf die Art oder von der Art auf die Gattung, oder von einer Art auf eine andere, oder nach den Regeln der Analogie." Vgl. Aristoteles (1976), S. 89.

phern" zugeordnet werden. Schließlich sollen ethische Implikationen für die genetische Beratung erörtert und Prinzipien der Metaphernverwendung erarbeitet werden.

Wozu Metaphern in der Medizin?

Metaphern werden im Arzt-Patienten-Kontakt primär zur Erklärung von komplexen Erkenntnissen und zur Überzeugung des Gesprächspartners verwendet. Diese Leistung erreichen sie durch die Herstellung einer Analogie zu ebenfalls komplexen aber alltäglichen Sachverhalten, von denen der Autor der Metapher annimmt, dass sie dem Zuhörer bekannt sind, und dass sie ihm beim Verstehen einer Krankheit oder einer Therapie helfen könnten. Wenn der Patient die Analogie zwischen dem bekannten und dem neu eingeführten medizinischen Phänomen erkennt, erlebt er sie als Entdeckung, und er kann das Phänomen im vorgegebenen System weiterdenken. Die Analogie wirkt faszinierend und überzeugend. Das Denksystem, worauf sich der Arzt in der Metapher bezieht, muss der Patient kennen und von seinem „So-Sein" überzeugt sein. Durch die Metapher überträgt der Arzt aktiv – und vielleicht auch unreflektiert – nicht nur die Zusammenhänge als mögliches Modell, sondern auch die Überzeugung von der Richtigkeit der Zusammenhänge im neuen Kontext („Auch-So-Sein"). Damit erreichen Metaphern im Patientengespräch eine Doppelwirkung. Viele Ärzte verwenden beispielsweise bei Infektionskrankheiten die Metapher des Krieges, um zu erläutern, was im Körper während der Krankheit und der Therapie passiert. Der Krieg ist ein hochkomplexes System, und der Patient wird durch die Metapher aufgefordert, die bekannten Teilnehmer, Strategien und Abläufe des Krieges als analog den Teilnehmern, Strategien und Abläufen der körperlichen Prozesse zu deuten: Der Körper wird von Viren und Bakterien „angegriffen". Er produziert „Killer-Zellen", „Unterdrücker-Zellen", „Helfer-Zellen", „Botenstoffe" und vieles mehr, das zusammen ein „Abwehrsystem" bildet. Mit der Metapher des Krieges kann der Arzt eine komplexe Aufklärung auf eine kurze Einführung in das Sprachbild reduzieren. Der Patient hat zunächst die Aufgabe, nach der Regel der Analogie das vorgeschlagene Bild auf die medizinische Situation, auf das dargestellte Problem oder auf die Krankheit zu übertragen. An diesem Punkt hört aber der Denkprozess nicht auf. Der Patient verwendet die Analogie als Grundlage für seine Entscheidungen: Er erkennt im Zusammenhang mit der Metapher neue Handlungsalternativen und trifft dementsprechend eine individuelle Entscheidung über seine bevorzugte Handlungsstrategie. Durch den zweiten Schritt entsteht die genannte Doppelwirkung. Dieser Effekt ist bei einer gelungenen Metapher, die wirklich zum Verstehen beiträgt, nicht zu vermeiden und nicht zu berechnen. Er basiert primär auf der aktuellen Wahrnehmung, d.h. Problemen und Erfahrungen des Patienten sowie auf seiner Kreativität, die durch die Metapher angeregt wird.

Aber auch außerhalb des Patientengesprächs gibt es gute Gründe für Metaphern in der Medizin. Im wissenschaftlichen Diskurs werden Metaphern vor allem wegen ihrer kurzen und bündigen Art verwendet: z.B. „Inselzellen" und „Botenstoffe", deren treffende Namen bereits viele Eigenschaften der zu beschreibenden Entität zusammenfassen und zu denken anbieten. Diese Metaphern können die mitgedachte Komplexität sprachlich auf eine kurze Formel reduzieren. Dabei geht der Benutzer einer Metapher im wissenschaftlichen Diskurs davon aus, dass seine Metapher aufgrund des professionellen Kontextwissens weitgehend einheitlich gedeutet wird, d.h. mit der Metapher wird eine konkrete Botschaft verknüpft. In dieser Funktion hat die Metapher ebenfalls eine Doppelwirkung: Erstens illustriert sie die beabsichtigten Inhalte, zweitens leitet sie das weitere Nachdenken durch das Streben des Geistes nach begrifflicher Kohärenz[2] in eine bestimmte Richtung. Sie gibt Denkanstöße, unterscheidet Relevantes vom Nicht-Relevanten, hebt bestimmte Aspekte hervor und verbirgt andere. Dass z.B. Antibiotika auch die lebensnotwendigen Bakterien angreifen, wurde beim Entwurf medizinischer Handlungspläne lange Zeit kaum beachtet. Der „Krieg gegen alle Fremdlinge" war im Fokus der Handlungen.[3] Die Kriegs-Metapher erfüllte dadurch nicht nur die ursprüngliche Aufgabe, zu illustrieren, was erkannt wurde, sondern sie erschuf Rollen, wer und in welcher Funktion „Teilnehmer des Krieges" war und bestimmte ihre Eigenschaften, d.h. sie wirkte konstitutiv. Sie hat dabei nicht nur die wichtigsten Größen einer metaphorischen „Kriegsszene" bestimmt, sondern auch das Suchen nach diesen Größen angeleitet, mit anderen Worten Erkenntnisprozesse normativ vorgeprägt. Die Metapher lud beim Nach-

---

2   Das Prinzip der sprachlichen Kohärenz verlangt nach der Wahl eines einheitlichen Sprachbildes für eine Illustration. Innerhalb eines Textes wirkt die Mischung von unterschiedlichen Sprachbildern eher störend, z.B. „Der neue König hat mit harter Hand Fuß gefasst." In diesem Satz sollte nur das eine Sprachbild – entweder Hand oder Fuß – verwendet werden. Die Wahl der Darstellungsform beeinflusst die Wahrnehmung des Gesagten und den darauffolgenden Denkprozess. Wenn beispielsweise das Schachspiel nicht mit der Metapher des Krieges mit Angriff und Verteidigung, sondern mit einem Punktsystem mit Plus- und Minuspunkten beschrieben würde, was uns sehr ungewöhnlich vorkäme, würde die Beschreibung den Spielern zu einer völlig anderen Spielart verhelfen. Begrifflich wie auch strategisch würde sie aber immer dazu tendieren, kohärent zu bleiben. Richard Rorty hält die Beschreibung der Welt durch Naturwissenschaften auch für eine austauschbare metaphorische Illustration, die nur durch die Gewohnheit einer bestimmten Beschreibung gefestigt wird. Vgl. Rorty (1989), S. 42f. Die berühmten Metaphorologen Lakoff und Johnson führen viele Argumente für eine doch extreme Ansicht an, dass die ganze menschliche Wahrnehmung der Wirklichkeit durch Metaphern konstruiert ist. Vgl. Lakoff/Johnson (2003). Siehe auch Brandt (2004) und Fox Keller (2001).

3   Ohlhoff (2002), S. 86.

denken über das Immunsystem ein, weitere Teilnehmer (T-Unterdrückerzellen, Antigene), weitere Konzepte (fremd und eigen) und Strategien des Krieges (abwehren, abtöten, vernichten etc.) zu erkennen. Auf diese Weise wirkte sie also in der Forschung epistemisch normativ.

Des Weiteren werden Metaphern in medizinischen Diskursen nicht nur verwendet, wenn die präzise Beschreibung zu lang ist und einer kürzeren bedarf, sondern auch wenn die präzise Beschreibung gar nicht möglich und die „Ungenauigkeit" dem Sachverhalt angemessener ist. Für die Forschung wäre es unter Umständen ein Nachteil, am Anfang allzu feste Definitionen der Forschungsobjekte und scharfe begriffliche Abgrenzungen geben zu müssen.[4] Stattdessen sind am Anfang vielfach plastische Konzepte förderlich, die trotzdem greifbar und aussagekräftig sind. Diesen Anspruch können Metaphern erfüllen. So ist z.B. das „Belohnungssystem" im Gehirn nicht nur eine eindrucksvolle Entlehnung aus der Sprache des Arbeitsmanagements, sondern auch eine Vergegenständlichung eines nicht-gegenständlichen Phänomens, dessen „Teile" die Forschung erst noch bestimmen muss.[5] Das Belohnungssystem kann als materielle Entität im Gehirn nicht „gefunden" werden,[6] aber durch das Wort „System" wird es zu einem eigenständigen und abgrenzbaren Forschungsobjekt. „System" zieht einen bestimmten metaphorischen Kontext an und lässt weitere begriffliche Ableitungen zu, wie z.B. die „Teile" des Belohnungssystems durch Bildgebungsverfahren identifizieren zu können[7] oder zu sagen, dass es Dopamin ausschüttet.[8] Zu dieser Konsequenz führt die Metapher durch ihre zweite Wirkung: Sie objektiviert das Nicht-Objektive und gibt dem Adressaten – ob Forscher oder Förderer der Forschung – den Eindruck von Abgeschlossenheit und objektiver Erkenntnis. Diese objektivierende Kraft der Metapher mit ihrer diskursiven Umgebung ist für die Entwicklung der Medizin dennoch von hoher praktischer Bedeutung.[9] Auch der Begriff „Gen" hatte einen ähnlichen Weg der Theoriebildung zu durchlaufen.[10]

Es gibt also wichtige Gründe für die Verwendung von Metaphern. Im medizinischen Diskurs sind sie einfach unerlässlich. In allen Diskursen, ob im Arzt-Patienten-Gespräch, in Internetforen, auf Fachtagungen oder im Forschungsantrag, Metaphern werden zu den verschiedensten Zwecken eingesetzt. Dabei haben sie auch „Nebenwirkungen". Wenn man eine Metapher verwendet, erfüllt man nicht nur einen Zweck, sondern die Metaphern haben immer mehrere Funktionen und Leistungen. Sie wirken

---

4 Vgl. Rheinberger (2000), S. 220-225.
5 Abler et. al. (2005), S. 4.
6 Schmidt (2005), S. 96.
7 Bischoff et. al. (2004), S. 40.
8 Rigos (2006), S. 22.
9 Vgl. Maasen/Weingart (2000), S. 138-150.
10 Vgl. Johannsen (1913), S. 143-146.

vor allem *illustrativ, innovativ, konstitutiv* und *normativ*. Diese Wirkungen sind nicht nur in verschiedenen Diskursen über Infektionskrankheiten oder in der Hirnforschung, sondern in allen Fachbereichen, besonders aber in der Humangenetik zu erkennen. Hier sollen deshalb paradigmatisch Metaphern aus der genetischen Beratung dargestellt und ihre Verwendung aus ethischer Perspektive reflektiert werden.

Metaphern in der genetischen Beratung

Die Rolle von Metaphern im Verstehen von Genetik wurde in der Fachliteratur bereits erkannt.[11] Diese Rolle wurde bisher jedoch fast ausschließlich mit der illustrativen Funktion gleichgesetzt. Das ist wohl auch der häufigste Grund für die Metaphernverwendung.[12] Was für „Nebenwirkungen" Metaphern in der Beratung haben, wurde bisher kaum untersucht. Diese Studie bietet einen kurzen Überblick dieser (unbeabsichtigten) Effekte der Metaphern. Die empirische Basis der Untersuchung bilden Hospitationen und Rollenspiele in vier Universitätskliniken in Deutschland.[13] In den Beratungen wurden primär drei Fragen gestellt: Welche Metaphern werden verwendet, welche Botschaft soll mit ihnen explizit vermittelt werden, und welche Funktionen erfüllen sie über diese Botschaft hinaus.

Welche Metaphern werden verwendet?

Welche Metaphern für die Beratung geeignet gehalten werden, scheint in den Studien sich vor allem danach zu richten, welche Analogien in der Erfahrungswelt des Ratsuchenden wiederzufinden sind, und welche Metaphern sich im wissenschaftlichen Diskurs bewährt haben. Häufig verweist der genetische Berater auf den Alltag des Ratsuchenden. Im Beratungsgespräch teilt der Ratsuchende manchmal etwas über seinen Beruf oder

---

11 Vgl. etwa Kay (2000), Fox Keller (2001) und Brandt (2004), explizit für die Beratung Hartog (1996) oder Kovács (2008).
12 Metaphern in der illustrativen Funktion können auch bei hoher Komplexität der Sachlage eine informierte Zustimmung ermöglichen und dienen dadurch als Voraussetzung einer autonomen Entscheidung in der Humangenetik, vgl. Hildt (2006).
13 Die Rollenspiele fanden mit standardisierten Ausgangssituationen statt, wurden digital tongespeichert und transkribiert. Diese Transkriptionen dienten als Grundlage der Studie. Zitate wurden anonym behandelt und nur durch einen Code identifizierbar gemacht. Die Codierung besteht aus einem Buchstaben wie Experteninterviews (E), Hospitationen (H) oder Rollenspielen (R) sowie einer Zahl von zwei Ziffern. Die erste Ziffer ist die Nummer der Beratungsstelle, die zweite die Nummer des Beraters. Somit kann im Text verfolgt werden, wenn Zitate vom selben Institut oder vom selben Berater stammen. Vgl. Kovács (2008).

seine sonstigen Erfahrungen mit. In einigen Beratungssituationen werden solche Lebensbereiche sogar als Teil des Beratungsgesprächs mit Absicht zum Thema gemacht. Auf dieser Grundlage kann sich der Berater auf berufliche oder persönliche Lebenserfahrungen einstellen und mit seinen Metaphern Analogien zu diesen Inhalten herstellen. Dabei verweist er auch gern auf diese Lebensbereiche. Eine typische Einleitung einer Metapher mit Referenz auf den Beruf lautet etwa: „Sie sind Ingenieur, also Sie kennen sich bestimmt mit Computern aus ..." Das Eingehen auf die persönliche Erfahrung des Ratsuchenden bietet jedoch keinen hinreichenden Grund für die Wahl einer Metapher. Metaphern werden meist nicht spontan im Beratungsgespräch erfunden. Sie stammen vielmehr aus der „sprachlichen Schatzkammer" des Beraters, der sie je nach Bedarf einsetzt. Für diese Wort-Schatzkammer schöpft er nicht aus seiner Erfahrung mit anderen Patienten, vielmehr aus der eigenen und noch konkreter aus der eigenen beruflichen Sprachwelt.[14] Die Wahl von Metaphern für die Beratung ist aber nicht unabhängig von den Metaphern im Labor- und Forschungskontext. Große Entdecker der Genetik haben ihre Entdeckungen mit Metaphern beschrieben, die weiter verfeinert und immer wieder an den aktuellen Stand der Wissenschaft angepasst wurden. So hat nach der berühmten Code-Metapher des Nobelpreisphysikers Erwin Schrödinger der prominenteste „Genforscherverein" aller Zeiten, der „RNA-Krawattenklub", Jahre lang versucht, die Botschaft der Gene entsprechend der Metapher eines „geschriebenen Codes" zu „entschlüsseln" – nur mit eingeschränktem Erfolg, denn Gene sind keine verschlüsselten Texte auch wenn sie sich metaphorisch so beschreiben lassen.[15] Jene Sprachbilder aber, die sich in der Beschreibung der Genetik im kritischen wissenschaftlichen Kontext bereits durchgesetzt haben, werden auch in die Beratung übernommen – in der Hoffnung, dass sie die Inhalte „richtig" schildern können.

Für ein Gespräch zwischen Experten und Nicht-Experten müssen diese Metaphern noch etwas angepasst werden. Die Metaphern der genetischen Beratung lassen aber erkennen, dass sie vorwiegend aus bewährten Sprachbildern der Wissenschaftssprache abgeleitet wurden. Vor allem drei solche Leitbilder oder besser Leitmetaphern beherrschen die Sprachwelt der Genetik: *Text, Aktivität* und *Maschine*.[16] Aus diesen Leitmetaphern werden einzelne Metaphern für das Beratungsgespräch spezifiziert. Sie werden konkretisiert und als Erklärungsmodell im Gespräch so verändert, dass sie evtl. auch zur Erfahrungswelt des Ratsuchenden passen. So wird aus der oben erwähnten Text-Metapher ein „Kochbuch mit verschiedenen Rezepten", aus der Gen-Aktivität ein „Gen, das das Wachsen von Tumoren verhindert" oder aus der Maschine ein „Kopiergerät mit seltenen Kopierfehlern".

---

14 Vgl. auch Hartog (1996), S. 217-230.
15 Kay (2000), S. 128-192.
16 Vgl. dazu auch Kovács (2008).

Funktionen von Metaphern in der genetischen Beratung

Die zweite Frage ist, welche explizite Botschaft diese Metaphern tragen, zu welchem Zweck sie verwendet werden. Die Antwort auf diese Frage geht primär aus der Stellung der Metaphern im Kontext der Beratung hervor. Sie werden bewusst zur Erläuterung von komplexen wissenschaftlichen Inhalten, d.h. in einer illustrativen Funktion, eingesetzt. Ziele und Struktur der genetischen Beratung erfordern vom Berater eine Aufklärung über die Bedeutung genetischer Faktoren bei der Krankheitsentstehung sowie über die Mechanismen, die zu Erkrankungen, Risiken und zur Vererbung von Erkrankungen führen. Diese Aufklärung macht erst möglich, dass Ratsuchende eine selbstständige Entscheidung treffen können, was der Berater als leitende Idee immer vor Augen haben soll. Da das Wissen um die wissenschaftlichen Grundlagen an den Ratsuchenden häufig zu hohe Ansprüche stellen würde, werden Metaphern eingesetzt, die durch die analoge Struktur eines bekannten Phänomens komplexe Inhalte kurz erklären können. Die Analogien werden in der Regel explizit gemacht und erläutert. Hier sollen Beispiele für den Umgang mit den häufigsten Leitmetaphern gezeigt werden.

Text-Metapher

In der genetischen Beratung erscheint die Text-Metapher meist in der konkreten Form eines Buches. Die Funktion der Chromosomen wird als Telefonbuch, Kochbuch oder als mehrbändiges Lexikon dargestellt.

> „Also Chromosomen sind letztlich Träger von Informationen. Diese stehen aneinandergereiht, wie die Telefonnummern im Telefonbuch. Wenn Sie eine Nummer im Telefonbuch falsch drin stehen haben, oder gar nicht drin stehen haben, werden Sie diese Person nicht anrufen können. Ja? Das heißt also, ja, es kann also vorkommen, dass eine Zelle eine bestimmte Funktion nicht erfüllen kann."[17]

> „Ein Gen ist letztlich nichts anderes als ein Rezept aus einzelnen Sätzen und Wörtern bestehend, die Wörter da wiederum bestehen aus einzelnen Buchstaben. Das Rezept wird von vorne nach hinten gelesen. [...] Diese Rezepte, diese Gene, bestehen letztlich aus einer Kombination von vier Buchstaben, und die Art der Reihenfolge bestimmt, für was diese Rezepte letztlich bedeuten, wozu sie, woran sie übersetzt werden. Wir haben T, A, G und C als vier Möglichkeiten und Trinukleotid bedeutet, ein Nukleotid bedeutet einen Buchstaben, tri also Trinukleotid bedeutet drei Buchstaben."[18]

> „Gene sind wie ein Lexikon in Bändern gesammelt. Jedes Band entspricht einem Chromosom, das viele Gene in einer bestimmten Reihenfolge enthält. Diese Gene

---

17 H 41.
18 R 32.

sind in ihrer Funktion nicht ganz allein, sondern durch Querverweise miteinander verlinkt."[19]

Das „Buch", in welcher Form auch immer, enthält eine Schrift aus Buchstaben, die mit dem Aufbau der Aminosäuren (bezeichnet mit den Abkürzungen A, C, G und T für die Nukleinbasen Adenin, Cytosin, Guanin und Thymin) gleichgesetzt wird. A, C, G und T können als Text gelesen werden. Dieser „Text" mag an manchen Stellen auch falsche oder unverständliche Aussagen enthalten, nach denen der erwünschte Sinn nicht hergestellt werden kann. Wenn diese Aussagen lebensrelevant sind, entstehen genetisch verursachte Krankheiten. Welche Details mit der „Buchmetapher" im einzelnen Fall auch verbunden werden, sie vermittelt immer eine teleologische Sichtweise, die der Buchstabenreihe eine Orientierung hin auf einen vorbestimmten Sinn zuschreibt und dadurch die Trennlinie zwischen Phänotyp und Genotyp verwischt. Den meisten genetischen Krankheiten entspricht die Beschreibung nur, wenn der Berater einen expliziten Hinweis hinzufügt, dass der DNA-Text keinen direkten, sondern nur einen indirekten (und je nach Krankheitstypus anderen) Zusammenhang zu dem hat, was der Mensch als Krankheit erlebt. Obwohl die Metapher „Telefonbuch" eine monogene Erkrankung durchaus angemessen darstellen kann, ist sie für die Darstellung einer multifaktoriellen Krankheit nicht mehr so gut geeignet. Die Komplexität einer multifaktoriellen Erkrankung wird mit einem genetischen 1:1-Verhältnis von Telefonnummer und Funktion auf ein zu niedriges Niveau reduziert. Für eine polygenetische Erkrankung ist mindestens ein „mehrbändiges Lexikon" mit vielen Kombinationsmöglichkeiten als Modell nötig, und auch da bleiben noch Umweltfaktoren unberücksichtigt. Das Kochrezept lässt eine solche Dimension z.B. durch den Verweis auf die Qualität der Zutaten eher zu.

Das metaphorische System „Buch" hat den Vorteil, dass es in sich sehr komplex ist. Dieses System ist dem Zuhörer in seiner Komplexität bekannt. Er stellt die Analogie zu den Chromosomen her und leitet aus seiner Erfahrung mit dem System Buch „Erkenntnisse" für das System Genetik ab. Selbstverständlich sind das keine Erkenntnisse in einem strengen Sinne. Die Ergebnisse sind individuell hergestellte Bilder, durch die der Zuhörer sogar weitere Phänomene im selben Rahmen deuten kann (z.B. Vererbung von Eigenschaften als Kopie des Buches). Die illustrativen Vorteile der Analogie sprechen eindeutig für die Verwendung von Buchmetaphern in der genetischen Beratung, aber diese Metaphern sollten an die Komplexität der zu erklärenden Inhalte angepasst werden. Dies ist in den meisten Fällen durchaus möglich.

---

19 H 14.

Maschinen-Metapher

Ähnliche Stärken und Schwächen der metaphorischen Vermittlung sind bei der Verwendung der Leitmetaper „Maschine" erkennbar. Vor allem Metaphern, die die Rolle von Genen mit einem genetischen „Programm" nach einem Computermodell darstellen, laden den Zuhörer zu einer ungenauen Deutung ein. Diese vermitteln den Eindruck, als wäre in der Doppelhelix bereits ein Programm kodiert, das die Entwicklung von der ersten Zellteilung bis zum Tode bestimmt.[20] Der eher selten verstandene Unterschied zwischen dem Genotyp und dem Phänotyp erscheint in der Metapher des „genetischen Programms" zu undeutlich und kann zu Missverständnissen führen. Auch eine herkömmliche Maschine kann diese falsche Vorstellung vermitteln:

> „Wenn da, um so ein Beispiel zu nehmen aus ihrem Beruf, wenn eine Maschine gemacht werden muss, dann müssen tausenderlei Handgriffe zusammenwirken. Zur richtigen Zeit muss was gemacht werden. Wenn nur an irgendeiner Stelle was net richtig mal macht durch Zufall, dann entsteht ein Defekt. Insofern muss man sagen, das kommt also ziemlich, also verhältnismäßig häufig vor. Viele Menschen haben so kleine innere Schäden, ohne dass man weiß, oder dass man merkt."[21]

Die Maschine oder der Computer als Analogie legen eine Sichtweise zugrunde, nach der richtige Funktion von falscher klar getrennt werden kann und erwecken auch den Eindruck des Machbaren, des Programmierbaren. Aus dieser Analogie lassen sich leicht das Verlangen und auch die Möglichkeit nach mehr Eingriff ableiten.[22] Somit erlangt die Metapher nicht nur eine erkenntnisleitende aber auch eine handlungsleitende normative Macht. Solche normativen Vorstellungen, die sich aus dem gesellschaftlichen Diskurs nähren, sind meistens das Fundament einer Erwartungshaltung bezüglich der Humangenetik.

> „Kann man da eingreifen, das Gen löschen oder die Verlängerung verkürzen?
> – Das ist nicht möglich. Das ist nicht möglich, denn wir haben in jeder einzelnen Körperzelle diese Veränderung. Und rein technisch können Sie nicht in jede Körperzelle hineingehen, abschneiden und wieder abschließen. Sie können das im Reagenz-

---

20 Vgl. Erwin Schrödingers forschungsleitende Aussage in seinem Buch von 1944: „In diesen Chromosomen [...] ist in einer Art Code das vollständige Muster der zukünftigen Entwicklung des Individuums und seines Funktionierens im Reifezustand enthalten." Schrödinger (2003), S. 56.
21 Hartog (1996), S. 220.
22 Das Versprechen von Machbarkeit, das die Maschinen-Metapher beinhaltet, übersteigt öfters die Realität. So wird z.B. im „Spektrum der Wissenschaft" formuliert: „Obwohl das misslungene Ausschalten von Oct4 allein bereits das Schicksal eines Klons besiegelt, vermuten die Forscher, dass auch andere Gene korrekt umprogrammiert werden müssen, damit der Keim sich noch mal entwickelt." SdW 7/2002, S. 77.

glas, wenn Sie das genetische Material alleine haben, dann können Sie so etwas machen, aber nicht in ihren Körperzellen."[23]

Mitgebrachte Erwartungen von Ratsuchenden enthalten eine große Deutungsmacht[24] und werden in Maschinen-Metaphern zum Ausdruck gebracht. Diesen Erwartungen kann gelegentlich im Rahmen desselben Sprachbildes entgegengewirkt werden. Computer-Metaphern lassen diese Deutungsdimension leicht darstellen.

Dem Deutungsfehler, dass zwischen Genotyp und Phänotyp nicht unterschieden wird, kann die Maschinen-Metapher aber vielleicht noch anschaulicher vorbeugen, als die Text-Metapher. Solange die Text-Metapher für diesen Zweck nur den vielen Ratsuchenden weniger vertrauten Unterschied zwischen Syntax und Semantik anbietet, kann die Computer-Metapher den Unterschied mit der Analogie „Hardware – Software" erklären. Dabei können nicht nur der Computer, sondern auch viele andere Maschinen-Modelle diesen Unterschied beleuchten.

„Das, was ich hier zu erklären versuche, ist wie eine Tonbandkassette. Wir können die Chromosomen zählen, wie wir die Kassetten zählen, aber dann nicht die Information lesen, die in dem Chromosom drin ist. Wenn Sie ein Tonband sehen, erst mal, und nicht die technischen Hilfsmittel eines Tonbandgerätes und Lautsprecher haben, dann können Sie die Information nicht lesen. Und beim Überspielen, also Verdoppeln einer Tonbandkassette von einem zum anderen Gerät enthält dann die Kopie die gleiche Information. Und wenn inzwischen das Telefon klingelt, dann hat die Kopie eine Störung, die Sie auf dem Tonband nicht sehen, daher kann ich es auch bei den Chromosomen mikroskopisch nicht sehen. Mit genetischem Ton kann man das weiter abklären."[25]

Die Metapher der Tonbandkassette oder der Videokassette beleuchtet aber den Unterschied zwischen Phänotyp und Genotyp eher nur als Nebeneffekt und fokussiert mehr auf die Darstellung von verschiedenen Tests. Selbst wenn der Berater darauf nicht explizit eingeht, gibt er dem Ratsuchenden eine Denkstruktur mit auf den Weg, die eine Differenzierung zwischen Testmöglichkeiten beinhaltet und die Ebenen der genetischen Untersuchung anschaulich darstellt.

Aktivitäts-Metapher

Die Leitmetapher Aktivität füllt eine Lücke im Wortschatz der Genetik: Sie macht die Veranschaulichung zellulärer Prozesse möglich, indem sie das zelluläre Geschehen als die Folge der „Tätigkeit" von molekularen Ak-

---
23 H 33.
24 Vlasak/Amann (2005), S. 14-15.
25 R 11.

teuren beschreibt, wie z.B. „ein Gen baut Proteine". Diese Formulierung lädt ein, durch eine metaphorische Bestimmung der „Verursachung" Lebensprozesse aus der Perspektive der Moleküle zu sehen. Durch die reduktionistische Sichtweise, die die Metapher enthält, hat sie leider bereits in der Forschung zu Trugschlüssen beigetragen. Es wurde von Genen gesprochen, die mehr oder weniger selbständig die Entwicklung des Embryos steuern[26] oder Zellen töten, lebenswichtige Proteine herstellen oder krank machend wirken.[27] Wenn der Patient die Metaphern nicht als Übertragung erkennt, sondern wörtlich nimmt, kann er leicht zu einem epistemischen Trugschluss kommen, d.h. er meint, dass die Gene von sich aus solche Fähigkeiten besitzen. Aktivitäts-Metaphern vermitteln den Anschein, dass sie den Ausgangspunkt des zellulären Geschehens benennen, dass Gene selbständige und vom Organismus unabhängige lebendige Einheiten sind, oder gar dass sie den gesamten Organismus bestimmen. Diese Missverständnisse haben leider bereits eine Tradition in der Genetik.[28]

Diese Gefahr besteht im Beratungsgespräch, auch wenn der Berater nicht (mehr) dieser Meinung ist. Aktivitäts-Metaphern gehören zum Standard-Vokabular der Genetik, sie fallen nicht auf und kommen in dieser Funktion auch außerhalb der explizit illustrativen Erklärungen vor. Sie erscheinen als Nicht-Metaphern, als sachliche Beschreibungen. In dieser Rolle haben sie eine konstitutive Funktion. Sie schaffen das, oder die Eigenschaften von dem, was sie beschreiben.

> „Der Unterschied, oder die Ursache dafür ist, dass beim erblichen Darmkrebs eine Veränderung in den Genen uns in die Wiege gelegt worden ist, sozusagen. Die verhindern, dass bestimmte Reparaturmechanismen im Körper nicht mehr richtig funktionieren. Und da wo diese fehlen und nicht regulieren, kann eben gehäuft Krebs entstehen."[29]

Gene „verhindern" die Funktion von Reparaturmechanismen und lassen die Entstehung von Krebs zu. Diese Beschreibung traut den Genen besondere Eigenschaften zu, ohne die Metapher explizit zu machen. Offensichtlich ist die Aktivitäts-Metapher unter den Leitmetaphern am schwierigsten als nicht-wörtliche, sondern bildliche Aussage auszuweisen, und das hindert die Berater daran, sich davon zu distanzieren. Wenn Aktivitäts-Metaphern im Beratungsgespräch explizit illustrativ genutzt werden, werden sie häufig personifiziert. Das erhöht die suggestive Kraft der Beschreibung und schildert klarer, dass die Aussagen einen metaphorischen Charakter haben:

> „Diese drei Gene haben eine Funktion wie die Polizisten. Wenn Sie drei Polizisten haben, die aufpassen, dass nichts passiert, heißt es nicht, dass Sie ganz sicher sein

---

26 Nüsslein-Volhard (2004).
27 Vgl. Schmidtke (1997).
28 Vgl. etwa das Konzept des egoistischen Gens bei Dawkins (1978).
29 R 35.

können, dass bei Ihnen nicht eingebrochen wird. Aber Ihre Chancen sind gut, dass die drei Polizisten den Einbruch verhindern. Wenn Sie nur zwei oder nur einen von diesen Polizisten haben, können wir auch nicht sagen, dass bei Ihnen unbedingt eingebrochen wird, und schon gar nicht, wann. Deshalb ist es wichtig, wenn die Diagnose unsere Vermutung bestätigt, dass Sie jährlich zur Früherkennungsuntersuchung gehen, denn Tumoren entstehen langsam und wenn sie rechtzeitig erkannt werden, kann man sie noch entfernen."[30]

Die explizit verwendete Personen-Metapher hingegen überwindet die Gefahr der wörtlichen Deutung und betont den analogen Charakter der Aussage. Das ermöglicht eine Reflexion über die kontextuelle Botschaft der Metapher.

Die Differenzierung zwischen der beabsichtigten Funktion der Metapher und ihrer tatsächlichen Botschaft ist nicht nur bei Aktivitäts-Metaphern relevant, sondern bei allen. Diese Differenzierung ist aber schwierig, wenn Metaphern nur implizit – also ohne die Absicht des Beraters, eine Metapher zu verwenden – eingesetzt werden. Diese können am meisten Verwirrung stiften. Was bei der Verwendung von Metaphern in der genetischen Beratung berücksichtigt werden sollte, wird im letzten Teil dieser Studie erörtert.

Zur Ethik der Metaphernverwendung in der genetischen Beratung

In der Ethik der genetischen Beratung wird seit langem das Prinzip der Patientenautonomie betont, d.h. der Berater sollte dem Ratsuchenden keine Entscheidung abnehmen, sondern ihm helfen, eine selbstverantwortliche Entscheidung zu treffen.[31] Er sollte dem Ratsuchenden weder seine eigene moralische Bewertung noch eine gesellschaftliche Erwartung oder Norm aufzwingen und auch nicht als Lösungsmodell einer höheren Autorität anbieten.[32] Zur autonomen Entscheidung sind drei Punkte relevant, die bei Metaphern problematisch sein können: sachlich korrekte Information, Anpassung an die kognitive Fähigkeit der Ratsuchenden und Informationsübermittlung ohne Wertung. Bei vielen Metaphern ist eine implizite Wertung nicht zu vermeiden. Wenn der Berater eine negative Wertung vermeiden will, muss er daher auch über seine Metaphern reflektieren. Er soll bei

---

30 H 31.
31 Vgl. z.B. Reif/Baitsch (1986), Wüstner (2000), Mehnert et. al. (2003), Bundesärztekammer (2003), Hildt (2006) und GfH (2007).
32 Das Prinzip der Nicht-Direktivität wurde von vielen Beratern als zu streng, als unpassend oder als überholt kritisiert. Vielen Kritikpunkten kann mit gutem Gewissen zugestimmt werden, dennoch konnte bisher kein besseres prima facie-Prinzip gefunden werden als die Non-Direktivität, die von Fachgesellschaften wie der Deutschen Gesellschaft für Humangenetik e.V. (GfH) sowie von der Bundesärztekammer verlangt wird. Vgl. Bundesärztekammer (2003) und GfH (2007).

der Wahl nicht nur den Erfolg der Metapher in der Fachsprache berücksichtigen – was sicherlich für die wissenschaftliche Plausibilität spricht –, sondern er soll dreidimensional überlegen, welche Sprachbilder am besten passen: also Metaphern, die eine sachlich angemessene Analogie, ein der Erfahrung des Ratsuchenden passendes Bild und eine lebensfreundliche Orientierung in sich vereinen.

Erstens sollte der Berater nachprüfen, ob die Analogie, die mit der Metapher angeboten wird, tatsächlich geeignet ist, die Facetten des aktuellen Beratungsproblems zu schildern. Beispielsweise kann bei der Wahl der Buch-Metapher die Art der Krankheit für das Buchmodell ausschlaggebend sein. Das Telefonbuch enthält Informationen, die eins zu eins in Funktionen übersetzt werden. Eine richtige Telefonnummer ist der einzige Weg, einen Bekannten anzurufen. Diese Metapher kann die zu vermittelnden Strukturen höchstens bei monogenen Krankheiten meist angemessen abbilden. Die Komplexität von multifaktoriellen Krankheiten kann sie nicht erfassen. Ein Lexikon oder ein Kochbuch mit mehreren Rezepten verleihen dem Berater bei polygenen Krankheiten oder genetisch bedingten Krankheiten, bei denen Umweltfaktoren eine Rolle spielen, viel mehr Deutungsspielraum. Auf die Schwächen seiner Metaphern sollte der Berater aufmerksam machen, damit er dem Ratsuchenden mit seiner anschaulichen Beschreibung keine falschen Schlüsse anbietet.

Zweitens sollte er prüfen, wie die kognitive Aufnahmefähigkeit des Patienten ausgeprägt ist. Vielleicht ist das Lexikon mit Querverweisen deshalb keine geeignete Metapher, weil der Berater aus dem Gespräch erfährt, dass der Ratsuchende mit Lexika bzw. Büchern kaum etwas zu tun hat, dafür aber viel mit Computern arbeitet. Im Computerbereich lassen sich Metaphern mit einer analogen Struktur finden, z.B. die Verknüpfung von Excel-Tabellen oder weiterführende Links im Internet. Außerhalb der Computer-Metapher kann auch vom Verkehr gesprochen und das Netzwerk der öffentlichen Buslinien in einer Großstadt als Metapher genutzt werden: Von einer Haltestelle kann der Reisende mit mehreren Bussen, vielleicht auf verschiedenen Wegen zu einem anderen Haltepunkt fahren. Jede Metapher hebt andere Aspekte des Beratungsproblems hervor. Die Stimmigkeit der Analogie muss natürlich geprüft werden, aber bei der Wahl sollte der Berater die Erfahrungswelt des Ratsuchenden berücksichtigen. Ratsuchenden mit einfacherem Lebenshintergrund soll der Berater keine Metaphern mit hoher Komplexität zumuten. Die Metapher soll gerade zur Reduktion der Komplexität eingesetzt werden, und diese Reduktion soll auf die Aufnahmefähigkeit des Ratsuchenden abgestimmt sein.

Drittens sollte der Berater auf die Deutungsdimensionen seiner Metaphern achten. Diese Deutungsdimensionen haben vielfach einen wertenden Charakter, dem der Berater entgegenwirken sollte. Bereits die Feststellung und Mitteilung von genetischen Krankheiten führt – auch ohne Verwendung von Metaphern – häufig zu Ängsten, vermindertem Selbstwertgefühl und Schuldgefühlen. Die Deutung des eigenen genetischen Status kann deshalb für das Leben des Ratsuchenden durchaus normative Folgen haben, z.B. Selbstausgrenzung von verschiedenen Dimensionen des Lebens aufgrund des falschen Selbstbildes. Eine ungünstig gewählte Metapher verstärkt diese negativen Gefühle wie auch die Gefahr der Stigmatisierung durch andere oder durch sich selbst. „Gute" Metaphern hingegen machen den Unterschied zwischen der Ebene der Gene, d.h. der molekularen Prozesse des Lebens und der des gelebten Lebens. Weil Metaphern in der Regel keine ganz wertneutrale Deutung anbieten, sollten Berater mit ihren Metaphern eher eine positive Lebensdeutung und das Gelungene am Leben betonen. Unter der gleichen Leitmetapher des „Kopiergeräts" kann beispielsweise betont werden, wie gut der Körper eigentlich funktioniert, wenn er nur einen einzigen Kopierfehler begangen hat, selbst wenn dieser kleine Fehler schwere Folgen für die Gesundheit des Ratsuchenden haben mag. Der überproportional große Teil seines Genoms funktioniert einwandfrei, und dies ermöglicht ihm eine Lebensqualität, die weit über Kopierfehler hinausgeht. Zudem kann der Berater auch seine persönliche Achtung durch Auslegung oder Weiterführung der Sprachbilder zeigen, indem er z.B. sich und den Ratsuchenden über die Buch-Metapher erhebt und sagt, dass das genetische Buch des Ratsuchenden schwerer zu tragen sein mag, aber dass jemand umso mehr zu schätzen sei, der es schafft, trotz des schweren Buches im Rucksack fröhlich durch das Leben zu gehen. Mit dieser Perspektive befreit er den Ratsuchenden von der metaphorischen Vorstellung, dass er selbst das fehlerhafte Buch sei und schafft Distanz zu diesem Sprachbild.

Der Berater hat die Möglichkeit, seine Metaphern in einem größeren Rahmen zu deuten. Wenn er mit so empfindlichen Themen wie einer unheilbaren Krankheit konfrontiert ist, sollte er auf die Korrektheit, auf die Verständlichkeit und auch auf die psychische Last seiner Metapher achten. Dies ist nicht nur für die genetische Beratung wichtig, aber dort sicher in besonderer Weise: Genetische Krankheiten werden häufig nicht nur individuell als besonders belastend, sondern auch gesellschaftlich stigmatisierend erlebt. Durch die Verwendung geeigneter Metaphern können Berater zu einer gesunden Selbstinterpretation beitragen.

Zusammenfassung

Metaphorische Beschreibungen sind Teil von verschiedenen Diskursen der Medizin. Sie erfüllen illustrative, innovative, konstitutive und normative Funktionen, obwohl meistens nicht alle Funktionen genutzt, sondern ggf. nur in Kauf genommen oder gar nicht erkannt werden. Auch im Arzt-Patienten-Gespräch kann man verschiedene Funktionen und Gebrauchsweisen identifizieren. Genetische Berater verwenden Metaphern sehr häufig, weil sie in ihrer illustrativen Funktion hochkomplexe Sachverhalte einfach erklären können. Dabei erfüllen sie unbemerkt auch andere Funktionen oder

„Nebenwirkungen", über die wenig nachgedacht wird: Sie objektivieren das Nicht-Objektive, sie illustrieren nicht nur, sondern wirken überzeugend, sie täuschen vor, dass sie im wörtlichen Sinn gebraucht werden, sie wirken als handlungsleitende Normen etc.

Für die Verwendung von Metaphern in der genetischen Beratung lassen sich aus dem Prinzip der Patientenautonomie drei Grundregeln ableiten: 1. Prüfung der Analogie zwischen Metapher und zu erklärendem Phänomen, 2. Orientierung an den Erfahrungen des Ratsuchenden, und 3. Berücksichtigung der verschiedenen Deutungsdimensionen einer Metapher sowie Hervorhebung der positiven Deutungen. Alle drei Punkte erfordern vom Berater eine hohe Konzentration, sind aber zum Erfolg einer Metapher alle wichtig.

Literatur

Abler, B./Erk, S./Walter, H. (2005): Das menschliche Belohnungssystem. Erkenntnisse der funktionellen Bildgebung und klinische Implikationen, Nervenheilkunde 3 (2005), S. 1-8, http://www.meb.uni-bonn.de/psychiatrie/mp/publikationen/abler_2005_NHK_Reward.pdf (Zugriff: 11.07.2008).

Aristoteles (1976): Poetik. München.

Bischoff, R./Simm, M./Zell, R. A. (2004): Suchtforschung auf neuen Wegen. Verstehen – Helfen – Vorbeugen, Bundesministerium für Bildung und Forschung, Berlin.

Brandt, C. (2004): Metapher und Experiment. Von der Virusforschung zum genetischen Code. Göttingen.

Bundesärztekammer (2003): Richtlinie zur prädiktiven genetischen Diagnostik, http://www.bundesaerztekammer.de/downloads/PraedDiagnostik.pdf (Zugriff: 12.03.2008).

Dawkins, R. (1978): Das egoistische Gen. Berlin.

Deutsche Gesellschaft für Humangenetik e.V. (GfH) (2007): Leitlinie Genetische Beratung, http://www.medgenetik.de/sonderdruck/2007_ll_genetische_beratung.pdf (Zugriff: 12.03.2008).

Engels, E.-M./Hildt, E. (Hrsg.) (2005): Neurowissenschaften und Menschenbild. Paderborn.

Falk, R./Rheinberger, H.-J./Beurton, P. (Hrsg.) (2000): The Concept of the Gene in development and Evolution – Historical and Epistemological Perspectives. Cambridge.

Fox Keller, E. (2001): Das Jahrhundert des Gens. Frankfurt a.M., New York.

Hartog, J. (1996): Das genetische Beratungsgespräch Institutionalisierte Kommunikation zwischen Experten und Nicht-Experten, Tübingen.

Hildt, E. (2006): Autonomie in der biomedizinischen Ethik. Genetische Diagnostik und selbstbestimmte Lebensgestaltung. Frankfurt a.M., New York.

Johannsen, W. (1913): Elemente der exakten Erblichkeitslehre, mit Grundzügen der biologischen Variationsstatistik. Jena.

Kay, L. E. (2000): Who Wrote the Book of Life? A History of the Genetic Code. Stanford.

Kovács, L. (2008): Medizin – Macht – Metaphern. Sprachbilder in der Humangenetik und ethische Konsequenzen ihrer Verwendung. Klinische Ethik, Band 2. Frankfurt a.M. u.a. (im Druck).

Lakoff, M./Johnson, G. (2003): Metaphors We Live By. Chicago.

Maasen, S./Weingart P. (2000): Metaphors and the Dynamics of Knowledge. London.

Mehnert, A./Bergelt, C./Koch, U. (2003): Prädiktive genetische Brust- und Ovarialkrebsdiagnostik. Manual zur Beratung ratsuchender Frauen. Stuttgart.

Nüsslein-Volhard, C. (2004): Das Werden des Lebens – Wie Gene die Entwicklung steuern. München.
Ohlhoff, D. (2002): Das freundliche Selbst und der angreifende Feind. Politische Metaphern und Körperkonzepte in der Wissensvermittlung der Biologie. Metaphorik 03 (2002), S. 75-99, http://www.metaphorik.de/03/ohlhoff.pdf (Zugriff: 11.07.2008).
Reif, M./Baitsch, H. (1986): Genetische Beratung. Hilfestellung für eine selbstverantwortliche Entscheidung? Berlin.
Rheinberger, H.-J. (2000): Gene Concepts – Fragments from the Perspective of Molecular Biology, in: Falk et al. (2000), S. 219-239.
Rorty, R. (1989): Kontingenz, Ironie und Solidarität. Frankfurt a.M.
Rigos, A. (2006): Wie das Lernen gelingt. 1stein, Bundesministerium für Bildung und Forschung, 06/2006, S. 18-23, http://www.bmbf.de/pub/1stein_juni_2006.pdf (Zugriff: 11.07.2008).
Schmidt, W. (2005): Neurobiologische Grundlagen der Sucht, in: Engels/Hildt (2005), S. 95-103.
Schmidtke, J. (1997): Vererbung und Ererbtes – Ein humangenetischer Ratgeber. Reinbek bei Hamburg.
Schrödinger, E. (2003^6): Was ist Leben? Die lebende Zelle mit den Augen des Physikers betrachtet. München.
Spektrum der Wissenschaft (SdW) (2002): Ein einzelnes Gen entscheidet über den Erfolg, Spektrum der Wissenschaft 7 (2002), S. 77.
Vlasak, I./Amann, G. (2005): Genetische Beratung aus der Sicht von Klient/innen, Journal für Fertilität und Reproduktion 1 (2005), S. 13-20.
Wüstner, K. (2000): Genetische Beratung. Risiken und Chancen. Bonn.

III. Genetik und Ethik:
Gesellschaftliche Perspektiven

Elisabeth Hildt

Prädiktive genetische Diagnostik und das Recht auf Nichtwissen

Mittels prädiktiver genetischer Diagnostik können Angaben über die DNA-Sequenz eines Menschen erzielt werden, auf deren Basis Aussagen über mögliche künftige Erkrankungen und Erkrankungswahrscheinlichkeiten des Betreffenden[1] getroffen werden können. Hierbei lassen sich verschiedene Formen prädiktiver genetischer Analyseverfahren unterscheiden: Während bei multifaktoriell bedingten Krankheiten, bei deren Auftreten mehrere Gene bzw. vielfältige Wechselwirkungen mit Umweltfaktoren eine Rolle spielen, lediglich erhöhte Risiken für einen möglichen künftigen Krankheitsausbruch angegeben werden können (Suszeptibilitätstests, z.b. bei bestimmten Tumorerkrankungen), kann in seltenen Fällen auf das nahezu unvermeidbare künftige Auftreten einer Erkrankung geschlossen werden (präsymptomatische genetische Diagnostik). Ein Beispiel für diesen letztgenannten Zusammenhang präsymptomatischer genetischer Diagnostik stellt die mit beinahe vollständiger Penetranz auftretende autosomal-dominant vererbte neurodegenerative Erkrankung Chorea Huntington dar.

Aufgabe genetischer Beratung im Zusammenhang genetischer Diagnostik ist es, Rat suchende Personen über ihr individuelles genetisches Risiko aufzuklären mit dem Ziel individueller Krankheitsvorsorge oder selbstverantwortlicher Familienplanung – jedoch ohne auf die Entscheidungsfindung der betreffenden Personen Einfluss zu nehmen.[2] So können über den Weg der nicht-direktiven genetischen Beratung und Inanspruchnahme prädiktiver genetischer Analyseverfahren – soweit vorhanden – präventive Maßnahmen zur Verringerung von Erkrankungswahrscheinlichkeiten angeraten werden sowie behandelbare erbliche Krankheiten frühzeitig erfasst werden und rechtzeitig einer Therapie zugeführt werden. Zudem können Handlungsspielräume und Möglichkeiten selbstbestimmter Lebensgestaltung und Familienplanung eröffnet werden.

Jedoch können Kenntnisse hinsichtlich des eigenen genetischen Status durchaus auch vielfältige ambivalente Auswirkungen mit sich bringen. Diese werden besonders deutlich, wenn für die in Frage stehende Erkrankung keine wirksamen präventiven oder therapeutischen Handlungsoptionen verfügbar sind.

---

1   Der Einfachheit halber wird die maskuline Form für beide Geschlechter verwendet.
2   Vgl. Bundesärztekammer (1998) und (2003).

Vor dem Hintergrund der vielschichtigen Implikationen prädiktiver genetischer Diagnostik für die Möglichkeiten selbstbestimmter Lebensgestaltung geht der vorliegende Beitrag auf die grundlegende Bedeutung des Rechts auf Nichtwissen ein, d.h. des Rechts einer Person, Kenntnisse über den eigenen genetischen Status nicht in Erfahrung bringen zu müssen und somit ihr Leben ohne interferierende Einflüsse dieser Kenntnisse gestalten zu können, so sie dies wünscht. Hierbei wird die zentrale Relevanz des Rechts auf Nichtwissen sowohl in Bezug auf einen selbstbestimmten Umgang mit genetischer Diagnostik im Allgemeinen als auch im Zusammenhang der Weitergabe der Analyseergebnisse innerhalb des jeweiligen Familienumfelds herausgearbeitet.[3]

Zur Besonderheit der Ergebnisse prädiktiver genetischer Diagnostik

Besteht ein grundlegender Unterschied zwischen den Ergebnissen prädiktiver genetischer Diagnostik und in medizinisch-therapeutischen Kontexten erzielten Informationen?

Den durch prädiktive genetische Diagnostik erzielbaren Angaben hinsichtlich der genetischen Konstitution eines Menschen wird häufig ein besonderer Status verglichen mit in anderen medizinischen Kontexten stehenden Kenntnissen und Informationen zugeschrieben, weil sie (1.) prädiktiven Charakter besitzen, und damit unabhängig vom Alter und unabhängig vom klinischen Zustand sind; (2.) etwas aussagen über Eigenschaften, welche an die Nachkommen weitergegeben werden können; (3.) Aussagen machen nicht nur über die jeweilige Person selbst, sondern auch über andere Familienmitglieder; (4.) besonders „heikel" sind.[4]

Allerdings wurde diese Sonderstatus-Zuschreibung auch von verschiedener Seite in Frage gestellt.[5] Denn wie Søren Holm[6] ausführt, können für jeden dieser Gesichtspunkte, die häufig als für das Wissen um genetische Zusammenhänge charakteristisch beschrieben werden, auch Beispiele aus anderen Bereichen der Medizin angeführt werden. Insbesondere lassen sich auch dort vereinzelt Fälle finden, die alle vier Aspekte erfüllen, wie zum Beispiel Aussagen über kongenitale Syphilis.

Auch wenn man dieser Kritik folgt, so muss doch zugestanden werden, dass es sich bei den oben beschriebenen vier Charakteristika um Aspekte handelt, die gemeinsam besonders häufig auf Ergebnisse prädiktiver genetischer Diagnostik zutreffen, wohingegen ein solches Zusammentreffen in anderen medizinischen Zusammenhängen eher selten ist.

---

3   Zu einer ausführlichen Darstellung vgl. Hildt (2006).
4   Chadwick (1997b), Bayertz (1998), Holm (1999), Taupitz (2001), Green/Botkin (2003).
5   Wachbroit (1998), Holm (1999), Taupitz (2001), Green/Botkin (2003).
6   Holm (1999).

Während auf der einen Ebene die Ergebnisse prädiktiver genetischer Analysen zunächst als vergleichbar mit Kenntnissen, welche anderen medizinischen Zusammenhängen entstammen, betrachtet werden können, kommt ihnen – bedingt durch dieses gehäufte gemeinsame Auftreten der oben beschriebenen Charakteristika – auf einer anderen Ebene jedoch auch eine besondere Eigenart zu. Denn insgesamt gesehen stehen die Ergebnisse prädiktiver genetischer Diagnostik häufig in einem besonderen lebensweltlichen Kontext, in dem die langfristige Ausrichtung der Lebens- und Familienplanung eine stärkere Rolle spielt als in anderen medizinischen Gebieten.

Von zentraler Bedeutung ist der Einfluss von Kenntnissen hinsichtlich der genetischen Konstitution auf Fragen der Familienplanung. Eine besondere Rolle kommt ihnen bei Pränataldiagnostik durch den Zusammenhang mit der Möglichkeit eines selektiven Schwangerschaftsabbruchs zu.[7]

Bezogen auf die mittel- und langfristige Lebensplanung einer Person liegt die Besonderheit der Ergebnisse prädiktiver genetischer Diagnostik darin, dass zumeist symptomfreie, von keinerlei Krankheitsanzeichen betroffene Personen mit Informationen konfrontiert werden, denen zufolge sie mit gewisser – häufig recht vage spezifizierter – Wahrscheinlichkeit früher oder später eine bestimmte Krankheit entwickeln könnten. Im Gegensatz hierzu sind in anderen medizinischen Kontexten zukunftsbezogene Aussagen wesentlich enger an vorhandene Symptome geknüpft, sodass sich in den meisten Fällen Personen, die bereits von Krankheitsanzeichen betroffen sind, mit einer Prognose auseinanderzusetzen haben. Hinzu kommt, dass zumindest derzeit für die meisten prädiktiv diagnostizierbaren genetisch bedingten Erkrankungen keine effizienten Präventions- oder Therapiemöglichkeiten zur Verfügung stehen.

Je weniger Präventions- oder Therapiemöglichkeiten im Umfeld postnataler prädiktiver genetischer Diagnostik verfügbar sind, desto stärker rückt das am medizinischen Wohlbefinden des Betreffenden ausgerichtete Fürsorgeprinzip (Benefizienzprinzip) in den Hintergrund und desto stärker gelangen Autonomie-Gesichtspunkte in den Mittelpunkt. Denn solange keine oder nur eine sehr begrenzte Möglichkeit besteht, die vorhergesagte Krankheit zu vermeiden oder frühzeitig zu therapieren, liegt der Nachfrage nach prädiktiven genetischen Analysen in erster Linie die Erwartung zugrunde, durch die auf diese Weise erhaltenen Ergebnisse werde der Entscheidungs- und Handlungsspielraum der Betreffenden erweitert, und somit eine angemessenere Lebens- und Familienplanung ermöglicht.[8]

---

7 Auf diesen Themenkomplex kann im Rahmen des vorliegenden Beitrags leider nicht eingegangen werden.
8 Allerdings sind Fürsorgegesichtspunkte durchaus relevant im Sinne einer Nichtschadensverpflichtung, d.h. der Verpflichtung, den Betreffenden durch prädiktive genetische Diagnostik nicht zu schaden.

Analogie zum *informed consent*?

Bei der Inanspruchnahme genetischer Diagnostik spielt die Motivation eine große Rolle, Kenntnisse hinsichtlich des eigenen genetischen Status – oder hinsichtlich des genetischen Status möglicher künftiger Kinder – zu erhalten, um sein Leben sinnvoll planen und gestalten sowie Beschränkungen und Risiken möglichst ausschließen zu können. In diesem Zusammenhang wird häufig irrtümlich angenommen, bereits durch das Erhalten der Ergebnisse prädiktiver genetischer Analysen und die hierdurch zusätzlich eingeführten Handlungs- und Entscheidungsspielräume entstehe gleichzeitig – quasi automatisch – ein Zuwachs an Selbstbestimmung bzw. Autonomie.

Hierbei spielt meiner Ansicht nach ein häufig voreilig gezogener Analogieschluss zum *informed consent* eine große Rolle, d.h. zur wohl informierten freien Zustimmung des Patienten zu einer bevorstehenden Behandlung, nachdem er zuvor umfassend über seinen Gesundheitszustand, über Chancen und Risiken der geplanten medizinischen Maßnahme sowie alternative Handlungsinformationen informiert wurde.[9]

So stellt das Erhalten einer ausreichenden Informationsmenge eine der wesentlichen Voraussetzungen des *informed consent* im medizinisch-therapeutischen Kontext dar. Diese Information ermöglicht es dem jeweiligen Patienten, eine adäquate, wohl informierte Entscheidung bezogen auf künftige Behandlungsschritte treffen zu können. Man könnte hier von einem „Recht auf Wissen" der für die Entscheidung relevanten Umstände sprechen.

Analog hierzu werden im Kontext prädiktiver genetischer Diagnostik die Rat suchenden Personen durch ausführliche genetische Beratung über die Chancen und Risiken des Analyseverfahrens und seine möglichen Folgen aufgeklärt, um ihnen so zu ermöglichen, in selbstbestimmter Weise über die Inanspruchnahme einer genetischen Analyse entscheiden zu können. Jedoch wird der Begriff „Recht auf Wissen" im Zusammenhang prädiktiver genetischer Diagnostik zumeist nicht in dieser Weise verwendet, sondern im Sinne von: Recht auf Wissen über den eigenen genetischen Status.

Allerdings stehen die durch genetische Analyse erhaltenen Kenntnisse hinsichtlich des genetischen Status einer Person in einem anderen Zusammenhang. Denn diese Kenntnisse bilden nicht die *Voraussetzung* eines zu erteilenden *informed consent*, sondern sie stellen das *Ergebnis* des genetischen Analyseverfahrens dar. Diese Kenntnisse sind daher nicht als Vorbedingung eines zu gebenden *informed consent* zu sehen – jedoch kann sich dieser Zusammenhang möglicherweise eröffnen, wenn aufgrund der erhaltenen Analyseergebnisse medizinische Maßnahmen angemessen erscheinen.

---

9 Faden/Beauchamp (1986), Wear (1993).

Daher muss zunächst generell unterschieden werden in Abhängigkeit davon, ob aufgrund der Resultate prädiktiver genetischer Diagnostik eine wie auch immer gestaltete wirksame präventive oder therapeutische Maßnahme angeraten werden kann, oder ob derartige Maßnahmen derzeit nicht zur Verfügung stehen. So mag man Kenntnisse hinsichtlich der genetischen Konstitution umso eher und umso stärker als analogisierbar mit der Kenntnis der relevanten Umstände im medizinisch-therapeutischen Kontext betrachten, je eher sich aufgrund der erhaltenen Angaben präventive oder therapeutische medizinische Schritte anbieten. Je umfassender und je wirksamer solche Maßnahmen sind, desto eher erscheint es angemessen, Angaben über den genetischen Status als Bestandteil vollständiger ärztlicher Aufklärung zu sehen.

Wenn für die entsprechenden, durch die DNA-Diagnostik ermittelten Krankheiten bzw. Erkrankungsrisiken keine geeigneten Präventions- oder Therapiemöglichkeiten zur Verfügung stehen, kommt den Ergebnissen prädiktiver genetischer Diagnostik jedoch ein anderer Status zu. Denn anders als im medizinisch-therapeutischen Kontext im Umfeld des *informed consent*, in dem die umfassende Kenntnis der relevanten Zusammenhänge die Voraussetzung für eine autonome Entscheidung des Patienten in Bezug auf verschiedene Behandlungsoptionen darstellt, lässt sich im nicht-therapeutischen Bereich genetischer Diagnostik ein solcher direkter Zusammenhang zwischen Wissen und Selbstbestimmung der betreffenden Person nicht herstellen. So kann die Frage, ob sich für den Einzelnen das durch prädiktive genetische Diagnostik erhaltene Analyseergebnis positiv auf die Autonomie auswirkt, hier keineswegs dadurch beantwortet werden, dass man sich – wie im medizinisch-therapeutischen Fall im Umfeld des *informed consent* – auf eine bestimmte medizinische Entscheidungssituation bezieht und den diesbezüglichen Wissensstand des Patienten feststellt sowie die Abwesenheit äußerer Zwänge sicherstellt.

Denn im Bereich postnataler prädiktiver genetischer Diagnostik bezieht sich die erhaltene Information – anders als im medizinisch-therapeutischen Bereich – nicht auf eine konkrete Situation medizinischen Handelns, d.h. auf eine unmittelbar zu treffende Therapieentscheidung, sondern zumeist auf den gesamten weiteren Lebensverlauf einer Person. Anders als im medizinisch-therapeutischen Kontext, in dem die erhaltene Information in einem konkreten medizinischen Handlungszusammenhang steht, sind die mittel- und langfristigen Folgen der Kenntnis der genetischen Daten zumeist im Wesentlichen offen, nicht zuletzt auch was Veränderungen der Präferenzen sowie mögliche Implikationen im familiären und gesellschaftlichen Umfeld betrifft. Bei der Frage, welche Handlungsoptionen sich aus einer prädiktiven genetischen Analyse ergeben, stehen im nicht-therapeutischen Kontext häufig nicht medizinische Kriterien im Mittelpunkt, sondern die Einstellungen, Überzeugungen und Präferenzen der jeweiligen Person. Je weniger präventive oder therapeutische Handlungsoptionen zur Verfügung stehen, desto stärkere Bedeutung erhält hier der Autonomie-

Gesichtspunkt und mit ihm Fragen der allgemeinen Lebensgestaltung und des Selbstentwurfs von Personen.

Während Wissen im Umfeld des klassischen *informed consent* im Allgemeinen positiv besetzt ist, da es anstehende konkrete medizinische Entscheidungen erleichtert bzw. erst ermöglicht, erscheint Wissen im prädiktiven Kontext, zumindest solange keine wirksamen Präventions- oder Behandlungsmöglichkeiten verfügbar sind, angesichts der komplexen Zusammenhänge als wesentlich ambivalenter.

Recht auf Wissen, Recht auf Nichtwissen

Gemäß weit geteilter Ansicht sollte prädiktive genetische Diagnostik nach angemessener Beratung und *informed consent* zur Verfügung stehen für Erwachsene mit Risikostatus, welche einen Test wünschen, und zwar auch bei nicht vermeidbaren und nicht behandelbaren Krankheiten. Denn die Analyseergebnisse können – auch jenseits medizinischer Behandlungsmöglichkeiten – wichtige Entscheidungsoptionen hinsichtlich der Lebens- und Familienplanung eröffnen.[10]

Das Recht auf Wissen bezüglich der eigenen genetischen Veranlagung besitzt insgesamt im Umgang mit prädiktiver genetischer Diagnostik große Bedeutung. Als besonders zentral wird die Bedeutung des Rechts auf Wissen im Allgemeinen dann angesehen, wenn sich aus den Ergebnissen prädiktiver genetischer Diagnostik direkte medizinische Handlungsoptionen ergeben, d.h. wenn geeignete präventive oder therapeutische Maßnahmen ergriffen werden können oder wenn dem Ergebnis Relevanz im Zusammenhang mit Familienplanungsentscheidungen zukommt.

Vor diesem Hintergrund sind die Aussagen einiger Autoren zu sehen, die in Fällen, in denen sich durch die Resultate prädiktiver genetischer Analysen konkrete medizinische Handlungsoptionen eröffnen, nicht nur von einem Recht auf Wissen sprechen, sondern vielmehr von einer Pflicht zu wissen ausgehen.[11] Dieser Argumentation zufolge besteht für den Einzelnen eine Verpflichtung, seinen genetischen Status in Erfahrung zu bringen, um über die eigenen Gesundheitsrisiken Bescheid zu wissen und so eine eigenverantwortliche Modifikation des Lebensstils zu ermöglichen sowie um verantwortungsvolle Familienplanungsentscheidungen treffen zu können. Die Größe dieser Pflicht zu wissen wird häufig als abhängig vom jeweiligen Krankheitsrisiko angesehen: Je gravierender die in Frage stehende Erkrankung und je höher das Erkrankungsrisiko, als desto größer kann demnach die Wissenspflicht betrachtet werden.

Die Annahme einer allgemeinen Pflicht zu wissen ist jedoch aus verschiedenen Gründen problematisch. Zunächst ergibt sich die Schwierigkeit

---

10 Vgl. World Health Organization (1998), Gesellschaft für Humangenetik (2000).
11 Shaw (1987), Fletcher (1988), Chadwick (1997a), Wachbroit (1998), Sass (2003).

festzulegen, wie der Bereich an Erkrankungen und wie der Personenkreis, für den eine Verpflichtung zu wissen bestehen könnte, eingegrenzt werden könnten. Darüber hinaus tendieren entsprechende Positionen dazu, aus der Pflicht zu wissen für die jeweiligen Personen eine Verpflichtung abzuleiten, ihr Verhalten an den Ergebnissen prädiktiver genetischer Diagnostik auszurichten. Denn die Annahme einer Pflicht zu wissen impliziert bis zu einem gewissen Grad auch eine Verpflichtung, entsprechend den erhaltenen Analyseergebnissen zu handeln, d.h. sich möglichst gesund zu verhalten bzw. Familienplanungsentscheidungen so zu treffen, dass das Auftreten der entsprechenden Krankheiten nach Möglichkeit verhindert wird. Diese negativen Auswirkungen auf die Autonomie lassen die Annahme einer Pflicht zu wissen äußerst problematisch erscheinen.

Darüber hinaus lassen sich aus einem Gentest zumeist nur Wahrscheinlichkeitsaussagen in Bezug auf das Auftreten einer Erkrankung, über Schwere der Symptomatik und Erkrankungszeitraum ableiten. Ob diese unsicheren Angaben tatsächlich die Annahme einer Pflicht zu wissen legitimieren, erscheint fraglich.

Bei Überlegungen hinsichtlich eines Rechts auf Wissen – oder gar einer Pflicht zu wissen – tritt sehr leicht ein anderer gegenläufiger Gesichtspunkt in den Hintergrund: Das Recht auf Nichtwissen, d.h. das Recht einer Person, ihren genetischen Status nicht erfahren zu müssen. Während das Recht auf Nichtwissen im therapeutischen Kontext im Zusammenhang mit dem hier zu gebenden *informed consent* nur selten explizit in Anspruch genommen wird, kommt dem Recht auf Nichtwissen im Kontext prädiktiver genetischer Diagnostik eine stärkere praktische Relevanz zu. Es besitzt umso größere Bedeutung, je weniger präventive oder therapeutische Handlungsoptionen verfügbar sind und je schwieriger für die Menschen das Zurechtkommen mit der erhaltenen Information ist. Das Recht auf Nichtwissen ermöglicht es den betreffenden Personen, ihr Leben ohne die Interferenz der Ergebnisse prädiktiver genetischer Diagnostik zu gestalten – so sie dies wünschen. Jedoch setzt das Recht auf Nichtwissen bei den Betreffenden eine zumindest abstrakte Kenntnis der fraglichen Wissensbereichs voraus, welche ihnen ermöglicht, die Risiken des Nichtwissens in adäquater Weise zu ermessen.[12]

Das Recht auf Nichtwissen erhält besondere Bedeutung, wenn sich die Überlegungen nicht mehr nur auf einzelne Personen und ihre autonome Lebensgestaltung beziehen, sondern wenn auch das soziale Umfeld mitbedacht wird. Denn ein Anspruch auf das Erhalten genetischer Daten kann nicht nur von derjenigen Person ausgehen, auf welche sich die jeweiligen Ergebnisse prädiktiver genetischer Diagnostik beziehen, sondern auch von Dritten, welche prädiktive Aussagen über eine bestimmte Person in Erfahrung bringen wollen. Ein Rekurs auf das Recht auf Nichtwissen kann daher auch als Möglichkeit einer Person gesehen werden, sich – möglicher-

---

12 Chadwick (1997a), Husted (1997), Taupitz (1998).

weise zu ihren Ungunsten zu verwendenden – Wissensansprüchen Dritter (z.B. im Kontext von Versicherungen oder am Arbeitsplatz) zu widersetzen, und auf diesem Wege die Voraussetzungen für eine unbeeinträchtigte autonome Lebensgestaltung zu schaffen.

Allerdings besitzt das Recht auf Nichtwissen auf einer Ebene zentrale Relevanz, auf der es keine Rolle spielt, ob die Analyseergebnisse im individuellen oder gesellschaftlichen Kontext möglicherweise negative Konsequenzen mit sich bringen: So kann wirkliche Entscheidungsfreiheit bei der Frage, ob eine prädiktive genetische Analyse in Anspruch genommen werden soll, für den Einzelnen nur gewährleistet sein, wenn – gleichberechtigt – sowohl von einem Recht auf Wissen als auch von einem Recht auf Nichtwissen ausgegangen wird. Unabhängig von Folgenüberlegungen, die sich auf mögliche negative Auswirkungen der Ergebnisse prädiktiver genetischer Diagnostik beziehen, stellt das Recht auf Nichtwissen die grundlegende Voraussetzung für eine freie, selbstbestimmte Entscheidung hinsichtlich der Inanspruchnahme prädiktiver genetischer Diagnostik dar. Das nicht selten einseitig zugunsten eines Rechts auf Wissen eingesetzte Selbstbestimmungsargument bildet daher in ebensolchem Maße auch die Grundlage für ein Recht auf Nichtwissen.[13]

Entgegen der zunächst plausibel erscheinenden Anfangsannahme, Voraussetzung von Autonomie sei es, in möglichst umfassender Weise Kenntnisse hinsichtlich der genetischen Konstitution zu erhalten, um hiervon ausgehend eine adäquate und verantwortungsvolle Lebensgestaltung zu ermöglichen, kann mithilfe von Autonomieüberlegungen also auch gegen eine Testinanspruchnahme argumentiert werden. Hierbei steht das Recht im Mittelpunkt, sein Leben ohne die Interferenz von Ergebnissen prädiktiver genetischer Diagnostik planen und gestalten zu können. Für eine generelle Pflicht zu wissen kann mithilfe eines Rekurses auf Autonomiegesichtspunkte daher nicht plädiert werden, vielmehr besitzen aufgrund des Selbstbestimmungsrechts das Recht auf Wissen und das Recht auf Nichtwissen zunächst gleich große Bedeutung.

Will man zugunsten einer Pflicht zu wissen argumentieren, so muss vielmehr auf sich am gesundheitlichen Wohlbefinden ausrichtende Benefizienzgesichtspunkte rekurriert werden. Fürsorgeüberlegungen mögen es in Situationen, in denen medizinische Handlungsmöglichkeiten zur Verfügung stehen, erfordern, eine prädiktive genetische Analyse durchzuführen. So kann eine Person durchaus, bezogen auf ihre individuelle Lebenssituation, zu der Ansicht gelangen, um ihrer Gesundheit und ihres Wohlbefindens willen oder um Gesundheit und Wohlbefinden ihrer Angehörigen willen bestehe eine Verpflichtung zur Testdurchführung.

---

13 Chadwick (1997b).

Recht auf Nichtwissen und Ergebnisse genetischer Analysen im familiären Kontext

Im sich anschließenden Abschnitt sollen die Überlegungen, die sich bislang auf die jeweils einzelne, individuelle Person beschränkten, ausgedehnt werden auf das familiäre Umfeld. Denn die Ergebnisse prädiktiver genetischer Analysen beziehen sich nicht nur auf die jeweils einzelne testwillige Person, sondern zumeist in mehr oder weniger direkter Weise auch auf andere Familienangehörige.

So können Familienangehörige aus der Übermittlung des Analyseergebnisses eines engen Familienmitglieds unter Umständen von ihrem eigenen erhöhten Erkrankungsrisiko erfahren. Beispielsweise erhöht sich bei Geschwistern oder Kindern von Personen mit nachgewiesener Anlageträgerschaft dramatisch der entsprechende Risikostatus.

In Einzelfällen lässt sich aus dem Analyseergebnis eines Familienmitglieds sogar mit Quasi-Gewissheit ableiten, ob bestimmte Angehörige auch die entsprechende Mutation tragen. Zum Beispiel ergibt sich bei eineiigen Zwillingen aus dem Ergebnis des untersuchten Zwillings auch der genetische Status des anderen Zwillings. Am intensivsten werden entsprechende direkte Rückschlussmöglichkeiten diskutiert im Zusammenhang mit prädiktiver genetischer Diagnostik bei Personen mit 25 % A-priori-Risiko an Chorea Huntington zu erkranken:[14] Wenn beispielsweise eine Person mit einem an Chorea Huntington erkrankten Großvater, welche ein 25 % A-priori-Erkrankungsrisiko trägt, bei direkter Gendiagnostik ein positives Analyseergebnis erhält, dann lässt sich hieraus auf die Anlageträgerschaft des zugehörigen Elternteils zurückschließen.

Für Familienangehörige von bereits getesteten Personen können sich hier vielfältige, äußerst komplexe Zusammenhänge ergeben – nicht zuletzt, da für viele Familienmitglieder die Information völlig überraschend und äußerst unwillkommen sein kann. Ein solches unaufgefordertes Enthüllen von Erkrankungsrisiken wird in der englischsprachigen Literatur mit dem Begriff „*unsolicited disclosure*" beschrieben und äußerst kontrovers diskutiert.

Zunächst stellt sich im Zusammenhang mit einer Weiterleitung des Ergebnisses einer prädiktiven genetischen Analyse an möglicherweise selbst betroffene Angehörige die Frage: Darf das erhaltene Analyseergebnis an diese Angehörigen weitergegeben werden, besteht eventuell eine Verpflichtung zur Weiterleitung oder muss es gar verschwiegen werden?

In all diesen Fällen, in denen es um die Weiterleitung des durch eine prädiktive genetische Analyse erzielten Ergebnisses an möglicherweise selbst betroffene Angehörige geht, entsteht ein komplexes ethisches Dilemma: Einerseits besteht hier ein Konflikt zwischen dem Recht der getesteten Person auf Wahrung von Vertraulichkeit, Privatsphäre und Autonomie so-

---

14 Maat-Kievit et al. (1999), Lindblad (2001), Tassicker et al. (2003).

wie dem Interesse der Familienmitglieder, vorhandene Informationen zu erhalten, die möglicherweise für wichtige Lebensentscheidungen relevant sind; andererseits ist das Recht der Familienmitglieder auf Nichtwissen zu beachten.

In diesem Zusammenhang wird häufig die Ansicht vertreten, es bestehe eine Verpflichtung, Angehörigen die für sie relevanten Angaben über genetische Erkrankungen mitzuteilen, um auf diesem Wege dazu beizutragen, das Auftreten von Krankheiten zu vermeiden. Hierbei wird zumeist für eine selbstständige Weitergabe der Analyseergebnisse innerhalb der Familie plädiert. Der betreuende Arzt soll dieser Sichtweise zufolge die betreffenden Personen überzeugen, das Analyseergebnis an Familienmitglieder weiterzugeben, und lediglich im Zweifelsfall – sollten sich diese weigern – ggf. eigenmächtig die Vertraulichkeit brechen.[15]

Bei einer solchen Argumentation zugunsten einer Weiterleitung der Ergebnisse prädiktiver genetischer Diagnostik innerhalb der Familie wird die Möglichkeit zur Krankheitsvermeidung betont sowie die Möglichkeit, aufgrund der Kenntnis der genetischen Zusammenhänge selbstbestimmte Entscheidungen zu treffen. Demgegenüber treten hier Vertraulichkeitsgesichtspunkte, das Recht auf Nichtwissen und die Sorge, mit der prädiktiven Aussage möglicherweise zu schaden, eher in den Hintergrund.

So formuliert beispielsweise die Bundesärztekammer in ihren „Richtlinien zur Diagnostik der genetischen Disposition für Krebserkrankungen", der betreuende Arzt solle die Patienten ermuntern, entsprechende Angehörige über ihr erhöhtes Krebsrisiko zu informieren, jedoch solle er sich nicht selbst an die Angehörigen seiner Patienten wenden.[16] Für den Arzt ergibt sich hier ein Konflikt zwischen der Vertraulichkeitsverpflichtung gegenüber dem jeweiligen Patienten und der Rücksicht gegenüber Dritten, denen durch das Nicht-Mitteilen mit hoher Wahrscheinlichkeit geschadet wird oder denen dadurch zumindest ein gesundheitlicher Nutzen entgeht.

Als Ausnahme, in der möglicherweise eine direkte Aufklärung von Angehörigen durch den Arzt angemessen sein mag, wird von der Bundesärztekammer jedoch eine Situation beschrieben, in welcher ein Patient seine beim gleichen Arzt in Behandlung stehenden Angehörigen nicht informiert.[17]

Die Argumente zugunsten einer Weiterleitung des Analyseergebnisses sind umso stärker, je eher geringfügige Lebensstil-Veränderungen dazu führen können, die jeweilige Krankheit zu vermeiden und je eher präventive oder therapeutische Maßnahmen verfügbar sind.

Beispielsweise besitzen geringfügige Lebensstil-Veränderungen große Bedeutung beim autosomal-rezessiv vererbten Alpha-1-Antitrypsin-Man-

---

15 Wilcke (1998), World Health Organization (1998), Hakimian (2000), Fröhlich et al. (2003), Harris et al. (2005).
16 Bundesärztekammer (1998).
17 Bundesärztekammer (1998) und (2003).

gel, für dessen Symptomatik Rauchen einen entscheidenden Risikofaktor darstellt.[18]

Denn in diesen Fällen entsteht für Angehörige, die ein Risiko für die gleiche Erkrankung tragen, wahrscheinlich ein großer Nutzen durch die Möglichkeit, ebenfalls eine genetische Analyse in Anspruch nehmen und von den jeweiligen medizinischen Verfahren profitieren zu können. In den Fällen, in denen medizinischer Nutzen eindeutig bzw. nahe liegend ist, spricht daher einiges zugunsten einer Weitergabe des erhaltenen Analyseergebnisses.

Allerdings gestaltet sich eine solche Vorgehensweise in all den Fällen problematisch, in denen nicht eindeutig ist, inwieweit aus dem Analyseergebnis tatsächlich ein gesundheitlicher Nutzen gewonnen werden kann. Dies gilt insbesondere in Fällen, in denen keine wirksamen präventiven oder therapeutischen Verfahren verfügbar sind, sowie bei mit verminderter Penetranz oder variabler Expressivität auftretenden Krankheiten.

In Fällen, in denen – wie z.B. bei Chorea Huntington – mit der prädiktiven Aussage kein direkter medizinischer Nutzen einhergeht, sind die (auf die jeweiligen Risikostatusangehörigen bezogenen) Fürsorgeargumente zugunsten einer Weiterleitung des Analyseergebnisses wesentlich schwächer, sie beziehen sich vorrangig auf ein Befreien von gesundheitlichen Beeinträchtigungen aufgrund krankheitsbezogener Unsicherheit. Hier können vielmehr zugunsten einer Weiterleitung an möglicherweise selbst betroffene Angehörige in erster Linie aus dem Wissen erwachsende Wahlmöglichkeiten bei der Lebensgestaltung, mithin ein Autonomiezuwachs, genannt werden. Zugunsten einer Weitergabe der Ergebnisse spricht hier zusätzlich ein möglicher Nutzen bei der Familienplanung, d.h. Gründe, die sich vorrangig auf die nachfolgende Generation beziehen.

Allerdings muss – gerade wenn ein gesundheitlicher Nutzen in den Hintergrund rückt – auch ein möglicher Schaden einer solchen Weitergabe der Ergebnisse prädiktiver genetischer Diagnostik an ahnungslose, möglicherweise selbst betroffene Angehörige berücksichtigt werden. Neben eher seltenen Implikationen einer prädiktiven genetischen Analyse, wie zum Beispiel Rückschlüssen auf eine nicht vorliegende genetische Vaterschaft,[19] ist hier insbesondere an Ängste, mögliche Einschränkungen und Fehlentscheidungen zu denken, die sich aus einer Weiterleitung von Analyseergebnissen ergeben können. Dies gilt insbesondere, da die Familienangehörigen im Vorfeld keine Möglichkeit besaßen, sich für oder gegen den Erhalt der genetischen Daten auszusprechen. In diesem Zusammenhang spielt die Problematik der Verletzung des Rechts auf Nichtwissen der eigenen genetischen Konstitution eine große Rolle.[20]

---

18 Wilcke (1998).
19 Tóth et al. (1997).
20 Vgl. Husted (1997).

Denn wenn sich die getestete Person oder der Arzt an die nichts ahnenden Familienmitglieder wendet und sie auf diesem Weg von ihrem erhöhten Erkrankungsrisiko erfahren, wird hierdurch ihre Unwissenheit über ihr eigenes Erkrankungsrisiko zerstört, ohne dass die Familienangehörigen über eine Möglichkeit verfügt hätten, sich gegen den Erhalt dieser – unter Umständen in hohem Maße unwillkommenen – Information auszusprechen.[21] Denn ein solcherart unaufgefordertes Enthüllen von Erkrankungsrisiken übergeht die Möglichkeit dieser Personen, ihre wohl informierte freie Zustimmung zum Erhalten der Information, d.h. ihren *informed consent,* zu geben.

Die Person wird hierbei als verantwortlicher Entscheidungsträger übergangen; ihr wird nicht ermöglicht, wichtige Entscheidungen, die ihr eigenes Leben betreffen, selbst zu fällen.[22] So gesehen stellt das unaufgeforderte Mitteilen von Ergebnissen prädiktiver genetischer Diagnostik an möglicherweise selbst betroffene Angehörige durch den Arzt oder durch ein Familienmitglied eine Form von starkem Paternalismus dar: Aus medizinischen Gründen wird die Entscheidung, wissen zu wollen oder nicht wissen zu wollen, aus der Hand der nichts ahnenden Person genommen – zu ihrem (mutmaßlichen) Wohlergehen.

In diesem Zusammenhang bezeichnet Jørgen Husted daher die Empfehlung, Ärzte sollten im Rahmen genetischer Beratungsgespräche die betreffenden Personen auffordern, ihre Familienangehörigen über deren erhöhten Risikostatus aufzuklären, nicht nur als paternalistisch sondern auch als moralistisch.[23] Denn eine solche Aufforderung zur Informationsweiterleitung an nahe Angehörige stelle eine Belehrung der betreffenden Person über ihre moralische Pflicht in Bezug auf dritte Personen dar. Eine solche Vorgehensweise besitze jedoch in hohem Maße direktiven Charakter in jenseits der professionellen Fachkenntnisse des Arztes liegenden Bereichen, und sei mit einem nicht-direktiven Beratungskonzept unvereinbar.

Allerdings kann in ebensolcher Weise das Nichtweiterleiten der Ergebnisse prädiktiver genetischer Analysen zugunsten des mutmaßlichen Wohlergehens des Betreffenden als Paternalismus bezeichnet werden. Bezüglich des Umgangs mit bereits vorliegenden Analyseergebnissen ergibt sich hier eine dilemmatische, von Fremdbestimmung gekennzeichnete Situation:

---

21 Zwar kann nicht nur „*unsolicited disclosure"* sondern auch das Auftreten von Krankheitssymptomen bei einem engen Familienangehörigen für eine Person Anlass bieten, auf ihren eigenen Risikostatus zurückzuschließen. Dieses sich aus der Situation ergebende Wissen mag dann allerdings den äußeren Umständen zuzuschreiben und als unvermeidlich zu betrachten sein. Demgegenüber spielt in den Fällen, in denen jemand aus dem Analyseergebnis eines Angehörigen auf seinen eigenen Risikostatus zurückschließen kann bzw. muss, die Entscheidung der bereits untersuchten Person zur Inanspruchnahme des Analyseverfahrens und zur Weiterleitung der erhaltenen Ergebnisse die zentrale Rolle.
22 Husted (1997).
23 Ebd.

Wird das Analyseergebnis an möglicherweise selbst betroffene Familienangehörige weitergeleitet, so wird hierdurch deren Recht auf Nichtwissen verletzt; wird es nicht weitergeleitet, wird hingegen ihr Recht auf Wissen missachtet.

Hier entsteht ein Dilemma, das in der beschriebenen Situation, in welcher sich die Frage stellt, ob bereits vorhandene Ergebnisse prädiktiver genetischer Analysen an ahnungslose, möglicherweise selbst betroffene Familienmitglieder weitergeleitet werden sollen, nicht mehr zufriedenstellend lösbar ist.

Eine Vorgehensweise, welche im Umfeld prädiktiver genetischer Diagnostik eine Berücksichtigung der familiären Zusammenhänge auf die Frage beschränkt, ob *nach* Durchführen einer prädiktiven genetischen Analyse die anderen Familienmitglieder über ihr eigenes erhöhtes Risiko informiert werden sollen oder nicht, führt hier also in eine Sackgasse.

Ein möglicher Ausweg aus dieser Problematik wäre, von Anfang an die gesamte familiäre Situation stärker zu berücksichtigen und anzustreben, möglicherweise betroffene Familienangehörige von Anfang an in direkter oder indirekter Weise in die genetische Beratung zu integrieren. Bei einer solchen Vorgehensweise besteht die Möglichkeit, vor Durchführen einer prädiktiven genetischen Analyse klare Absprachen zu treffen. Sollte ein Familienmitglied definitiv das Analyseergebnis nicht erhalten wollen, so kann dies berücksichtigt werden und die familiäre Strategie im Zusammenhang mit der Inanspruchnahme prädiktiver genetischer Diagnostik entsprechend abgestimmt werden, sodass der betreffenden Person keinerlei Information bezüglich der tatsächlichen Inanspruchnahme des Tests und bezüglich der erzielten Ergebnisse zukommt.

Zweifellos treten auch bei einer solchen Vorgehensweise vielfältige Schwierigkeiten auf. Hierzu gehört bereits vor der Testinanspruchnahme das Auftreten vielfältiger Konflikte zwischen der einzelnen testwilligen Person und anderen Familienangehörigen, insbesondere wenn Familienangehörige keine Kenntnisse hinsichtlich der genetischen Konstitution erlangen möchten und möglicherweise gegen eine Inanspruchnahme prädiktiver genetischer Diagnostik plädieren. Zudem wird es in vielen Fällen nicht einfach sein, nach einer solchen familiären Aussprache bezüglich der Möglichkeit einer Testinanspruchnahme das erhaltene Analyseergebnis geheim zu halten, insbesondere da sich die jeweiligen Personen ggf. durch ihre auf dem Analyseergebnis beruhenden Wahlentscheidungen verraten werden.

Die sich bei einer solchen Vorgehensweise ergebenden Schwierigkeiten, nicht zuletzt bezüglich der Unabhängigkeit testwilliger Personen, können sich also durchaus als beträchtlich erweisen. Ein Königsweg für den Umgang mit Ergebnissen prädiktiver genetischer Analysen innerhalb von Familien lässt sich daher nicht beschreiben. Vielmehr hängt es hier von der prädiktiv zu diagnostizierenden Erkrankung, der jeweiligen Familienstruktur, den familiären Verbindungen und Zusammenhängen sowie den persönlichen Einstellungen der jeweiligen Personen ab, welcher Weg im konkreten Fall adäquat erscheint.

Fazit

Im Rahmen des obigen Beitrags wurde, ausgehend von der Frage nach Besonderheiten der Ergebnisse prädiktiver genetischer Diagnostik, die zentrale Bedeutung des Rechts auf Nichtwissen für die Ermöglichung von Autonomie im Umgang mit prädiktiven genetischen Analyseverfahren und deren Ergebnissen herausgearbeitet.

Vor diesem Hintergrund kann eine der Aufgaben genetischer Beratung darin gesehen werden, Rat suchenden Personen angemessene Möglichkeiten zur Wahrung des Rechts auf Wissen als auch des Rechts auf Nichtwissen aufzuzeigen. So ist genetische Beratung nicht nur erforderlich, um vor einer Testinanspruchnahme über die Aussagekraft der jeweiligen prädiktiven genetischen Analyseverfahren und über mögliche Folgen einer Testinanspruchnahme aufzuklären sowie um nach einer Testinanspruchnahme den Umgang mit dem erhaltenen Analyseergebnis zu erleichtern. Sie besitzt auch zentrale Bedeutung, um die Möglichkeit zur Wahrung sowohl des Rechts auf Wissen als auch des Rechts auf Nichtwissen sicherzustellen. Denn genetischer Beratung kommt die wichtige Funktion zu, die betreffenden Personen bei der Entscheidungsfindung hinsichtlich der Frage zu unterstützen, ob sie ihr Recht auf Wissen oder ihr Recht auf Nichtwissen in Anspruch nehmen möchten.[24]

In Bezug auf die häufig äußerst komplexe Frage nach der Weitergabe von Analyseergebnissen im familiären Umfeld kommt genetischer Beratung die wichtige Aufgabe zu, für Rat suchende Personen und deren Familien angemessene, auf den jeweiligen individuellen Zusammenhang bezogene, gangbare Wege für den Umgang mit genetischen Analyseverfahren zu finden. Denn insgesamt gesehen besteht eine wichtige Aufgabe genetischer Beratung darin, die Autonomie der Ratsuchenden im Umgang mit genetischer Diagnostik zu fördern und ihnen zu ermöglichen, für sie tragbare Entscheidungen zu treffen.

---

24 Eine ausführliche Beratung vor Testinanspruchnahme gestaltet sich insbesondere im Zusammenhang pränataldiagnostischer Verfahren als zentral. Denn hier können sich aus dem Analyseergebnis umfassende Implikationen in Bezug auf die Frage nach dem Fortführen oder Abbrechen einer Schwangerschaft ergeben.

Literatur

Bayertz, K. (1998): What's Special About Molecular Genetic Diagnostics? Journal of Medicine and Philosophy 23 (1998), S. 247-254.

Bundesärztekammer (1998): Richtlinien zur Diagnostik der genetischen Disposition für Krebserkrankungen. Deutsches Ärzteblatt 95, 22 (1998), S. A1396-1403.

Bundesärztekammer (2003): Richtlinien zur prädiktiven genetischen Diagnostik. Deutsches Ärzteblatt 100, 19 (2003), S. A1297-1305.

Chadwick, R. (1997a): Introduction, in: Chadwick et al. (1997), S. 1-11.

Chadwick, R. (1997b): The Philosophy of the Right to Know and the Right Not to Know, in: Chadwick et al. (1997), S. 13-22.

Chadwick, R./Levitt, M./Shickle, D. (Hrsg.) (1997): The Right to Know and the Right Not to Know. Aldershot.

Faden, R. R./Beauchamp, T. L. (1986): A History and Theory of Informed Consent. Oxford.

Fletcher, J. (1988): The Ethics of Genetic Control. Ending Reproductive Roulette. Buffalo.

Fröhlich, S./Wang, Y./Peters, B. (2003): Schweigepflicht oder Aufklärungspflicht? Eine Umfrage zur Arzt- und Patientenethik, in: Sass/Schröder (2003), S. 93-108.

Gesellschaft für Humangenetik, Kommission für Öffentlichkeitsarbeit und ethische Fragen (2000): Stellungnahme zur postnatalen prädiktiven genetischen Diagnostik. Medizinische Genetik 12, 3 (2000), S. 376-377.

Green, M. J./Botkin, J. R. (2003): 'Genetic Exceptionalism' in Medicine: Clarifying the Differences between Genetic and Nongenetic Tests. Annals of Internal Medicine 138 (2003), S. 571-575.

Hakimian, R. (2000): Disclosure of Huntington's Disease to Family Members: The Dilemma of Known but Unknowing Parties. Genetic Testing 4, 4 (2000), S. 359-364.

Hanau, P./Lorenz, P./Matthes, H. C. (Hrsg.) (1998): Festschrift für Günther Wiese zum 70. Geburtstag. Neuwied.

Harris, M./Winship, I./Spriggs, M. (2005): Controversies and ethical issues in cancer-genetics clinics. Lancet Oncology 6, 5 (2005), S. 301-310.

Hildt, E. (2006): Autonomie in der biomedizinischen Ethik. Genetische Diagnostik und selbstbestimmte Lebensgestaltung. Kultur der Medizin, Band 19. Frankfurt a.M., New York.

Holm, S. (1999): There Is Nothing Special about Genetic Information, in: Thompson/Chadwick (1999), S. 97-103.

Husted, J. (1997): Autonomy and a Right Not to Know, in: Chadwick et al. (1997), S. 55-68.

Lindblad, A. N. (2001): To test or not to test: an ethical conflict with presymptomatic testing of individuals at 25 % risk for Huntington's disorder. Clinical Genetics 60, 6 (2001), S. 442-446.

Maat-Kievit, A./Vegter-van der Vlis, M./Zoeteweij, M./Losekoot, M./ Haeringen, A./Roos, R. A. C. (1999): Predictive testing of 25 percent at-risk individuals for Huntington disease (1987 - 1997). American Journal of Medical Genetics (Neuropsychiatr. Genet) 88, 6 (1999), S. 662-668.

Sass, H.-M. (2003): Patienten- und Bürgeraufklärung über genetische Risikofaktoren, in: Sass/Schröder (2003), S. 41-55.

Sass, H.-M./Schröder, P. (Hrsg.) (2003): Patientenaufklärung bei genetischem Risiko. Münster.

Shaw, M. W. (1987): Testing for the Huntington Gene – a right to know, a right not to know, or a duty to know? American Journal of Medical Genetics 26, 2 (1987), S. 243-248.

Tassicker, R./Savulescu, J./Skene, L./Marshall, P./Fitzgerald, L./Delatycki, M. B. (2003): Prenatal diagnosis requests for Huntington's disease when the father is at risk and does not want to know his genetic status: clinical, legal, and ethical viewpoints. British Medical Journal 326, 7384 (2003), S. 331-333.

Taupitz, J. (1998): Das Recht auf Nichtwissen, in: Hanau et al. (1998), S. 583-602.

Taupitz, J. (2001): Die Biomedizin-Konvention und das Verbot der Verwendung genetischer Informationen für Versicherungszwecke. Jahrbuch für Wissenschaft und Ethik 6. Berlin, New York, S. 123-177.

Thompson, A. K./Chadwick, R. F. (Hrsg.) (1999): Genetic Information – Acquisition, Access, and Control. New York.

Tóth, T./Papp, C./Németi, M./Papp, Z. (1997): Questions and Problems in Direct Predictive Testing for Huntington's Disease. American Journal of Medical Genetics 71, 2 (1997), S. 238-239.

Wachbroit, R. (1998): The Question Not Asked: The Challenge of Pleiotropic Genetic Tests. Kennedy Institute of Ethics Journal 8 (1998), S. 131-144.

Wear, S. (1993): Informed Consent – Patient Autonomy and Physician Beneficence within Clinical Medicine. Dordrecht.

Wilcke, J. T. (1998): Late onset genetic disease: where ignorance is bliss, is it folly to inform relatives? British Medical Journal 317, 7160 (1998), S. 744-747.

World Health Organization (WHO) (1998): Proposed International Guidelines on Ethical Issues in Medical Genetics and Genetic Services (Part II). World Health Organization, Human Genetics Programme. Law and the Human Genome Review (1998), S. 239-251.

Ilhan Ilkilic

Ethische Aspekte der genetischen Aufklärung und Tests in der genomischen Diversitätsforschung

Die Zuständigkeitsbereiche der humangenetischen Forschung haben schon längst die Erforschung der klassischen monogenen Erbkrankheiten überschritten: Unmittelbar nach der Sequenzierung des menschlichen Genoms hat ein Wandel von der strukturellen Genomforschung zur funktionalen Genomforschung stattgefunden. Die Genomforschung ist nun dabei, nicht nur die Entstehungsgrundlagen genetisch bedingter und multifaktorieller Krankheiten zu klären, sondern auch elementare Kenntnisse über die biologischen Grundlagen des Lebens sowie Gen-Umwelt-Interaktionen zu liefern. Für diese Forschungszielsetzungen gewinnen die populationsbasierten Ansätze wie etwa an Phänotypen und Genotypen ausgerichtete Screeningverfahren und große genetisch-epidemiologische Studien eine wichtige Bedeutung.[1]

Schon seit langem wird prognostiziert, dass diese Forschungsansätze und -ergebnisse unsere Identitätskonzepte, unser Selbstverständnis und somit auch soziale Beziehungen verändern könnten. Wir können heute (noch) nicht von einem ausschlaggebenden Einsatz der Ergebnisse aus der Genomforschung im medizinischen Alltag sprechen.[2] Es ist auch unklar, wie mögliche Anwendungen das ärztliche Handeln und Entscheiden und somit das Arzt-Patienten-Verhältnis verändern werden.[3] Es gibt in der Genomforschung jedoch schon einige Bereiche, in denen bestimmte Forschungsmaßnahmen eine Herausforderung für das Menschenbild der Forschungsteilnehmer darstellen. Bei der Aufklärung der Klienten im Rahmen einer genomischen Diversitätsforschung sind solche Herausforderungen auch mit komplexen ethischen und epistemologischen Fragen verbunden.[4]

Im vorliegenden Beitrag werden einige solcher Fragestellungen aus dem Kontext des Human Genome Diversity Project (HGDP) problematisiert. Am Anfang werden kurz das HGDP selbst und zusätzlich einige Kritiken an diesem Projekt dargestellt. Danach werden die mit der Beratung der Forschungsteilnehmer in der genomischen Diversitätsforschung ver-

---

1 Khoury et al. (2004), World Health Organizisation (2002).
2 Ilkilic et al. (2007).
3 Paul (2001).
4 M'charek (2005), Reardon (2005), Zilinskas/Balint (2001), Wheale (1998), Sass (1998), Macer (1997), Knoppers (1996).

bundenen ethischen Probleme anhand von Beispielen diskutiert. Anschließend werden unterschiedliche Sinnzuschreibungen zum Probenmaterial von Beforschten und Forschern und darauf basierende Interessenskonflikte analysiert. Als Schlussfolgerung werden Thesen aufgestellt, die ontologische, kosmologische und kulturspezifische Barrieren bei der Aufklärung über genomische Diversitätsforschung und die damit verbundenen ethischen Fragen reflektieren.

Human Genome Diversity Project

Durch die populationsbezogene Erforschung genetischer Diversität im Rahmen des HGDP[5] erhoffte man sich, wichtige Informationen zur Geschichte der menschlichen Evolution und der historischen und geografischen Verbreitung von Populationen zu erhalten.[6] Dadurch sollte ein besseres Verständnis für die menschliche Geschichte und Identität generiert werden.[7] Die Untersuchung der genetischen, populationsbezogenen Polymorphismen würde, so wurde gehofft, nicht nur eine Brücke zwischen Natur- und Geisteswissenschaften schlagen, sondern einen wichtigen Beitrag zum „world's cultural heritage" liefern.[8] Das Vorhaben selbst verstand sich als kultureller Imperativ.[9]

Das HGDP sah seinen Zuständigkeitsbereich nicht nur in der Rekonstruktion der Menschheitsgeschichte und der Erforschung von Verwandtschaftsverhältnissen auf der Basis von ethnischen Populationen begründet. Ebenso gehörte die Erforschung von Krankheitsprädispositionen zum erwarteten Nutzen des Projekts.[10] Außerdem erhoffte man sich einen Beitrag zur Bekämpfung von Rassismus durch naturwissenschaftliche Deutungsansätze und zur Erklärung der Unterschiede zwischen den Ethnien.[11]

Populationsbezogene Forschung ist weder in den Naturwissenschaften noch in den Geisteswissenschaften neu. Die Besonderheit des HGDP liegt darin, dass die Methodik der biomedizinischen Genomforschung auf ein *kulturelles* Ziel ausgerichtet ist. Die Idee, die ganze Bandbreite der genetischen Diversität der menschlichen Spezies zu erheben, wurde im Jahr 1990 von dem Genetiker Luca Cavalli-Sforza aus der Universität Stanford vorge-

---

5 Eine gute Übersicht über die Zeittafel dieses Projekts bietet das Buch „Race to the Finish" von Jenny Reardon, vgl. Reardon (2005).
6 Cavalli-Sforza et al. (1991).
7 Einen guten und umfassenden Beitrag bietet zu diesem Thema die Dissertation „Wessen Gene, wessen Ethik? Die genetische Diversität des Menschen als Herausforderung für Bioethik und Humanwissenschaften" von Arnd Wasserloos, siehe Wasserloos (2005).
8 HGDP Alghero Summary Report (1993).
9 Ebd.
10 Model Ethical Protocol for Collecting DNA Samples (1997).
11 HGDP Alghero Summary Report (1993).

schlagen.[12] Das HGDP wurde bereits im Jahr 1994 als Subkomitee der HUGO (Human Genome Organisation) benannt und in Folge dessen als Ergänzungsprojekt integriert. Nach einigen Workshops, die durch private und öffentliche Institutionen finanziell unterstützt wurden, hat man naturwissenschaftliche Arbeitsmethoden ausgearbeitet und einige ethische Leitlinien entworfen.[13] Bis heute wurden weltweit verschiedene regionale HGDP-Komitees gegründet.[14] Das Projekt selbst konnte jedoch in seinem geplanten Umfang und in dieser Form bis heute nicht durchgeführt werden. Die Kritiken aus verschiedenen wissenschaftlichen Fachrichtungen, aber auch von indigenen Völkern und ihren persönlichen und institutionellen Vertretern sowie deren ethische Einwände haben eine Durchführung verhindert.[15]

Kritik am Human Genome Diversity Project

Die kritischen Evaluationen des HGDP durch das Internationale Bioethik-Komitee der UNESCO[16] sowie der Bericht eines Komitees der US-Amerikanischen National Academy of Science (NRC)[17] haben sicherlich eine wichtige Rolle für das Scheitern des HGDP gespielt. Zwar bezweifelten diese Berichte nicht den Sinn genetischer Diversitätsforschung im Allgemeinen, aber sie kritisierten die fehlenden, streng definierten wissenschaftlichen Zielsetzungen sowie die unklaren und uneinheitlichen methodischen Ansätze im HGDP.[18] Über die anzuwendenden Strategien bei der Probengewinnung und die wissenschaftlichen Methoden der Materialuntersuchung herrschten auch projektintern Unstimmigkeiten. Der für das Projektvorhaben vorgeschlagene *ethno-kulturelle Populationsbegriff*[19] wurde aus der Perspektive der naturwissenschaftlichen Fragestellungen als restriktiv bezeichnet, weil er von statistisch-geografisch definierten Kriterien abwich. Dieser Populationsbegriff erntete auch aus der geisteswissenschaftlichen Perspektive Kritik. Der ethnisch und sprachlich definierte Populationsbegriff sowie auch der Rassenbegriff gehören zu biologistischem

---

12 Cavalli-Sforza (1990).
13 HGDP Alghero Summary Report (1993).
14 Vgl. Greely (2001).
15 Wasserloos (2005).
16 United Nations Economic and Social Council Commission on Human Rights (1998): Human Genome Diversity Project and Indigenous Peoples, E/CN.4/Sub.2/AC.4/1998/4.
17 National Research Council (1997).
18 Ebd.
19 Der klassische ethno-kulturelle Populationsbegriff beruht vielmehr auf einer evolutionistischen Denkart, die sich aus heutiger geistes-, kultur- und sozialwissenschaftlicher Perspektive als längst nicht mehr haltbar erwiesen hat. Vgl. Keesing (1994) und Welz (1994).

Gedankengut des 19. Jahrhunderts und sind nach aktueller Forschungs- und Diskussionslage nicht haltbar.[20]

Auch die Erwartung des medizinischen Nutzens für die untersuchten Zielpopulationen stieß auf erhebliche Kritik. Ein auf dieses Ziel ausgerichtetes Forschungsprojekt müsste sich vielmehr auf die krankheitsrelevanten genetischen Eigenschaften innerhalb einer Population konzentrieren statt auf die Erhebung von genetischen Unterschieden zwischen den Populationen.[21] Wenn Genomforschung einen Beitrag zu bestimmten genetischen Krankheiten leisten soll, müsste sie anders strukturiert werden als als bloße Sammlung von DNA-Proben. Es sollten auch phänotypische Daten und weitere Informationen über Ernährung, Krankheitsgeschichte und lokale Umweltverhältnisse gesammelt und mit komplexen statistischen Methoden ausgewertet werden.[22] Diese Sammlung von weiteren Informationen über die Personen, setzt wiederum andere ethische Standards hinsichtlich informed consent und Datenschutz voraus.

Eine Rekonstruktion der Migrationsverläufe durch eine Analyse des Genpools isolierter Populationen – oder sogar eine Rekonstruktion der Menschheitsgeschichte – wurde als utopisch betrachtet, da Zeit und Migration nicht die einzigen Variablen bei der Veränderung des menschlichen Genpools darstellen. Spontane genetische Mutationen sowie lokale Umwelteinflüsse spielen eine ebenso wichtige Rolle bei der Veränderung des menschlichen Genoms. Deswegen ist die Rekonstruktion einer Populations- oder Menschheitsgeschichte mit einem phylogenetischen Stammbaum äußerst schwierig.[23]

Die Kritik aus dem Kreis der indigenen Völker, die nach dem Forschungsvorhaben dieses Projekts als die zu untersuchenden isolierten Populationen gelten, setzte andere Schwerpunkte. Ein erster Überblick dieser Kritik – geäußert von Interessenvertreten – zeigt, dass sie nicht homogen sind.[24] Die Mitglieder und Angehörigen der zu erforschenden Populationen wurden nicht von vornherein in die Planung und Strukturierung des Projekts eingebunden. Diese fehlende Transparenz und das damit verbundene Misstrauen machten zwei der wichtigsten Kritikpunkte aus.[25] Frühere historische Erfahrungen hatten das Verhältnis zwischen Forschern und Beforschten durch Misstrauen geprägt. Es wurden neue Bedrohungsszenarien entworfen, die sich auf historische Ereignisse gründeten.[26] Auch eine mögliche kommerzielle Ausbeutung gehörte zu den Befürchtungen der indigenen Völker. Erfahrungen hatten gezeigt, dass große Pharmakonzerne in der Arzneimittelherstellung auf die Kenntnisse indigener Völker zurück-

---

20 Lewin (1993).
21 Ebd.
22 Wasserloos (2005).
23 Marks (1995).
24 Wasserloos (2005).
25 RAFI (Rural Advancement Foundation International) (1993).
26 RAFI (1993).

gegriffen hatten, ohne diese jedoch am Gewinn zu beteiligen. Ähnliches wurde auch für das HGDP befürchtet.[27] Es bestünde die Gefahr, dass das durch dieses Projekt generierte Wissen ausschließlich den Pharmafirmen zugute komme, während die Beforschten leer auszugehen schienen. Deswegen forderten sie ökonomische Rechte und Schutz vor einer möglichen kommerziellen Ausbeutung sowie eine Beteiligung am ökonomischen Gewinn des Projekts.[28]

Grundsätzlicher Zweifel bestand auch an einer Verbesserung des Gesundheitszustandes der beforschten Populationen durch das Projekt.[29] Sollte tatsächlich die Verbesserung der Gesundheit der beforschten indigenen Völker das Ziel sein, wurde argumentiert, so ließe sich dieses Geld (ca. 2.300 Dollar pro Person) besser und effektiver in präventive und medizinische Maßnahmen investieren. Die geplante Vorgehensweise jedoch erwecke den Eindruck, dass man am Überleben der DNA indigener Völker interessiert sei, nicht aber am Überleben der Völker selbst.[30]

Ethische Fragen bei der genetischen Aufklärung der Probanden

Abgesehen von der genannten Kritik beinhaltet das HGDP weitere ethische Fragen, die in ihrem Kontext neu und sehr originell sind. Dazu gehören z.B. die unterschiedlichen Sinndeutungen des Probenmaterials oder differenzierte Bilder und Wahrnehmungen der Gene selbst bzw. des Konzepts des Gens. Durch diese Eigenschaften erlangt die im Rahmen des HGDP durchgeführte genomische Diversitätsforschung eine Besonderheit, die in dieser Form in den internationalen klinischen Studien nicht wieder zu finden ist. Zusätzlich haben derartige Beispiele einige Gemeinsamkeiten, die uns in der klassischen genetischen Beratung – vielleicht in anderer Form – wieder begegnen können. Nun sollen diese Konfliktfelder mit ihren normativen Implikationen näher analysiert und diskutiert werden.

Unterschiedliche Sinndeutungen des Probematerials

Die kulturspezifische Einstellung der Beforschten zum Probematerial und zu Untersuchungsmethoden im Rahmen der genomischen Diversitätsforschung ist mit wichtigen anthropologischen, philosophischen und ethischen Fragen verbunden. Für manche indigene Bevölkerungen gilt die Blutabnahme oder Gewebeprobe als Eingriff in die körperliche Integrität und Unversehrtheit: „The taking of blood, hair and tissue samples is an affront

---

27 RAFI (1994).
28 Ebd.
29 RAFI (1993).
30 Schmidt (2001).

to the religious beliefs, cultural values and sensitivities of many indigenous peoples [...]".[31] Ein solcher Eingriff kann mitunter die religiösen Überzeugungen und kulturellen Wertvorstellungen verletzen. Blut ist für einige indigene Völker mehr als bloßes biologisches Material, weil es in ihrem Personbegriff mit spirituellem Inhalt eine zentrale Bedeutung erlangt.

Frank Dukepoo, ein Genetiker und Gründungsmitglied von *Indigeneous Peoples Council of Biocolonialism* (IPCB), wies in einem Expertengespräch im Jahr 1998 auf einen interessanten Aspekt hin.[32] Er sieht von indianischer Perspektive her große Schwierigkeiten, wenn im Rahmen des HGDP das Untersuchungsmaterial in den Labors als Zelllinie vermehrt und dadurch quasi „verewigt" wird. Die Produktion von Zelllinien aus den gewonnenen Blut- und Gewebeproben ist nach diesem Menschenbild mit einem partiellen Weiterleben der betreffenden Person im Labor verbunden.

> „The idea that some of the tissue, part of that person may be immortalized in these cell lines upsets many people because many Indian tribes hold a strong belief that you can't be buried with a portion of you wandering around the earth; you must be buried whole."[33]

Diese Situation stellt somit eine große Herausforderung für das Menschenbild und Personverständnis dar: „Therefore many American Indians see human genomics as a science that challenges the spiritual basis of their existence."[34]

Für den Forscher sieht dieselbe Sachlage anders aus. Das Blut ist eine für das menschliche Leben elementare Körperflüssigkeit. Diese wichtige Flüssigkeit ist unter lediglich leichter Schmerzverursachung zu gewinnen und eignet sich sehr gut für Forschungszwecke. Da die abgenommene Menge für den Beforschten keine gesundheitliche Gefahr birgt, ist eine Blutabnahme in erster Linie nicht als Schadenszufügung zu betrachten und wird im Normalfall das Wohlbefinden des Beforschten kaum beeinträchtigen. Der Gewinn von Zelllinien bietet dem Forscher die Gelegenheit, das Material unzählige Male zu nutzen. Das wiederum bringt diverse organisatorische und finanzielle Vorteile mit sich, weil man für weitere Forschungen den Beforschten nicht erneut aufsuchen und Blut abnehmen muss.[35]

Das Handeln eines Forschers basiert auf dem Prinzip der Forschungsfreiheit. Da das Objekt der Humangenomforschung ein Mensch ist, ist diese Forschung mit strengen Vorschriften verbunden, die in nationalen Gesetzgebungen und internationalen Konventionen und Richtlinien geregelt sind. Forscher sollten diese Regelungen anerkennen, bevor sie mit ihrer For-

---

31 National Congress of American Indians, Resolution No. NV-93-118, zitiert nach Mead (1996).
32 Dukepoo (1998), Quelle: http://govinfo.library.unt.edu/nbac/transcripts/jul98/native.html (Zugriff: 28.08.2007)
33 Ebd.
34 Schmidt (2001).
35 HGDP Alghero Summary Report (1993).

schungstätigkeit beginnen. Aus Forscherperspektive gilt eine Blutabnahme mit Einwilligung des Beforschten nicht als ein gravierender Schaden. Die Vermehrung der Zelllinien im Labor unter bestimmten Datenschutzmaßnahmen würde man aus Forscherperspektive nicht als Beeinträchtigung des Wohlbefindens des Beforschten interpretieren. Eine solche Vorgehensweise verhindert sogar weitere Blutabnahmen, die einen gewissen unangenehmen Charakter für den Blutspender haben können. Unter diesen Gegebenheiten sind keine ethischen Gründe gegen eine solche Forschung hervorzuheben. Man sollte aber an dieser Stelle auch betonen, dass eine solche Forschungshandlung im Rahmen des HGDP in erster Linie *keine* therapeutische Forschung ist, die dem Probanden in bestimmter Weise nutzt.

Im Kern des dargestellten Konflikts liegen unterschiedliche Wahrnehmungen der Sachlage und Sinnzuschreibungen der Beteiligten zum Untersuchungsmaterial bzw. zur Forschungsmethode. Diese unterschiedlichen Sinnzuschreibungen gründen auf bestimmten Werten und Normen und haben normative Implikationen. Einige indigene Bevölkerungen betrachten die Forschungstätigkeiten als Verletzung ihrer körperlichen Unversehrtheit und „challenge for the spiritual basis of their existence".[36] Dazu schreibt Aroha Te Pareake Mead, die Mitgründerin von *The Call of the Earth Steering Committee*:

> „Within my own culture, Maori tribes collectively have shared values about that which is tapu (sacred) and that which is noa (common). Hair, blood, mucus, the main sources used by westerners to collect DNA, are all tapu."[37]

Das Forschungsvorhaben gewinnt in diesem Zusammenhang für die Beforschten einen Schadenscharakter, der durch die kulturspezifische Einstellung zum Untersuchungsmaterial entsteht. Dieser Schaden wird umso gravierender, wenn der Beforschte keinen unmittelbaren Nutzen von dieser Untersuchung hat.

Die oben dargestellte Problematik ist von der Qualität her nicht mit einer konventionellen ethischen Konfliktsituation in internationaler Forschung oder einem Arzt-Patienten-Verhältnis gleichzusetzen. Denn hier geht es nicht um Interessenkonflikte, die für beide Parteien einsichtig sind. Aufgrund der kulturellen und wahrscheinlich sprachlichen Barrieren können die Interessen des Anderen nicht hinlänglich geklärt werden. Beide Parteien gehen von einem unterschiedlichen Menschenbild aus und haben wenig Einblick in das jeweils andere Menschenbild. In dieser Situation kann der kulturbedingte Schaden am Anfang dieser Studie von den Forschern nicht vorausgesehen, geschweige denn in der ethischen Güterabwägung berücksichtigt werden.

---

36 Schmidt (2001).
37 Mead (1996).

Aufklärung der Probanden als Konfrontation der Menschenbilder und Kosmologien

Abgesehen von den diskutierten unterschiedlichen Einstellungen der Beteiligten an der genomischen Diversitätsforschung gibt es weitere komplexe Probleme, die vor allem für die angemessene Aufklärung der Beforschten von zentraler Bedeutung sind. Besonders hervorzuheben sind die ethischen Probleme der Probandenaufklärung im Rahmen des HGDPs.[38] Sie beinhaltet zusätzliche Fragen und Schwierigkeiten, die man in einer konventionellen genetischen Beratung nicht in derselben Form erlebt. Betrachtet man eine Kommunikation zwischen einem Genomforscher und einem Probanden, der Mitglied einer isolierten Bevölkerung ist, so wird sofort die gigantische Differenz der Menschenbilder der Beteiligten deutlich.[39] Diese Diskrepanz könnte zunächst – abgesehen von Sprachschwierigkeiten – eine gelungene Aufklärung und Verständigung verhindern. Um den Sachverhalt und die Zielsetzungen des Projekts verstehen zu können, ist es für die Beforschten unerlässlich, sich mit biomedizinischen Denkmustern vertraut zu machen. Somit stellt der Prozess des informed consent für ihn eine gewisse kulturelle Herausforderung dar, die wiederum normative Implikationen beinhaltet. Nun soll dieses Dilemma anhand von einigen Beispielen konkretisiert werden.

Ein interessantes Beispiel bietet die Situation der Maori, der Ureinwohner Neuseelands. Für Maoris stellen sich die Gene als eine Art von Genealogie dar. Dazu Aroha Mead, die Gründerin von *The Call of the Earth Steering Committee* mit Maori-Herkunft:

> „A physical gene is imbued with a life spirit handed down from the ancestors, contributed to be each successive generation, and passed on to future generations. Maori have two terms to describe a human gene, both of which are interlaced with a broader reality than western scientific definitions. The first is Ira tangata, which is the actual word for a gene and translates as 'life spirit of mortals'. The second term is whakapapa, which means to set layer upon layer. It also means 'genealogy' and is the word most commonly used by Maori to conceptualize genes and DNA."[40]

Hier werden die unterschiedlichen Bedeutungen, die Forscher und Beforschte dem Untersuchungsmaterial beimessen, deutlich. Dieser Unterschied kann nicht etwa durch „mangelndes Wissen" der Beforschten über biologische und genetische Grundlagen erklärt werden. Diese Einstellung entsteht vielmehr durch kulturbedingte metaphysische Sinnzuschreibungen wie die Heiligkeit der Erbsubstanz, die sich schlecht mit einem biomedizinischen Menschenbild vereinbaren lässt.

> „It is contrary to indigenous tradition to 'objectify' a gene or human organs as these are living and sacred manifestations of the ancestors; they contain a life-force that

---

38 Knoppers (1996).
39 Brodwin (2005).
40 Mead (1996).

continues to exist ex-situ. The same perspective is carried over to issues of replication, immortalization, transgenic engineering, and cloning."[41]
Eine ähnliche Konfrontation lässt sich auch bei der indianischen Yuchi Community aus Oklahoma feststellen. Aus der Perspektive dieser indigenen Bevölkerung sind die Zielsetzungen des HGDP mit ihrem Verständnis von Medizin und Heilung kaum vereinbar. Nach der Überzeugung der Yuchi Community gelten Pflanzen als die primären Quellen zur Heilung für Krankheiten, die von Gohantony (dem Schöpfer) veranlasst wurde. Nach diesem Verständnis ist es absurd, das als heilig geltende Blut abzunehmen, um damit irgendwann einmal Krankheiten heilen zu können. Diese Vorgehensweise wurde sogar von manchen Experten als eine Verletzung der individuellen Sphäre bezeichnet.[42]

Die dargestellte Sachlage und die mit der genetischen Aufklärung über das Forschungsvorhaben einhergehenden Schwierigkeiten sind mit mehreren ethischen Fragen verbunden. Wenn die Verständigung zwischen dem Forscher und Beforschten aufgrund der genannten Gründen kaum zu leisten ist, wie kann ein informed consent unter diesen Bedingungen gewährleistet werden? Wie soll eine Aufklärung der Probanden im Rahmen solcher genomischen Diversitätsstudien ethisch beurteilt werden, wenn sie das Potenzial hat, das Natur- und Menschenbild der Beforschten herauszufordern bzw. zu verändern? Im Weiteren kann gefragt werden, welcher Ansatz zur Überwindung dieser Schwierigkeiten dienlich sein könnte.

Ansätze für genetische Aufklärung in der genomischen Diversitätsforschung

Foster et al. empfehlen eine andere Vorgehensweise bei der Erforschung indigener Bevölkerungen, sofern es zwischen Forscher und Beforschten maßgebliche kulturelle Unterschiede gibt.[43] Danach soll der konventionelle informed consent durch das Konzept der „communal discourses" ergänzt werden. Dieser Ansatz sieht vor, noch vor Beginn der Studie durch communal discourses die sozialen Strukturen der zu untersuchenden Gruppen sowie interne traditionelle Formen der Entscheidungsfindung zu eruieren. Durch dieses Verfahren sollen die Ansichten der Beforschten rechtzeitig in den Forschungsverlauf integriert werden. Ebenso wird eine bessere Abwägung zwischen den Interessen der zu erforschenden indigenen Bevölkerung und den zu erwartenden Forschungsergebnissen gewährleistet werden. Sie wenden diesen Ansatz bei der Apache-Bevölkerung an, bei denen sie damit – wie in ihrem Bericht angegeben – positive Erfahrungen gesammelt haben.[44]

---

41 Mead (1996).
42 Grounds (1996).
43 Foster et al. (1998).
44 Foster et al. (1999).

Wenn die Informationen, die durch vergleichende genetische Studien über die Migration und Herkunft der beforschten indigenen Bevölkerung entstehen, mit den religiösen und kulturellen Überzeugungen einer indigenen Bevölkerung konfligieren, so sollen nach dem Mediziner Reilly hingegen die naturwissenschaftlichen Fakten absoluten Vorrang haben. Die Frage „Should a potential subject be warned that one or more findings may challenge his religious beliefs?"[45] wurde von ihm eindeutig verneint. Reilly ist der Meinung, dass solche Dilemmata mit der konventionellen Anwendung des informed consent lösbar sind. Entscheidend für ihn ist die informierte Zustimmung einer autonomen Person zu einer Studie. In diesem Prozess spielt der kulturelle Unterschied zwischen Forscher und Beforschten kaum eine Rolle. Zu Fosters Studie beim Apache-Stamm sagt er:

> „Adult members of the Apache tribe are autonomous persons who (with rare exceptions, such as those with mental retardation) have the capacity to decide whether or not to participate in a study."[46]

Außerdem findet er diesen Ansatz für die Forschung kontraproduktiv, weil eine solche Vorgehensweise mit hohem zeitlichem und finanziellem Aufwand verbunden ist. Deswegen argumentiert er:

> „I think the notion that clinical research among socially identifiable populations should proceed only if the investigators have educated the community and achieved consensus should be viewed as a laudable goal, but not as an ethical or legal obligation."[47]

Reilly bemerkt zwar zu Recht, dass die Anwendung des von Foster vorgeschlagenen Ansatzes mit einer Verlangsamung des Forschungsablaufs und mit hohen Kosten verbunden ist. Eine Probandenaufklärung, die nur auf das Wesentliche reduziert ist, bietet jedoch kaum eine Möglichkeit, den Probanden wichtige Informationen zu vermitteln, die zu einer Entscheidungsfindung beitragen. Erlangen die Probanden keine relevanten Informationen, die für ihr Wohlbefinden von zentraler Bedeutung sind, so kann diese Aufklärungsform die durch einen informed consent beabsichtigten Ziele nicht erreichen. Um festzustellen, welche Informationen für die teilnehmende Person wichtig sind, ist ein ausführliches Gespräch notwendig. Aufgrund der genannten kulturellen Unterschiede kann eine Aufklärung im Rahmen der genomischen Diversitätsforschung nicht unter den Kriterien des „standard informed consent" der amerikanischen oder westeuropäischen Krankenhäuser durchgeführt werden. Die durch die Anwendung eines umfassenden informed consent entstehenden Kosten können ein Aspekt in der ethischen Güterabwägung sein. Beginnt man, die Aufklärungsformen nur aus der finanziellen Perspektive zu beurteilen, so besteht die Gefahr die günstige und schnelle Durchführung einer Forschungsstudie zu favorisieren

---

45 Reilly (1998).
46 Ebd., S. 684.
47 Ebd., S. 685.

und dann als Maßstab für Bewertungskriterien zu machen, was ethisch als höchst problematisch anzusehen ist.

Fosters Ansatz bietet mehr Möglichkeiten, kulturspezifische Besonderheiten und Präferenzen in den Forschungsprozess zu integrieren. Dadurch kann eine Entscheidung für oder gegen die Teilnahme an der genomischen Diversitätsforschung unter besseren Informationsbedingungen stattfinden. Dennoch ist auch dieser Ansatz meines Erachtens weit davon entfernt, das angesprochene Dilemma zu problematisieren, geschweige denn zu lösen. Mehr Zeit für den Aufklärungsprozess kann zwar helfen, bestimmte Sachlagen in einfacher Form zu vermitteln und die Prioritäten eines Probanden besser kennenzulernen; jedoch vermag diese Vorgehensweise nicht die Konfrontation der genannten Menschenbilder und Kosmologien miteinander zu verhindern und die damit verbundenen normativen Fragen zu lösen. An dieser Stelle ist es interessant zu überprüfen, ob die vorhandenen Richtlinien[48] betreffend der genomischen Diversitätsforschung einen Lösungsansatz für diese Fragen bieten.

Reichweite und Grenzen der internationalen Richtlinien

Das Modell des Ethical Protocol for Collecting DNA Samples (MEP), herausgegeben vom North American Regional Committee, beinhaltet die ethischen Richtlinien für das HGDP.[49] Dieses Protokoll basiert auf vorhandenen nationalen und internationalen Richtlinien wie den International Ethical Guidelines for Biomedical Research Involving Human Subjects (1993), den International Guidelines for Ethical Review of Epidemiological Studies (1991) und den International Guidelines for the Conduct of Biomedical Research by the CIOMS (1982). Das MEP setzt voraus, dass alle beteiligten Forscher mit dem Inhalt dieses Dokuments einverstanden sind. Andernfalls ist eine wissenschaftliche Tätigkeit im HGD Projekt ausgeschlossen.

Die Richtlinie bzw. MEP fußt auf drei ethischen Prinzipien: informed consent, Respekt vor der Kultur der Beteiligten und Gewährung bzw. Sicherstellung der internationalen Standards bezüglich der Menschenrechte. Basierend auf diesen Punkten ist das Hauptanliegen des Projekts, den Beforschten keinen Schaden zuzufügen und, wenn möglich, einen medizinischen Nutzen zu erbringen. Die Herausgeber des Dokuments sehen ein, dass es nicht in der Lage ist, alle ethischen Fragen zu beantworten. Es soll vielmehr eine Orientierung ermöglichen und helfen, komplizierte Fragen zu beantworten.[50] Die Autoren betrachten schon den enormen Kulturunterschied zwischen Forschern und Beforschten als Problemquelle, die mit

---

48 Vgl. Weijer et al. (1999).
49 Model Ethical Protocol for Collecting DNA Samples (1997).
50 Greely (1997), S. 244 ff.

ethischen Fragen verbunden ist. Deswegen wird empfohlen, sich vor dem Kontakt mit den Beforschten mittels Literatur und erreichbaren Anthropologen über deren kulturelle Gepflogenheiten und Besonderheiten zu informieren. Im nächsten Schritt soll die zu untersuchende indigene Bevölkerung respektvoll kontaktiert werden. Das Informieren der Beforschten soll auf sachgemäße und verständliche Weise erfolgen.[51]

Das MEP plädiert sowohl für individuellen informed consent als auch für community consent. Auch wenn ein Mitglied einer ethnischen Gruppe also seine Einwilligung gibt, kann die Forschung nicht beginnen, solange kein community consent vorliegt. Diese strenge Vorgehensweise wird durch die Besonderheit des Forschungsprojekts begründet:

> „Although this requirement goes beyond the strictures of existing law and ethical commentary, we believe it flows necessarily from the nature of the research, which is, by definition, research aimed at understanding human populations and not individuals."[52]

Ein wichtiges Thema wären die vielschichtigen Schwierigkeiten bei der Aufklärung der Beforschten. Es wird sicherlich nicht einfach sein, für jede isoliert lebende Bevölkerung einen Dolmetscher zu finden, der sowohl die Sprache dieser Menschen beherrscht als auch Grundkenntnisse über Genetik und die zu leistende Forschung hat. Außerdem scheint die Anforderung „Researchers must completely explain what they plan to do in the field and why"[53] nicht einfach realisierbar zu sein. Das MEP sieht vor, dass man sich sowohl vor als auch nach der Probenentnahme genug Zeit lassen soll, um ein gewisses Vertrauen aufzubauen. Diese Vorgehensweise ist allerdings mit einem enormen Zeitaufwand und hohen Kosten verbunden, was schwer zu leisten ist. Abgesehen davon sollte das entnommene Blut für die Entwicklung von Zelllinien innerhalb von 72 Stunden in einem Labor sein.[54] In diesem Dokument wurde aber dennoch abgeraten, unmittelbar nach der Blutabnahme abzureisen. „The Project categorically rejects the idea of 'bleed and run' collecting, done by researchers who appear and disappear without a trace."[55] Die Erfahrungen der erforschten indigenen Bevölkerung zeigen jedoch ein anderes Bild:

> „Some American Indians call such researchers 'helicopter scientists' to describe how they fly into isolated communities claiming to be researching important health issues, and then, after collecting the necessary information and samples, fly back out, never to be heard from again."[56]

Neben diesen technischen, finanziellen und zeitlichen Problemen kommen noch weitere Fragen ins Spiel: Wenn man bedenkt, dass elementare Wörter

---

51 Model Ethical Protocol for Collecting DNA Samples (1997).
52 Ebd.
53 Ebd.
54 Wasserloos (2005).
55 Model Ethical Protocol for Collecting DNA Samples (1997).
56 Schmidt (2001).

für die Beschreibung der Studie wie Gen, DNA etc. in vielen Sprachen indigener Bevölkerungen fehlen oder – wie oben erwähnt – andere Bedeutungen wie „life spirit of mortals" oder „genealogy" haben[57], wie können sie dann über eine genetische Studie informiert und angemessen aufgeklärt werden? Diese durch sprachliche und kulturelle Barrieren bedingten Schwierigkeiten haben normative Implikationen, die durch die Empfehlungen im MEP schwer zu überwinden sind. Zu dieser Problematik schreibt das MEP:

> „Although conveying a complete understanding of human genetics and molecular biology will often prove impossible, researchers must make full efforts to explain the nature and goals of the Project, in the language appropriate for the population and in terms that are relevant to its culture."[58]

Wie eine angemessene, kultursensible Aufklärung aussehen soll, wird jedoch nicht erwähnt. Die Gestaltung und Konzeptualisierung der ganzen Vorgehensweise würde Forscher jedoch wahrscheinlich überfordern und wäre somit auch kaum zu leisten.

Schlussfolgerungen

Die genomische Diversitätsforschung bei indigenen Völkern wird derzeit trotz der Einstellung des HGDP in einigen Orten der Erde mit unterschiedlichen Zielsetzungen durchgeführt und voraussichtlich in Zukunft fortgesetzt.[59] Deswegen werden die oben diskutierten Probleme ihre Aktualität und Wichtigkeit in absehbarer Zeit nicht verlieren. Auch wenn diese Fragen nicht im Mittelpunkt der ethischen Problematik der Genomforschung stehen, so gibt es gute Gründe, sich damit auf verschiedenen Ebenen auseinanderzusetzen. Die in diesem Beitrag problematisierten Fragen machen die ethischen und epistemologischen Dimensionen der genetischen Aufklärung im Rahmen einer genomischen Diversitätsforschung deutlich, die auf die kulturellen und sprachlichen Barrieren zwischen Forscher und Beforschten zurückzuführen sind. Aufgrund der oben durchgeführten Analyse lassen sich folgende Schlussfolgerungen vertreten:

1. Die genomische Diversitätsforschung bei indigenen Völkern wirft neue anthropologische, philosophische und ethische Fragen auf, die in den konventionellen medizinischen Forschungen, in deren Rahmen Forscher und Beforschte aus demselben Kulturkreis stammen, nicht in derselben Qualität zu finden sind.
2. Die oben diskutierten Problembereiche zeigen, dass eine restriktive und undifferenzierte Anwendung von genetischer Aufklärung und damit

---

57 Vgl. Mead (1996).
58 Model Ethical Protocol for Collecting DNA Samples (1997).
59 Spielman (2007), Storey et al. (2007).

verbundenem informed consent (unabhängig davon, ob es *individual* oder *community informed consent* ist) in komplexen Forschungszusammenhängen wie z.B. der genomischen Diversitätsforschung nicht in der Lage ist, die normative Problematik solcher Forschung ihrer Komplexität gebührend zu berücksichtigen.
3. Die in Richtlinien erwähnten kulturspezifischen Anforderungen wie „die Kultur der Beforschten soll berücksichtigt werden" liefern in partikularen und konkreten Situationen keine ausreichenden ethisch fundierten und legitimierten Handlungsoptionen. Somit bleiben Forscher wegen des kulturbedingten komplexen Sachverhalts allein gelassen und überfordert.
4. Die genetische Aufklärung der Probanden soll in der genomischen Diversitätsforschung mehr als eine rein sprachliche Vermittlung des Forschungsvorhabens beinhalten. Sie soll so strukturiert werden, dass sie die Wertvorstellungen und Präferenzen des Probanden aufnimmt und in den Forschungsprozess integriert. Eine Vorgehensweise in der genomischen Diversitätsforschung, die – nach der Vermittlung der entsprechenden Informationen – die Autonomie der Probanden auf Ablehnung oder Zustimmung zu der Studienteilnahme beschränkt, ist aus ethischer Perspektive nicht ausreichend. Die Durchführungsform der Probandenaufklärung soll der Komplexität der Forschung und dem Ausmaß der kulturellen Differenz zwischen Forscher und Beforschten angepasst werden.
5. Unabhängig von der Art und Weise des angewandten informed consent bleibt die Kluft der Menschenbilder und Kosmologien zwischen dem Forscher und Beforschten in genomischen Diversitätsstudien als ein konstantes Problem bestehen. Die ethischen Aspekte dieses Problems stellen sowohl in der interkulturellen Ethik als auch in der Forschungsethik ein Desiderat dar.
6. Diese Aspekte, zum Teil mit ihrem metaethischen und phänomenologischen Charakter, sollten für die Praxis der genomischen Diversitätsforschung normiert werden. Dabei stellen die Grenzen des Eingriffs in die Identität dieser Menschen durch eine solche Forschung eine zentrale Frage dar.
7. Diese ethische Forschung sollte in der genomischen Diversitätsforschung eine größere Bedeutung haben als dies bis jetzt der Fall ist. Nach einer etablierten ethischen Untersuchung sollten die Ergebnisse in die einschlägigen internationalen Richtlinien integriert werden.
8. Die epistemologischen und ethischen Aspekte der genomischen Diversitätsforschung liefern auch für die ethischen Fragen der genetischen Beratung wichtige weiterführende Anhaltspunkte: Die Komplexität der genetischen Beratung korreliert mit Differenzen in den Welt- und Menschenbildern von genetischen Beratern einerseits und Ratsuchenden andererseits. Derartige Differenzen sind mit Sicherheit nicht zuletzt bestimmend für den Charakter der zu überwindenden Hürden bei der

Vermittlung krankheitsbezogener Informationen im Rahmen einer genetischen Beratung.

9. Auch wenn der Unterschied zwischen dem genetischen Berater und der zu beratenden Person hinsichtlich ihrer Welt- und Menschenbilder nie so groß sein wird wie im Rahmen des HGDP beschrieben, ist die Begegnung von Menschen aus unterschiedlichen Kulturkreisen im Rahmen einer genetischen Beratung keine Seltenheit. Oft treten in solchen Beratungen sprachliche und kulturelle Barrieren auf, die die erforderliche Verständigung enorm erschweren. In solchen Situationen vermögen die zentralen Ansätze der genetischen Beratung wie Nicht-Direktivität und Individualität bzw. ihre personenzentrierte Ausrichtung[60] kaum präzise und konkrete Handlungsoptionen für die Praxis zu liefern. Ähnlich wie die im Rahmen des MEP festgelegte Anforderung, divergierende kulturelle Aspekte für die genomische Diversitätsforschung zu berücksichtigen, bleiben diese Forderung (ihres normativen Charakters zum Trotz) doch auch hier im konkreten Fall deutungsoffen und öffnen keine präzisen Handlungsoptionen. Somit werden genetischen Beratern in transkulturellen Settings in der Praxis selten Hilfestellungen bei häufig überfordernden Situationen und Fällen geboten.

Diese Studie wurde im Rahmen des NGFN-2 (Nationales Genomforschungs-netz), Projekt „Public Health Genetics", vom BMBF (Fördernummer BMBF 01GR0467) gefördert.

Ich danke Prof. Dr. Norbert W. Paul, Dr. Meike Wolf, Prof. Dr. Robert Cook-Deegan und Dr. Arnd Wasserloos für ihre wichtigen Anregungen und Hinweise.

---

60 Deutsche Gesellschaft für Humangenetik (2007), S. 453.

Literatur

Bartmann, F. J./Pecnik, H./Sachau, R. (Hrsg.) (2001): Das rechte Maß der Medizin. Vom Arztsein in einer technisierten Welt. Hamburg.
Berding, H. (Hrsg.) (1994): Nationales Bewußtsein und kollektive Identität. Frankfurt a.M.
Borofsky, R. (Hrsg.) (1994): Assessing Cultural Anthropology. New York.
Brodwin, P. (2005): "Bioethics in Action" and Human Population Genetic research. Culture, Medicine and Psychiatry 29, 2 (2005), S. 145-178.
Cavalli-Sforza, L. L./Wilson, A. C./Cantor, C. R./Cook-Deegan, R. M./ King, M. C. (1991): Call for a worldwide survey of human genetic diversity: a vanishing opportunity for the Human Genome Project. Genomics 11, 2 (1991), S. 490-491.
Cavalli-Sforza, L. L. (1990): Opinion: how can one study individual variation for 2 billion nucleotides of the human genome? American Journal of Human Genetics 46, 4 (1990), S. 649-651.
Deutsche Gesellschaft für Humangenetik (2007): Leitlinien zur Genetischen Beratung. Medizinische Genetik 19, 4 (2007), S. 452-454.
Dukepoo, F. (1998): Sensitivities and Concerns of Research in Native American Communities, Quelle: http://govinfo.library.unt.edu/nbac/transcripts/ jul98/native.html (Zugriff: 28.08.2007).
Foster, M. W./Bernstein, D./Carter, T. H. (1998): A model agreement for genetic research in socially identifiable populations. American Journal of Human Genetics 63, 3 (1998), S. 696-702.
Foster, M. W./Sharp, R. R./Freeman, W. L./Chino, M./Bernsten, D./Carter T. H. (1999): The role of community review in evaluating the risks of human genetic variation research. American Journal of Human Genetics 64, 6 (1999), S. 1719-1727.
Greely, H. T. (1997): The Ethics of the Human Genome Diversity Project: The North American Regional Committee's Proposed Model Ethical Protocol, in: Knoppers (1997), S. 239-256.
Greely, H. T. (2001): Human Genome Diversity: What about the Other Human Genome Project. Nature Reviews Genetics 2, 3 (2001), S. 222-227.
Grounds, R. A. (1996): The Yuchi Community and the Human Genome Diversity Project: Historic and Contemporary Ironies. Cultural Survival Quarterly Issue 20.2 (1996), S. 64-68.
HGDP Alghero Summary Report (1993) in: www.stanford.edu/group/ morrinst/hgdp/summary93.html (Zugriff: 15.12.2006).
Ilkilic, I./Paul, N. W./Wolf, M. (2007): Schöne neue Welt der Prävention? Zur Voraussetzungen und Reichweite von Public Health Genetics. Das Gesundheitswesen 69, 2 (2007), S. 53-62.
Keesing, R. M. (1994): Theories of Culture Revisited, in: Borofsky (1994), S. 301-310.

Khoury, M. J./Little, J./Burke, W. (2004): Human Genome Epidemiology. A Scientific Foundation for Using Genetic Information to Improve Health and Prevent Disease. New York.
Knoppers, B. M. (Hrsg.) (1997): Human DNA: Law and policy. International and comparative perspectives. The Hague, London u.a.
Knoppers, B. M./Hirtle, M./Lormeau, S. (1996): Ethical Issues in International Collaborative Research on the Human Genome: The HGP and the HGDP. Genomics 34, 2 (1996), S. 272-282.
Lewin, R. (1993): Genes from a Disappearing World. New Scientist May 29, 138 (1993), S. 25-29.
Macer, D. R. J. (1997): Bioethics and Genetic Diversity From the Perspective of UNESCO and Non-Governmental Organizations, in: Knoppers (1997), S. 265-273.
Marks, J. (1995): Human Biodiversity, Genes, Race, and History. New York.
M'charek, A. (2005): The Human Genome Diversity Project. An Ethnography of Scientific Practise. Cambridge.
Mead, A. T. P. (1996): Genealogy, Sacredness, and the Commodities Market. Cultural Survival Quarterly, 20, 2 (1996), S. 46-51.
Model Ethical Protocol for Collecting DNA Samples (1997): Quelle: published as „Proposed Model Ethical Protocol for Collecting DNA Samples". Houston Law Review 33, 5 (1997), S. 1431-1473.
Model Ethical Protocol for Collecting DNA Samples (1997): Quelle: http://www.stanford.edu/group/morrinst/hgdp/protocol.html (Zugriff: 04.09.2007).
National Congress of American Indians, Resolution No. NV-93-118, zitiert nach Mead (1996).
National Research Council (1997): Evaluating Human Genetic Diversity. Washington.
Paul, N. W. (2001): Das Genom, die molekulare Medizin und der Wandel ärztlichen Entscheidens und Handelns, in Bartmann et al. (2001), S. 39-51.
RAFI (Rural Advancement Foundation International) (1993): Patents, Indigenous Peoples, and Human Genetic Diversity, Ottawa.
RAFI (Rural Advancement Foundation International) (1994): The Patenting of Human Genetic Material, Ottawa.
Reardon, J. (2005): Race to the Finish. Identity and Governance in an Age of Genomics. Princeton.
Reilly, P. R. (1998): Rethinking Risks to Human Subjects in Genetic Research. American Journal of Human Genetics 63, 3 (1998), S. 682-685.
Sass, H.-M. (1998): Genotyping in Clinical Trials: Towards a Principle of Informed Request. Journal of Medicine and Philosophy 23, 3 (1998), S. 288-296.

Schmidt, C. W. (2001): Indi-Gene-ous Conflicts. Environmental Health Perspectives 109, 5 (2001), S. A216-219.
Spielman, R. S./Bastone, L. A./Burdick, J. T./Morley, M./Ewens, W. J./ Cheung V. G. (2007): Common genetic variants account for differences in gene expression among ethnic groups. Nature Genetics 39, 2 (2007), S. 226-231.
Storey, J. D./Madeoy, J./Strout, J. L./Wurfel, M./Ronald, J./Akey J. M. (2007): Gene-expression variation within and among human populations. American Journal of Human Genetics 80, 3 (2007), S. 502-509.
United Nations Economic and Social Council Commission on Human Rights (1998): Human genome diversity research and indigenous peoples. E/CN.4/Sub.2/AC.4/1998/4.
Wasserloos, A. (2005): Wessen Gene, wessen Ethik? Die genetische Diversität des Menschen als Herausforderung für Bioethik und Humanwissenschaften. Berlin.
Weijer, C./Goldsand, G./Emanuel, E. J. (1999): Protecting communities in research: current guidelines and limits of extrapolation. Nature Genetics 23, 3 (1999), S. 275-280.
Welz, G. (1994): Die soziale Organisation kultureller Unterschiede. Zur Kritik des Ethnosbegriffs in der anglo-amerikanischen Kulturanthropologie, in: Berding (1994), S. 66-81.
World Health Organization (WHO) (2002): Genomics and World Health. Report of the Advisory Committee on Health Research. Genf.
Wheale, P. (1998): Human genome research and the human genome diversity project: some ethical issues, in: Wheale et al. (1998), S. 91-115.
Wheale, P./Schomberg, R./Glasner, P. (1998): The Social management of genetic engineering. Aldershot.
Zilinskas, R. A./Balint, P. J. (Hrsg.) (2001): The Human Genome Project and Minority Communities. London.

Sigrid Graumann

Humane Genetik, Behinderung und ethische Probleme pränataler Diagnostik

1. Werden behinderte Menschen durch Pränataldiagnostik diskriminiert?

Die Etablierung der genetischen Beratung und der pränatalen Diagnostik in der medizinischen Praxis war von Anfang an begleitet von kritischen Stimmen, die darin eine Diskriminierung von behinderten Menschen sehen. Innerhalb der Behindertenbewegung ist diese Position völlig unstrittig, strittig ist allenfalls, welche politischen Konsequenzen daraus folgen sollten, eine Begrenzung des Angebots der Pränataldiagnostik, eine Verbesserung der Aufklärung und Beratung oder eine Verschärfung des § 218a StGB.[1]

Mit der Position, dass behinderte Menschen durch Pränataldiagnostik diskriminiert werden, wird in der Öffentlichkeit eine Verbindung zwischen drei Aspekten hergestellt: zwischen selektiven Schwangerschaftsabbrüchen, der Gleichsetzung von Behinderung und Leiden sowie der Gefahr der Entsolidarisierung mit behinderten Menschen und ihren Familien.

Es ist auffällig, dass in den meisten Stellungnahmen von Behindertenverbänden nicht der Schwangerschaftsabbruch nach Pränataldiagnostik als solcher problematisiert wird, sondern lediglich sein selektiver Charakter. Der Sprecher für Bioethik der „Initiative selbstbestimmt Leben" (ISL), Christian Judith, hält einen Schwangerschaftsabbruch wie viele andere in der Behindertenbewegung zwar grundsätzlich für gerechtfertigt, wenn eine Frau meint, dass sie kein Kind bekommen kann, aber diese Entscheidung dürfe nicht aufgrund von Qualitätsmerkmalen fallen. Er unterstellt damit, dass einem selektiven Schwangerschaftsabbruch ein diskriminierendes Werturteil zu Grunde liege und dass dieser daher ethisch problematisch sei. Das begründet er mit dem folgenden, sehr persönlichen Statement:

> „Als mir klar wurde, dass ich aufgrund meiner Eigenschaft, behindert zu sein, möglicherweise von meiner eigenen Mutter abgelehnt worden wäre – das war eine ganz schlimme Erfahrung."[2]

---

1 Mock (2007), S. 17-20 und S. 38-45.
2 Das Zitat stammt aus einem Streitgespräch zwischen Christian Judith und Gisela Steinert über die Einstellung von behinderten Menschen zur Biomedizin, das unter dem Titel „Hättest du mich abgetrieben?" in „Die Zeit" erschienen ist, siehe Schnabel/Willmann (2001), S. 27.

Außerdem wird in Stellungnahmen von Behindertenverbänden kritisiert, dass in der Praxis der Pränataldiagnostik eine Gleichsetzung von Behinderung und Leiden vorgenommen wird. So wehren sich die Eltern von Kindern mit Down-Syndrom dagegen, dass ihre Kinder „die Paradepferde der Pränataldiagnostik"[3] darstellen. Durch die Fruchtwasseruntersuchung und die Möglichkeit, damit mikroskopisch sichtbare Chromosomenveränderungen auszuschließen, wurde das Down-Syndrom zum Synonym für Behinderung überhaupt. Die Eltern von Kindern mit Down-Syndrom weisen darauf hin, dass in der Öffentlichkeit und in der genetischen Beratungspraxis aber ein völlig unrealistisches Bild über das Leben von Menschen mit einem Down-Syndrom und über ihre Entwicklungsmöglichkeiten vermittelt wird. Sie können dabei auf einen reichen Erfahrungsschatz rekurrieren, weil sie als Eltern von behinderten Kindern meist selbst Erfahrungen mit genetischer Beratung gemacht haben. In der Beratung würden vor allem die Defizite ihrer Kinder betont. Menschen mit Down-Syndrom hätten heute aber eine fast normale Lebenserwartung und die allermeisten können Lesen und Schreiben lernen. Die Eltern argumentieren, dass es eine Herausforderung sei, ein Kind, mit Down-Syndrom zu erziehen, aber eine, die man meistern und an der man wachsen könne. Sie wollen sich jedenfalls nicht unterstellen lassen, dass sie an der Existenz ihrer Kinder leiden.[4]

Die Behinderung, nach der außer nach Chromosomenveränderungen noch in der Routinepränataldiagnostik gesucht wird, ist Spina bifida. Klaus Seidenstücker, Vorsitzender der Arbeitsgemeinschaft Spina bifida und Hydrocephalus, schreibt, dass „ein Kind mit Spina bifida vor seinem Eintritt in diese Welt für eine ‚ethische Barrierefreiheit' zu kämpfen hat".[5] Durch Pränataldiagnostik würde die gesellschaftliche Tendenz, Behinderung und Krankheit zu individualisieren und in die Eigenverantwortlichkeit der Familie und betroffenen Personen zu geben, wachsen. Damit aber würde einerseits ein sozialer Druck auf werdende Eltern entstehen und andererseits die Tendenz zur Endsolidarisierung mit behinderten Menschen und ihren Familien verstärkt. Befürchtet wird die Verbreitung der gesellschaftlichen Sichtweise, dass Eltern von behinderten Kindern, die beispielsweise bestimmte medizinische Therapien, sozialpädagogische Förderung und schulische Unterstützung für eine optimale Entwicklung brauchen, keinen Anspruch auf die sozialen Dienste und Leistungen dafür haben, weil ihnen vorgehalten werden kann, dass sie die Möglichkeit gehabt hätten, die Existenz dieses Kindes zu verhindern.

Außerhalb von behindertenpolitischen Kreisen wird die Berechtigung des „Diskriminierungsvorwurfs" allerdings durchaus in Frage gestellt. Das ist nicht verwunderlich. Sollte die Pränataldiagnostik nämlich tatsächlich mit einer Diskriminierung behinderter Menschen einhergehen, wäre kaum

---

3   Storm (2000), S. 135.
4   Ebd., S. 133-135.
5   Seidenstücker (2008).

verständlich, dass dies nicht auf berufsrechtlichem oder gesetzlichem Weg unterbunden wird. Immerhin ist der Schutz behinderter Menschen vor Diskriminierung völkerrechtlich[6] und verfassungsrechtlich[7] verankert. Dem Diskriminierungsvorwurf kommt daher nicht nur moralisch, sondern auch politisch eine wichtige Bedeutung zu.

Wolfgang van den Daele und Weyma Lübbe haben im deutschsprachigen Raum zum Diskriminierungsvorwurf kritisch Stellung bezogen.[8] Beide bezweifeln nicht die These von Christian Judith, dass es sich bei der Pränataldiagnostik um eine Selektion behinderter Kinder handelt, und benennen das auch mit diesem Begriff. Sie bestreiten auch nicht, dass die werdenden Eltern, die sich gegen ein behindertes Kind entscheiden, damit ein Werturteil über das Leben mit einem behinderten Kind treffen. Sie bestreiten allerdings, dass dieses Werturteil den Tatbestand der Diskriminierung behinderter Menschen erfülle.

Van den Daele versuchte mit einer Auswertung verschiedener empirischer Studien zu zeigen, dass sich die Behauptung einer Zunahme der Diskriminierung von Menschen mit Behinderung durch Pränataldiagnostik nicht belegen lasse.[9] Dabei stellt er fest, dass die Bereitschaft zu einem selektiven Schwangerschaftsabbruch nachgewiesenermaßen sehr hoch sei, sofern es sich um die Indikation einer schweren, nicht behandelbaren Krankheit oder Behinderung des Kindes handele. Das aber sei nicht als Diskriminierung behinderter Menschen zu werten. Aber warum eigentlich nicht? Darauf bekommen wir keine Antwort. Van den Daele untersucht mit seiner Studie nicht die Frage, ob die Praxis der Pränataldiagnostik als solche diskriminierend ist, sondern ob sie zu Diskriminierung führt, d.h. ob eine kausale Relation zwischen der Praxis der Pränataldiagnostik und (anderen) Diskriminierungspraktiken besteht. Damit bezieht er sich offenbar unter anderem auf die Befürchtung, die Klaus Seidenstücker angesprochen hat, dass die Individualisierung der Verantwortung für ein behindertes Kind durch die Möglichkeit, Pränataldiagnostik in Anspruch zu nehmen, zu einer Entsolidarisierung führe. Vor diesem Hintergrund untersucht van den Daele drei Indikatoren für Diskriminierung: den Abbau von Rechtspositionen behinderter Menschen, die Zurücknahme solidarischer Leistungen und die Zunahme diskriminierender Einstellungen und Verhaltensweisen. Er kommt dabei zum Schluss, dass der Diskriminierungsvorwurf „keine Stütze in den empirischen Befunden"[10] finde.

Van den Daele kann mit seiner Auswertung empirischer Studien allerdings nur absolut zeigen, ob Diskriminierung in Bezug auf die genannten Indikatoren zu- oder abnimmt, nicht aber, ob ein kausaler Zusammen-

---

6   United Nations (2006).
7   Art. 3 Abs. 3 Grundgesetz.
8   Van den Daele (2002) und (2003); Lübbe (2003), (2006) und (2007).
9   Van den Daele (2003).
10 Ebd., S. 34.

hang zur Praxis der Pränataldiagnostik besteht. Es ist schließlich anzunehmen, dass nicht nur die Pränataldiagnostik, sondern viele andere Faktoren, Einfluss auf die gewählten Indikatoren für Diskriminierung haben. So ist es sehr wohl möglich, dass die Kampagnen der Behindertenverbände zur Verbesserung der gesellschaftlichen Stellung behinderter Menschen ohne die pränatale Diagnostik viel mehr Wirkung zeigen könnten, als es aktuell der Fall ist. Aber selbst wenn man eine kausale Wirkung der Praxis der Pränataldiagnostik auf die Diskriminierung behinderter Menschen tatsächlich empirisch zurückweisen könnte, wäre damit keineswegs ausgeschlossen, dass die Pränataldiagnostik selbst diskriminierend ist. Die Frage, ob ein selektiver Schwangerschaftsabbruch eine Diskriminierung darstellt und ob das Bild bestimmter Behinderungen wie das des Down-Syndroms, das in und mit der Praxis der Pränataldiagnostik vermittelt wird, als Diskriminierung gewertet werden muss, ist damit nicht beantwortet.

Weyma Lübbe greift im Unterschied zu van den Daele in ihrer theoretischen Erörterung des Diskriminierungsvorwurfs zunächst die Argumentation der Eltern von Kindern mit Down-Syndrom auf. Sie räumt ein, dass die Unterstellung, dass ein behindertes Kind für seine Eltern eine Last sei, die zur Rechtfertigung von selektiven Schwangerschaftsabbrüchen herangezogen wird, möglicherweise zu Recht als diskriminierend verstanden werden kann. Es müsse davon ausgegangen werden, dass jedem Menschen und damit auch einem behinderten Menschen das nötige Minimum an Versorgung zustehe, das sein Überleben sichere. Das gelte zumindest für geborene Menschen. Die Frage sei nur, ob dies auch für die Schwangerschaft gilt und ob einem behinderten Fetus das Minimum entzogen werden dürfe, das er zum Leben braucht.[11]

Lübbe argumentiert, dass es höchst problematisch sei, die individuelle Entscheidung von Frauen gegen ein behindertes Kind moralisch zu verurteilen und mit rechtlichen Mitteln einen Schwangerschaftsabbruch zu verbieten. Dabei vergleicht sie die Entscheidung für oder gegen ein Kind mit Behinderung mit der Partnerwahl. Wir würden es auch nicht als Diskriminierung empfinden, wenn sich eine Frau einen gesunden Partner wünscht.[12] Sie fordert dabei zu Recht, dass diejenigen, die den Diskriminierungsvorwurf erheben, diesen zumindest klar adressieren sollten. Sie meint damit, dass klar gesagt werden müsse, ob die individuellen Entscheidungen von Frauen oder ob die bestehenden Gesetze als diskriminierend angesehen werden. Sie hält es aber auch dann, wenn sich der Diskriminierungsvorwurf an den Gesetzgeber richtet, für sehr fraglich, warum eine Praxis verboten werden soll, die aus Akten besteht, die für sich nicht diskriminierend seien.[13]

---

11 Lübbe (2003).
12 Ebd., S. 214-215.
13 Lübbe (2006). Mit diesem Artikel führt Weyma Lübbe eine Diskussion fort, die auf der gemeinsamen Tagung „Vorgeburtliche Diagnostik – eine Diskriminierung von

Ihrer Forderung nach einer differenzierteren Diskussion des Diskriminierungsvorwurfs stimme ich generell durchaus zu. So einfach, wie sie meint, scheint mir aber der Diskriminierungsvorwurf nicht erledigt zu sein. Es führt aus meiner Sicht kein Weg daran vorbei, auch die einzelnen Akte von Entscheidungen, Schwangerschaften wegen der Behinderung des Kindes abzubrechen, als diskriminierend zu werten, eben weil das Merkmal Behinderung den Ausschlag dafür gibt, und weil ein nicht behindertes Kind erwünscht wäre. Das bedeutet aber nicht, dass die betroffenen Frauen zwangsläufig moralisch verurteilt werden müssen. Es können und werden verschiedene Aspekte genannt, welche die Entscheidung für einen selektiven Schwangerschaftsabbruch entschuldigen können: Dazu gehört insbesondere die extreme psychische Krise, in die viele Frauen durch einen pathologischen Befund fallen, aber auch der soziale Druck, ein gesundes Kind zu bekommen, dem die Frauen ausgesetzt sind,[14] sowie die konkreten sozialen Schwierigkeiten, die das Leben mit einem behinderten Kind mit sich bringen kann.

Ein Teil des Konflikts scheint mir in einem unterschiedlichen Verständnis von Diskriminierung zu liegen.[15] Van den Daele und Lübbe beziehen sich offenbar primär auf einen rechtlichen Diskriminierungsbegriff, der konkrete, individuell zuschreibbare Tatbestände von Diskriminierung meint und diese von dem Gefühl der Kränkung, das behinderte Menschen in Bezug auf die Pränataldiagnostik empfinden, unterscheidet.[16] Die Vertreter der Behindertenbewegung meinen mit Diskriminierung aber auch die Erfahrung sozialer Benachteiligung und Ausgrenzung durch Vorurteile und negative Bewertungsmuster.[17] Dies „nur" als Kränkung zu bezeichnen, wäre sicher unangemessen. Sie beziehen sich damit auf einen sozialen Diskriminierungsbegriff, der auch in die neue UN-Behindertenrechtskonvention aufgenommen wurde. Abwertende Vorurteile („Einstellungsbarrieren") sind darin Bestandteil der Definition von Diskriminierung.[18] Wenn also negative Einstellungen gegenüber behinderten Menschen mit der humangenetischen Beratung und der Pränataldiagnostik in Verbindung gebracht werden können, wäre der Begriff Diskriminierung auch hierfür angemessen.

Menschen mit Behinderung?" der Akademie für Ethik in der Medizin (AEM) und des Instituts Mensch, Ethik und Wissenschaft (IMEW) im September 2005 in Witten-Herdecke begonnen wurde, und an der Vertreterinnen und Vertreter aus der Behindertenbewegung und Ethikerinnen und Ethiker beteiligt waren.
14 Vgl. Willenbring (1999).
15 Graumann (2003). Siehe auch die Beiträge in Graumann et al. (2004).
16 Van den Daele (2002).
17 Volz (2003).
18 United Nations (2006), Art. 2.

2. Die Normalität der Pränataldiagnostik

Der Diskriminierungsvorwurf wird häufig mit Blick auf die enorme Ausweitung, die die Pränataldiagnostik seit ihrer Einführung erfahren hat, erhoben. Dabei kann ausgeschlossen werden, dass das gesundheitspolitische Ziel der Begrenzung der Zahl behinderter Menschen die Ursache hierfür ist. Das wird auch von niemandem mehr ernsthaft behauptet. Worin besteht dann aber eine soziale Diskriminierung?

Wenn ein auffälliger Befund bei einer Pränataldiagnostik erhoben wird, „kann sich aus diesem Wissen in aller Regel keine Therapie, sondern nur die Entscheidung über Leben oder Tod des werdenden Kindes ableiten".[19] Der allergrößte Teil der Frauen entscheidet sich in diesem Fall für einen Schwangerschaftsabbruch. Diese Konsequenz wird von ärztlicher Seite beim Angebot der Pränataldiagnostik nicht nur in Einzelfällen, sondern in der Regel in Kauf genommen.

In den 1970er Jahren wurde die Fruchtwasseruntersuchung in der Praxis eingeführt.[20] Es war möglich geworden, Zellen des ungeborenen Kindes aus dem Fruchtwasser im Labor zu züchten und mikroskopisch auf Chromosomen-Veränderungen zu untersuchen. Damals sollte die neue Diagnostik vor allem Frauen angeboten werden, die auf Grund ihres Alters ein erhöhtes Risiko für ein Kind mit einem Down-Syndrom haben. Innerhalb von wenigen Jahren hat sich die Fruchtwasseruntersuchung von einem Angebot der darauf spezialisierten universitären humangenetischen Institute zu einem Regelangebot der Frauenheilkunde entwickelt. Dazu kam, dass über den Triple-Test, der 1992 einführt wurde, und die Verbesserung der Ultraschalldiagnostik, eine immer genauere individuelle „Risikospezifizierung" möglich wurde. Heute hat sich die Suche nach „Fehlbildungen" des ungeborenen Kindes, insbesondere nach Hinweisen auf ein Down-Syndrom und auf Spina bifida per Ultraschall, zu einem ganz normalen Bestandteil der Schwangerschaftsvorsorge entwickelt.

Der derzeit letzte Schritt dieser Entwicklung ist das sogenannte Ersttrimester-Screening, bei dem die Suche nach verschiedenen Hinweisen auf Auffälligkeiten des Feten per Ultraschall und per Bluttests kombiniert wird. Dieses Screening auf Chromosomenveränderungen und Spaltbildungen wird schwangeren Frauen bislang als privat zu bezahlende „individuelle Gesundheitsleistung" (IGel) angeboten. Eine Einführung als Kassenleistung wird derzeit geprüft. Findet sich eine Auffälligkeit, wird den Frauen eine Fruchtwasseruntersuchung empfohlen. Damit ist Pränataldiagnostik nicht mehr nur ein Angebot für schwangere Frauen mit einem erhöhten „Risiko"

---

19 Henn (2004), S. 160.
20 Die Einführung erfolgte mit dem DFG-Schwerpunktprogramm „Pränatale Diagnostik genetisch bedingter Defekte". An diesem siebenjährigen Forschungsprogramm haben 90 Institute teilgenommen. Für eine ausführliche Darstellung der Geschichte der Pränataldiagnostik in Deutschland vgl. Hartog (1996).

für ein behindertes Kind, sondern ein ganz normaler Bestandteil der Schwangerschaftsvorsorge, dem sich schwangere Frauen kaum noch entziehen können.[21]

Eine neue Untersuchung der *Bundeszentrale für gesundheitliche Aufklärung* (BZgA)[22] zeigt, dass die Pränataldiagnostik auch eine sehr hohe Akzeptanz als Bestandteil der allgemeinen Schwangerschaftsvorsorge besitzt. Demnach sind mehr als ein Drittel aller befragten Schwangeren (36,8 %) der Meinung, dass Pränataldiagnostik zur allgemeinen Schwangerschaftsvorsorge gehört. 61,6 % der Frauen, die Pränataldiagnostik in Anspruch genommen haben, gaben an, dies wegen der Sicherstellung der Gesundheit des Kindes getan zu haben. Mehr als zwei Drittel (70,4 %) aller befragten Frauen haben mehr als drei Ultraschalluntersuchungen in Anspruch genommen – wobei viele den Ultraschall selbst nicht als Pränataldiagnostik bezeichnen würden. 40,5 % haben die Nackenfaltenmessung durchführen lassen und 34,1 % den Triple-Test. 15,7 % entschieden sich für ein invasives Verfahren, die meisten davon (11,5 % bezogen auf die gesamte Stichprobe) für eine Amniozentese. 76,6 % der Frauen gaben an, sie seien froh, die Untersuchungen in Anspruch genommen haben, und 69,6 % würden bei der nächsten Schwangerschaft wieder so handeln. Ein besonders aufschlussreiches Ergebnis ergab sich bei der Frage nach den Meinungen zur Pränataldiagnostik: Etwas mehr als die Hälfte (53 %) sind der Meinung, dass Pränataldiagnostik routinemäßig von allen Schwangeren in Anspruch genommen werden sollte. Diese Zahlen belegen sehr deutlich die Selbstverständlichkeit, mit der die Pränataldiagnostik in Anspruch genommen wird.

Bei der Befragung wurde aber auch untersucht, ob diese Ergebnisse mit der Einstellung der schwangeren Frauen zum Leben mit einem behinderten Kind korrelieren. 65 % der Frauen gaben an, sie könnten ein Leben mit einem behinderten Kind akzeptieren. Umgekehrt können sich aber 35 % kein Leben mit einem behinderten Kind vorstellen.[23] Das ist eine sehr hohe Zahl, wenn wir uns vergegenwärtigen, dass niemand den Frauen ein nicht behindertes Kind garantieren kann.

Von ärztlicher Seite wird häufig beklagt, dass werdende Eltern zunehmend eine unrealistische Anspruchshaltung hinsichtlich der Gesundheit ihres Kindes entwickeln würden.[24] Damit wird nahe gelegt, dass es die werdenden Eltern sind, die Pränataldiagnostik fordern, worauf von ärztlicher Seite nur reagiert würde. Allerdings zeigt die schon genannte Untersuchung der BZgA, dass die Gynäkologen einen großen Einfluss auf die Inanspruchnahme der Pränataldiagnostik haben. 52 % der befragten Frauen gaben an, dass ihre Ärztin oder ihr Arzt einen starken oder sogar sehr starken Einfluss

---

21 Eine ausführliche Darstellung der Ausweitung der Praxis der Pränataldiagnostik findet sich im Schlussbericht der Enquete-Kommission Recht und Ethik der modernen Medizin, siehe Deutscher Bundestag (2002), S. 153-179.
22 Bundeszentrale für gesundheitliche Aufklärung (2006).
23 Ebd.
24 Henn (2004), S. 152.

auf die Inanspruchnahme der Pränataldiagnostik hatte. Nur der Einfluss der Partner war mit 56 % noch höher. Dieses Ergebnis weist darauf hin, dass Ärzte hinsichtlich der Inanspruchnahme der Pränataldiagnostik aktiv agieren und nicht nur auf Wünsche, die an sie herangetragen werden, reagieren.

Ein weiteres Beispiel hierfür ist die Patienteninformation der *Fetal Medicine Foundation*, die für die Zertifizierung der Gynäkologen für das sogenannte Ersttrimester-Screening zuständig ist. In der Patienteninformation wird für das Ersttrimester-Screening damit geworben, dass mit einer „einfachen und komplikationslosen Untersuchung", mit einer „harmlosen Ultraschalluntersuchung und einer Blutentnahme" zwischen der 11. und 14. Schwangerschaftswoche auf verschiedene Krankheiten getestet werden kann und dabei 90 % aller Schwangerschaften mit einem Down-Syndrom entdeckt werden würden.[25] Es liegt in diesem Beispiel nahe, dass die Erwartungshaltung der werdenden Eltern hinsichtlich der Gesundheit des Kindes von ärztlicher Seite befördert, zumindest aber bedient wird.

Die Frage, wer für die Ausweitung der Pränataldiagnostik verantwortlich ist, scheint damit nicht so leicht zu beantworten zu sein. Pränataldiagnostische Maßnahmen sind heute Teil der regulären Schwangerschaftsvorsorge. Zusätzlich werden den Frauen diagnostische Maßnahmen als selbst zu zahlende Leistungen angeboten und regelrecht beworben, die ichnen eine noch größere Sicherheit versprechen. Diese Angebote hätten sich kaum in dem Maße entwickeln können, wenn ihr Sinn, der in erster Linie darin besteht, die Schwangerschaft ggf. abbrechen zu können, von ärztlicher Seite in Frage gestellt worden wäre. Der überwiegende Teil der Frauen nutzt die Angebote der Pränataldiagnostik aber offensichtlich auch ganz bewusst, um die Gesundheit des Kindes sicherzustellen. Es ist daher naheliegend anzunehmen, dass ein dynamisches Zusammenspiel von Angebot und Nachfrage zu der enormen Ausweitung der Praxis der Pränataldiagnostik, die wir heute konstatieren können, geführt hat. Diese Ausweitung hätte folglich kaum stattgefunden, wenn entweder die werdenden Eltern oder die Ärzteschaft die Geburt von Kindern begrüßen würden, auch wenn sie eine Behinderung haben. Es scheint also einen gewissen sozialen Konsens zu geben, dass es sinnvoll ist, die Existenz von behinderten Kindern zu verhindern. Dieser soziale „Selektionskonsens" ist zwangsläufig mit einem negativ wertenden Urteil über Behinderung verbunden. Und genau das ist der Aspekt der Pränataldiagnostik, den die Eltern von Kindern mit einem Down-Syndrom als diskriminierend erleben.

---

25 Die Patienteninformation kann auch im Internet abgerufen werden unter www.fmf-deutschland.info/de/ (Zugriff: 07.04.2008).

3. Selektive Schwangerschaftsabbrüche

Nun wird aber die Vermeidung der Geburt eines behinderten Kindes selten so direkt als Ziel der Pränataldiagnostik genannt. Von Seiten der Bundesärztekammer werden als Ziele der pränatalen Diagnostik beispielsweise die Erkennung von Störungen der embryonalen und fetalen Entwicklung mit der Absicht der möglichst optimalen Behandlung der Schwangeren und des Ungeborenen wie auch der Objektivierung von Ängsten und Befürchtungen der Schwangeren genannt.[26] Ein positiver Befund ermöglicht allerdings in den allermeisten Fällen vor allem eine Entscheidung zu treffen, ob die Schwangerschaft fortgesetzt oder abgebrochen werden soll. Der vorgeburtliche Befund einer Spina bifida eröffnet die Entscheidung für oder gegen einen Schwangerschaftsabbruch, wenn die Entscheidung aber für das Kind fällt, kann vorsorglich ein Kaiserschnitt geplant werden, um weitere Schäden an der Stelle der Spaltbildung für das Kind zu vermeiden. Bei der vorgeburtlichen Diagnostik des Down-Syndroms dürfte aber niemand bestreiten können, dass diese – abgesehen von der Möglichen, sich auf die Geburt eines behinderten Kindes einstellen zu können – als einzige Handlungsoptionen Fortsetzung oder Abbruch der Schwangerschaft mit sich bringt.

Es ist kaum anzunehmen, dass sich eine derart aufwändige und kostspielige Diagnostik primär für den Abbau von Ängsten und Befürchtungen der Schwangeren etablieren hätte können. Das „wirkliche Ziel" kann daher eigentlich nur die Ermöglichung der Entscheidung sein, eine Schwangerschaft mit einem behinderten Kind abzubrechen. Wenn dieses Ziel nicht von vornherein ins Auge gefasst werden würde, ergäbe die ganze Pränataldiagnostik – sofern sie keine therapeutischen Optionen eröffnet – keinen Sinn.

Die Bundesärztekammer betont allerdings, dass ein positiver Befund einer Pränataldiagnostik nicht rechtfertige, „zu einem Schwangerschaftsabbruch zu raten, ihn zu fordern oder durchzusetzen".[27] Es ist eigentlich trivial, dass die Entscheidung für oder gegen einen Schwangerschaftsabbruch letztlich die Schwangere selbst – ggf. gemeinsam mit ihrem Partner – treffen muss. Erzwungene Schwangerschaftsabbrüche sollten in der Praxis heutzutage tatsächlich nicht vorkommen. Die Bundesärztekammer fordert darüber hinaus, dass eine Entscheidung der Schwangeren für einen Abbruch vom Arzt zu respektieren sei. Damit wird aber suggeriert, dass die Ärzte mit selektiven Schwangerschaftsabbrüchen mehr ethische Probleme hätten als die betroffenen Frauen. Diese Annahme scheint sich allerdings so pauschal kaum belegen zu lassen.

In einem gewissen Kontrast zu der großen Akzeptanz der Pränataldiagnostik steht die gleichzeitige moralische Problematisierung der

---
26 Bundesärztekammer (1998).
27 Ebd.

Schwangerschaftsabbrüche nach Pränataldiagnostik, die in der bereits fortgeschrittenen Schwangerschaft stattfinden. Medizinisch werden mit dem Begriff „Spätabbrüche" Schwangerschaftsabbrüche nach der 22. Schwangerschaftswoche, wenn das Kind bereits extrauterin lebensfähig sein kann, bezeichnet.[28] In der öffentlichen Diskussion werden aber oft alle Abbrüche nach Pränataldiagnostik als Spätabbrüche bezeichnet und auf diese Weise von den innerhalb der zwölfwöchigen Frist für die „soziale Indikation" liegenden Abbrüche unterschieden.[29] Seitdem die Tatsache öffentlich thematisiert wird, dass es sich bei einem Schwangerschaftsabbruch nach Pränataldiagnostik – ob vor oder nach der 22. Schwangerschaftswoche – um eine eingeleitete Geburt handelt und alle Beteiligten danach mit einem tot geborenen Kind konfrontiert sind, wird die Praxis der Spätabbrüche im Grunde als Skandal behandelt.

Auffällig ist in dieser Diskussion im Unterschied zum Streit über die soziale Indikation im § 218 StGB, dass kaum jemand das Lebensrecht des Kindes bestreitet. Auch in der ethischen Diskussion sind es nur wenige kontraktualistische[30] oder utilitaristische[31] Autoren, die ein eigenständiges Lebensrecht von relativ weit entwickelten Feten bestreiten. Der „Preis" dafür ist allerdings, dass sie entweder auch ein Lebensrecht von Neugeborenen in Frage stellen[32] oder eine willkürliche Grenze, ab der ein Mensch als Subjekt moralischer Recht gelten kann, mit der Geburt[33] setzen. Solche Positionen sind in der Öffentlichkeit aber nicht besonders populär. Auch diejenigen, die das Entscheidungsrecht der Frau im Fall von späten Schwangerschaftsabbrüchen verteidigen, stellen dabei das Lebensrecht des ungeborenen Kindes meist nicht in Frage, sondern beziehen sich auf einen unauflösbaren Konflikt zwischen dem Lebensrecht des ungeborenen Kindes und dem Selbstbestimmungsrecht der Frau. Wenn die Frau zum Austragen einer ungewollten Schwangerschaft gezwungen werde, würden ihre Rechte verletzt. Das aber sei nicht akzeptabel.[34]

Ich halte diese Position allerdings für ungenau: Zum einen muss bei einer Schwangerschaft – zumindest vor der eigenständigen Lebensfähigkeit des Kindes – berücksichtigt werden, dass das Kind nicht selbstständig, sondern nur durch die Frau lebensfähig ist. Das bedeutet, dass das Lebensrecht des Kindes weniger als negatives Recht oder Abwehrrecht, sondern eher als Anspruchsrecht oder positives Recht gegenüber der werdenden Mutter verstanden werden muss. Mit dem Anspruchsrecht auf Leben des Kindes korrespondiert damit eine Sorgepflicht der Frau, die allerdings sehr viel von ihr verlangt. Das eigentümliche an solchen Sorgepflichten ist aber

---

28 Siehe zu dieser Thematik auch Wewetzer/Wernstedt (2008).
29 Mock (2007), S. 36.
30 Hörster (1995).
31 Singer (1993).
32 Ebd.
33 Hörster (1995).
34 Braun (2003).

normalerweise, dass sie nicht erzwungen werden können. Wenn das nämlich getan wird, werden Rechte der gezwungenen Person – hier der schwangeren Frau – verletzt.

Auch in dem Urteil des Bundesverfassungsgerichts von 1993 zum Schwangerschaftsabbruch findet sich eine Formulierung, die ein Verständnis des Rechts auf Leben des Ungeborenen als positives Recht vermuten lässt, ohne dass damit eine „Gebärpflicht" verknüpft wird. In dem Urteil heißt es:

„Diese Würde des Menschen liegt auch für das ungeborene Leben im Dasein um seiner selbst willen. Es zu achten und zu schützen bedingt, dass die Rechtsordnung die rechtlichen Voraussetzungen seiner *Entfaltung* im Sinne eines eigenen Lebensrechtes des Ungeborenen gewährleistet."[35]

In demselben Urteil wird die einzigartige Beziehung zwischen der Schwangeren und dem Ungeborenen als „Zweiheit in Einheit" umschrieben und daraus gefolgert, dass das Leben des Ungeborenen nicht gegen, sondern nur mit der Mutter geschützt werden kann und deshalb von einer Strafandrohung für den Abbruch der Schwangerschaft (ohne besondere Indikation im ersten Schwangerschaftsdrittel) abgesehen wird.[36] Das Entscheidungsrecht über Fortsetzung oder Abbruch der Schwangerschaft in der frühen Schwangerschaft wird damit faktisch alleine der Frau überlassen. Da der Schwangerschaftsabbruch aber dennoch als schwerwiegender ethischer Konflikt betrachtet wird, wäre die Aufgabe von Gesellschaft und Staat, möglichst gute Bedingungen für Entscheidungen zu Gunsten des Austragens ungewollter Schwangerschaften zu schaffen. Davon allerdings ist nur selten die Rede.

Außerdem ist damit noch nichts über die Diskriminierung durch selektive Schwangerschaftsabbrüche gesagt. Die Voraussetzung dafür, überhaupt – im Sinne von Christian Judith – von einer Diskriminierung durch einen selektiven Schwangerschaftsabbruch zu sprechen, ist, dass von einem Lebensrecht des Kindes ausgegangen werden kann. Das wird aber offenbar, zumindest für die fortgeschrittene Schwangerschaft, von den meisten Debattenteilnehmern und vom Gesetzgeber getan. In Bezug auf ungeborene behinderte Kinder macht der Gesetzgeber dabei aber einen wertenden Unterschied.

Bis zur Reform des § 218 StGB im Jahr 1995 war ein Schwangerschaftsabbruch bis zur 22. Schwangerschaftswoche nach der sogenannten embryopathischen Indikation erlaubt, „wenn dringende Gründe dafür sprechen, dass das Kind auf Grund einer Erbanlage oder schädlichen Einflüssen vor der Geburt an einer nicht behebbaren Schädigung seines Gesundheitszustandes leiden würde, die so schwer wiegt, dass von der Schwangeren die Fortsetzung der Schwangerschaft nicht verlangt werden kann". Die embryopathische Indikation war 1976 wegen der neuen Möglichkeiten

---

35 BVerfGE 88, S. 252. Hervorhebung nicht im Originaltext.
36 Ebd., S. 253 und S. 266.

der Pränataldiagnostik eingeführt worden. 1995 wurde sie auf Initiative der Behindertenverbände wieder abgeschafft, weil sie die Diskriminierung ungeborener behinderter Kinder gesetzlich ausdrücklich erlaubte. Das hat aber nicht dazu geführt, dass bei pathologischen Befunden nach Pränataldiagnostik keine Schwangerschaften mehr abgebrochen werden. Seitdem werden die Abbrüche (wie vor 1976) gemäß der „medizinischen Indikation" gehandhabt, nach der Abbrüche auch nach der zwölften Woche straffrei sind, wenn der Arzt bei fortgesetzter Schwangerschaft „eine Gefahr für das Leben oder die Gefahr einer schwerwiegenden Beeinträchtigung des körperlichen und seelischen Gesundheitszustandes der Schwangeren"[37] feststellt. Damit aber hat der Gesetzgeber eine explizite gesetzliche Diskriminierung ungeborener behinderter Kinder durch eine implizite ersetzt. Außerdem fiel damit die zeitliche Begrenzung der embryopathischen Indikation auf die 22. Schwangerschaftswoche weg.

Der Präsident der Bundesärztekammer, Jörg-Dietrich Hoppe, fordert eine Gesetzesänderung, die vor einem Schwangerschaftsabbruch nach Pränataldiagnostik eine obligatorische Bedenkzeit zwischen der Diagnoseeröffnung und dem Abbruch festlegt, eine Beratungspflicht der schwangeren Frau vorschreibt und sehr späte Abbrüche lebensfähiger Kinder nach Pränataldiagnostik untersagt.[38] Bedenkzeit und Beratungspflicht können vielleicht dazu führen, dass individuelle Entscheidungen über selektive Schwangerschaftsabbrüche nicht unüberlegt im ersten Schock getroffen werden. Das wird vor allem den betroffenen Frauen helfen, die traumatische Erfahrung besser in ihr Leben integrieren zu können. Das „Diskriminierungsproblem" wird damit aber nicht gelöst. Auch nach dem Wegfall der embryopathischen Indikation und mit den Reformvorschlägen der Bundesärztekammer werden behinderte und nicht behinderte ungeborene Kinder ungleich behandelt.

Die Möglichkeit, legal eine Schwangerschaft mit einem nicht behinderten Kind abzubrechen, ist gesetzlich auf das erste Schwangerschaftsdrittel begrenzt. Ein solcher Schwangerschaftsabbruch gilt zwar als verboten, wird aber unter bestimmten Bedingungen straffrei gestellt. Dagegen ist es ohne zeitliche Begrenzung möglich, eine Schwangerschaft abzubrechen, wenn das Kind behindert ist. Außerdem gilt ein solcher Schwangerschaftsabbruch nicht nur als straffrei, sondern als erlaubt. Das bedeutet aber de facto, dass das Lebensrecht eines behinderten ungeborenen Kindes weniger geschützt wird als das eines nicht behinderten Kindes. Sofern das Lebensrecht eines Kindes in der fortgeschrittenen Schwangerschaft nicht grundsätzlich bestritten wird, d.h., sofern davon ausgegangen wird, dass das Kind überhaupt als Rechtssubjekt gelten kann, lässt sich der Diskriminierungstatbestand, der mit der faktischen gesetzlichen Ungleichbehandlung von Schwangerschaftsabbrüchen mit behinderten und nicht

---

37 § 218a StGB.
38 Klinkhammer et al. (2008).

behinderten Kindern einher geht, kaum bestreiten. Dieser Diskriminierungstatbestand ließe sich aber nur auf zwei Wegen auflösen: Entweder müsste das Verbot des Abbruchs einer fortgeschrittenen Schwangerschaft generell aufgehoben werden oder der Abbruch einer Schwangerschaft nach der zwölften Schwangerschaftswoche müsste – mit Ausnahme einer „wirklichen" gesundheitlichen Gefährdung der Frau – generell verboten werden. Im zweiten Fall würde die Praxis der Pränataldiagnostik weitgehend ihren Sinn verlieren. Weder die erste noch die zweite Option scheint allerdings politisch durchsetzbar zu sein. Das aber ist kein guter Grund – darin gebe ich Weyma Lübbe Recht –, nicht zu einem solchen Urteil zu kommen.

4. Hilft Beratung gegen den Diskriminierungsvorwurf?

Die moralische Rechtfertigung von selektiven Schwangerschaftsabbrüchen hängt alleine an der selbstbestimmten Entscheidung der Frau. Nur ihre subjektive Notlage rechtfertigt, von einer moralischen Verurteilung abzusehen (sofern von einem Lebensrecht des Kindes ausgegangen wird – ansonsten bestünde gar kein ethischer Konflikt). Aber auch in diesem Punkt gibt es Streit: Beraterinnen berichten aus ihren Erfahrungen, dass viele Frauenärzte den Abbruch der Schwangerschaft mit einem behinderten Kind als selbstverständlich ansehen oder Frauen sogar zum Abbruch der Schwangerschaft drängen.[39] Ärzte hören darin aber den Vorwurf, dass „eugenische" Motive hinter der Praxis der Pränataldiagnostik stünden, und weisen dies vehement zurück. Es würde bei der Pränataldiagnostik lediglich darum gehen, „das Ungeborene auf Veränderungen zu untersuchen, die mit Sicherheit oder sehr hoher Wahrscheinlichkeit zu schweren körperlichen oder mentalen Störungen nach der Geburt führen werden"[40]. Die Eltern müssten gut aufgeklärt und beraten werden, aber letztlich seien es immer sie selbst, die über den Abbruch entscheiden würden.

Die Beratung nimmt bei der Kontroverse über die späten Schwangerschaftsabbrüche damit eine Schlüsselstellung ein. Dabei ist die Beratung vor der Inanspruchnahme der Pränataldiagnostik von der Beratung bei einem pathologischen Befund zu unterscheiden. Zur Beratung vor der Diagnostik gehört der Bundesärztekammer folgend die Vermittlung von Informationen über Anlass, Ziel und Risiken der Untersuchung, Grenzen der Aussagemöglichkeiten und mögliche Konsequenzen bei einem pathologischen Befund einschließlich dessen psychologischen und ethischen Konfliktpotenzials.[41] Die schon mehrfach zitierte Studie der BZgA zeigt allerdings, dass die ärztliche Beratung diese Anforderungen nur unzureichend erfüllt. Nur 35,8 % der Schwangeren gab an, über das Vorgehen

---

39 Braun (2006), S. A2612.
40 Henn (2006), S. A3096.
41 Bundesärztekammer (1998).

bei einem pathologischen Befund und 24,5 % über mögliche psychische und ethische Konfliktpotenziale ausführliche Informationen erhalten zu haben.

Die Beratung bei einem pathologischen Befund soll nach Ansicht der Bundesärztekammer Ursache, Art und Prognose der diagnostizierten Krankheit oder Entwicklungsstörung, mögliche Komplikationen, prä- und postnatale Therapie- und Fördermöglichkeiten, Alternativen der Fortführung oder des Abbruchs der Schwangerschaft sowie Kontaktmöglichkeiten zu Betroffenen und Selbsthilfegruppen und Möglichkeiten medizinischer und sozialer Hilfen umfassen.[42] Auch diese Forderungen scheinen, wie die Studie der BZgA zeigt, zu wenig umgesetzt zu werden. Die medizinische Aufklärung scheint gut zu sein: 70 % der Frauen mit einem pathologischen Befund fühlten sich über Art und mögliche Ursachen der Auffälligkeit sehr gut oder eher gut beraten. Dagegen gaben 71 % der befragten Frauen an, über das Leben mit einem kranken/behinderten Kind, 74 % über medizinische, psychologische und finanzielle Hilfsangebote und 76 % über Kontaktmöglichkeiten zu Betroffenen und Selbsthilfegruppen eher schlecht oder sehr schlecht informiert worden zu sein.[43]

Aber selbst wenn die ärztliche Beratung verbessert würde, und selbst wenn sie nicht alleine von den untersuchenden Ärzten, sondern stärker von unabhängigen psychosozialen Beratungsstellen geleistet würde, was vielfach gefordert wird,[44] ließe sich der Diskriminierungsvorwurf nicht völlig zurückweisen.

Es kann sicher nicht bestritten werden, dass letztlich die schwangeren Frauen für ihre Entscheidungen für oder gegen einen selektiven Schwangerschaftsabbruch verantwortlich sind. Eine moralische Verurteilung dieser Entscheidungen verbietet sich meines Erachtens aber schon alleine auf Grund der extremen psychischen Krisensituation, in der sich die Frauen in aller Regel in dieser Situation befinden. Die Ärzteschaft scheint aber ihren Teil nur unzureichend beizutragen, dass die schwangeren Frauen und ihre Partner dazu in die Lage versetzt werden, wirklich selbstbestimmte und verantwortliche Entscheidungen zu treffen. Außerdem ist die Option, egal wie informiert und aufgeklärt die Entscheidung für einen selektiven Schwangerschaftsabbruch getroffen wird, erst durch das Angebot der Pränataldiagnostik überhaupt möglich. Zudem ist die Entscheidung für einen selektiven Schwangerschaftsabbruch nur durch die gesetzliche Zulässigkeit legal durchführbar. Die individuelle Abbruchsentscheidung ist von diesen Kontexten nicht zu trennen.

---

42 Bundesärztekammer (1998).
43 Bundeszentrale für gesundheitliche Aufklärung (2006), S. 50.
44 Mock (2007), S. 18-19.

5. Fazit: Gefordert ist zuerst einmal mehr Ehrlichkeit

Es ist richtig, dass Frauen, die sich für den Abbruch einer eigentlich erwünschten Schwangerschaft entscheiden, weil sie durch Pränataldiagnostik erfahren haben, dass ihr Kind behindert sein wird, dafür nicht moralisch an den Pranger gestellt werden dürfen. Dennoch kann kein Zweifel daran bestehen, dass ein Schwangerschaftsabbruch auf Grund einer Behinderung des Kindes eine Diskriminierung darstellt. Das gilt nur dann nicht, wenn das ungeborene Kind nicht als Subjekt moralischer Rechte anerkannt wird. Der Gesetzgeber geht aber von einem Lebensrecht des Ungeborenen aus, und auch in der Öffentlichkeit scheint diese Position überwiegend vertreten zu werden. Die Tatsache, dass in der Praxis heute darauf Wert gelegt wird, dass die Eltern nach dem Abbruch die Möglichkeit haben, sich von ihrem toten Kind zu verabschieden und viele Kliniken die feierliche Beerdigung der Kinder organisieren, und beides auch von den Eltern in Anspruch genommen wird, deutet darauf hin, dass sich die Anerkennung der ungeborenen Kinder in der fortgeschrittenen Schwangerschaft als „Subjekte von Rechten" auch lebensweltlich durchgesetzt hat. Die werdenden Eltern scheinen für sich nur keine Möglichkeit gesehen zu haben, ihren Kindern das „zu ihrem Überleben nötige Minimum"[45] zu geben. Diese Entscheidung ist für werdende Eltern aber ausgesprochen „quälend"[46]. Das betonen gerade auch die Behindertenverbände, weil viele von ihren Mitgliedern das selbst so erlebt haben.[47]

Die Frage nach der Berechtigung des Diskriminierungsvorwurfs kann nicht auf individuelle selektive Abbruchsentscheidungen reduziert werden. Das wäre völlig unangemessen. Diejenigen, die ihn erheben, sprechen zwei weitere Aspekte an, die mit Recht als Diskriminierung bezeichnet werden können: Das ist zum einen die gesellschaftliche Bewertung von Behinderung, die die enorme Verbreitung der Pränataldiagnostik erst möglich gemacht hat. Eric Parens und Adrienne Ash haben in der englischsprachigen Debatte hierfür den Begriff des „expressivist argument" geprägt: Die Praxis der Pränataldiagnostik muss demnach als Ausdruck gesellschaftlicher Diskriminierung behinderter Menschen verstanden werden.[48] Die dynamische Ausweitung der Pränataldiagnostik, bei der offenbar Angebot und Nachfrage zusammenwirken, zeigt, dass es einen sozialen „Selektionskonsens" gibt. Also kann weder den werdenden Eltern noch den Ärzten alleine der Diskriminierungsvorwurf gemacht werden. Auch wenn späte Schwangerschaftsabbrüche in der Öffentlichkeit problematisiert und teilweise skandalisiert werden, wird die Verhinderung der Geburt eines behinderten Kindes offenbar allgemein als sinnvoll und wünschenswert

---

45 Lübbe (2003), S. 207.
46 Seidenstücker (2008).
47 Ebd.
48 Parens/Ash (2000b), S. 13.

angesehen. Es macht keinen Sinn, diesen sozialen Diskriminierungstatbestand zu leugnen. Erst wenn er offen zugestanden wird, kann darüber diskutiert werden, ob dieser Widerspruch ausgehalten oder aufgelöst werden soll. Die Verantwortung dafür trägt die Gesellschaft als Ganze.

Mehr Ehrlichkeit wäre auch für den dritten Aspekt des Diskriminierungsvorwurfs gefordert. Auch mit dem reformierten § 218a besteht eine faktische gesetzliche Ungleichbehandlung des Lebensschutzes von behinderten und nicht behinderten Kindern. Das gilt auch, wenn das Gesetz nicht direkt auf die Behinderung des Kindes, sondern nur indirekt über die Belastung der Mutter Bezug nimmt. Diese Diskriminierung, die primär der Gesetzgeber zu verantworten hat, ließe sich nur auflösen, indem entweder die Fristenregelung ganz gestrichen oder aber auf alle Schwangerschaftsabbrüche angewandt wird, die nicht der Abwendung einer „wirklichen" Gefahr für Gesundheit und Leben der Schwangeren dienen. Eine offene und ehrliche Diskussion in diesem Sinne wäre aber nur möglich, wenn ihr Ergebnis nicht schon dadurch vorweggenommen wird, dass die Praxis der Pränataldiagnostik und die heutige gesetzliche Regelung des Schwangerschaftsabbruchs für unanfechtbar gehalten werden.

Bei all dem darf nicht vergessen werden, dass es die Ärzteschaft ist, die das Angebot der Pränataldiagnostik unterbreitet, und dass sie auf Grund der ärztlichen Selbstverwaltung primär die Verantwortung für dieses Angebot trägt. Sich dem Diskriminierungsvorwurf zu stellen, würde daher für die Ärzteschaft bedeuten, dass sie ihre berufsrechtliche Regulierungsverantwortung hinsichtlich der Praxis der Pränataldiagnostik tatsächlich übernimmt. Das setzt eine ehrliche Diskussion innerhalb der Ärzteschaft voraus, aus welchen Gründen für welchen Kreis von Schwangeren welche pränataldiagnostischen Untersuchungen angeboten werden sollen, und welche Grenzen dabei aus ethischen Gründen zu ziehen sind. Die Fragen nach der Diskriminierung behinderter Menschen durch die pränatale Diagnostik darf dabei nicht länger ein Tabu sein.

Literatur

Arbeitsgemeinschaft Spina bifida und Hydrocephalus e.v. (ASbH) (2008): Leben mit Spina bifida und Hydrocephalus. Dortmund. (Neuauflage, im Druck)

Birnbacher, D. (1999): Selektion am Lebensbeginn – ethische Aspekte. Vortrag auf dem Kongress für Philosophie. Konstanz.

Braun, A. (2006): Spätabbrüche nach Pränataldiagnostik: Der Wunsch nach einem perfekten Kind. Deutsches Ärzteblatt 103, 40 (2006), S. A2612.

Braun, K. (2003): Eine feministische Verteidigung des Menschenwürdeschutzes für menschliche Embryonen, in: Graumann/Schneider (2003), S. 152-164.

Bundesärztekammer (1998): Erklärung zum Schwangerschaftsabbruch nach Pränataldiagnostik. Deutsches Ärzteblatt 95, 47 (1998), S. A3013-3016.

Bundeszentrale für gesundheitliche Aufklärung (2006): Schwangerschaftserleben und Pränataldiagnostik. Köln.

Deutscher Bundestag (2002): Enquete-Kommission Recht und Ethik der modernen Medizin. Schlussbericht. Berlin.

Graumann, S. (2003): Sind „Biomedizin" und „Bioethik" behindertenfeindlich? Ein Versuch die Anliegen der Behindertenbewegung für die ethische Diskussion fruchtbar zu machen. Ethik in der Medizin 15, 3 (2003), S. 161-170.

Graumann, S./Grüber, K. (Hrsg.) (2003): Medizin, Ethik und Behinderung. Frankfurt a.M.

Graumann, S./Grüber, K./Nicklas-Faust, J./Schmidt, S./Wagner-Kern, M. (Hrsg.) (2004): Ethik und Behinderung. Ein Perspektivenwechsel. Kultur der Medizin, Band 12. Frankfurt a.M., New York.

Graumann, S./Schneider, I. (Hrsg.) (2003): Verkörperte Technik – entkörperte Frau. Biopolitik und Geschlecht. Frankfurt a.M., S. 152-164.

Hartog, J. (1996): Das genetische Beratungsgespräch. Tübingen.

Henn, W. (2004): Warum Frauen nicht schwach, Schwarze nicht dumm und Behinderte nicht arm dran sind. Freiburg i.Br.

Henn, W. (2006): Spätabbrüche: Keine Eugenik. Deutsches Ärzteblatt 103, 46 (2006), S. A3096.

Hörster, N. (1995): Abtreibung im säkularen Staat. Frankfurt a.M.

Klinkhammer, G./Konzilius, H./Stüwe, H. (2006): Spätabbrüche. Die Beratung muss an erster Stelle stehen. Interview mit Prof. Dr. med. Jörg-Dietrich Hoppe. Deutsches Ärzteblatt 103, 40 (2006), S. A2617.

Lübbe, W. (2003): Das Problem der Behindertenselektion bei der pränatalen Diagnostik und der Präimplantationsdiagnostik. Ethik in der Medizin 15, 3 (2003), S. 203-220.

Lübbe, W. (2006): Diskriminierung und Privatsphäre. Der Diskriminierungsvorwurf als moralischer Vorwurf in der Debatte um die vorgeburtliche Selektion genetisch geschädigter Föten. Zeitschrift für Evangelische Ethik 50, 4 (2006), S. 265-276.

Lübbe, W. (2007): Kategorienprobleme liberaler Eugenik. Information Philosophie 5 (2007), S. 16-24.
Mock, C. (2007): Stellungnahmen zur Pränataldiagnostik. IMEW Expertise 8. Berlin.
Parens, E./Ash, A. (Hrsg.) (2000a): Prenatal Testing and Disability Rights. Washington D.C.
Parens, E./Ash, A. (2000b): The Disability Rights Critique of Prenatal Testing: Reflections and Recommendations, in: Parens/Ash (2000a), S. 3-44.
Schnabel, U./Willmann, U. (2001): Gisela Steinert leidet an der Parkinson-Krankheit. Christian Judith ist von Geburt an körperbehindert. Sie hofft auf die Genforschung, er fürchtet sich vor deren Folgen. Ein ungewöhnliches Streitgespräch. Die Zeit 7 (2001), S. 27, http://www.zeit.de/2001/07/Haettest_du_mich_abgetrieben (Zugriff: 07.04.2008).
Seidenstücker, K. (2008): Die ethische Herausforderung – Leben mit Spina bifida und/oder Hydrocephalus, in: ASbH (2008) (im Druck).
Singer, P. (1993): Praktische Ethik. 2. Auflage. Stuttgart.
Storm, W. (2000): Paradepferde der Pränataldiagnostik, in: Stüssel (2000), S. 130-136.
Stüssel, H. (Hrsg.) (2000): Das Puzzle muss vollständig sein. Bielefeld.
United Nations (2006): Convention on the Rights of Persons with Disabilities. New York.
Van den Daele, W. (2002): Zeugung auf Probe. Die Zeit 41 (2001), S. 18.
Van den Daele, W. (2003): Empirische Befunde zu den gesellschaftlichen Folgen der Pränataldiagnostik: Vorgeburtliche Selektion und Auswirkungen auf die Lage behinderter Menschen. Berlin.
Volz, S. (2003): Diskriminierung von Menschen mit Behinderung im Kontext von Präimplantations- und Pränataldiagnostik, in: Graumann/Grüber (2003), S. 72-88.
Wewetzer, C./Wernstedt, T. (Hrsg.) (2008): Spätabbruch der Schwangerschaft. Praktische, ethische und rechtliche Aspekte eines moralischen Konflikts. Frankfurt a.M., New York (im Druck).
Willenbring, M. (1999): Pränatale Diagnostik und die Angst vor einem behinderten Kind. Ein psychosozialer Konflikt von Frauen aus systematischer Sicht. Heidelberg.

Erich Grießler, Beate Littig, Anna Pichelstorfer

„Selbstbestimmung" in der genetischen Beratung: Argumentationsstruktur und Ergebnisse einer Serie neosokratischer Dialoge in Österreich und Deutschland

Das zunehmende Wissen über das menschliche Genom stellt eine der Grundlagen für die steigende Anzahl an verfügbaren genetischen Tests dar.[1] Diese Tests werden u.a. in der prädiktiven genetischen Diagnostik genutzt und sind mit einer Reihe ethischer, rechtlicher und sozialer Probleme verbunden. Die wichtigsten Probleme betreffen u.a. die informierte Zustimmung der Ratsuchenden, deren Recht, den eigenen genetischen Status zu kennen oder aber auch nicht zu erfahren, den Schutz des Embryos bzw. Fetus in Pränatal- und Präimplantationsdiagnostik, Datenschutz sowie genetische Diskriminierung.

Personen, die prädiktive genetische Diagnostik in Anspruch nehmen, sind mit einer Reihe von Unsicherheiten und Problemen konfrontiert, welche die genetische Beratung schwierig gestalten können:

- Genetische Tests können die Disposition für eine Erkrankung aufzeigen, lange bevor deren Symptome manifest werden. Dieses Wissen kann Ratsuchende sowie deren Angehörige psychisch und sozial ernstlich destabilisieren.
- Darüber hinaus variiert die Sicherheit, mit der der tatsächliche Eintritt einer Krankheit vorhergesagt werden kann je nach Erkrankung und Test. Die individuelle Vorhersage einer Krankheit wird als statistische Wahrscheinlichkeit getroffen und erlaubt darüber hinaus oft keine Aussage über den Schweregrad, mit dem sich die Krankheit im individuellen Fall manifestieren wird. Betroffene können sich daher nach einem Test, anstatt Sicherheit zu erlangen, mit einem starken Gefühl der Verunsicherung und einer unsicheren Basis für informierte Entscheidungen wieder finden.
- Des Weiteren betrifft die Diagnose einer genetischen Erkrankung oder eines Trägerstatus nicht nur die getestete Person selbst, sondern auch ihre blutsverwandten Angehörigen. Das trifft insbesondere beim Testen

---

1 Wir verwenden den Begriff „Test" in diesem Beitrag im Sinne medizinischer Diagnostik und nicht einer „Leistungsüberprüfung", die bestanden oder nicht bestanden werden kann –, eine Konnotation des Wortes, die von Ratsuchenden oftmals als negativ empfunden wird. Wir danken Friedmar Kreuz für diesen Hinweis.

von Kindern und Embryonen bzw. Feten zu, weil es hier meist die Eltern sind, die über einen genetischen Test entscheiden. Dies kann nachfolgend Paar- und Familienbeziehungen sowie Entscheidungen über zukünftige Kinder und die Zukunft eines getesteten Kindes ernsthaft berühren.
– Außerdem werfen genetische Tests wichtige Datenschutzfragen sowie das Problem der genetischen Diskriminierung auf, da Versicherungen, ArbeitgeberInnen, Behörden und sogar die eigenen Familien Personen aufgrund deren genetischen Status benachteiligen könnten.

Die genetische Beratung sollte ein nicht-direktiver Kommunikationsprozess sein, in dem die Bedürfnisse und Sorgen einer Person hinsichtlich der Entwicklung und/oder Übertragung genetischer Krankheiten angesprochen werden.[2] Die genetische Beratung sollte ein starkes kommunikatives und unterstützendes Element beinhalten, damit diejenigen, die Information suchen, in der Lage sind, ohne unangebrachten Druck oder Stress voll informierte Entscheidungen zu treffen. Während der genetischen Beratung sollte der/die BeraterIn sicherstellen, dass der/die Ratsuchende die Informationen bekommt, die bewirken, dass er/sie folgende Umstände versteht: (1) die medizinische Diagnose und ihre Implikationen im Sinne von Prognose und möglicher Behandlung; (2) den Vererbungsmodus der Krankheit und das Risiko, die Krankheit selbst zu entwickeln und/oder zu übertragen; (3) die bestehenden Möglichkeiten und Optionen, mit dem Risiko umzugehen.

Beratung ist eine Form sozialer Interaktion, die in der klinischen Praxis häufig von ÄrztInnen und anderern TherapeutInnen verwendet wird, um PatientInnen medizinische Information zu vermitteln. Beratung soll PatientInnen helfen, ihren gegenwärtigen und möglichen zukünftigen Gesundheitszustand sowie die verfügbaren medizinischen Interventionen und deren Konsequenzen für ihre zukünftige Gesundheit und Lebensbedingungen besser zu verstehen. Ferner soll Beratung PatientInnen unterstützen, selbstbestimmte Entscheidungen in Hinblick auf deren Leben und ihre Gesundheit zu treffen.

Wie Studien aus Medizinsoziologie, -anthropologie und -psychologie wiederholt gezeigt haben, hat die Beratung aber auch problematische Aspekte, z.B., wenn PatientInnen zu wenig Informationen bekommen oder mit für sie unverständlicher Information umgehen müssen, wenn ÄrztInnen auf die tatsächliche Lebenssituation von PatientInnen nicht angemessen eingehen, wenn Beratung die Zahl der offenen Fragen vermehrt, anstatt sie zu verringern, oder wenn eine paternalistische Haltung von ÄrztInnen selbstbestimmte Entscheidungen der PatientInnen behindert.[3] Als Gründe für solche Probleme werden u.a. Knappheit von Zeit, Geld und qualifiziertem Personal, aber auch mangelndes Verständnis für die Problemwahrnehmung

---

2 Vgl. beispielsweise Wolff/Jung (1995) und Jorde et al. (2000).
3 Vgl. Atkinson (1995).

der PatientInnen genannt. Zusätzlich bestehen zwischen ÄrztInnen und PatientInnen Ungleichheiten hinsichtlich ihres medizinischen Wissens, ihrer Erwartungen, der ihren Handlungen zugrunde liegenden Rationalitäten, ihrer Interessen und ihrer strukturellen Macht.

Diese Problembereiche, die hier nur angerissen werden können, stellen eine große Herausforderung für genetische Beratung dar, und es ist eine offene Frage, ob sie in der Lage ist, diesen Herausforderungen in einer für alle beteiligten AkteurInnen zufriedenstellenden Weise gerecht zu werden.

Vor diesem Problemhintergrund hatte das Projekt „gen-dialog: Neosokratische Dialoge zur Verbesserung der genetischen Beratung" das Ziel, die Probleme der genetischen Beratung in der Praxis zu analysieren und Möglichkeiten zu finden, wie diese verbessert werden kann.[4] Zur Erreichung dieses Ziels wurde eine Reihe von Methoden verwendet:

- Mitglieder des Projektteams führten in Österreich[5] und Deutschland[6] ethnografische Studien über die klinische Praxis der genetischen Beratung bei genetischen prädiktiven Tests durch.
- Darüber hinaus führten wir eine Policy-Analyse durch, um die Entstehung der für die genetische Beratung in Österreich[7] und Deutschland[8] relevanten gesetzlichen Regelungen zu untersuchen.
- In einem weiteren Schritt organisierten wir eine Serie von neosokratischen Dialogen (NSD), um mit ExpertInnen und Stakeholdern Problembereiche der genetischen Beratung zu identifizieren und mögliche Lösungsansätze zu diskutieren.

Der Beitrag stellt Ergebnisse dieser Serie von vier NSDs vor, die wir in den Jahren 2007 und 2008 in Deutschland und Österreich durchgeführt haben. Im ersten Abschnitt präsentieren wir das Konzept und die Methode des NSD und beschreiben Fallbeispiele genetischer Beratung, die Ausgangspunkte der Überlegungen in den NSDs waren. Im nächsten Teil beschreiben wir, wie die Konzepte Selbstbestimmung und Non-Direktivität sowie deren Grenzen in den Dialogen thematisiert wurden. Danach stellen wir einige Haltungen und Praktiken vor, mit denen BeraterInnen versuchen, diese zentralen Konzepte genetischer Beratung zu fördern und zu verwirklichen. Im nächsten Abschnitt präsentieren wir die Ergebnisse der Begleitforschung, die die Nützlichkeit des NSD für die Behandlung komplexer transdisziplinärer Fragestellungen untersuchen sollte, und schließen den Beitrag mit einem Fazit.

---

4 Vgl. Projekthomepage http://www.ihs.ac.at/steps/gendialog (Zugriff: 02.06.2008).
5 Hadolt/Lengauer (2009).
6 Kovács (2008a), zum Hintergrund siehe auch Kovács (2008b).
7 Grießler (2008).
8 Mayer (2007).

Konzept und Ablauf des neosokratischen Dialogs

Der neosokratische Dialog (NSD) ist ein regelgeleitetes Gesprächsverfahren, das erlaubt, ethische (und andere grundlegende) Fragestellungen in Gruppen gezielt zu bearbeiten. Die Bezeichnung neosokratischer Dialog bezieht sich auf die von den deutschen Philosophen Leonard Nelson und Gustav Heckmann begründete Tradition sokratischer Gespräche, die im letzten Jahrhundert die antiken sokratischen Dialoge zu einem Gruppenverfahren weiterentwickelt haben,[9] das inzwischen in unterschiedlichen Kontexten – längst nicht mehr nur universitären oder schulischen – eingesetzt wird.[10]

Als konsensorientiertes Gespräch leitet der NSD dazu an, (eigene) Erfahrungen zielgerichtet und systematisch zu reflektieren. Der Reflexionsprozess findet in einer Gruppe von sechs bis zwölf Personen statt, deren Verständigung durch einen Moderator oder eine Moderatorin unterstützt wird.[11] Der Dialog zielt auf die Verständigung über den normativen Rahmen konkreter Handlungen, über die Kriterien und Maßstäbe, Werte und Prinzipien, die einer vernunftgeleiteten Entscheidungsfindung zugrunde liegen.[12] Darüber hinaus soll durch diese verständigungsorientierte Kommunikation die kommunikative Kompetenz der TeilnehmerInnen erhöht werden, d.h. die Fähigkeiten, schlüssig zu argumentieren, einander zuzuhören, sich aufeinander zu beziehen und zu versuchen, Argumente anderer zu verstehen.

Ausgangspunkt eines NSD ist eine grundlegende ethische oder philosophische Frage, die nicht empirisch, sondern durch Reflexion zu beantworten ist. Die Frage muss für die TeilnehmerInnen persönlich relevant sein und so formuliert werden, dass sie Beispiele aus ihrem Alltags- oder Berufsleben finden können, in denen die Fragestellung des NSD eine zentrale Rolle spielt.

Der Dialog selbst bezieht sich in der Anfangsphase auf eine konkrete Erfahrung eines/einer TeilnehmerIn, die für alle anderen zugänglich und verständlich ist. Die systematische Reflexion dieser Erfahrung wird begleitet von einer Suche nach gemeinsamen Urteilen und den Begründungen dieser Urteile. Die TeilnehmerInnen benötigen kein spezielles Expertenwissen über die Frage des Dialogs, denn das empirische Material der sokratischen Untersuchung – die Beispiele und Urteile der TeilnehmerInnen – formt die

---

9 Vgl. Nelson (1965), Heckmann (1981).
10 Vgl. Krohn et al. (1989), Kessels (1997), Birnbacher/Krohn (2002), Raupach-Strey (2002), Gronke/Häußner (2006).
11 Aus- und Weiterbildungen führt in Deutschland die Gesellschaft für Sokratisches Philosophieren e.V. (GSP) durch. Die Homepage der GSP enthält eine aktuelle Liste der in Nelson-Heckmann-Tradition ausgebildeten ModeratorInnen: http://www.philosophisch-politische-akademie.de/home.html#top (Zugriff: 06.05.2008).
12 Vgl. Habermas (1991).

Basis der gemeinsamen Reflexion über implizite Werturteile, Prinzipien und Vorbedingungen von Alltagshandeln.

Aus epistemologischer Perspektive ist die systematische Untersuchung von Argumenten im NSD von der Idee der regressiven Abstraktion geleitet, wonach individuelle Einsichten von konkreten Urteilen und persönlicher Erfahrung abgeleitet werden können.[13] Gemäß argumentationstheoretischer Überlegungen müssen konkrete Urteile durch generelle Regeln oder Prinzipien gestützt werden, die wiederum von einer höheren argumentativen Ebene stammen als das Urteil selbst.[14] Im Prozess des NSD bedeutet dies: Die allgemeine Frage stellt den Beginn und den Fokus des gesamten Dialogs dar. Das Beispiel stellt die notwendigen Tatsachen, Umstände und Handlungen bzw. Entscheidungen zur Verfügung, die in dem Einzelfall gegeben waren. Das Urteil entspricht einem moralischen Standpunkt, der während des Dialogs untersucht werden soll. Die Regeln begründen das Urteil; Prinzipien wiederum begründen die Regeln. Ziel des NSD ist es, die Regeln und Prinzipien herauszufinden und ihre Gültigkeit in Bezug auf das Beispiel zu diskutieren. Die folgende Grafik (Abb. 1) stellt die verschiedenen Phasen des NSDs modellhaft als Sanduhr dar.

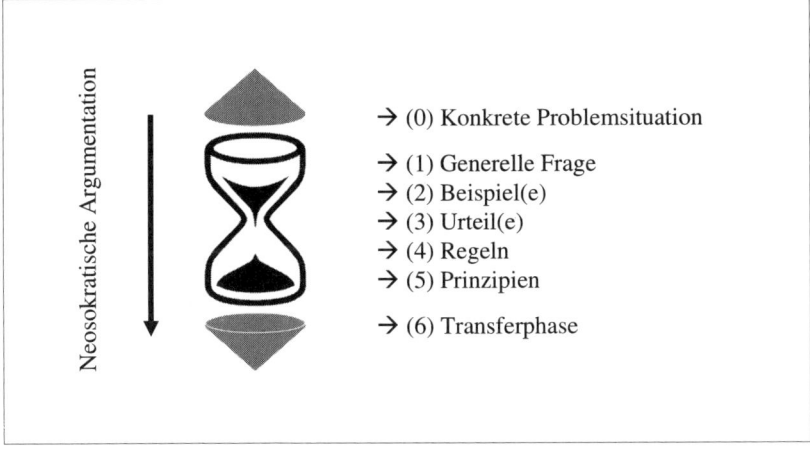

Abb. 1: Das erweiterte Sanduhrmodell des neosokratischen Gesprächs: Regressive Abstraktion und neosokratische Argumentation.

Die Schritte (1) – (5) umfassen dabei das sokratische Gespräch im engeren Sinn, in der systematischen philosophischen Argumentation. Anknüpfend

---

13 Vgl. Nelson (1965).
14 Vgl. Toulmin (1958), Kessels (1997), S. 205.

an Erfahrungen mit dem NSD in einem früheren Projekt[15] haben wir den Ablauf des NSD um zwei Phasen – (0) und (6) – erweitert. Eine dem NSD im engeren Sinn vorgelagerte Phase beinhaltet Recherchen und Vorgespräche über die konkrete Problemsituation, zu der der NSD durchgeführt werden soll. Diese Phase dient auch der (vorläufigen) Formulierung der Fragestellung des NSD. In der Transferphase (6) geht es darum, die gewonnenen, grundlegenden Erkenntnisse, Reflexionen und Einsichten auf den konkreten Problemfall anzuwenden.

Primäres Ziel des neosokratischen Dialogs ist die vernunftorientierte, wechselseitige Verständigung der TeilnehmerInnen bei der systematischen Analyse einer grundlegenden Frage. Dies beinhaltet das Explizieren und Konkretisieren eigener Werte und deren Überprüfung an den Werten anderer. Die Untersuchung der Geltung der vorgebrachten Werte beinhaltet auch eine Untersuchung des Maßes der Übereinstimmung innerhalb der Gruppe.

Diese Art der reflexiv-argumentativen Auseinandersetzung ist in vielen (professionellen) Praxisfeldern gefragt, nicht nur in der Pädagogik, sondern auch in Unternehmen, Verwaltungen, bei politischen Entscheidungsprozessen und nicht zuletzt auch in der Medizin.

Medizinische Praxis generell, die neuen Biotechnologien im Speziellen und im vorliegenden Fall die genetische Beratung konfrontieren die Betroffenen (medizinische ExpertInnen, politische EntscheidungsträgerInnen sowie Laien und PatientInnen) – wie weiter oben schon ausgeführt – mit einer Vielzahl ethisch relevanter Probleme. Genetische Beratung, die nondirektiv den Betroffenen informierte, selbstbestimmte Entscheidungen ermöglichen soll, ist ein anspruchsvolles kommunikatives Instrument medizinischen Handelns. Selbstbestimmung und gelingende Verständigung sind die zentralen Elemente dieses Beratungskonzepts. Was es in der Praxis heißt und heißen kann, Selbstbestimmung zu berücksichtigen, und wie Verständigung gelingen kann, sind deshalb die grundlegenden Fragestellungen für die im Rahmen des Projekts „gen-dialog" durchgeführten sechs neosokratischen Gespräche.[16]

Die eingeladenen TeilnehmerInnen waren allesamt ExpertInnen und Stakeholder genetischer Beratung: Die meisten von ihnen waren MedizinerInnen, die selbst genetische Beratungen durchführen, und zu einem geringeren Anteil PatientInnen, die genetische Beratungen in Anspruch

---

15 Vgl. Grießler/Littig (2006).
16 NSD I fand im September 2007 in Berlin mit zehn deutschen TeilnehmerInnen statt. NSD II wurde in Wien im Oktober 2007 mit acht österreichischen TeilnehmerInnen veranstaltet. NSD III und IV fanden im Januar 2008 parallel unter deutsch-österreichischer Beteiligung statt und hatten jeweils elf bzw. zehn TeilnehmerInnen. Diese vier NSDs wurden von Horst Gronke und Beate Littig moderiert. Zusätzlich organisierten unsere japanischen KollegInnen im Herbst und Winter 2007/08 zwei NSDs (V und VI) an der Universität Hiroshima und am Universitätskrankenhaus Matsumoto; sie wurden von Tsuyoshi Horie geleitet.

genommen hatten oder Angehörige von PatientInnen, die eher indirekt mit genetischer Beratung konfrontiert gewesen waren. Darüber hinaus nahmen an den Gesprächen MedizinethikerInnen oder SozialwissenschaftlerInnen, die zur genetischen Beratung Forschungsarbeiten durchführen, teil. Leitendes Prinzip der Auswahl von TeilnehmerInnen war es, eine möglichst große Vielfalt von Perspektiven auf die Praxis genetischer Beratung zu erreichen. Diese Bandbreite von Perspektiven sollte den Stakeholdern eine umfassende und tiefgehende Analyse und Reflexion der professionellen Praxis genetischer Beratung ermöglichen.

Die Gespräche folgten dem im erweiterten Sanduhrmodell veranschaulichten neosokratischen Gesprächsverlauf: Auf der Basis von ethnografischen Forschungen, Literaturrecherchen und Policy-Analysen formulierte das Forschungsteam eine Reihe verschiedener grundlegender Fragen, die sie den potenziellen TeilnehmerInnen im Einladungsschreiben präsentierte und am Beginn des NSD zur Diskussion stellte.[17] Bezugnehmend auf die nach den Präferenzen der Teilnehmenden ausgewählten grundlegenden Fragestellungen des NSD berichteten die TeilnehmerInnen über selbst erfahrene Situationen in genetischen Beratungen, in denen Fragen von Selbstbestimmung oder gelingender Verständigung bedeutsam waren. An die Auswahl eines geeigneten Beispiels (evtl. auch mehr)[18] schloss sich die längere Argumentationsphase an. Durch eine Pause von der neosokratischen Argumentation im engeren Sinn getrennt fand die sogenannte Transferphase des Gesprächs statt. In dieser Phase ging es darum, die grundlegenden Erkenntnisse, die anhand ausgewählter Beispiele gewonnen wurden, allgemeiner auf das vorliegende Praxisfeld – in diesem Fall die genetische Beratung – zu beziehen. Die Einführung der Transferphase mit einem klaren Anwendungsbezug zu professionellen Praktiken stellt eine sinnvolle und notwendige Erweiterung der neosokratischen Dialoge dar.[19]

Neosokratische Dialoge im Projekt gen-dialog

Die vier in Österreich und Deutschland durchgeführten NSDs hatten den gemeinsamen Titel „Ethische Fragen genetischer Beratung". Die detaillier-

---

17 Diese Fragen drehten sich um die Themen Selbstbestimmung und gelungene Verständigung in der genetischen Beratung. Im NSD I wurden die Fragen den TeilnehmerInnen in einem Vorgespräch präsentiert.
18 Geeignete Beispiele für NSDs sind möglichst prägnante, klar darstellbare und für die gesamte Gruppe nachvollziehbare Situationen, die für alle Beteiligten interessant sind. Oftmals handelt es sich dabei um Ereignisse, die für die beispielgebende Person nicht eindeutig geklärt sind, in dem Sinn, dass eine getroffene Entscheidung auch anders hätte ausfallen können, oder aber die Situation stellt eine besondere Herausforderung dar oder Ähnliches.
19 Vgl. Nelson (1965), Heckmann (1981), Krohn et al. (1989), Kessels (1997), Birnbacher/Krohn (2002), Raupach-Strey (2002).

tere Fragestellung lautete in den Dialogen I und II „Was heißt es, in der genetischen Beratung ‚Selbstbestimmung' zu berücksichtigen?", in NSD III und IV „Wie gelingt Verständigung in der genetischen Beratungssituation?". Bei beiden Fragestellungen stellten die TeilnehmerInnen anhand ihrer eigenen Beispiele grundlegende Überlegungen zum Problem der Selbstbestimmung in der genetischen Beratung an.

Im Folgenden stellen wir einige dieser Beispiele vor, um einen Einblick in Beratungssituationen zu vermitteln, die BeraterInnen als Herausforderung der Berücksichtigung von Selbstbestimmung in der genetischen Beratung empfanden.

Beispiele ausgewählter Konfliktsituationen

In Beispiel A kam ein junges Paar über Vermittlung einer Frauenärztin wegen eines Kinderwunsches in die genetische Beratung. Die Frau war von professioneller Seite medizinisch nicht vorinformiert. Von einem Telefongespräch mit der überweisenden Frauenärztin war dem Berater bekannt, dass die Patientin keine Gebärmutter hatte und dass sie im ersten Lebensjahr aufgrund einer Leistenhernie operiert worden war. Bei dieser Operation war ein histologischer Befund von Keimdrüsengewebe erhoben worden. Dieser lag dem Berater vor der Beratung nicht vor, war aber, wie sich während der Beratung unerwartet herausstellte, im Krankenhaus archiviert. Die Ratsuchende wusste seit ihrer Pubertät zwar, dass sie keinen Uterus hätte und daher keine Kinder bekommen könnte, wollte aber wissen, ob eine theoretische Möglichkeit bestünde, über eine Leihmutterschaft an Nachkommen zu gelangen. Nachdem sich aus der telefonischen Information der Frauenärztin ergab, dass im histologischen Befund Hinweise auf Hodengewebe zu finden waren, sprach der Berater die Ratsuchende darauf an, dass es – u.a. auch für die Klärung ihres primären Anliegens – notwendig wäre, eine Chromosomenanalyse durchzuführen. Auf die Frage der Patientin, was das Ergebnis einer solchen Analyse sein könne, klärte der Berater sie auf, dass das genetische nicht immer dem phänotypischen Geschlecht entsprechen müsse. In der Beratung bestanden für den Berater mehrere Herausforderungen: die Anwesenheit des Partners bei der Besprechung dieses heiklen Themas (Complete Androgen Insensitivity Syndrome, CAIS);[20] die Notwendigkeit der unmittelbaren Mitteilung des im Kranken-

---

20 Das Complete Androgen Insensitivity Syndrome (CAIS) bedingt einen weiblichen Phänotyp bei männlichem Geschlechtschromosomenmuster (Karyotyp: 46, XY). Bei diesem Syndrom werden im Embryonalstadium zwar Hoden ausgebildet, die Androgenrezeptoren sprechen aber nicht auf die gebildeten Androgene an. Die von einer ungestörten Testosteronwirkung abhängige weitere Differenzierung zu einem männlichen Phänotyp wird unterbrochen. Die betroffenen Frauen haben eine weib-

blatt-Archiv unerwartet und rasch aufgefundenen histologischen Befunds sowie Zweifel an der gängigen Lehrmeinung zur Therapie, die der Berater nach längerer Überlegung hatte.

In Beispiel B überwies ein Kinderarzt ein 14-jähriges Kind mit Verdacht auf Friedreich-Ataxie.[21] Die Jugendliche war mehrfach in Kliniken und bei KinderärztInnen in Behandlung; die Verdachtsdiagnose wurde allerdings vom überweisenden Kinderarzt erstmals gestellt. Der durchgeführte Test war positiv. Die Familie hatte insgesamt drei Kinder. Ein Geschwister, das leichte Symptome der Friedreichschen Ataxie aufwies, wurde zur differenzialdiagnostischen Abklärung bestehender Symptome ebenfalls getestet. Darüber hinaus bestand bei der Mutter der Jugendlichen eine Schwangerschaft in der 27. Woche. Die Mutter wollte dringend wissen, ob auch das ungeborene Kind erkrankt sei. Zu Beginn der Beratung wollte die Ratsuchende die Schwangerschaft bei positivem Befund unterbrechen. Die Pränataldiagnostik wurde durchgeführt, das ungeborene Kind war nicht betroffen, aber heterozygot – also potenzieller Krankheitsüberträger. Bevor das Testergebnis jedoch vorlag, änderte die Mutter ihre Meinung. Das Dilemma der Beratung bestand in dem Gegensatz zwischen dem Wunsch der Ratsuchenden nach Pränataldiagnostik und den Richtlinien, die in diesen Fällen gegen Tests sprechen.[22]

In Beispiel C kam eine junge Patientin mit schwerer Neurofibromatose[23] über Zuweisung eines Neurologen in die genetische Beratung. Die Patientin war noch nicht molekulargenetisch untersucht worden, aufgrund der vielen klinischen Symptome war jedoch ein eindeutiges Bild einer Neurofibromatose mit schwerem Erscheinungsbild gegeben. Im Arztbrief war angekündigt, dass bei der Ratsuchenden ein Kinderwunsch bestünde. Es sollte die Fragestellung des Wiederholungsrisikos der Neurofibromatose geklärt werden. Die Patientin kam in Begleitung ihrer Mutter und äußerte zu Beginn der Beratungssituation für den Berater überraschend den Wunsch, eine Sterilisation bei sich vornehmen zu lassen. Vor der Beratung wusste der Berater nur, dass die Ratsuchende offensichtlich mit dem Neurologen über einen Kinderwunsch gesprochen hatte. Der Genetiker sollte, so

---

liche äußere Erscheinungsform, die inneren weiblichen Geschlechtsorgane (Eierstöcke, Gebärmutter) werden jedoch nicht ausgebildet.

21 Friedreich-Ataxie ist eine degenerative Erkrankung des zentralen Nervensystems und zählt zu den autosomal-rezessiven Erbkrankheiten. Erste Symptome zeigen sich meist vor dem 25. Lebensjahr. Die Krankheit umfasst vielfältige neurologische, psychische, orthopädische und kardiologische Symptome. Die Therapie ist symptomatisch (siehe auch den Beitrag von Barbara Zoll in diesem Band).

22 Dabei sind die ethischen Dimensionen des möglicherweise resultierenden Schwangerschaftsabbruchs hier noch gar nicht genannt.

23 Unter Neurofibromatose versteht man Erkrankungen, die mit Tumoren der Haut, der Blutgefäße und des Nervensystems einhergehen. Die Tumore sind meist gutartig, können aber auch bösartig sein oder im Verlauf der Erkrankung bösartig werden. Neurofibromatose wird autosomal-dominant vererbt.

seine Vermutung, eine Indikation für eine Sterilisation stellen, um eine Kostenübernahme durch die Krankenkasse zu begründen. Die Herausforderungen der Beratung lagen im plötzlichen Wandel der Fragestellung von Kinderwunsch auf Sterilisation, in der Unklarheit darüber, ob der Wunsch danach von der Ratsuchenden selbst oder deren Mutter stammte und im Verdacht des Beraters, dass die genetische Beratung zur Indikationsstellung für eine Kostenübernahme durch die Krankenkasse instrumentalisiert werden sollte. Darüber hinaus stellte die Diagnose einer Neurofibromatose laut Überzeugung des Beraters keine Indikation für eine Sterilisation dar.

In Beispiel D kam der 30-jährige Sohn eines Patienten mit Huntington-Krankheit[24] in die genetische Beratung. Dieser hatte im Befund seines Vaters gelesen, dass sein Risiko, ebenfalls zu erkranken, bei 50 % läge. Der Ratsuchende kam zunächst alleine in die Beratung, um die Möglichkeit einer prädiktiven Diagnose zu klären. In diesem ersten Gespräch hatte der Berater den Eindruck, der Ratsuchende wolle eigentlich nicht so genau über seinen genetischen Status Bescheid wissen. Der Test, so sein Eindruck, kam auf Drängen von dessen Frau zustande, die ihn zur Bedingung für ihre Familienplanung machte. Das Paar hatte seit vielen Jahren eine gute Beziehung, in der Frage des Gentests bestand zwischen beiden jedoch eine Diskrepanz. Der Ratsuchende kam ein zweites Mal, diesmal mit seiner Frau, in die Beratung und ließ sich testen. Das Ergebnis des Tests war positiv. Ein halbes Jahr später wurde die Frau des Ratsuchenden trotz ihrer Ankündigung, im Falle eines positiven Testergebnisses kein Kind zu wollen, schwanger und wollte eine Pränataldiagnostik durchführen lassen. Ihre Begründung war, sie könne ein krankes Kind nicht ertragen. Der Berater argumentierte im Gespräch, das Kind wäre auch im Falle eines positiven Befundes gesund, da die Krankheit erst nach 30 bis 40 Jahren ausbrechen würde. Schließlich hätte auch ihr positiv getesteter Mann ein Lebensrecht. Hätte sich dessen Mutter damals für einen Abbruch entschieden, würde er heute nicht vor ihm sitzen. Die Frau bestand darauf, dass sie unbedingt über eine mögliche Erkrankung des Kindes Bescheid wissen müsse. Der Test wurde daraufhin durchgeführt. Auch dieses Ergebnis war positiv. Die Frau wurde im Laufe der Zeit hinsichtlich ihres Entschlusses zum Schwangerschaftsabbruch unsicher und trug das Kind aus. Die Herausforderungen in dieser Beratung bestanden in der Unklarheit über die Selbstbestimmung des Ratsuchenden; in der zweimaligen Revision getroffener Entscheidungen sowie der Diskrepanz zu bestehenden Richtlinien (diese empfehlen u.a., keine Tests an nicht volljährigen Kindern durchzuführen).

---

24 Die Huntington-Krankheit ist eine autosomal-dominant vererbte, neurodegenerative Erkrankung, die meist zwischen dem 30. und 50. Lebensjahr zu ersten Krankheitssymptomen (psychische Symptome und Bewegungsstörungen) führt. Die Krankheit nimmt immer einen schweren Verlauf und führt im Durchschnitt 15 Jahre nach den ersten Symptomen zum Tod. Eine kausale Therapie existiert bisher nicht (vgl. auch den Beitrag von Friedmar R. Kreuz in diesem Band).

Solche Tests führen dazu, dass die Eltern den Krankheitsstatus des Kindes kennen, dem Kind aber die Entscheidung genommen ist, ob es seinen Status wissen will oder nicht.

Das Beispiel E betraf eine Pränataldiagnostik bei Verdacht auf Fragiles-X-Syndrom.[25] Die Ratsuchende war ursprünglich mit einer anderen Fragestellung zur humangenetischen Beratung überwiesen worden, die im Zuge der Familienanamnese revidiert werden musste. Es wurde daraufhin eine Pränataldiagnostik durchgeführt. Aufgrund der Chorionzottenbiopsie wurde zunächst Entwarnung gegeben, allerdings brachte die Amniozentese ein paar Wochen später einen positiven Befund. Durch die späte Diagnose blieb wenig Zeit für die Entscheidung zum Schwangerschaftsabbruch. Die Ratsuchende, die schon ein Kind mit Fragilem-X-Syndrom hat, entschied sich, die Schwangerschaft abzubrechen. Innerhalb der Beratung erlebte der Humangenetiker das mehrmalige Revidieren von bereits gestellten Diagnosen oder Fragestellungen und die fehlende Kommunikation der Erkrankung innerhalb der Familie als Herausforderung.

Selbstbestimmung, Non-Direktivität und deren Grenzen

In den Dialogen wurde deutlich, dass Selbstbestimmung der Ratsuchenden für Beratende das Leitkonzept der genetischen Beratung darstellt.[26] Die TeilnehmerInnen definierten Selbstbestimmung als „eine Entscheidung (zu) treffen [...], mit der sie [die Ratsuchenden, Anm. d. A.] langfristig leben können" (NSD II: 11).[27] Diese Definition hebt zwei Aspekte hervor: Zum einen die Entscheidung durch den/die Ratsuchende selbst, zum anderen, dass diese für sie/ihn selbst auf längere Perspektive lebbar sein soll.

In einem weiteren Dialog sahen die BeraterInnen Selbstbestimmung als verwirklicht an, wenn es gelingt, „dass die Beratung dem/der Ratsuchenden dazu verhilft, eine selbstbestimmte Entscheidung zu fällen, die er/sie nachhaltig als richtig empfindet. Die Betonung liegt darauf, dass der/die Ratsuchende eine Entscheidung fällen soll, die für ihn/sie Sinn macht" (NSD IV: 35). Auch in dieser Formulierung liegt die Betonung auf der eigenen Entscheidung der Ratsuchenden, deren subjektiver Sinnhaftigkeit

---

25 Das Fragile-X-Syndrom wird durch eine Mutation auf dem X-Chromosom verursacht und äußert sich in einer unterschiedlich starken kognitiven Beeinträchtigung, die von Lernstörungen bis hin zu einer schweren geistigen Behinderung reichen kann. Bestimmte körperliche Merkmale wie ein langes Gesicht, ein großes Kinn, große abstehende Ohren und große Hoden können sich ebenfalls zeigen.
26 Die folgenden Zitate stammen aus den Zusammenfassungen der Dialoge, die die ModeratorInnen während der Dialoge erstellt und an die TeilnehmerInnen verteilt haben. Die römische Ziffer bezeichnet den jeweiligen Dialog, die Ziffer nach dem Doppelpunkt die Zeilennummer in der Zusammenfassung.
27 Bei eckigen Klammern handelt es sich um Anmerkungen bzw. Auslassungen der Autoren, was zur besseren Lesbarkeit im Folgenden nicht jeweils neu vermerkt wird.

und längerfristigen Gültigkeit. Hinzu kommt, dass die Beratung Ratsuchenden zu solch einer Entscheidung verhelfen soll. Auf dieses aktive Moment der Beratung und die damit verbundenen Haltungen und Praktiken der Beratenden kommen wir noch zurück.

Zentral am Konzept der Selbstbestimmung ist das Recht von Ratsuchenden, „zu wissen oder nicht zu wissen" (NSD I: 10). Dieses drückt sich darin aus, dass „weder eine Diagnostik (z.B. aus eigenen ethischen Überzeugungen) erzwungen oder aufgedrängt werden (darf), noch darf der/die BeraterIn eine Diagnostik grundsätzlich ablehnen" (NSD I: 10). Das Problem, wie mit dem Recht auf Nichtwissen umgegangen werden soll, stellt sich insbesondere, wenn zusätzlich zur Klärung der Frage, die ursprünglich zur Beratung geführt hat, eine neue Problemstellung auftaucht, etwa im Rahmen der Familienanamnese. In einem solchen Fall sollten BeraterInnen, so eine Meinung in einem Dialog, „in der Tendenz [...] nur zu den Risiken etwas sagen, zu denen die Beratenen eine Information tatsächlich wünschen" (ebd.).

Ihr Gegenstück findet die Selbstbestimmung von Ratsuchenden auf der Seite der Beratenden im Konzept der Non-Direktivität. Sowohl Selbstbestimmung als auch Non-Direktivität sind in der Praxis jedoch schwierig zu verwirklichen, denn die Voraussetzungen zur Selbstbestimmung sind bei Ratsuchenden sehr unterschiedlich ausgebildet. Welche Fülle an kognitiven und sozialen Fähigkeiten und Ressourcen dazu notwendig ist, zeigt das Bild, das BeraterInnen in NSD IV von einer idealen Ratsuchenden zeichneten. Diese zeige „Interesse an Klärung (Stellen konkreter Fragen), hohe intellektuelle Verständnisfähigkeiten, Kooperationsbereitschaft, aktive Mitarbeit (Internetrecherche), Sich-Einlassen auf medizinische Sichtweise" (NSD IV: 4). Aufgrund dieser hohen Voraussetzungen ist das Konzept der Selbstbestimmung nur bei einer eingeschränkten Zahl an Ratsuchenden im vollen Ausmaß verwirklicht. Die Grenzen der Selbstbestimmung stellen sich entweder als Herausforderungen dar, mit denen BeraterInnen umgehen müssen, oder als rechtliche Schranken, die nicht überschritten werden dürfen. Wir wollen diese Herausforderungen, wie sie in den Dialogen thematisiert wurden, im Folgenden skizzieren.

Eine absolute Grenze der Selbstbestimmung von Ratsuchenden sind – neben medizinisch-technischen Möglichkeiten – gesetzliche Schranken, die genetische Tests zu bestimmten Zwecken verbieten. Allerdings zeigten sich bei den BeraterInnen je nach Art der Tests unterschiedliche Einschätzungen dieser gesetzlichen Schranken. Während einige BeraterInnen dem elterlichen Wunsch nach Präimplantationsdiagnostik Verständnis entgegenbrachten und die gültige deutsche und österreichische Rechtslage kritisierten,[28] herrschte beim Wunsch nach genetischen Tests zur Geschlechterauswahl einhellige Ablehnung.

Eine zentrale Herausforderung der Selbstbestimmung ist das „kognitive Verstehen" (NSD IV: 26) sowie das „Bildungsniveau der zu Beratenden" (NSD III: 10), im Sinne des Verständnisses genetischer Sachverhalte, der Bedeutung von Testergebnissen, deren möglichen Konsequenzen für die Gesundheit sowie der Folgen unterschiedlicher Entscheidungsoptionen. Damit eng verbunden sind auch Verständnisschwierigkeiten zwischen BeraterInnen und Ratsuchenden aufgrund der Verwendung medizinisch-genetischer Fachtermini oder missverständlicher Metaphern: „häufig sei es ‚unklar' ob und wie Informationen und Metaphern ‚ankommen' (z.b. Begriffe wie ‚Entartung')" (NSD IV: 22).

Deutlich gesteigert werden Verständnisschwierigkeiten, wenn Ratsuchende und Beratende nicht die gleiche Muttersprache sprechen und eine Übersetzung notwendig ist. Dabei ist häufig unklar, welche Informationen überhaupt und in welcher Form weitergegeben werden. Besonders schwierig ist die Verständigung, „wenn die ‚ÜbersetzerInnen' NichtmedizinerInnen sind" (NSD IV: 21). Dann können BeraterInnen kaum überprüfen, „welche Informationen weitergegeben werden" (ebd.).

Auch die emotionale Ausnahmesituation des genetischen Tests stellt ein Hindernis für eine selbstbestimmte Entscheidung dar, denn „das Überbringen schlechter Nachrichten kann bei den Ratsuchenden schockartige Reaktionen auslösen, sodass ihre Aufnahmefähigkeit stark beeinträchtigt ist" (NSD IV: 24-25). Die Ratsuchenden können „in der Stresssituation einer negativen Diagnosemitteilung und des damit häufig verbundenen Entscheidungsdrucks die mündlich gegebenen Informationen manchmal wenig aufnehmen" (NSD III: 39).

Kulturelle Unterschiede zwischen Beratenden und Ratsuchenden (z.B. divergierende Vorstellungen von Familienhierarchien und von damit verbundenen Entscheidungskompetenzen) stellen ebenfalls eine Herausforderung an das Konzept der Selbstbestimmung dar. So argumentierten BeraterInnen, „der/die BeraterIn soll auf die kulturellen Besonderheiten der zu Beratenden eingehen" (NSD II: 52). Dies sei auch notwendig, um die „compliance" der Ratsuchenden zu erhöhen. In einem Dialog wurde gefordert, dass sich die BeraterInnen bemühen sollten, „sich in den kulturellen, sozialen, religiösen Background einzufühlen und die Beratung darauf

---

28 Das österreichische Fortpflanzungsmedizingesetz erlaubt die Untersuchung von entwicklungsfähigen Zellen nur insoweit dies nach dem Stand der medizinischen Wissenschaft und Erfahrung für die Herbeiführung einer Schwangerschaft erforderlich ist (FMedG Art 1 § 9). In Deutschland ist Präimplantationsdiagnostik an Zellen verboten, die im Blastomerstadium entnommen wurden und daher totipotent sind (§ 8 EschG), denn das Embryonenschutzgesetz (EschG) definiert diese als Embryo. Diskutiert wird jedoch, ob das EschG Präimplantationsdiagnostik an Blastozysten (pluripotenten Zellen) zulässt.

abzustimmen" (NSD III: 55). Allerdings wurde auch argumentiert, dass dem Eingehen auf kulturelle Besonderheiten mit Hinblick auf die Gesetzeslage Grenzen gesetzt seien. Die BeraterInnen müssten nicht „zwangsweise alle eigenen kulturell geprägten Wertvorstellungen [...] relativieren (etwa das Verständnis von Selbstbestimmung, das die Verfassung z.b. Österreichs und Deutschlands trägt)" (NSD II: 50-54).

Eine zentrale Herausforderung der Selbstbestimmung ist die ärztliche Fürsorgeorientierung (NSD I: 12-13). Dieses Problem wurde als besonders virulent angesehen, „wenn Selbstgefährdung des/der Ratsuchenden im Raum steht" (NSD IV: 37). Selbstbestimmung ist also kein konkurrenzloses Paradigma, BeraterInnen müssen im Gegenteil „eine gute Balance (finden) zwischen Selbstbestimmung der ratsuchenden Person und ihrer eigenen Fürsorgeorientierung hinsichtlich der ratsuchenden Person" (NSD III: 26). Die ärztliche Fürsorgepflicht wird auch herausgefordert bei Betroffenheit Dritter (NSD III: 31, NSD IV: 38), etwa bei möglicher Gefährdung von Kindern und anderen Verwandten. In diesem Fall „sollte/könnte [...] der/die Ratsuchende darauf hingewiesen werden, dass seine Entscheidung nicht nur ihn/sie alleine betrifft" (NSD IV: 38).

Auch in der Selbstbestimmung der BeraterInnen, die sich in deren eigenen Überzeugungen ausdrückt, stoßen Selbstbestimmung und Non-Direktivität an Grenzen. In den Dialogen wurde Non-Direktivität als Leitkonzept eingefordert und im Hinblick auf das Einbringen eigener ethischer Überzeugungen festgehalten, dass die Berater „grundsätzlich [...] zurückhaltend mit dem Einbringen eigener ethischer Überzeugungen sein [sollten] und sich auf angemessene Information und beratende Begleitung des Verarbeitungs- und Entscheidungsprozesses konzentrieren" (NSD I: 20-32) sollten. Die TeilnehmerInnen räumten jedoch ein, dass dies schwierig sei, „wenn grundsätzliche, tief verankerte ethische Überzeugungen (und ärztliches Selbstverständnis) betroffen sind" (ebd.). In solchen Fällen sollten BeraterInnen Ratsuchende aber nicht unbetreut lassen, sondern sie innerhalb der gesetzlichen Möglichkeiten an KollegInnen überweisen, die diese Bedenken nicht teilen. Dieses Problem wurde insbesondere auch bei der Frage von Pränataldiagnostik diskutiert, wenn die Option Schwangerschaftsabbruch im Raum steht.

Ein weiteres Beispiel für die Herausforderung der Selbstbestimmung durch die ethischen Überzeugungen von BeraterInnen war die Frage, ob Neurofibromatose eine Indikation für eine Sterilisation darstellt oder nicht. In einem solchen Fall sahen die TeilnehmerInnen es als gerechtfertigt an, dass der Berater seine eigene Position, dass dies nicht der Fall sei, explizit dargestellt hat. Die diesbezügliche inhaltliche Position des Beraters ist verbunden mit einer weiteren Grenze der Selbstbestimmung, die als „gesellschaftliche Bedingungen" (NSD III: 10) thematisiert wurde und z.B. die Akzeptanz von Behinderung betrifft. In diesem Fall, so die Formulierung in einem Dialog, „kann/soll der/die BeraterIn sich selbst im Beratungsgespräch gegenüber den zu Beratenden mit seiner/ihrer Werthaltung positionieren [...], wenn er/sie damit den zu Beratenden die Freiheit zurückgibt, nicht fremdbestimmt (z.b. durch sozialen Druck/Vorurteile usw.) zu handeln" (NSD II: 45). Diese sollen aber nicht „in Informationen verpackt werden, sondern explizit als die eigene Werthaltung geäußert werden. [...] So sollte etwa mit der Auffassung ‚Diese Krankheit ist kein Grund dafür, sich nicht fortpflanzen zu dürfen' verfahren werden (NSD II: 48).

Eine weitere Grenze für die Selbstbestimmung ist gegeben, falls BeraterInnen sich instrumentalisiert fühlen, wenn etwa ein genetischer Test lediglich dazu dienen soll, die Indikation für eine Kostenübernahme durch Krankenkassen von ansonsten privat zu zahlenden Leistungen zu stellen. (NSD III: 24)

Ebenso wie das Konzept der Selbstbestimmung durch Grenzen herausgefordert wird, stellt auch das Konzept der Non-Direktivität der Beratung ein Ideal dar, das in der Realität aus den eben genannten Gründen nur schwer einzulösen ist. So stellten TeilnehmerInnen fest: „Es gibt keine Beratung, die nicht beeinflusst. Non-direktive Beratung heißt also nicht, dass nicht beeinflusst wird" (NSD III: 29).

Ermöglichung von Selbstbestimmung

Wie bereits erwähnt ist zur Verwirklichung von Selbstbestimmung und Non-Direktivität ein aktives Moment von Seiten des Beraters nötig. Dieses wurde in einem Dialog so beschrieben: „Der/die BeraterIn (schafft) die Voraussetzung bzw. (ebnet) die Wege für die eigene Entscheidung der zu Beratenden" (NSD II: 23). Der Beratende unterstützt aktiv und ermöglicht eine selbstbestimmte Entscheidung in der genetischen Beratung, er/sie „sollte das Selbstbestimmungsrecht der zu Beratenden intakt halten bzw. ermöglichen" (NSD II: 11) oder „darauf hin(wirken), dass die Ratsuchenden ihre Entscheidung bewusst (bzw. so bewusst, wie es möglich erscheint) fällen" (NSD III: 32). Eine weitere Formulierung lautete: „Die Beratenden praktizieren ein vorsichtiges, auf vorausschauende Selbstbestimmung der Ratsuchenden gerichtetes Begleiten der Entscheidungsfindung im Blick auf die Minimierung von möglichen Risiken für Betroffene" (NSD III: 47).

In diesen Formulierungen wird deutlich, dass Selbstbestimmung nicht als gegeben vorausgesetzt werden kann, sondern BeraterInnen sie häufig aktiv fördern müssen. Die Dialoge zeigten eine Reihe von Haltungen und Verhaltensweisen, mit deren Hilfe BeraterInnen non-direktive Beratung und selbstbestimmte Entscheidung ermöglichen können.

Eine Praktik, die dies leisten soll, ist Zuhören. „Der Beratende (hört) hin [...] – und zwar gerade auf scheinbare Nebensächlichkeiten" (NSD III: 22). Zuzuhören erstreckt sich über das Gesprochene hinaus, denn Beratende sollten „in der Lage sein, die Wirkungen unbewusster Körpersprache und Schwingungen wahrzunehmen und dies auch entsprechend im Handeln berücksichtigen" (NSD III: 13).

An die Sprache der Beratung werden dabei besondere Anforderungen gestellt. Sie soll so sein, dass „die ratsuchenden Personen möglichst gut in die Lage versetzt werden, die Informationen aufzunehmen. Außerdem achtet die beratende Person besonders darauf, die ratsuchenden Personen möglichst wenig durch tendenzielle Äußerungen in Erwartungshaltungen zu bringen (z.b. Hoffnungen zu wecken, Schaden zu befürchten usw.)" (NSD III: 46). Kurz: Die BeraterInnen sollen „die Sprache der Ratsuchenden" sprechen (NSD III: 54).

Eine zentrale Haltung in der Beratung ist Empathie. Eine gelungene Verständigung, so eine Formulierung, heißt, „dass der/die Beratende Empathie (Einfühlungsvermögen) zeigt und der/die Ratsuchende diese empfindet und zeigt" (NSD IV: 34). Dies bedeutet, „neben dem kognitiven Verstehen [in der Beratung] geht es auch darum, für sie/ihn da zu sein, also dem/der Ratsuchenden ein gewisses Gefühl des Nicht-alleine-gelassen-Seins zu geben" (NSD IV: 26). Damit sollten sich die BeraterInnen „so [einfühlsam] in der Beratung äußern, dass die zu Beratenden in die Lage versetzt werden, die Information zu tragen und zu verarbeiten" (NSD II: 58). Die BeraterInnen beachten, dass die „genetische Erkrankung für die Ratsuchenden einen belastenden Faktor darstellen kann" (NSD III: 41). Mit Empathie ist auch der Versuch verbunden, „eine vertrauensvolle Basis mit dem Ratsuchenden zu bilden" (NSD III: 25). BeraterInnen sollen Ratsuchenden auch etwaige Schuldgefühle nehmen, indem sie deutlich machen, dass die ratsuchende Person „keine Schuld für die genetische Erkrankung trägt" (NSD III: 43).

Allerdings war Empathie auch nicht unumstritten, liegen hier doch Parteinahme und professionelle Neutralität in einem Widerspruch. Die eine Meinung dazu lautete: „Trotz der Vorgabe non-direktiver Beratung realisiert der/die BeraterIn ein psychologisches und empathisches Verständnis zur Situation des Ratsuchenden" (NSD III: 24). Anderseits wurde auch festgehalten: „Die beratende Person hält professionelle Distanz, macht die Probleme der Ratsuchenden nicht zu ihren eigenen Problemen" (NSD III: 52).

Damit Ratsuchende ihre Selbstbestimmung verwirklichen können, muss Wissen vermittelt werden. Fraglich ist jedoch, in welcher Form und in welcher Klarheit dies geschehen sollte. Unbestritten war bei den Dialogen die Notwendigkeit, „Sachverhalte klar und neutral darzustellen und die sich daraus ableitenden Optionen gemeinsam mit den Beratenen herauszuarbeiten. Die Risiken müssen möglichst konkret benannt und dargestellt werden" (NSD I: 8). „Klar und deutlich" gegeben werden sollen auch „die zur Verfügung stehenden Informationen entsprechend ihrer Evidenzqualität (z.B. Grad der möglichen Vorhersagegenauigkeit, die durch eine Stammbaumanalyse, einen Gentest usw. etwa hinsichtlich der Eintrittswahrscheinlichkeit und des Zeitpunkts des Ausbruchs einer Krankheit sowie ihres Schweregrads erreicht werden kann)" (NSD II: 29). Abseits davon sollte aber auch die Beschränkung von Fakten mitgeteilt werden. Daher war eine wichtige Forderung, „dass BeraterInnen niemals den Eindruck erwecken, dass es eine absolut sichere Vorhersage geben kann" (NSD III: 30). Vielmehr sollen sie deutlich darauf hinweisen, dass dies nicht der Fall sein kann.

Weitere Punkte, Selbstbestimmung und insbesondere Non-Direktivität zu verwirklichen, sind Offenheit und Flexibilität hinsichtlich Beratungssituation und Entscheidung (NSD III: 23). BeraterInnen sollten nicht zu Beginn der Beratung „davon ausgehen, dass er/sie schon weiß, was die richtige Entscheidung ist. Die Entscheidungsfindung ist vielmehr ein Prozess, bei dem der/die BeraterIn die zu Beratenden unterstützend begleitet" (NSD II: 13). Das schließt ein, dass BeraterInnen Denkanstöße geben, „was die zu Beratenden noch in ihren Überlegungen bei der Findung ihrer Entscheidung einbeziehen könnten" (NSD II: 33). Darüber hinaus sollen BeraterInnen „auf Alternativen zu den bei den zu Beratenden vorliegenden Entscheidungs- und Handlungsvorstellungen hinweisen, ohne sie zu empfehlen oder nahe zu legen" (NSD II: 31). Mit anderen Worten: „Die beratende Person formuliert ‚Angebote', nicht Aufforderungen, Vorschläge, Bitten" (NSD III: 27).

Im Ablauf der genetischen Beratung gibt es auch eine Reihe von Aspekten, die Selbstbestimmung und Non-Direktivität fördern sollen. Wichtig ist hier zunächst die Problematik der Überweisung und falschen Vorinformation. Häufig sind Überweisungen unklar, oder es ergibt sich im Laufe der Beratung eine andere, neue Fragestellung. Daher sollten BeraterInnen auf „‚Fehler der ersten Sekunde' (falsche/schiefe Vorinformationen/Diagnosen, problematische Erwartungshaltungen usw.) gefasst" sein (NSD III: 34) und diese aufklären. Auch das Anliegen der Ratsuchenden und „mögliche Diskrepanzen, etwa zwischen differierenden Wünschen" (NSD II: 27) müssen geklärt werden. Die Beratung fordert von BeraterInnen Flexibilität, sie müssen auf die individuelle Situation der ratsuchenden Person eingehen, dürfen „niemals nach Schema F" vorgehen und sollen die „Ratsuchenden dort ab(holen), wo sie stehen" (NSD III: 54).

Auch Zeit spielt in der Beratung eine zentrale Rolle. Zunächst muss für die Beratung ein Mindestmaß an Zeit zur Verfügung stehen, „mindestens eine Stunde [...], mit Option der Verlängerung nach Bedarf" (NSD IV: 18).

Der zeitliche Aspekt bedeutet aber auch, den Ratsuchenden genügend Bedenkzeit zu geben, um „sich für oder gegen eine Diagnostik zu entscheiden oder eine mögliche Diagnostik zu verarbeiten" (NSD I: 17). Gegebenenfalls sollte eine „Nachdenkpause" empfohlen werden, „um den/die Ratsuchenden nicht allein zu lassen" (NSD IV: 28). Die Notwendigkeit von genügend „qualitativer Zeit zum Nachdenken und Verarbeiten" wurde besonders bei sogenannten schlechten Nachrichten betont (NSD III: 28).

Zeit spielt aber auch als Zeitraum zwischen erfolgtem Test und Befundmitteilung eine Rolle. Dieser sollte nicht zu lange dauern, „um keine Ängste entstehen zu lassen" (NSD IV: 28).

Eine wichtige Forderung in den NSDs war „angemessene" Nachbetreuung in der genetischen Beratung. Nachbetreuung beinhaltete dabei mehrere Aspekte, nämlich Feedback für BeraterInnen, Möglichkeit zur nochmaligen Information sowie Koordination von Prävention und Therapie.

Nachbetreuung gibt BeraterInnen eine Chance, Rückmeldungen von Ratsuchenden zu erhalten, sie ermöglicht, „Informationen darüber (zu) erhalten und entsprechende Rückschlüsse (zu) ziehen, ob und wie die zu Beratenden die Beratung aufnehmen und verarbeiten konnten" (NSD I: 43). Dazu könnte eine „nochmalige aktive Kontaktaufnahme von Seiten des/der BeraterIn hilfreich sein" (NSD II: 37). In Fällen „schlechter Nachrichten" ist es besonders wichtig, „Gesprächsangebote zu machen, sei es für einen weiteren Beratungstermin oder den Verweis an andere Betreuungsangebote" (NSD IV: 24-25).

Die BeraterInnen könnten in der Nachbetreuung auch eine „Koordinationsrolle" übernehmen, indem sie die Ratsuchenden etwa zu FachärztInnen und PsychologInnen weiterleiten (NSD II: 12).

Wichtig sind in der genetischen Beratung auch räumliche Voraussetzung wie „eigener Beratungsraum, in dem die Beratung ungestört stattfinden kann; ohne Handy und Piepser" (NSD IV: 15-17). Darüber hinaus ist auch eine fortlaufende Weiterqualifizierung nötig. Die BeraterInnen sollten die „Möglichkeit zur Rücksprache (z.B. mit Kollegen/innen) [haben] und zur Supervision (und ähnlicher Verarbeitungsmöglichkeiten) und diese ausreichend (nutzen)" (NSD III: 36).

Ergebnisse der Begleitforschung

Die Begleitforschung sollte prüfen, ob der NSD ein nützliches Instrument ist, um komplexe und kontroverse Themen wie genetische Tests an Menschen und genetische Beratung in einem heterogenen Setting von ExpertInnen der Humangenetik und Personen, die auf diesem Gebiet als Laien zu betrachten sind, zu diskutieren.[29]

Dazu charakterisieren wir im Folgenden zunächst die TeilnehmerInnen an den Dialogen entlang verschiedener Dimensionen und stellen daran anschließend deren Erfahrungen sowie die Einschätzung der Dialoge und ihrer Ergebnisse dar.

– Insgesamt nahmen an den Dialogen 40 Personen teil; 28 waren MedizinerInnen, drei PatientInnen und drei PatientInnenvertreterInnen. Vier

---

29 Die dafür verwendeten Daten waren Transkripte, Protokolle und Zusammenfassungen der Dialoge, zwei schriftliche Befragungen vor und nach den NSDs sowie zehn- bis zwanzigminütige Telefoninterviews mit den TeilnehmerInnen zwei Wochen nach den jeweiligen Dialogen. Detailliertere getrennte Auswertungen der einzelnen NSDs werden in den folgenden Projektberichten dargestellt, die auf der Projekthomepage abrufbar sind (vgl. http://www.ihs.ac.at/steps/gendialog).

TeilnehmerInnen waren VertreterInnen von Nichtregierungsorganisationen und Vereinen. Eine Person arbeitete jeweils in der öffentlichen Verwaltung und im Gesundheitssektor. 21 TeilnehmerInnen bezeichneten sich als WissenschaftlerInnen.[30]
- Das zahlenmäßige Verhältnis von Männern und Frauen war ausgewogen; die Hälfte der TeilnehmerInnen aller Dialoge war weiblich.[31]
- Die TeilnehmerInnen waren inhaltlich mit dem Thema der genetischen Beratung stark verbunden. 27 Personen gaben an, einen „starken Bezug" zur genetischen Beratung zu haben, zwölf einen „mittleren Bezug" und nur eine Person, dass sie „gar keinen Bezug" hätte.
- Die TeilnehmerInnen waren insgesamt auch gut über genetische Beratung informiert. 21 Personen bezeichneten sich über genetische Beratung „umfassend" und weitere 16 als „ausreichend informiert". Nur drei TeilnehmerInnen erklärten sich als „ein wenig informiert".

Damit nahm an den Dialogen ein informierter Personenkreis teil, für den das Thema von hoher Relevanz war. Diese sehr spezifische – und es ist plausibel anzunehmen, anspruchsvolle – Gruppe beurteilte den NSD und seine Ergebnissen äußerst positiv. Diese Bewertung galt zunächst den Gruppen, die an den NSDs teilnahmen. Dabei wurde die Gruppe überwiegend als „sachlich kompetent", „offen", fair", „gut zusammengesetzt", „interessiert", „gleichberechtigt", „kooperativ", „sympathisch", „tolerant" und nicht „aggressiv" bewertet (vgl. Tab. 1).

---

30 Bei den Bezeichnungen handelt es sich um Selbstbeschreibungen der TeilnehmerInnen. Überschneidungen zwischen Professionen waren aufgrund der Option von Mehrfachnennungen möglich.
31 An NSD I und NSD IV nahmen jeweils fünf Frauen und fünf Männer teil. Am NSD II beteiligten sich sechs Frauen und drei Männer, an NSD III vier Frauen und sieben Männer.

Tab. 1: Wie schätzten die TeilnehmerInnen Eigenschaften der Gruppe ein?

Die Gruppe war	Stimme sehr zu	Stimme eher zu	Stimme eher nicht zu	Stimme gar nicht zu	Fehlende Werte
sachlich kompetent	31	5			4
offen	28	7	1		4
fair	30	5	1		4
ist zu schnell vorangeschritten			4	14	18	4
zu heterogen	1	1	9	23	6
gut zusammengesetzt	19	15		2	4
interessiert	30	6			4
gleichberechtigt	25	7	3		5
kooperativ	29	7			4
sympathisch	28	7	1		4
tolerant	29	6	1		4
aggressiv			6	30	4

Tab. 2: Wie schätzten TeilnehmerInnen Aktivitäten der Gruppe ein?

Die Gruppe hat	Stimme sehr zu	Stimme eher zu	Stimme eher nicht zu	Stimme gar nicht zu	Fehlende Werte
sachbezogen gearbeitet	32	4			4
den Überblick behalten	19	16	1		4
ein gutes Klima entwickelt	33	3			4
alle zu Wort kommen lassen	31	4	1		4
gut zusammen gearbeitet	30	5	1		4
abweichende Meinungen zugelassen	27	8			5
Ergebnisse erzielt, mit denen ich zufrieden bin	21	14	1		4
ein Gespräch auf hohem Niveau geführt	28	6	2		4
konzentriert gearbeitet	29	7			4

Auch die Arbeit der Gruppe wurde überwiegend sehr positiv bewertet. Die TeilnehmerInnen meinten, die Gruppe habe „sachbezogen", und „konzentriert gearbeitet" sowie „ein Gespräch auf hohem Niveau geführt". Ebenso fand die Atmosphäre in der Gruppe sehr positive Bewertungen. Die Gruppe habe „ein gutes Klima" entwickelt, ließ „alle zu Wort kommen", „arbeitete gut zusammen", und „ließ abweichende Meinung zu" (vgl. Tab. 2, S. 296). Sehr positiv wurden auch die Ergebnisse der Dialoge eingeschätzt:

- Der neosokratische Dialog übertraf oder traf die Erwartungen der TeilnehmerInnen in großem Ausmaß.[32]
- 30 von 34 TeilnehmerInnen beurteilten die Ergebnisse des NSDs entweder als „sehr oder eher positiv für ihre eigene Praxis".[33]
- In einer Bewertung nach einer fünfteiligen Schulnotenskala vergaben 30 TeilnehmerInnen die Bestnote „sehr gut" und fünf Personen die Note „gut".[34]

Ein weiterer Hinweis für die Qualität der NSDs zeigte sich in der Frage, ob die TeilnehmerInnen die Veranstaltung interessierten KollegInnen empfehlen würden. 25 Befragte gaben an, dass sie die Veranstaltung „sehr empfehlen" würden, zehn, dass sie den Dialog „eher empfehlen" würden. Kein/e TeilnehmerIn gab an, dass er/sie die Veranstaltung „nicht empfehlen" würde.

Auch die Nützlichkeit des NSD zur Bearbeitung ethischer Fragestellungen wurde sehr positiv eingeschätzt.[35] Dies illustriert ein Zitat aus den Telefoninterviews, die mit den TeilnehmerInnen etwa zwei Wochen nach der Veranstaltung geführt wurden: Die Methode biete, so ein/eine TeilnehmerIn „eine schöne Rahmenstruktur, um sich konstruktiv über

---

32 18 Personen gaben an, ihre Erwartungen wurden „übertroffen", 14, dass ihre Erwartungen „getroffen" wurden. Zwei weitere Personen antworteten, dass ihre Erwartungen „eher getroffen" wurden.
33 Die Frage lautete: „Wenn Sie an die Ergebnisse denken, die das neosokratische Gespräch speziell in Bezug auf genetische Beratung gebracht hat – inwieweit erscheinen Ihnen diese Ergebnisse für Ihren beruflichen und/oder ehrenamtlichen Bezug zur genetischen Beratung nützlich?" Diese Frage beantworteten 17 Personen mit „sehr nützlich" und weitere 17 mit „eher nützlich". Nur zwei TeilnehmerInnen hielten die Ergebnisse für „eher nicht nützlich".
34 Die in Österreich gebräuchliche Schulnotenskala wurde verwendet: 1 = „sehr gut", 2 = „gut", 3= „befriedigend", 4 = „genügend", 5 = „nicht genügend".
35 23 TeilnehmerInnen hielten den NSD für „sehr nützlich", zehn für „eher nützlich" und nur drei für „eher nicht nützlich".
Die Frage lautete: „Wenn Sie an das Instrument des neosokratischen Gesprächs denken – inwieweit erscheinen Ihnen diese Form der Auseinandersetzung mit ethischen Aspekten für Ihren beruflichen und/oder ehrenamtlichen Bezug zur genetischen Beratung nützlich?"

moralische Probleme eines bestimmten Teilgebietes" (T3-1)[36] auszutauschen.

In NSD III und NSD IV sprachen viele TeilnehmerInnen einen möglichen Einsatz des NSDs in der Aus- und Fortbilung von MedizinerInnen an. Der NSD sei eine „gute Methode, auch um jüngere Genetiker sozusagen auf die Schwerpunkte genetischer Beratung aufmerksam zu machen" (T4-7). Bei Fortbildungsveranstaltungen sollten keine „Frontalvorträge" angeboten werden, man solle vielmehr versuchen „im Rahmen einer solchen Kommunikationsförderung Fortbildung zu betreiben" (T3-10).

Mögliche Einschränkungen der Methode sahen einige TeilnehmerInnen darin, dass sie „zeitaufwendig" sei und „Mitwirkung vieler Mitarbeiter und Kollegen" erfordere (T1-9).

Schlussfolgerungen

Die Dialoge haben gezeigt, dass die international dominierenden Leitkonzepte der genetischen Beratung, Selbstbestimmung und Non-Direktivität, auch von den TeilnehmerInnen der vier NSDs geteilt wurden. Die Gespräche zeigten jedoch ein facettenreiches Bild der Praxis der genetischen Beratung, in der die beiden normativen Konzepte immer herausgefordert werden und an ihre Grenzen stoßen. In den Gesprächen zeigten die BeraterInnen einen hohen Grad an Bewusstsein für die Probleme der beiden Konzepte und gingen damit weit über die allgemeinen Formulierungen des österreichischen Gentechnikgesetzes[37] und die entsprechenden Leitlinien des Gentechnikbuches[38] hinaus. Diese Probleme von Non-Direktivität und Selbstbestimmung ergeben sich, so die Gespräche, durch medizinisch-technische, rechtliche, kognitive, sprachliche, interkulturelle und gesellschaftliche Grenzen und Herausforderungen, aber auch durch die Betroffenheit Dritter, die persönlichen Werthaltungen sowie Fürsorgeorientierung von ÄrztInnen. Dies erfordert von BeraterInnen spezifische Fertigkeiten, um Selbstbestimmung und Non-Direktivität aktiv zu verwirklichen: Diese umfassen Zuhören, Offenheit, Verständlichkeit, Empathie, klare Darstellung von Fakten und auch von Unsicherheiten, Flexibilität, Zeit und günstige räumliche Gegebenheit. Darüber hinaus sind Weiterbildung und Supervision erforderlich.

Gemäß der Projektplanung wollten wir in den NSDs genetisch beratende PraktikerInnen und betroffene Ratsuchende oder deren VertreterInnen sowie Verantwortliche in Politik und/oder Verwaltung einbinden. Wie sich

---

36 Das „T" steht für „Telefoninterview", die darauf folgende Zahl ist ein Code für den NSD die Zahl nach dem Bindestrich für den/die TeilnehmerIn.
37 Gentechnikgesetz (GTG). BGBl. Nr. 510/1994 zuletzt geändert durch BGBl. I Nr. 127/2005.
38 Bundesministerium für Gesundheit und Frauen (2002).

bei den Vorbereitungen herausstellte, war die Umsetzung dieses Designs nicht einfach und erforderte von allen mit der Organisation Befassten ein großes Maß an Einsatz sowie zeitliche und organisatorische Flexibilität. Als schwierig stellte sich insbesondere heraus, TeilnehmerInnen aus dem viel beschäftigten Klientel der Humangenetik zu gewinnen. Kritisch war dabei insbesondere der für einen NSD notwendige Zeitaufwand von zwei Tagen, der für ÄrztInnen schwer zu erbringen ist.

Schwierig war es auch, direkt Betroffene in die Dialoge zu einzubinden. Viele kontaktierte VertreterInnen von Selbsthilfegruppen sagten zunächst zu und dann aus Termingründen – zum Teil kurzfristig – ab. Wir haben versucht, diesem Umstand durch eine Änderung des Projektdesigns entgegenzuwirken und organisierten für die beiden ersten NSDs ein Rahmenprogramm, das die weniger stark vertretenen Perspektiven über den Umweg von Vorträgen und Praxisforen in den Dialog einbringen sollte. Dabei gab insbesondere der Erfahrungsbericht einer von pränataler Diagnostik betroffenen Mutter wichtige Anstöße für die Debatten im NSD.

Im Rahmen des Projekts wurde der NSD weiterentwickelt und eine sogenannte Transferphase eingeführt, in der die TeilnehmerInnen die Ergebnisse des NSD im Zusammenhang mit den Problemen ihrer täglichen Praxis diskutieren konnten. Während der Transferphase wurden viele Ideen erörtert, wie man genetische Beratung verbessern könnte, inklusive des Vorschlags, den NSD in die Fort- und Weiterbildung von ÄrztInnen zu integrieren oder die Möglichkeiten sprachlich-kultureller Begleitung von Ratsuchenden aus anderen Kulturen zu verbessern. Behandelt wurde in diesem Kontext auch die Notwendigkeit einer besseren Koordination zwischen HumangenetikerInnen und behandelnden FachärztInnen. Als wünschenswert erschien vielen Personen dabei eine koordinierende Stelle, um eine kontinuierliche Begleitung über den gesamten genetischen Beratungsprozess zu ermöglichen.

Die Begleitforschung zeigte ein außerordentlich hohes Maß von Zufriedenheit der TeilnehmerInnen mit den Gruppen, deren Arbeit und Ergebnissen, den ModeratorInnen sowie der Methode des NSD. Diese sehr positiven Beurteilungen stimmen überein mit den Ergebnissen des Projekts „Increasing Public Involvement in Debates on Ethical Questions of Xenotransplantation", in dem der NSD erstmals zur transdisziplinären Diskussion ethischer Probleme neuer Entwicklungen in der Biomedizin angewandt wurde.[39] Die Methode des NSD empfiehlt sich daher – so ein zentrales Ergebnis der Begleitforschung – für Diskussionen komplexer ethischer Probleme, die sowohl ExpertInnen verschiedener Disziplinen als auch wissenschaftliche und medizinische Laien einschließen.

---

39 Vgl. Grießler/Littig (2006).

Danksagung

Dieser Beitrag legt erste Ergebnisse des Projekts „Neosokratische Dialoge zur Verbesserung der genetischen Beratung" vor, das das österreichische Bundesministerium für Wissenschaft und Forschung im Rahmen des ELSA-Programms seines Genomforschungsprogramms GEN-AU gefördert hat. Wir danken dem Ministerium für die finanzielle Unterstützung sowie dem Programmbüro GEN-AU für die Abwicklung der Förderung. Darüber hinaus danken wir allen TeilnehmerInnen an den neosokratischen Dialogen für ihre Bereitschaft und Offenheit in den Dialogen. Danken möchten wir auch unseren japanischen KollegInnen Narifumi Nakaoka, Akiko Iwabuchi, Sosuke Iwae, Tsuyoshi Horie, Motomu Shimoda, den Mitgliedern des wissenschaftlichen Projektbeirats Dorine Bauduin, Andreas Frewer, Markus Hengstschläger, Christoph Mandl, Peter Nowak, Silja Samerski und Shingo Shimada sowie unseren KollegInnen Peter Biegelbauer, Bernhard Hadolt, Monika Lengauer und Stefanie Mayer für die fruchtbare Zusammenarbeit im Projekt. Insbesondere danken wir Irene Hirschberg und Andreas Frewer für ihre unschätzbare Unterstützung bei der Organisation und wissenschaftlichen Betreuung der Dialoge sowie Horst Gronke für die souveräne Moderation der Dialoge, die er gemeinsam mit Beate Littig geleitet hat.

Literatur

Atkinson, P. (1995): Medical Talk and Medical Work: The Liturgy of the Clinic. London.
Birnbacher, D./Krohn, D. (Hrsg.) (2002): Das sokratische Gespräch. Stuttgart.
Buchinger, E./Felt, U. (Hrsg.) (2006): Technik- und Wissenschaftssoziologie in Österreich. Stand und Perspektiven. Österreichische Zeitschrift für Soziologie, Sonderheft 8 (2006).
Bundesministerium für Gesundheit und Frauen (2002): Gentechnikbuch: 2. Kapitel. Leitlinien für die genetische Beratung. Beschlossen von der Gentechnikkommission am 24. Juni 2002. www.bmgfj.gv.at/cms/site/attachments/3/0/5/CH0817/CMS1201093533126/2._kapitel_gt-buch.pdf (Zugriff: 10.06.2008).
Bundesgesetzblatt für die Republik Österreich (BGBl) (1994/2005): Bundesgesetz, mit dem Arbeiten mit gentechnisch veränderten Organismen, das Freisetzen und Inverkehrbringen von gentechnisch veränderten Organismen und die Anwendung von Genanalyse und Gentherapie am Menschen geregelt werden (Gentechnikgesetz – GTG) und das Produkthaftungsgesetz geändert wird. BGBl. Nr. 510/1994, zuletzt geändert durch BGBl. I Nr. 127/2005.
Grießler, E. (2008): Wie werden Gesetze im Bereich der „roten" Biotechnologie gemacht? Das Beispiel des Gentechnikgesetzes 1994. Soziale Technik 2 (2008), S. 3-6.
Grießler, E./Littig, B. (2006): Neosokratische Dialoge zu ethischen Fragen der Xenotransplantation. Ein Beitrag zur Bearbeitung ethischer Probleme in partizipativer Technikfolgenabschätzung, in: Buchinger/Felt (2006), S. 131-157.
Gronke, H./Häußner, J. (2006): Socratic Coaching in Business and Management Consulting Practice. Practical Philosophy 8, 1 (2006), S. 26-36.
Habermas, J. (1991): Erläuterungen zur Diskursethik. Frankfurt a.M.
Hadolt, B./Lengauer, M. (2009): Genetische Beratung in der Praxis. Herausforderungen bei präsymptomatischer Gendiagnostik am Beispiel Österreichs. Frankfurt a.M., New York (in Vorbereitung).
Heckmann, G. (1981): Das sokratische Gespräch. Erfahrungen in philosophischen Hochschulseminaren. Hannover. Neuauflage mit einem Vorwort von Dieter Krohn 1993. Frankfurt a.M.
Jorde, L. B./Carey, J. C./White, R. L. (2000): Medical Genetics. St. Louis.
Kessels, J. (1997): Socrates op de markt. Filosofie in bedrijf. Meppel, Amsterdam (Deutsch: 2001: Die Macht der Argumente. Weinheim).
Kovács, L. (2008a): Prädiktive genetische Beratung in Deutschland – eine empirische Studie. Wien.
Kovács, L. (2008b): Medizin – Macht – Metaphern. Sprachbilder in der Humangenetik und ethische Konsequenzen ihrer Verwendung. Klinische Ethik, Band 2. Frankfurt a.M. u.a.

Krohn, D./Horster, D./Heinen-Tenrich, J. (Hrsg.) (1989): Das sokratische Gespräch. Ein Symposium. Hamburg.

Mayer, S. (2007): Complex Matters. The Regulation of Predictive Genetic Testing and Genetic Counselling in Germany. Wien.

Nelson, L. (1965): The Socratic Method, in: ders.: Socratic Method and Critical Philosophy. Selected Essays by Leonard Nelson, New York, S. 1-40. (Original: Nelson, L. (1922): Die sokratische Methode, in: ders. (1970): Gesammelte Schriften. Vol. 1, Hamburg, S. 269-316.)

Ratz, E./Wolff, G. (Hrsg.) (1995): Zwischen Neutralität und Weisung. Zur Theorie und Praxis von Beratung in der Humangenetik. Evangelischer Presseverband für Bayern e.V. München.

Raupach-Strey, G. (2002): Sokratische Didaktik. Die didaktische Tradition der Sokratischen Methode in der Tradition von Leonard Nelson und Gustav Heckmann. Münster u.a.

Toulmin, S. (1958): The Uses of Argument. Oxford.

Wolff, G./Jung, C. (1995): Direktivität – Nichtdirektivität – Erfahrungsorientiertheit: Zur Entwicklung eines integrativen Ansatzes zur Gesprächsführung in genetischer Beratung, in: Ratz/Wolff (1995), S. 8-29.

Meike Wolf, Ilhan Ilkilic

Chancen und Grenzen des Einsatzes von Online-Ressourcen bei der genetischen Aufklärung und Beratung

In den letzten Jahren ist das Thema „Genomforschung" auf zunehmend wachsendes Interesse von Seiten der Öffentlichkeit gestoßen. In Fernseh- und Radionachrichten, Illustrierten oder beim Besuch in der Arztpraxis – beinah täglich begegnen uns Begriffe wie Gentest, Stammzellen, Klonen oder Pränataldiagnostik. Längst sind nicht mehr ausschließlich medizinische Experten mit der Frage beschäftigt, welchen Einfluss genetische Grundlagen auf die Zusammenhänge zwischen Krankheit, Gesundheit und Körperlichkeit ausüben. Auch medizinische Laien sind in zunehmendem Maße gefordert, auf genetisches Wissen zurückzugreifen, um Entscheidungen zu treffen, Ereignisse mit Bedeutung zu belegen und körperliche Vorgänge zu verstehen. „Mündige Patienten" zeichnen sich dadurch aus, dass sie ein gezieltes Informationsmanagement betreiben, die bestehenden Informationsangebote selektieren und sich aktiv mit der Aneignung von medizinischem Wissen auseinandersetzen.[1] Sichtbar werden derartige Prozesse etwa in der Entscheidung für oder gegen „Genfood", eine Stammbaumanalyse oder den Abschluss einer Lebensversicherung, und mitunter ziehen diese Entscheidungen weitreichende Konsequenzen nach sich, nicht nur auf persönlicher, sondern auch auf gesamtgesellschaftlicher Ebene. Der Ethnologe Stefan Beck sieht in lebenswissenschaftlichem Wissen vor allem auch ein „Mittel der – angst- wie hoffnungsvollen – Selbstrepräsentation und -reflexion", das damit maßgeblichen Einfluss auf die Selbstbilder und Selbstverständnisse der kulturellen Akteure auszuüben vermag.[2] Genetisches Wissen kann damit in gewissem Maße als Bestandteil individueller Lebensentwürfe und Identitäten betrachtet werden.

Unter den Bedingungen einer globalisierten Moderne ist biomedizinisches Wissen zu einer Schlüsselkompetenz geworden, die Antwort auf eine ganze Reihe kultureller, sozialer und medizinischer Fragen bereitzuhalten scheint. Eine strikte Differenzierung zwischen medizinischen Experten einerseits und Laien andererseits erweist sich angesichts des zunehmenden Eindringens medizinischer und genetischer Wissensbestände in zahlreiche Bereiche des Alltagslebens als nicht unproblematisch – wer in welchem Bereich Experte und wer Laie ist, kann durchaus differieren: eine Entwick-

---

1 Welz (2005).
2 Beck (2004), S. 2.

lung, die häufig unter dem Begriff der Verwissenschaftlichung des Alltags beschrieben wird.[3]

Zugleich lässt sich beobachten, dass das Expertenwissen wie z.B. im Bereich der Genomforschung stetig steigende Komplexitätsstufen erreicht und mit einer Widersprüchlichkeit und Pluralität von Expertenaussagen einhergehen kann – eine Entwicklung, die nicht selten in empirischer und normativer Unsicherheit mündet und viele medizinische Laien in ihrer Meinungsbildung schlichtweg überfordert.[4] Die Situationen, in denen medizinische Laien auf gentechnologisches Wissen und gentechnologische Verfahren zurückgreifen, sind dabei vielfältig: Als Nutzer eines gendiagnostischen Tests beispielsweise sind Patienten auf ganz andere Weise von genetischem Wissen betroffen als während einer Einstellungsuntersuchung.

Begleitet wird diese Entwicklung nicht nur von einem breit angelegten wissenschaftlichen Ethik-Diskurs und politischen Debatten; auch auf gesellschaftlicher Ebene lässt sich ein zunehmender Diskussionsbedarf erkennen: Diese Wechselbeziehungen müssen im Umgang mit genombasiertem Wissen und gentechnologischen Verfahren Berücksichtigung finden.[5] Wie der Soziologe Anthony Giddens nachgewiesen hat, stellt *Vertrauen* in abstrakte Expertensysteme (wie das der Biomedizin) sowie das von ihnen produzierte Wissen einen integralen Bestandteil postmoderner Gesellschaften dar. Während viele medizinische Laien so zwar einerseits gefordert sind, ein rationales Informationsmanagement auf der Basis autonomer Entscheidungen zu betreiben, sehen sie sich doch andererseits nicht selten durch die Uneindeutigkeit, Heterogenität und Widersprüchlichkeit der zu Verfügung stehenden medizinischen Informationen herausgefordert – eine Situation, die nur allzu häufig Verunsicherung auslöst.[6]

Informationszugang, Gesundheitsverhalten und ethische Meinungsbildung

Unter Medizinern und Ethikern besteht Einigkeit darüber, dass Patientenentscheidungen erst nach sachlich und verständlich vermittelten Informationen über den Krankheitszustand der Betroffenen stattfinden sollen. Diese Annahme basiert auf dem medizinethischen Prinzip des Respekts vor der Patientenautonomie und ist als *informed consent* eine schon längst im klinischen Alltag etablierte Praxis.[7] Die Entwicklungen der biomedizinischen Forschung liefern nicht nur für Experten, sondern auch für Laien Informationen, die einen Nutzen für die Gesundheitsförderung oder eine Primärprävention von Krankheiten haben können. Solche Kenntnisse bieten unter

---

3 Beck (2001), Willems (1992).
4 Samerski (2002).
5 Schicktanz/Naumann (2003).
6 Giddens (1995), Irwin (2001).
7 Beauchamp/Childress (2001).

Umständen die Entscheidungsgrundlage für einen gesundheitsbewussten Lebensstil. In diesem Kontext erlangt der Umgang mit medizinischen Informationen eine vergleichbar bedeutende Funktion wie bei der Aufklärung eines Patienten. Eine individuelle und *erfolgreiche* Nutzung dieser Informationen ist daher von ihrer möglichst sachlichen und verständlichen Vermittlung an medizinische Laien abhängig.[8]

Vor allem Studien aus dem Bereich der Genomforschung liefern uns ständig neue Kenntnisse nicht nur über die Rolle der Gene bei der Entstehung der sogenannten Volkskrankheiten wie Krebs, Herzkreislaufkrankheiten oder Diabetes mellitus, sondern auch über den elementaren Einfluss von Umweltfaktoren in diesem Prozess. Eine unsachgemäße Überbetonung der Rolle der Gene bei der Entstehung dieser Erkrankungen, wie sie häufig in der populären Presse anzutreffen ist, kann jedoch zu falschen Annahmen und einer daraus resultierenden resignativen Haltung führen („ich kann nichts dafür, es sind schließlich meine Gene"). Eine solche Situation birgt immer auch die Gefahr, als persönliche Legitimierung für einen schon vorhandenen „ungesunden" Lebensstil benutzt zu werden. Andererseits ist bei erfolgtem Nachweis der genetischen Veranlagung zu einer der sogenannten Volkskrankheiten nicht auszuschließen, dass dies für die hiervon betroffenen Personen in der Konzeption eines eigenverantwortlichen Lebensstils münden könnte. Am Beispiel Diabetes mellitus wird derzeit daran geforscht, inwieweit die Konzeption präventiver Lebensstile auf der Grundlage prädiktiver Gentests den späteren Krankheitsausbruch positiv zu beeinflussen vermag. Vor diesem Hintergrund rückt eine zukünftige Verschiebung der Verantwortlichkeiten für den möglichen Ausbruch von Krankheit in den Bereich des Möglichen. Dies ist nicht nur deshalb problematisch, da die derzeitige Studienlage keinen generellen Nachweis für die erfolgte Effizienz präventiver Lebensstile auf der Basis prädiktiver Gentests zu erbringen vermag. Sondern auch aus ethischer Sicht lässt sich eine Verpflichtung zu eigenverantwortlichem Gesundheitshandeln (Gesundheitspaternalismus) schwer legitimieren.[9]

Ein weiteres Indiz für die zentrale Bedeutung von sachlich und verständlich aufbereiteten Informationen im Bereich der Genomforschung zeichnet sich bei der Partizipation von Bürgern an öffentlichen Diskussionen ab. Ein öffentlicher Diskurs sowie die Teilnahme von Bürgern an Entscheidungsprozessen gelten in offenen Gesellschaften als erstrebenswerter Zustand.[10] Wie das Verhältnis von wissenschaftlichem Ethik-Diskurs und gesellschaftlicher Debatte sinnvoll gestaltet werden kann, bleibt jedoch keine leicht zu lösende Frage.[11] Eine konstruktive Bürgerbeteiligung an diesen Diskussionen erfordert beispielsweise einen leichten Zugang zu

---

8 Ilkilic et al. (2002).
9 Lemke (2004), Cho (2007).
10 Viefhus (1989), S. 17-39.
11 Düwell (2002).

sachlich, verständlich und neutral aufbereiteten Informationen. Nur so kann interessengeleiteten, polemisierten und kontraproduktiven Debatten effektiv entgegengewirkt werden.[12] Eine sachgemäße wie auch öffentliche Diskussion und Reflexion über die sozialen, kulturellen, individuellen und ethisch relevanten Konsequenzen der Genomforschung unter Einbeziehung der von genetischer Information direkt betroffenen Patientinnen und Patienten ist jedoch nur dann möglich, wenn auch medizinische Laien auf verständliche, leicht zugängliche und möglichst sachliche Informationsquellen zurückgreifen können. Eine Expertise im Auftrag der Bundeszentrale für gesundheitliche Aufklärung (BZgA) hat für das Jahr 2001 nachgewiesen, dass Multiplikatoren und medizinische Laien die Qualität der zur Verfügung stehenden Materialien zur Humangenomforschung bemängelten: Viele der Materialien, wie etwa Broschüren der Pharmaindustrie, wurden als wenig neutral eingestuft; auch die mangelnde Aktualität, die geringe Übersichtlichkeit und zweifelhafte Autorschaft der Texte wurden von den Befragten beanstandet. Die Studie wies somit einen deutlichen Informationsbedarf nach.[13]

Sowohl in der öffentlichen Diskussion als auch in der Fachliteratur gewinnt die Frage danach, ob sich genetische Information von anderen medizinischen Informationen grundlegend qualitativ unterscheidet, in den letzten Jahren zunehmend an Bedeutung. Diese Problematik wurde vor allem unter Experten seit den letzten zehn Jahren unter dem Begriff des „genetischen Exzeptionalismus" diskutiert. Genetischer Exzeptionalismus gründet sich auf die Annahme, dass genetische Informationen aufgrund ihrer Eigenschaften und dem damit verbundenen Missbrauchspotenzial einer Sonderbehandlung im Vergleich zu anderen medizinischen Informationen bedürfen. Im Mittelpunkt dieser Diskussion steht die Frage, ob sich durch prädiktive Gentests erzeugte Informationen qualitativ von anderen medizinischen Testergebnissen unterscheiden lassen, was häufig unmittelbar an ethische Schlussfolgerungen sowie juristische und politische Regelungen geknüpft ist.

Differenzierte Analysen haben gezeigt, dass Pro- oder Contra-Positionen zum genetischen Exzeptionalismus nicht allein durch naturwissenschaftliche und epistemologische Argumente begründet werden können.[14] Wenn es auch aus naturwissenschaftlicher Sicht gute Gründe für eine Ablehnung des genetischen Exzeptionalismus gibt, so zeigt eine fundierte Überprüfung, dass neben naturwissenschaftlichen auch individuelle und gesellschaftliche Erklärungsmuster – hier insbesondere die soziale und kulturelle Verarbeitung genetischer Erklärungsmodelle – Ausgangspunkt des Exzeptionalismus sind. Genetisches Wissen ist damit nicht per se „ex-

---

12 Paul (2003).
13 Ilkilic et al. (2002).
14 Ilkilic et al. (2007).

zeptionell", es wird erst durch die gesellschaftliche und individuelle Wahrnehmung und Interpretation dazu gemacht.[15]

Der substanzielle Unterschied zwischen der Annäherung eines Experten und der eines Betroffenen an genetische Information kann vor allem aus ontologischen Gründen nie endgültig aufgehoben werden. Sachlich und verständlich aufgearbeitete Informationen können sicherlich dabei helfen, die in Expertenkreisen als selbstverständlich geltenden Fakten (wie z.B. „Wir sind nicht die Summe unserer Gene") an medizinische Laien zu vermitteln. Auch wenn hierdurch ein Beitrag zu einem möglichst sachlich „korrekten" Informationsmanagement geleistet werden kann, so lässt sich doch andererseits keine Aussage darüber treffen, welcher Stellenwert diesem Wissen individuell beigemessen wird. In diesem Zusammenhang können gute Informationsquellen einen wichtigen Beitrag zur Minimierung des Informationsgefälles zwischen medizinischen Experten und Laien leisten.

Genetische Beratung und Online-Gesundheitsinformationen

Das Internet als Quelle medizinischer Information gewinnt heute mehr und mehr an Bedeutung.[16] Eine amerikanische Studie aus dem Jahr 2003 hat aufgezeigt, dass rund 70 Millionen Amerikaner zu diesem Zeitpunkt das Internet nach gesundheitsbezogenen Themen durchsucht haben; eine weitere, in Großbritannien durchgeführte Studie belegt, dass etwa 39 % aller Krebspatienten in den Industrienationen auf das Internet zurückgreifen, um sich dort über ihre Krankheit zu informieren.[17] Der Umgang mit Online-Ressourcen zeichnet sich insbesondere dadurch aus, dass ihre Nutzer und Nutzerinnen anonym bleiben können, eine Tatsache, die den Zugriff auf medizinische Informationen erleichtert, Diskretion verspricht und – anders als etwa das persönliche Gespräch mit dem Arzt – nur eine geringe Hemmschwelle beinhaltet. Neue Medien üben somit (auch auf globaler Ebene) nicht nur einen erheblichen Einfluss auf den Fluss medizinischer Information aus, sondern tragen auch zu einer Veränderung des traditionellen Verhältnisses zwischen Ärzten und ihren Patienten bei.[18]

Das Informationsangebot zu humangenetischen Erkrankungen gehört in diesen Quellen mittlerweile zu den Standardthemen.[19] Der Zugang zu Informationen über genetische Forschung und Erkrankungen kann durch ein Online-Wissensportal in einer anonymen Atmosphäre günstig, schnell und ortsungebunden ermöglicht werden. Dennoch sollte nicht unerwähnt bleiben, dass trotz seiner umfangreichen weltweiten Nutzung das Internet noch

---

15 Sass (2006), Ilkilic/Paul (2005).
16 Baker (2003), Christian et al. (2001).
17 Anderson et al. (2003), Eysenbach 2003).
18 Gerber (2001), Skinner/Schaffer (2006).
19 Taylor (2001).

immer nicht für alle Haushalte und Personen gleichermaßen zugänglich ist: Vor allem für ältere Menschen ist die Internetnutzung mit Barrieren verbunden. Mit der breiten Nutzung des Internets in Bezug auf Gesundheitsthemen gehen auch ethisch berechtigte Fragen nach den Konsequenzen dieser Form des Informationserwerbs einher. Bis jetzt wurde über diese Fragen im Bereich der Genetik leider wenig geforscht.

Eine US-amerikanische Studie beispielsweise untersuchte auf der Basis von 100 qualitativen Interviews, welche Erfahrungen Mütter von genetisch erkrankten Kindern im Umgang mit Internet-basierten Gesundheitsinformationen gesammelt haben.[20] Ziel der Studie war es u.a., herauszufinden, auf welche Weise das Internet die Erfahrungen der Frauen im Umgang mit der genetischen Erkrankung, aber auch mit dem behandelnden Arzt beeinflusst hat. So gab die Mehrheit der Eltern (83 %) an, sich im Internet über die Krankheit ihres Kindes sowie Möglichkeiten der Unterstützung informiert zu haben. Hierbei waren die Eltern nicht nur passive Rezipienten von Gesundheitsinformationen, sondern als Co-Produzenten aktiv am Erfahrungsaustausch in On- und Offline-Netzwerken beteiligt – eine Form spätmoderner Sozialität, die Schaffer et al. als „online genetic communities" bezeichnen.[21]

Die individuellen Konsequenzen dieser Praktiken sind heterogen und variieren beispielsweise nach finanzieller Lage, Ausbildungsstand oder ethnischer Identität.[22] Auch die Erfahrungen der Mütter im Verhältnis zwischen Ärzten und Eltern unterscheiden sich voneinander: Während einige der Befragten von einer vereinfachten Verständigung dank einer besseren Kenntnis medizinischer Fachbegriffe und Krankheitsbilder sprachen, bewerteten andere durch ihren neu erworbenen Kenntnisstand die Handlungen des betreuenden Arztes zunehmend kritisch. Dieser Umstand lässt sich durchaus ambivalent betrachten: „It's a fine line you walk between making yourself the victim of too much information and [being] well-informed."[23]

Ergebnisse solcher Studien lassen erahnen, in welcher Dimension sich die Konsequenzen der Internetnutzung für die genetische Beratung ansiedeln lassen. Es dürfte kein Zweifel daran bestehen, dass ein derartiger Weg des Informationsgewinns – von der heterogenen Qualität der Informationsangebote ganz abgesehen – keineswegs die individuelle genetische Beratung durch einen Arzt ersetzen kann. Dennoch scheint die Frage berechtigt, ob im Vorfeld gewonnene, grundlegende Informationen über die Zusammenhänge zwischen Genetik und Vererbung nicht die Qualität einer genetischen Beratung verbessern können. Derartige Vorkenntnisse kämen einer effektiven Nutzung der zur Verfügung stehenden Zeit zugute, da der beratende Arzt sich individuellen Fragen der Ratsuchenden widmen könnte,

---

20 Schaffer et al. (2008).
21 Ebd.
22 Cotten/Gupta (2004).
23 Schaffer et al. (2008), S. 154.

statt grundlegende Kenntnisse über die Mechanismen der Vererbung von Krankheiten zu vermitteln. Problematisch könnte es dann werden, wenn der Ratsuchende aus den vorhandenen Informationen oder Empfehlungen unmittelbare Konsequenzen für sich selbst ableiten würde, da bestehende Informationsangebote nicht pauschal auf den Einzelfall übertragen werden und somit keine individuelle Aufklärung leisten können. Erschwerend kann hinzukommen, dass die online verfügbaren Informationen unter Umständen im Widerspruch zu den im individuellen Beratungsgespräch getroffenen Aussagen stehen können, was die Unsicherheit der Ratsuchenden nur verstärken und die Entscheidungsfindung damit erschweren würde.

Das Public Health Genetics Resource Center (PHG-RC)

Das Projekt „Public Health Genetics" – ein Teilprojekt des vom Bundesministerium für Bildung und Forschung (BMBF) geförderten Nationalen Genomforschungsnetzes – möchte vor diesem Hintergrund das Internet nutzen, um ein Wissensportal für Fragen im Schnittfeld von Genetik, Genomik und Public Health bereitzustellen: das Public Health Genetics-Resource Center.[24] Den fachlichen Hintergrund dieses Portals bildet die Frage, inwieweit molekulargenetisches und genomisches Wissen aus der Grundlagenforschung Eingang in den Bereich der öffentlichen Gesundheitssicherung finden kann, wie die damit einhergehenden Optionen aus normativer Sicht zu bewerten sind und welche spezifischen soziokulturellen, rechtlichen und ethischen Probleme hierbei auftreten können.

Das PHG-RC versteht sich als Reaktion auf die gegenwärtig zu beobachtende Tendenz, die Wissenschafts- und Technologiepolitik transparenter zu gestalten und zu öffnen, um so eine zumindest partielle Öffentlichkeit für Fragen im Kontext der Genomforschung zu schaffen. Aus medizinischer, sozialer und ethischer Perspektive stellt das Portal Informationen über häufig kontrovers diskutierte Fragen bereit, um so bei jenen Informationsdefiziten anzusetzen, die in der Studie der BZgA beschrieben wurden: Was sagt ein Gentest aus? Was geschieht während der genetischen Beratung? Wo finde ich vertiefende Literatur zu Brustkrebs?[25]

Die online bereitgestellten Ressourcen verstehen sich als Beitrag zur Unterstützung der Entscheidung. Ihr Ziel ist, für den Laien oft unübersichtliche und kontroverse wissenschaftliche Diskussionen in einer leicht verständlichen Sprache zugänglich zu machen. Das Portal widmet sich dabei ausführlich den drei Themenbereichen Gesundheit und Genetik, Gesellschaft und Genetik sowie Ethik und Genetik, indem dem wissenschaftlichen Diskurs entstammende Begriffe wie z.B. „Prädiktion", „Genetisierung" oder „Selbstbestimmung" in sachlicher und leicht verständlicher Sprache

---

24 Vgl. www.genetik-gesundheit.de.
25 Ilkilic et al. (2002).

erläutert werden. Jeder Themenbereich wird von Hinweisen auf weiterführende Literatur begleitet. Darüber hinaus erläutert das Portal in einem Glossar medizinische und nicht-medizinische Fachtermini rund um die genetische Beratung, wie sie häufig in ärztlichen Aufklärungsgesprächen zur Anwendung kommen und für viele medizinische Laien erklärungsbedürftig sind (z.B. Resistenz, Phänotyp oder DNA). Einen ähnlichen Zweck erfüllen die FAQ, die häufig im Kontext der Genomforschung auftretende Fragen zu beantworten versuchen: Was ist überhaupt Genetik? Woher weiß ich, ob ich einen Gentest durchführen lassen sollte? Darf ich auch gegen meinen Willen einem Gentest unterzogen werden? Auch auf alltagspraktische Hilfsangebote und weiterführende Informationen wird verwiesen: So ist das Portal nicht nur mit den wichtigsten Selbsthilfegruppen für genetisch bedingte Erkrankungen verlinkt, sondern zugleich mit wissenschaftlichen Einrichtungen aus dem Umfeld der Genomforschung, deren Angebote zu einer Vertiefung des eigenen Wissensstandes herangezogen werden können.

Für Fachleute bietet das PHG-RC eine umfassende Datenbank zu spezifischer Literatur rund um das Thema Public Health Genetics; der dort aufgeführte Bestand umfasst inzwischen rund 2.000 Einträge – die angeführte Literatur ist vollständig am Institut für Geschichte, Theorie und Ethik der Medizin der Johannes Gutenberg Universität Mainz angesiedelt und im Sinne eines Ressourcen-Zentrums öffentlich zugänglich.

In der Bereitstellung von Wissen aus dem Nationalen Genomforschungsnetz sieht das PHG-RC sein Ziel darin, den Abbau von Informationsdefiziten voranzutreiben und eine Verbindung zwischen den verschiedenen Bereichen der Medizin, der Genetik, der Ethik und der Öffentlichkeit zu schaffen. Die Auseinandersetzung der Wissenschafts- und Technologiepolitik mit der Öffentlichkeit steckt in Deutschland – anders als vielen anderen europäischen Ländern – derzeit noch in den Kinderschuhen. (Die 2001 veranstaltete Bürgerkonferenz Streitfall Gendiagnostik bildet hier mit Sicherheit eine Ausnahme.)[26] Um den öffentlichen und individuellen Meinungsbildungsprozess zu unterstützen, stellt ein gezieltes Informationsverhalten jedoch die Grundlage dar. Der besondere Beitrag des PHG-RC besteht darin, dass es sich hierbei – anders als bei vielen der sonst im Internet verfügbaren Informationen – nicht um ein von spezifischen ökonomischen, religiösen oder politischen Interessen geleitetes oder an eine bestimmte Organisation gebundenes Portal handelt, was maßgeblich zur Glaubwürdigkeit der bereitgestellten Informationen beizutragen vermag.

---

26 Im November 2001 fand am Deutschen Hygiene-Museum Dresden die bislang erste bundesdeutsche Bürgerkonferenz zum „Streitfall Gendiagnostik" statt. Dem Prinzip der Konsensuskonferenz folgend, erstellten 20 Bürgerinnen und Bürger im Rahmen eines Modellprojekts der Bürgerbeteiligung ein Votum zum Umgang mit gentechnologischen Verfahren. Schicktanz/Naumann (2003).

Die Pretest-Phase

Um die Wirkungen des Portals analysieren zu können und zu ermessen, inwieweit es den Bedürfnissen seiner Zielgruppe entspricht, wurde das Portal in den Monaten Mai und Juni 2007 einer Pretest-Phase unterzogen. Im Rahmen dieser Evaluation wurden 200 Fragenbögen sowohl an Fachleute (z.b. Ärzte und Pflegepersonal) sowie Multiplikatoren (z.b. evangelische und katholische Akademien) als auch an medizinische Laien versandt mit der Bitte, das Portal und seine Inhalte kritisch zu beurteilen (die Rücklaufquote betrug rund 15 %). Zugleich fand im Rahmen der Ausstellung „Blick in den Körper" im Landesmuseum in Koblenz eine eintägige Befragung statt, bei der die Besucher der Ausstellung die Gelegenheit hatten, das Portal unmittelbar vor Ort zu testen und ihre Meinung dazu abzugeben.

Evaluiert wurden die drei Themenbereiche (Gesundheit und Genetik, Gesellschaft und Genetik, Ethik und Genetik), das Glossar und die FAQ sowie die Möglichkeit der Literaturrecherche. Die Beurteilungskriterien, die an die Befragten herangetragen wurden, sollten in erster Linie die Verständlichkeit und Vollständigkeit der dargestellten Inhalte sowie die Bedienungsfreundlichkeit der Seite ermessen. Offene Fragen ermöglichten es darüber hinaus, statistisch erfasste Aussagen zu konkretisieren und Kritik sowie Wünsche und Verbesserungsvorschläge zu äußern: Ist die vorliegende Seite in dieser Form ausreichend und angemessen? Wo könnte sie ergänzt werden?

In der Zusammenfassung wurde das Portal insgesamt durchgängig positiv bewertet: In der Bedienungsfreundlichkeit und der Übersichtlichkeit beurteilten es nur 11 % der Befragten als mittelmäßig, während 89 % den Aufbau sehr nutzerfreundlich und übersichtlich fanden. Die Vollständigkeit der dargestellten Themen war in dieser Form für die Befragten zu 95 % gut bis sehr gut. Nur 10 % erachtete die Präsentation der ethischen Themen als zu oberflächlich. Zugleich wurde bei den offenen Fragen deutlich, dass sich die Befragten insbesondere dort Informationen wünschten, wo es ganz konkret um alltagspraktische und anwendungsbezogene Aspekte ging (nicht selten reichten diese Themen weit über Public Health Genetics hinaus und berührten in erster Linie Vaterschaftstests, Fruchtwasseruntersuchungen oder Krankheiten, die im eigenen Familienkreis aufgetreten waren). Probleme, die die Befragten beschäftigten, entstammten vor allem lebensweltlichen Zusammenhängen: Knapp die Hälfte der Befragten äußerte den Wunsch nach vertiefenden Informationen zu Möglichkeiten eines Vaterschaftstests, zur Pränatal- und Präimplantationsdiagnostik sowie zu einzelnen Krankheitsbildern wie z.B. erblicher Brust- oder Darmkrebs und Chorea Huntington. Dabei wurden Fragen geäußert wie „Was kostet ein Gentest?" oder „Welches Risiko gehe ich ein, wenn ich eine Fruchtwasseruntersuchung durchführen lasse?" Die eigenen Erfahrungen z.B. über Krankheitsfälle in der Verwandtschaft („bei meiner Tante wurde letztes Jahr Brustkrebs diagnostiziert, und jetzt möchte ich einen Gentest machen") werden hier als Bezugsrahmen herangezogen. Derartig anwendungsbezogene Fragen beschäftigten rund 25 % der Befragten, zwei von ihnen wünschten sich sogar eine Darstellung von Fällen aus der klinischen Praxis, um so eine gewisse „Lebensnähe" zu gewährleisten.

Den Angaben der Befragten ist zu entnehmen, dass die meisten von ihnen – nämlich 77 % – keine Schwierigkeiten mit der sprachlichen Verständlichkeit der Informationsquellen hatten. Auffällig war, dass die medizinischen Themen besser evaluiert wurden als die sozialen und ethischen Themen. Lediglich 23 % erachteten die Sprache des Portals als schwierig; als besonders problematisch stellten sich auch hier die ethischen Themenbereiche dar. Die Verständlichkeit von FAQ und Glossar wurde von den Befragten eindeutig positiver bewertet: 93 % erachteten diese Bereiche als leicht verständlich; hier findet sich vor allem der geforderte Praxisbezug wieder. Die Verwendung zahlreicher Fachtermini wurde vor allem von den medizinischen Laien als zentrale Schwierigkeit im Verständnis der dargestellten Themen genannt. Medizinische Experten äußerten ganz im Gegenteil den Wunsch, vertiefende und medizinische Details berücksichtigende Informationen zu gewinnen. Dieser Widerspruch zeugt von der Schwierigkeit, Konzepte, Ausdrucksformen und Inhalte zu entwickeln, die einem möglichst breiten Publikum – nämlich medizinischen Experten und Laien gleichermaßen – gerecht werden.

Dass das Portal bei der Auseinandersetzung mit Fragen rund um die Genomforschung insgesamt zu 38 % als hilfreich, zu 62 % sogar als sehr hilfreich erachtet wurde und die Bedienungsfreundlichkeit sogar zu 72 % sehr gut bewertet wurde, stellt hingegen eine ermutigende Erkenntnis dar.

Fazit

In spätmodernen Gesellschaften berührt biomedizinisches Wissen zunehmend existenzielle Fragen des menschlichen Daseins. Wissenschaftliche Erkenntnisse haben Einzug in viele Bereiche des Alltagslebens gehalten. Informationen über neu aufkommende Bio- und Gentechnologien rufen bei medizinischen Laien nicht selten Ängste und Verunsicherung hervor, aber auch die Vorstellung, Einfluss auf die eigene Gesundheit nehmen zu können.

Dass das Internet vor diesem Hintergrund gegenwärtig mehr und mehr an Bedeutung gewinnt, wenn es darum geht, Informationen über Krankheitsbilder und Therapieformen zu recherchieren, sich mit anderen Patienten auszutauschen oder Fachbegriffe nachzuschlagen, kann man als Tatsache ansehen. Das Internet stellt nicht nur eine preiswerte, leicht zugängliche und schnelle Möglichkeit dar, sich gesundheitsbezogene Informationen und Auskünfte zu verschaffen, sondern es bietet darüber hinaus die Möglichkeit, aktiv eigene Inhalte zu produzieren und sich mit anderen Nutzern auszutauschen. Gleichwohl sollte nicht übersehen werden, dass bei weitem nicht alle gleichermaßen an diesem Prozess teilhaben können, da etwa mangelnde technische Kompetenz oder fehlende finanzielle Mittel Hindernisse darstellen. Die Art und Weise jedoch, auf die Nutzerinnen und Nutzer mit den online verfügbaren Ressourcen umgehen und welchen Einfluss diese auf die individuelle Gesundheitsverantwortung, Gesundheitshandeln und Gesundheitsbewusstsein ausüben, lässt sich nur als äußerst heterogen beschreiben.

Zugleich stellt das Internet als Quelle von Gesundheitsinformationen einen Umbruch im traditionellen Arzt-Patienten-Verhältnis dar – eine Tatsache, die gleich mehrere Konsequenzen mit sich bringt: Die vergleichbar leichte Zugänglichkeit von medizinischen Informationen ist unter Umständen in der Lage, die Verständigung zwischen Ärzten und Patienten auf der fachlichen Ebene zu verbessern. Patienten können sich – unabhängig von ihren Ärzten – über medizinische Termini, Krankheitsbilder und Behandlungsoptionen informieren sowie auf dieser Grundlage effektivere und effizientere Aufklärungs- und Beratungsgespräche führen.

Andererseits sind damit auch die Rollen, die Ärzten und Patienten in der Interaktion zukommen, einem Wandel unterworfen: Ärzte verfügen nicht länger über die alleinige Autorität über medizinisches Wissen, sodass die Asymmetrie und das Wissensgefälle im Arzt-Patienten-Verhältnis einen zumindest partiellen Ausgleich erfahren. Patienten hingegen sind zunehmend gefordert, eigenverantwortlich wie auch gesundheitsbewusst zu handeln und als Konsumenten von Gesundheitsinformationen aktiv aus den bestehenden Angeboten auszuwählen. Die Aneignung und Umsetzung beispielsweise von genetischem Wissen wird gegenwärtig zu einer immer bedeutenderen Kompetenz im Umgang mit der eigenen Gesundheit. Positiv betrachtet kann diese Entwicklung zu einem verbesserten Krankheitsverständnis medizinischer Laien und damit einhergehend zu einem verstärkten Gesundheitsbewusstsein und verbesserter Compliance führen. Demgegenüber liegt hierin aber auch die Gefahr von fehlerhaften Selbst-Diagnosen oder dem Rückgriff auf falsche oder irreführende Informationen, die aus der immensen Heterogenität der online verfügbaren Gesundheitsportale resultiert.

Sollte es zukünftig zu einer weit verbreiteten Anwendung von prädiktiven Gentests (vor allem im Zusammenhang mit der Prävention der sogenannten Volkskrankheiten) kommen, lässt sich schon heute mit einiger Sicherheit sagen, dass sich auch die Praxis der genetischen Beratung weiterentwickeln wird. Möglicherweise wird die genetische Beratung vor diesem Hintergrund zukünftig mehr und mehr an Bedeutung gewinnen. Online-Ressourcen können in diesem Entwicklungsprozess eine wichtige Funktion erfüllen – diese jedoch hängt maßgeblich von der Qualität der zu Verfügung stehenden Quellen ab.

Die Herausforderung für die Zukunft der online-gestützten genetischen Beratung liegt darin, Patienten nicht nur in der aktiven Nutzung von Gesundheitsinformationen zu unterstützen, sondern ihnen zugleich sachlich korrekte, leicht verständliche und aktuelle E-Health-Angebote zur Verfügung zu stellen – das Public Health Genetics Resource Center kann vor diesem Hintergrund als ein erster Schritt in der Schaffung einer zumindest partiellen Öffentlichkeit für die Thematik von Aufklärung und Beratung zur Genetik betrachtet werden.

Diese Studie wurde im Rahmen des NGFN-2 (Nationales Genomforschungsnetz), Projekt „Public Health Genetics", vom Bundesministerium für Bildung und Forschung (BMBF) gefördert (Fördernummer BMBF 01GR0467).

Literatur

Anderson, J. G./Rainey, M. R./Eysenbach, G. (2003): The impact of cyberhealthcare on the physician-patient relationship. Journal of Medical Systems 27, 1 (2003), S. 67-84.

Baker, L./Wagner, T. H./Singer, S./Bundorf, M. K. (2003): Use of the internet and e-mail for health care information: results from a national survey. Journal of the American Medical Association 289, 18 (2003), S. 2400-2406.

Beauchamp, T. L./Childress, J. F. (2001): Principles of Biomedical Ethics. Fifth Edition. New York, Oxford

Beck, S. (2001): Verwissenschaftlichung des Alltags? Volkskundliche Perspektiven am Beispiel der Ernährungskultur. Schweizerisches Archiv für Volkskunde 97, 1 (2001), S. 7-14.

Beck, S. (2004): Alltage, Modernitäten, Solidaritäten. Soziale Formen und kulturelle Aneignung der Biowissenschaften – Plädoyer für eine vergleichende Perspektive. Zeitschrift für Volkskunde 100, 1 (2004), S. 1-30.

Cho, A. (2007): Type 2 Diabetes: A Model for Personalized Prevention. http://www.genome.duke.edu/centers/cgm/forum-schedule/documents/cho.pdf (Zugriff: 28.05.2008).

Christian, S. M./Kieffer, S. A./Leonard, N. J. (2001): Medical genetics and patient use of the internet. Clinical Genetics 60, 3 (2001), S. 232-236.

Cotten, S. R./Gupta, S. S. (2004): Characteristics of online and offline health information seekers and factors that discriminate between them. Social Science and Medicine 59, 9 (2004), S. 1795-1806.

Düwell, M. (2002): Medizinethik in gesellschaftlicher und politischer Diskussion. Ethik in der Medizin 14, 1 (2002), S. 1-2.

Eysenbach, G. (2003): The impact of the internet in cancer outcomes. CA: A Cancer Journal for Clinicians 53, 6 (2003), S. 356-371.

Gerber, B. S./Eiser, A. R. (2001): The patient-physician relationship in the Internet Age: future prospects and the research agenda. Journal of Medical Internet Research 3, 2 (2001), e15.

Giddens, A. (1995): Konsequenzen der Moderne. Frankfurt a.M.

Ilkilic, I./Graumann, S./Düwell, M. (2002): Information und Aufklärung über Chancen und Risiken der Humangenetik und neuer gen- und biotechnischer Verfahren. Gutachten im Auftrag der Bundeszentrale für gesundheitliche Aufklärung. Tübingen.

Ilkilic, I./Paul, N. W. (2005): Medizinische Genomforschung und öffentliche Gesundheit. GenomXPress 4 (2005), S. 17-19.

Ilkilic, I./Wolf, M./Paul, N. W. (2007): Schöne neue Welt der Prävention? Zur Voraussetzungen und Reichweite von Public Health Genetics. Das Gesundheitswesen 69, 2 (2007), S. 53-62.

Irwin, A. (2001): Constructing the scientific citizen: science and democracy in the biosciences. Public Understanding of Science 10, 1 (2001), S. 1-18.

Lachmund, J./Stollberg, G. (Hrsg.) (1992): The social construction of illness. Stuttgart.

Lemke, T. (2004): Veranlagung und Verantwortung. Genetische Diagnostik zwischen Selbstbestimmung und Schicksal. Bielefeld.

Paul, N. W. (2003): Auswirkungen der Molekularen Medizin auf Gesundheit und Gesellschaft. Gutachten Bio- und Gentechnologie. Berlin.

Samerski, S. (2002): Die verrechnete Hoffnung. Von der selbstbestimmten Entscheidung durch genetische Beratung. Münster.

Sass, H.-M. (Hrsg.) (1989): Medizin und Ethik. Stuttgart.

Sass, H.-M. (2006): Gesundheitskulturen im Internet. E-Health – Möglichkeiten, Leistungen und Risiken. Medizinethische Materialien, Heft 166. Bochum.

Schaffer, R./Kuczynski, K./Skinner, D. (2008): Producing genetic knowledge and citizenship through the Internet: mothers, pediatric genetics, and cybermedicine. Sociology of Health & Illness 30, 1 (2008), S. 145-159.

Schicktanz, S./Naumann, J. (Hrsg.) (2003): Bürgerkonferenz: Streitfall Gendiagnostik. Ein Modellprojekt der Bürgerbeteiligung am bioethischen Diskurs. Opladen.

Skinner, D./Schaffer, R. (2006): Families and genetic diagnoses in the genomic and Internet Age. Infants and Young Children 19, 1 (2006), S. 16-24.

Taylor, M. R. G./Alman, A./Manchester, D. K. (2001): Use of the internet by patients and their families to obtain genetics-related information. Mayo Clinic Proceedings 76, 8 (2001), S. 772-776.

Viefhus, H. (1989): Medizinische Ethik in einer offenen Gesellschaft, in: Sass (1989), S. 17-39.

Welz, G./Heinbach, G./Losse, N./Lottermann, A./Mutz, S. (Hrsg.) (2005): Gesunde Ansichten. Wissensaneignung medizinischer Laien. Notizen. Schriftenreihe des Instituts für Kulturanthropologie und Europäische Ethnologie der Universität Frankfurt am Main, Band 74. Frankfurt a.M.

Welz, G. (2005): Gesunde Ansichten. Zur Einführung, in: Welz et al. (2005), S. 11-18.

Willems, D. (1992): Susan's breathlessness. The construction of professionals and laypersons, in: Lachmund/Stollberg (1992), S. 105-114.

Markus Rothhaar, Andreas Frewer

Genetische Diagnostik in der parlamentarischen Beratung
Probleme und Perspektiven rechtlicher Regelung in Deutschland

Die ethischen und juristischen Probleme prädiktiver Diagnostik und genetischer Beratung sind Gegenstand intensiver politischer Debatten. In ihrem Schlussbericht aus dem Jahr 2002 leitete die Enquete-Kommission „Recht und Ethik der modernen Medizin" des Deutschen Bundestages die Empfehlungen zu Fragen der genetischen Diagnostik mit dem gleichermaßen deutlichen wie auch folgenreichen Satz ein:

> „Die Enquete-Kommission Recht und Ethik der modernen Medizin empfiehlt dem Deutschen Bundestag, genetische Untersuchungen am Menschen durch ein umfassendes Gendiagnostik-Gesetz zu regeln, das sich an den untenstehenden Empfehlungen orientiert."[1]

Seither sind bereits zwei Anläufe des Gesetzgebers, ein solches Gesetz zu verabschieden, gescheitert. Teilweise lag dies an äußeren Umständen, teils aber auch an den inhaltlichen Schwierigkeiten des Vorhabens: Ein erster Referentenentwurf, der bereits 2001/2002 erarbeitet worden war, kam nie über das Entwurfsstadium hinaus und fiel mit den Wahlen zum Deutschen Bundestag 2002 der parlamentarischen Diskontinuität zum Opfer. In der anschließenden 15. Legislaturperiode wurde das Thema wieder aufgegriffen. Welche Bedeutung die rot-grüne Koalition dem Problemfeld genetische Diagnostik und sachgerechte Beratung[2] damals beimaß, zeigt sich schon alleine an der Tatsache, dass es sogar seinen Weg bis in den Koalitionsvertrag fand. Gleichwohl dauerte es noch bis zum Jahresende 2004, bis ein neuer Gesetzentwurf – zunächst koalitionsintern – zur Diskussion gestellt wurde.[3]

Mit der Ankündigung der Bundesministerin der Justiz, Brigitte Zypries, das Gesetz werde u.a. ein strafbewehrtes Verbot heimlicher Vaterschaftstests enthalten, kam es in der Öffentlichkeit zu einer breiten und überaus

---

1   Enquete-Kommission Recht und Ethik der modernen Medizin (2002), S. 176.
2   Zu den allgemeinen Grundlagen vgl. Bartram et al. (2000), Ilkilic et al. (2002) und Taupitz (2000), zu Aspekten der historischen Entwicklung Schäfer et al. (2008). Zur Position der Standesorganisation siehe Bundesärztekammer (2003a) und (2003b), übergreifend vgl. auch Nationaler Ethikrat (2005).
3   Zur Entwicklung einer gesetzlichen Regelung vgl. insbesondere die Arbeiten von Damm (2004), (2006) und (2007), Riedel (2004), Simon (2005), Simon/Robienski (2007) sowie Hasskarl/Ostertag (2005).

kontroversen Diskussion über diesen eigentlich randständigen Aspekt des Gesetzes.[4] Die Debatte verzögerte die parlamentarischen Arbeiten erneut. Nach der Ankündigung von Neuwahlen zum Deutschen Bundestag im Mai 2005 durch Bundeskanzler Gerhard Schröder wurden sie schließlich wie bereits 2002 ergebnislos eingestellt. Nachdem dann auch der Vertrag der Großen Koalition aus dem Jahr 2006 eine Vereinbarung zur Verabschiedung eines Gendiagnostik-Gesetzes in der derzeit laufenden 16. Legislaturperiode enthielt, einigten sich die Koalitionsfraktionen schließlich im April 2008 auf ein Eckpunktepapier,[5] das Grundzüge für das geplante Gesetz formulierte. Zwischenzeitlich hatte auch die Fraktion von „Bündnis 90/Die GRÜNEN" der Öffentlichkeit einen eigenen Entwurf vorgestellt.[6] Anfang September 2008 beschloss das Bundeskabinett schließlich auf der Basis des Eckpunktepapiers einen Gesetzentwurf zur genetischen Diagnostik.[7]

Die Kritik am „genetischen Exzeptionalismus"

Diese kurze Skizze der parlamentarischen Verläufe mag verdeutlichen, wie schwer sich der Gesetzgeber offensichtlich damit tut, die genetische Diagnostik am Menschen auf der Grundlage eines breiten politisch-gesellschaftlichen Konsenses in ethisch und rechtlich angemessener Weise zu regeln.[8] Umstritten sind dabei nicht erst die Details, sondern bereits die Frage, ob im Hinblick auf die genetische Diagnostik überhaupt spezieller Regelungsbedarf existiert oder ob nicht etwa die bisherigen Leitlinien, vor allem berufs-, standes- und datenschutzrechtlicher Art, einen hinreichenden rechtlichen Rahmen bieten. Sowohl dieser Grundsatzfrage, als auch einzelnen inhaltlichen Fragen wird sich der vorliegende Beitrag widmen.

Den wichtigsten theoretischen Referenzpunkt der grundsätzlichen Frage nach dem Regelungsbedarf bildet die Diskussion um den „genetischen Exzeptionalismus", der als Begriff bekanntlich in kritischer Absicht geprägt wurde.[9] Den oft behaupteten speziellen Status genetischer Informationen, mit dem nicht zuletzt die Forderung nach speziellen gesetzlichen Regelungen begründet werde, gebe es, so die Kritiker eines „genetischen Exzeptionalismus", schlicht nicht. Eine rechtliche Sonderbehandlung genetischer

---
4   Siehe hierzu u.a. die Beiträge Rittner (2005) und Rittner/Rittner (2005).
5   Eckpunkte für ein Gendiagnostik-Gesetz, vgl. Bundesministerium für Gesundheit (2008).
6   Ausschuss für Gesundheit (2007).
7   Entwurf eines Gesetzes über genetische Untersuchungen beim Menschen (Gendiagnostikgesetz – GenDG), vgl. Bundesregierung (2008)
8   Zur Debatte auf europäischer Ebene vgl. den Entwurf des Europarats für ein Zusatzprotokoll zur Konvention über Menschenrechte und Biomedizin betreffend die genetische Diagnostik zu Gesundheitszwecken. Siehe Council of Europe (2008).
9   Siehe insbesondere Murray (1997), Green/Botkin (2003), Brändle et al. (2007) und Damm/König (2008).

Informationen gegenüber anderen medizinischen Informationen sei daher weder zu rechtfertigen, noch mit dem Grundsatz der Gleichbehandlung zu vereinbaren.[10]

Zwar kann an dieser Stelle die breite Debatte nicht in ihren Verästelungen nachgezeichnet werden, gleichwohl sollen die Herausforderungen herausgearbeitet werden, die sich für jeden Gesetzgeber aus der zumindest teilweise berechtigten Kritik am „genetischen Exzeptionalismus" ergeben. Zu beachten ist dabei freilich, dass für die Gesetzgebung im Bereich der genetischen Diagnostik nicht in erster Linie die Frage relevant ist, ob genetische Informationen rein theoretisch gesehen einen „speziellen Status" aufweisen, sondern ob und inwieweit genetische Daten in ethisch-praktischer Hinsicht spezielle Probleme aufwerfen, die andere medizinische Daten nicht oder nicht im selben Maß besitzen. Beide Fragen sind zwar weitgehend deckungsgleich, aber nicht vollständig identisch.

Als Argumente für eine theoretische wie praktische Sonderstellung genetischer Informationen werden in der Regel vor allem zwei Punkte angeführt:[11] Erstens der prädiktive Charakter, der dazu führt, dass aktuell gesunde Personen Auskünfte über Erkrankungen oder Krankheitsdispositionen erhalten, die in der Zukunft liegen. Zweitens der Umstand, dass Informationen über die genetische Ausstattung eines Menschen häufig nicht ihn allein, sondern auch noch andere Personen betreffen.

Den Kritikern des „genetischen Exzeptionalismus" ist nun insoweit Recht zu geben, als einerseits diese Punkte offensichtlich nicht nur auf genetische Informationen zutreffen und es andererseits genetische Informationen gibt, auf die einer der beiden oder beide Punkte gar nicht zutreffen. So gibt es nicht nur prädiktive, sondern auch diagnostische Gentests im engeren Sinn zur Abklärung einer auf anderem Weg erhobenen Diagnose. Umgekehrt lassen sich prädiktive gesundheitsbezogene Aussagen auch auf anderem Weg und mit anderen Mitteln als der genetischen Diagnostik erzielen. Damit zeigt sich, dass ein prädiktiver Charakter und die Kennzeichnung als „genetisch" nicht unbedingt zusammenfallen. Die in diesem Zusammenhang häufig als Beispiel genannte Familienanamnese lässt zudem nicht selten auch Rückschlüsse auf die genetische Ausstattung Dritter zu.

Zur Legaldefinition genetischer Diagnostik

Die damit verbundenen Schwierigkeiten spiegeln sich aus der Perspektive des Gesetzgebers teilweise bereits in der Frage nach der Legaldefinition, d.h. der für die Rechtsanwendung im Geltungsbereich eines Gesetzes verbindlichen Definition „genetischer Diagnostik". Grundsätzlich sind dabei zwei Wege denkbar, nämlich einmal die Bestimmung über spezifische Ver-

---

10 So u.a. Rothstein (2005).
11 So etwa bei Wertz et al. (2003), S. 79-87.

fahren und Methoden der Informationserhebung, zum anderen eine Definition, die auf den Charakter der erhobenen Information selbst abzielt. Der erste Weg erscheint in vielerlei Hinsicht problematisch, da sich zum einen Methoden wandeln können, vor allem aber, da es in keiner Weise einzusehen ist, warum ein und dieselbe Information über das Erbgut, je nachdem, auf welchem Weg bzw. mit welcher Methode sie gewonnen wurde, rechtlich völlig unterschiedlich behandelt werden sollte.

Der zweite Weg, der in der Regel so aussieht, dass in den Geltungsbereich eines Gendiagnostik-Gesetzes alle Informationen über die genetische Ausstattung eines Menschen fallen, unabhängig davon, auf welchem Weg sie erhoben wurde, hat demgegenüber den entscheidenden Vorteil, eine solche Ungleichbehandlung zu verhindern. In einer pragmatischen Perspektive erscheint er dem Gesetzgeber aber offenbar häufig problematisch, da er eine Vielzahl etablierter und seit langem weitgehend problemlos praktizierter Untersuchungsmethoden – wie etwa die bereits erwähnte Familienanamnese – plötzlich den restriktiven Regelungen eines Gendiagnostik-Gesetzes unterwerfen würde.

Einen interessanten, letztlich aber doch unbefriedigenden Mittelweg hat z.B. das Schweizer „Bundesgesetz über genetische Untersuchungen beim Menschen" (GUMG)[12] aus dem Jahr 2004 gewählt, das „genetische Untersuchungen" definiert als

> „zytogenetische und molekulargenetische Untersuchungen zur Abklärung ererbter oder während der Embryonalphase erworbener Eigenschaften des Erbguts des Menschen sowie alle weiteren Laboruntersuchungen, die unmittelbar darauf abzielen, solche Informationen über das Erbgut zu erhalten."[13]

Diese Definition zielt einerseits stark auf genau umschriebene Methoden – zytogenetische und molekulargenetische Untersuchungen –, erweitert diese Definition aber dann dahingehend, dass jegliche Laboruntersuchung, die Informationen über das Erbgut liefert, mit umfasst ist. Damit wird zwar ein Element des zweiten Weges mit aufgenommen, zugleich aber wieder an einen bestimmten Untersuchungskontext, nämlich „das Labor", zurückgebunden. Zweck dieser Rückbindung ist es offensichtlich, gerade traditionelle Methoden wie die Familienanamnese oder den Rückschluss von phänotypischen Merkmalen auf den Genotyp aus dem Geltungsbereich des Gesetzes auszunehmen, gleichwohl wird das Vorgehen an dieser Stelle aber gänzlich unplausibel. Denn warum, so fragt man sich, sollte etwa eine Augenhintergrund-Untersuchung, die zur Feststellung der – genetisch beding-

---

12 Siehe Bundesversammlung der Schweizerischen Eidgenossenschaft (2004). Zur Situation in Österreich siehe Gentechnikgesetz von 1994 und Änderungen, Bundesgesetzblatt für die Republik Österreich (2005) sowie das „Gentechnikbuch", vgl. Bundesministerium für Gesundheit und Frauen (2002) – sowie insbesondere Grießler (2008).
13 Bundesversammlung der Schweizerischen Eidgenossenschaft (2004), Art. 3a.

ten – Familiären Adenomatösen Polyposis (FAP)[14] führt, rechtlich anders behandelt werden als eine Laboruntersuchung, die zu genau demselben Resultat kommt?

Der Gesetzentwurf der Bundesregierung vom September 2008 wählt schließlich einen merkwürdig inkonsistenten Ansatz, indem er für postnatale genetische Untersuchungen den ersten Weg einer Definition über Verfahren einschlägt, für die pränatale genetische Diagnostik dagegen den zweiten Weg einer Definition über den „genetischen" Charakter der erhobenen Informationen.[15] Der Zweck dieses Ansatzes scheint darin zu bestehen, zumindest einen Teil der derzeit angewandten phänotypischen Pränataldiagnostik in den Geltungsbereich des Gendiagnostik-Gesetzes einzubeziehen.

Das Prinzip der Nicht-Diskriminierung

Eine gewisse Brisanz entfaltet die Problematik der Legaldefinition im Hinblick auf eines der tragenden Prinzipien, das praktisch jeder Gesetzentwurf und jedes existierende Gesetz zur genetischen Diagnostik enthält, nämlich das Prinzip der Nicht-Diskriminierung aufgrund genetischer Eigenschaften, das sogar den Einzug in die Grundrechte-Charta der Europäischen Union gefunden hat.[16] Die beiden Bereiche, für die in diesem Zusammenhang üblicherweise praktischer Regelungsbedarf gesehen wird, sind die Einstellungsuntersuchung und der Abschluss privater Versicherungen.[17] Konkret bedeutet „Nicht-Diskriminierung aufgrund genetischer Eigenschaften" hier, dass niemand aufgrund seiner genetischen Ausstattung bei Einstellungen oder beim Abschluss privater Versicherungen benachteiligt werden darf.[18] Um dies sicherzustellen, wird meist vorgeschlagen, genetische Untersuchungen bei der Einstellung oder vor Versicherungsabschluss generell zu untersagen oder zumindest nur in ganz genau umschriebenen Ausnahmefällen zuzulassen. „Untersagen" bedeutet in diesem Fall zweierlei, nämlich dass weder der Arbeitgeber oder der Versicherer die Durchführung solcher Tests verlangen darf, noch dass umgekehrt der Arbeitnehmer oder Versicherungsnehmer die Resultate eines Tests vorlegen darf, den er selbst veranlasst hat, um sich einen Vorteil gegenüber anderen Bewerbern bzw. Versicherungsnehmern zu verschaffen, die solche Tests nicht durchführen las-

---

14 Vgl. u.a. Schmedders (2004). Die FAP ist eine autosomal-dominant vererbbare Erkrankung, die mit der Bildung vieler Adenome im Darm einhergeht, die obligate Krebsvorstufen darstellen. Bei 85% der Betroffenen tritt außerdem eine harmlose Veränderung des Augenhintergrunds auf.
15 Bundesregierung (2008), § 3 „Begriffsbestimmungen".
16 Siehe die Charta der Grundrechte der Europäischen Union (2002), Art. 21, Abs. 1. Zu medizinethischen Aspekten vgl. etwa Ilkilic et al. (2002) und Hildt (2006).
17 Siehe u.a. Simon (2001) und Taupitz (2001).
18 Siehe auch den Beitrag von Henn in diesem Band.

sen. Mithilfe des zweiten Teils der Vorschrift soll zugleich ein ökonomischer Druck zur Durchführung von Gentests unterbunden werden, der das Recht auf Nicht-Wissen in der Praxis bis zur Irrelevanz aushöhlen würde.

Gerade anhand von Einstellungsuntersuchungen und Versicherungsabschlüssen werden die Schwierigkeiten des „genetischen Exzeptionalismus" und der Legaldefinition der genetischen Untersuchung aber auch besonders augenfällig. Es ist bislang gänzlich unbestritten, dass Arbeitgeber ihre Beschäftigten zumindest auch nach Kriterien der gesundheitlichen Eignung einstellen dürfen. Der Unterschied zwischen bislang üblichen Untersuchungsmethoden und genetischen Methoden, der hier zugunsten einer restriktiveren Regelung für den Bereich genetischer Untersuchungen angeführt werden könnte, kann sich insofern allein auf den speziellen prädiktiven Charakter genetischer Diagnostik und auf den Umstand berufen, dass die erhaltenen Informationen ggf. auch Blutsverwandte betreffen. Genau diese beiden Eigenschaften können aber durchaus auch auf andere als im engeren Sinn genetische Tests zutreffen.

Eine vergleichbare Problematik taucht beim (privaten) Versicherungsabschluss auf, für dessen rechtliche Regelung die Legaldefinition genetischer Diagnostik entscheidend ist. Macht man eine solche Legaldefinition an der Untersuchungsmethode fest, so müssen nicht nur erhebliche Inkonsistenzen in Kauf genommen werden, da dieselbe Information über die genetische Ausstattung rechtlich anders bewertet würde, je nachdem welche Untersuchungsmethode angewandt wurde. Noch gravierender wäre, dass das Prinzip und der Zweck der rechtlichen Regelung, der ja in einem Verbot der Diskriminierung aufgrund der genetischen *Ausstattung* und nicht in einem Verbot der Diskriminierung aufgrund von mit genetischen Untersuchungsmethoden erhobenen Daten bestehen soll, von vorneherein unterlaufen wäre. Macht man die Legaldefinition dagegen an der Eigenschaft der Information selbst fest, eine Information über die genetische Ausstattung eines Menschen zu sein, so umfasste das Verbot der Verwendung genetischer Daten zahlreiche, auch phänotypische und anamnestische Untersuchungen, die schon lange unhinterfragt etabliert sind. Überhaupt dürfte es mittel- bis langfristig schwierig werden, noch eine phänotypische Untersuchung zu finden, die nicht in der einen oder anderen Weise einen Rückschluss auf die genetische Ausstattung des Untersuchten zuließe.

Beratung und Qualitätssicherung

Zwei wesentliche Punkte jeder gesetzlichen Regelung genetischer Diagnostik sind Beratung und Qualitätssicherung. Welche Bedeutung die Große Koalition gerade der genetischen Beratung zuweist, lässt sich allein daran erkennen, dass ihr im Rahmen des Eckpunktepapiers vom April 2008 ein ausführlicher, mehrseitiger Anhang gewidmet ist, der bereits ein sehr detailliertes Konzept genetischer Beratung entwirft. Darin werden einmal die

Inhalte genetischer Beratung präzisiert. Zum anderen wird hinsichtlich des Angebots genetischer Beratung ein abgestuftes Konzept entwickelt, das nach diagnostischen, prädiktiven und pränatalen genetischen Untersuchungen unterscheidet.[19]

Während in der ersten Gruppe eine genetische Beratung nur nach der Untersuchung anzubieten ist und auch nur dann verpflichtend angeboten werden muss, wenn die diagnostizierte Krankheit bzw. gesundheitliche Störung nicht therapierbar ist, ist ein Beratungsangebot bei prädiktiven genetischen Untersuchungen vor und nach der Durchführung generell verpflichtend. Die Durchführung pränataler genetischer Untersuchungen wird schließlich in dem Eckpunktepapier sogar an die Bedingung geknüpft, dass eine genetische Beratung erfolgt ist. Ohne erfolgte Beratung, so das Papier, dürfe keine pränatale Gendiagnostik durchgeführt werden. Dies wird aber sofort wieder eingeschränkt durch den Hinweis, dass die Beratung selbstverständlich dann keine Vorbedingung für die Durchführung der pränatalen Gendiagnostik sei, wenn die Schwangere die Beratung ablehne.[20] Faktisch besteht also, obgleich dies durch das Eckpunktepapier mit ausholender Geste suggeriert wird, kein Unterschied zwischen der Regelung für die prädiktive und der Regelung für die pränatale Gendiagnostik, da de facto in beiden Fällen lediglich ein Beratungsangebot vorgeschrieben wird. Durch den Kabinettsentwurf vom September wird dies auch in eine entsprechende Gesetzesform gegossen.[21] Man wird sicherlich nicht ganz falsch liegen, wenn man in der etwas kompliziert anmutenden Regelung einen weiteren der vagen politischen Formelkompromisse vermutet, die den Umgang mit vorgeburtlichem Leben in der Bundesrepublik Deutschland seit längerem prägen.[22]

Von dieser speziellen Thematik abgesehen bildet der besondere Beratungsbedarf, der sich bei genetischen Untersuchungen ergibt, sicherlich eines der besten Argumente für ein spezifisches Gesetz zur Regelung der Gendiagnostik. Obwohl auch hier die Grenzen oft fließend sind, wird man doch feststellen können, dass der meist sehr komplexe und für den Laien ohne Beratung oft nur schwer verständliche statistische und stochastische Charakter[23] der Ergebnisse genetischer Untersuchungen es zweifellos rechtfertigt, der Beratung gerade bei genetischen Untersuchungen einen anderen und stärkere rechtlichen Stellenwert einzuräumen als bei anderen medizinischen Untersuchungen. Ähnliches gilt für die im Eckpunktepapier wie im Gesetzentwurf vorgesehenen Maßnahmen zur Qualitätssicherung, zu denen

---

19 Bundesministerium für Gesundheit (2008), S. 8 ff.
20 Ebd., S. 6.
21 Bundesregierung (2008), § 15, Abs. 1 in Kombination mit § 8, Abs. 1, § 9 und § 10, Abs. 2 und 3.
22 Vgl. dazu Picker (2002), Merkel (2002) und Spieker (2005), die zu diesem Ergebnis von jeweils sehr unterschiedlichen ethischen Ausgangspunkten kommen.
23 Vgl. dazu die Beiträge zur Patientenperspektive im vorliegenden Band.

nicht zuletzt ein strikter Arztvorbehalt für die Durchführung genetischer Untersuchungen mit Gesundheitsbezug gehört.

Offene Fragen: Pränataldiagnostik, Nichteinwilligungsfähige, Forschung

Wie bereits im vorigen Abschnitt angerissen, gehört die pränatale Gendiagnostik aus allgemein bekannten Gründen zu den heikelsten Feldern im Rahmen eines Gesetzes zur genetischen Diagnostik. Geht man vom Eckpunktepapier der Bundesregierung und der Koalitionsfraktionen und dem darauf aufbauenden Gesetzentwurf aus, so dürfte in diesem Bereich keine wirklich überzeugende Lösung zu erwarten sein. Auffällig ist zunächst die Ungleichbehandlung zwischen der Präimplantationsdiagnostik, die durch das geplante Gendiagnostik-Gesetz offenbar nicht thematisiert werden soll und die damit in Deutschland weiterhin verboten bleiben wird, und der pränatalen Gendiagnostik, die in einem relativ breiten Rahmen zulässig bleiben wird.

Ebenso auffällig ist im Eckpunktepapier die Ungleichbehandlung zwischen geborenen und ungeborenen Nichteinwilligungsfähigen, obgleich doch die letzteren nach höchstrichterlicher Rechtsprechung ebenso Träger von Menschenwürde und Grundrechten sein sollen wie geborene Menschen. Während bei geborenen Nichteinwilligungsfähigen das klare und ethisch einzig vertretbare Prinzip formuliert wird, dass genetische Untersuchungen grundsätzlich nur dann vorgenommen werden dürfen, wenn „aufgrund einer ärztlichen Indikation ein konkreter Nutzen für die untersuchte Person zu erwarten ist",[24] fallen genau diese entscheidenden Bedingungen bei der Pränataldiagnostik weg. Statt eines konkreten Nutzens für den Untersuchten, ist im Eckpunktepapier nur noch vage von einem „medizinischen Nutzen" überhaupt die Rede, wobei bezeichnenderweise nicht vorgeschrieben wird, dass es sich um einen medizinischen Nutzen für den Untersuchten selbst handeln muss. Im Gesetzentwurf spiegelt sich diese Problematik darin, dass alle Schutzvorschriften des informed-consent-Prinzips für die „betroffene Person" gelten sollen, genau dieser für die Systematik eines Gendiagnostik-Gesetzes zentrale Begriff der „betroffenen Person" aber an keiner Stelle definiert wird.[25] Der Kontext der Begriffsbenutzung legt es allerdings nahe, dass der Gesetzgeber unter „betroffener Person" im Rahmen der pränatalen Diagnostik allein die Schwangere versteht, nicht aber den Embryo bzw. Fetus, der faktisch getestet wird.

Ziel dieser Vagheiten ist es augenscheinlich, weiterhin die Tür für späte Schwangerschaftsabbrüche aufgrund zu erwartender, in diesem Fall gene-

---

24 Bundesministerium für Gesundheit (2008), S. 5.
25 Dieser Verzicht hat auch über die speziellen Regelungen zur Pränataldiagnostik hinaus problematische Konsequenzen für das Gendiagnostik-Gesetz im Ganzen. Denn wer ist eigentlich die von einer genetischen Diagnostik „betroffene Person" und mithin die Person, für die die Schutzvorschriften des Gesetzes allein gelten?

tisch diagnostizierbarer oder vorhersagbarer Behinderungen des Kindes offen zu halten. Denn bekanntlich kann eine zu erwartende Behinderung des Kindes nach der derzeitigen Rechtspraxis die Grundlage für eine medizinische Indikation auf Seiten der Schwangeren für einen (zumeist späten) Schwangerschaftsabbruch bilden.[26] In ethischer Perspektive lässt sich eine solche Ungleichbehandlung allerdings in keiner Weise rechtfertigen. Sie verstößt erstens gegen das Prinzip des informed consent, der einen medizinischen Eingriff allein aufgrund einer informierten Zustimmung desjenigen zulässt, der untersucht wird und wonach ein Abweichen von dieser Regel bei Nichteinwilligungsfähigen nur dann erlaubt ist, wenn dies im Sinne des Betroffenen selbst ist.[27] Zweitens liegt ein klarer Verstoß gegen das Prinzip der Gleichbehandlung vor dem Gesetz vor. Es bleibt daher zu hoffen, ist aber derzeit kaum zu erwarten, dass der Gesetzgeber an dieser Stelle noch nachbessert und die Chance für eine moralisch vertretbare, an unbestrittenen medizin- und rechtsethischen Grundprinzipien orientierte Regelung nutzt. Anders als im Eckpunktepapier, nach dem lediglich solche pränatalen Gentests zugelassen werden sollten, die sich auf den Gesundheitszustand des Fetus bzw. des Neugeborenen vor oder kurz nach der Geburt beziehen,[28] ist im Gesetzentwurf die Beschränkung auf den Zeitraum unmittelbar nach der Geburt weggefallen.[29] Geht man davon aus, dass diese Beschränkung den Sinn hatte, die vorgeburtliche Selektion aufgrund spät manifestierender Krankheiten oder gar bloßer Risikofaktoren zu unterbinden, so liegt in diesem Wegfall abermals eine massive Ausweitung der genetischen Pränataldiagnostik.

Ein letzter auffälliger Punkt des Eckpunktepapiers wie des Gesetzentwurfes, der ebenfalls in einem engen Bezug zum Prinzip des informed consent steht, ist schließlich der explizite Verzicht auf jegliche Regelungen zur wichtigen Frage des Umgang mit genetischen Daten in der Forschung. Es bleibt zu wünschen, dass dies im Lauf des parlamentarischen Prozesses noch ergänzt wird.

---

26 Bundesministerium für Gesundheit (2008), S. 5. Siehe zur Thematik auch Wewetzer/ Wernstedt (2008).
27 Zwar enthält das deutsche Recht bereits im Arzneimittelgesetz eine Abweichung von dieser Regel, insofern dies seit der 12. Novelle im Jahr 2004 auch die fremdnützige Arzneimittelforschung an Minderjährigen zulässt, sowie diese mit nur minimalen Risiken und Belastungen verbunden ist. Allerdings lässt sich hier immerhin noch argumentieren, dass solche Forschung für den Betroffenen zumindest grundsätzlich zustimmungsfähig wäre, sofern er denn zu einer Zustimmung in der Lage wäre. Von einer pränatalen Gendiagnostik, die nicht zum Zweck einer eventuellen Therapie, sondern zu dem eines eventuellen Schwangerschaftsabbruchs durchgeführt wird, lässt sich das kaum behaupten.
28 Bundesministerium für Gesundheit (2008), S. 6.
29 Bundesregierung (2008), § 15, Abs. 1.

Fazit: Ein Gesetz zu prädiktiven medizinischen Informationen?

In Anbetracht der verschiedenen Schwierigkeiten und Inkonsistenzen, die ein Gesetz über genetische Diagnostik am Menschen beginnend mit der Legaldefinition dieser Diagnostik offensichtlich mit sich bringt, wurde und wird häufig vorgeschlagen,[30] nicht die genetische Diagnostik, sondern prädiktive Gesundheitsinformationen zum Regelungsgegenstand zu machen. Eine solche Verschiebung des Fokus wäre sicherlich in der Tat die konsistenteste und plausibelste Lösung. Einmal trüge sie der Tatsache Rechnung, dass der besondere Regelungsbedarf bei der genetischen Diagnostik üblicherweise in ihrem prädiktiven Charakter gesehen wird. Ein solcher prädiktiver Charakter ist aber, wie bereits erwähnt, nicht auf genetische Untersuchungen beschränkt, noch hat jede genetische Untersuchung automatisch prädiktiven Charakter. Zum zweiten wäre auf diesem Weg auch das Problem einer Legaldefinition des Geltungsbereichs, das bei einem Fokus auf den genetischen Charakter einer Diagnostik zahllose Schwierigkeiten birgt, elegant und ohne bedenkliche Ungleichbehandlungen zu lösen.

Politisch wird eine solche Lösung aber vermutlich kaum durchsetzbar sein, da sie eine Vielzahl etablierter Untersuchungsmethoden, die bisher in einem rechtsfreien oder nur berufsrechtlich geregelten Rahmen weitgehend unhinterfragt praktiziert werden, den restriktiveren Regelungen eines Spezialgesetzes unterwerfen würde. Wenn zudem die im Eckpunktepapier vorgesehene Pflicht, bei prädiktiven genetischen Untersuchungen eine Beratung anzubieten, auf alle prädiktiven Untersuchungen ausgedehnt würde, würde ein enormer Bedarf an Beratungsangeboten, der möglicherweise nur schwer zu handhaben wäre, gesetzlich induziert. Obgleich ein Gesetz über prädiktive Gesundheitsinformationen im Allgemeinen also konsistenter und willkürfreier wäre, dürfte es aus politisch-pragmatischen Gründen dazu nur schwerlich kommen. Wirklich rechtfertigen lässt sich das allerdings kaum, und wenn dann höchstens damit, dass bei genetischer Diagnostik der Beratungsbedarf seitens der Patientinnen und Patienten höher ist als bei anderen Untersuchungsmethoden. Dieses Argument würde dann aber in der Tat auch wieder nur die Frage der Beratung betreffen.

---

30 So an prominenter Stelle durch den Nationalen Ethikrat in seinen Stellungnahmen zu Prädiktiven Gesundheitsinformationen beim Abschluss von Versicherungen (2007) und zu Prädiktiven Gesundheitsinformationen bei Einstellungsuntersuchungen (2005). Außerdem etwa bei Rothstein (2005) und im Ergebnis bei Schmitz/Wiesing (2008).

Literatur

Ausschuss für Gesundheit (2007): Entwurf eines Gesetzes über genetische Untersuchungen bei Menschen (Gendiagnostikgesetz – GenDG). Öffentliche Anhörung am 7. November 2007. Gesetzentwurf der Fraktion BÜNDNIS 90/DIE GRÜNEN (BT-Drs. 16/3233), Tagesordnung, Stellungnahmen, Protokoll. http://www.bundestag.de/ausschuesse/a14/anhoerungen/2007/066/index.html.

Bartram, C. R./Beckmann, J. P./Breyer, F./Fey, G./Fonatsch, C./Irrgang, B./Taupitz, J./Seel, K. M./Thiele, F. (Hrsg.) (2000): Humangenetische Diagnostik. Wissenschaftliche Grundlagen und gesellschaftliche Konsequenzen. Berlin u.a.

Brändle, C./Reschke, D./Wolff, G. (2007): Metaanalyse der Diskussion um den genetischen Exzeptionalismus, in: Schmidtke et al. (2007), S. 123-142.

Bundesärztekammer (2003a): Richtlinien zur prädiktiven genetischen Diagnostik. Deutsches Ärzteblatt 100, 19 (2003), S. A1297-1305.

Bundesärztekammer (2003b): Richtlinien zur pränatalen Diagnostik von Krankheiten und Krankheitsdispositionen. Stand 28.02.2003. Deutsches Ärzteblatt 95, 50, S. A3236, 3238-3242 und Deutsches Ärzteblatt 100, 9, S. A583. http://www.bundesaerztekammer.de/downloads/Praenatal Diagnostik.pdf (Zugriff: 04.07.2008).

Bundesgesetzblatt für die Republik Österreich (1994/2005): Gentechnikgesetz (GTG) und Änderungen. BGBl. Nr. 510/1994 zuletzt geändert durch BGBl. I Nr. 127/2005. Abfrage möglich unter www.ris2.bka.gv.at (Zugriff: 31.08.2008).

Bundesministerium für Gesundheit (2008): Eckpunkte für ein Gendiagnostik-Gesetz. http://www.bmg.bund.de/cln_110/SharedDocs/Downloads/DE/GV/GT/Gentechnik/Nationale_20Regelungen/Gendiagnostikgesetz-Eckpunkte,templateId=raw,property=publicationFile.pdf/Gendiagnostikgesetz-Eckpunkte.pdf (Zugriff: 15.06.2008).

Bundesministerium für Gesundheit und Frauen (2002): Gentechnikbuch: 2. Kapitel. Leitlinien für die genetische Beratung. Beschlossen von der Gentechnikkommission am 24. Juni 2002. www.bmgfj.gv.at/cms/site/attachments/3/0/5/CH0817/CMS1201093533126/2.kapitelgt-buch.pdf (zuletzt 10.06.2008).

Bundesregierung (2008): Entwurf eines Gesetzes über genetische Untersuchungen beim Menschen (Gendiagnostikgesetz – GenDG). http://www.bmg.bund.de/cln_110/SharedDocs/Downloads/DE/GV/GT/Gentechnik/Nationale_20Regelungen/Gendiagnostik-Gesetzesentwurf,templateId=raw,property=publicationFile.pdf/Gendiagnostik-Gesetzesentwurf.pdf (Zugriff: 31.08.2008).

Bundestagsdrucksache 16/3233 (2006): Entwurf eines Gesetzes über genetische Untersuchungen bei Menschen (Gendiagnostikgesetz – GenDG) der Fraktion BÜNDNIS 90/DIE GRÜNEN. Berlin.

Bundesversammlung der Schweizerischen Eidgenossenschaft (Hrsg.) (2004): Bundesgesetz über genetische Untersuchungen beim Menschen (GUMG) vom 8. Oktober 2004 [Ablauf der Referendumsfrist: 27. Januar 2005]. Bern. http://www.admin.ch/ch/d/ff/2004/5483.pdf (Zugriff: 12.06.2008).

Charta der Grundrechte der Europäischen Union (2000): http://www.europarl.europa.eu/charter/pdf/text_de.pdf (Zugriff: 10.06.2008).

Council of Europe (2008): Additional Protocol to the Convention on Human Rights and Biomedicine, concerning Genetic Testing for Health Purposes. http://conventions.coe.int/Treaty/EN/Treaties/Html/TestGen.htm (Zugriff: 31.08.2008).

Damm, R. (2004): Gesetzgebungsprojekt Gentestgesetz – Regelungsprinzipien und Regelungsmaterien. Medizinrecht 22, 2 (2004), S. 1-19.

Damm, R. (2006): Beratungsrecht und Beratungshandeln in der Medizin: Rechtsentwicklung, Norm- und Standardbildung. Medizinrecht 24, 1 (2006), S. 1-20.

Damm, R. (2007): Gendiagnostik als Gesetzgebungsprojekt: Regelungsinitiativen und Regelungsschwerpunkte. Bundesgesundheitsblatt – Gesundheitsforschung – Gesundheitsschutz 50 (2007), S. 145-156.

Damm, R./König, S. (2008): Rechtliche Regulierung prädiktiver Gesundheitsinformationen und genetischer „Exzeptionalismus". Medizinrecht 26, 2 (2008), S. 62-70.

Enquete-Kommission Ethik und Recht der modernen Medizin (2002): Schlussbericht. Bundestagsdrucksache 14/9020. Berlin.

Green, M. J./Botkin, J. R. (2003):'Genetic Exceptionalism' in Medicine: Clarifying the Differences between Genetic and Nongenetic Tests. Annals of Internal Medicine 138 (2003), S. 571-575.

Grießler, E. (2008): Wie werden Gesetze im Bereich der „roten" Biotechnologie gemacht? Das Beispiel des Gentechnikgesetzes 1994. Soziale Technik 2 (2008), S. 3-6.

Hasskarl, H./Ostertag, A. (2005): Der deutsche Gesetzgeber auf dem Weg zu einem Gendiagnostikgesetz. Medizinrecht 23, 11 (2005), S. 640-650.

Hildt, E. (2006): Autonomie in der biomedizinischen Ethik. Genetische Diagnostik und selbstbestimmte Lebensgestaltung. Kultur der Medizin, Band 19. Frankfurt a.M., New York.

Ilkilic, I./Graumann, S./Düwell, M. (2002): Information und Aufklärung über Chancen und Risiken der Humangenetik und neuer gen- und biotechnischer Verfahren. Gutachten im Auftrag der Bundeszentrale für gesundheitliche Aufklärung. Tübingen.

Knoepffler, N./Schipanski, D./Sorgner, S. L. (Hrsg.) (2005): Humanbiotechnologie als gesellschaftliche Herausforderung. Freiburg, München.

Merkel, R. (2002): Embryonenschutz, Grundgesetz und Ethik, in: Schweidler et al. (2002), S. 151-164 .

Murray, T. H. (1997): Genetic Exceptionalism and 'Future Diaries': Is Genetic Information Different from Other Medical Information?, in: Rothstein (1997), S. 60-76.
Nationaler Ethikrat (2005): Prädiktive Gesundheitsinformation bei Einstellungsuntersuchungen [Stellungnahme August 2005]. Berlin.
Nationaler Ethikrat (2007): Prädiktive Gesundheitsinformationen beim Abschluss von Versicherungen [Stellungnahme Februar 2007]. Berlin.
Picker, E. (2002): Menschenwürde und Menschenleben. Stuttgart.
Riedel, U. (2004): Das geplante Gentest-Gesetz. Darstellung der Rechtsprobleme und des grundlegenden rechtlichen Regelungsbedarfs und der Struktur eines Gesetzes zur Regelung von Gentests. Siehe http://www.ulrike-riedel.de/pdf/Gentestgesetz%20-%20Rechtsprobleme%20und%20Regelungsbedarf.pdf (Zugriff: 03.07.2008).
Rittner, C. (2005): Contra zu heimlichen Vaterschaftstests. Familie, Partnerschaft, Recht. Zeitschrift für die Anwaltspraxis 6 (2005), S. 187-188.
Rittner, C./Rittner, N. (2005): Rechtsdogma und Rechtswirklichkeit am Beispiel so genannter heimlicher Vaterschaftstests. Neue Juristische Wochenschrift 27 (2005), S. 945.
Rothstein, M. A. (Hg.) (1997): Genetic Secrets: Protecting Privacy and Confidentiality in the Genetic Era. New Haven.
Rothstein, M. A. (2005): Genetic Exceptionalism and Legislative Pragmatism. Hastings Center Report 32 (2005), S. 27-33.
Sass, H.-M./Schröder, P. (Hrsg.) (2003): Patientenaufklärung bei genetischem Risiko. Münster.
Schäfer, D./Frewer, A./Schockenhoff, E./Wetzstein, V. (Hrsg.) (2008): Gesundheitskonzepte im Wandel. Geschichte, Ethik und Gesellschaft. Geschichte und Philosophie der Medizin, Band 6. Stuttgart.
Schmedders, M. (2004): Leben mit der genetischen Diagnose. Psychosoziale Aspekte der Krankheitsprädiktion bei der familiären adenomatösen Polyposis. Bern.
Schmidtke, J./Müller-Röber, B./van der Daele, W./Hucho, F./Köchy, K./Sperling, K./Reich, J./Rheinberger, H.-J./Wobus, A. M./Boysen, M./Domasch, S. (Hrsg.) (2007): Gendiagnostik in Deutschland. Status quo und Problemerkundung. Supplement zum Gentechnologiebericht. Forschungsberichte der Interdisziplinären Arbeitsgruppen der Berlin-Brandenburgischen Akademie der Wissenschaften, Band 18. Limburg.
Schmitz, D./Wiesing, U. (2008): Ethische Aspekte der genetischen Diagnostik in der Arbeitsmedizin. Köln.
Schweidler, W./Neumann, H. A./Brysch, E. (Hrsg.) (2002): Menschenwürde – Menschenleben. Münster u.a.
Simon, J. (2001): Gendiagnostik und Versicherung. Die internationale Lage im Vergleich. Baden-Baden.
Simon, J. (2005): Humanbiotechnologie als Herausforderung an das Recht, in: Knoepffler et al. (2005), S. 107-122.

Simon, J./Robienski, J. (2007): Neue Entwicklungen im Rechtsdiskurs zur Gendiagnostik, in: Schmidtke et al. (2007), S. 33-52.
Spieker, M. (2005): Der verleugnete Rechtsstaat. Paderborn.
Taupitz, J. (2000): Genetische Tests. Rechtliche Möglichkeiten einer Steuerung ihrer Gefahren, in: Bartram (2000), S. 82-125.
Taupitz, J. (2001): Die Biomedizin-Konvention und das Verbot der Verwendung genetischer Informationen für Versicherungszwecke. Jahrbuch für Wissenschaft und Ethik 6 (2001), S. 123-177.
Wertz, D. C./Nippert, I./Wolff, G. (2003): Patient and Professional Responsabilities in Genetic Counselling, in: Sass/Schröder (2003), S. 79-87.
Wewetzer, C./Wernstedt, T. (Hrsg.) (2008): Spätabbruch der Schwangerschaft. Praktische, ethische und rechtliche Aspekte eines moralischen Konflikts. Kultur der Medizin, Band 25. Frankfurt a.M., New York (im Druck).

# IV. Anhang

Genetische Beratung und Ethik
Fachdokumente und Quellen[1]

Deutschland

Ausschuss für Gesundheit

Ausschuss für Gesundheit. Entwurf eines Gesetzes über genetische Untersuchungen bei Menschen (Gendiagnostikgesetz – GenDG). Öffentliche Anhörung am 7. November 2007. Gesetzentwurf der Fraktion BÜNDNIS 90/DIE GRÜNEN (BT-Drs. 16/3233), Tagesordnung, Stellungnahmen, Protokoll.
http://www.bundestag.de/ausschuesse/a14/anhoerungen/2007/066/index.html

Bundesarbeitsgemeinschaft der Freien Wohlfahrtspflege (BAGFW)

Bundesarbeitsgemeinschaft der Freien Wohlfahrtspflege (2007): Pränataldiagnostik – Informationen über Beratung und Hilfen bei Fragen zu vorgeburtlichen Untersuchungen.
http://www.bagfw.de/media/artikel/medien_1/e7a4c2724f305199b30b89374ba4905a.pdf

Bundesärztekammer (BÄK)

Bundesärztekammer (1998): Richtlinien zur Diagnostik der genetischen Disposition für Krebserkrankungen, Deutsches Ärzteblatt 95, 22 (1998), S. A1396-1403.
http://www.bundesaerztekammer.de/downloads/Krebs_pdf.pdf

Bundesärztekammer (2003): Richtlinien zur pränatalen Diagnostik von Krankheiten und Krankheitsdispositionen. Stand 28.02.2003. Deutsches Ärzteblatt 95, 50, S. A3236, 3238-3242 und Deutsches Ärzteblatt 100, 9, S. A583.
http://www.bundesaerztekammer.de/downloads/PraenatalDiagnostik.pdf

Bundesärztekammer (2003): Richtlinien zur prädiktiven genetischen Diagnostik. Deutsches Ärzteblatt 100, 19 (2003), S. A1297-1305.
http://www.bundesaerztekammer.de/downloads/PraedDiagnostik.pdf

---

[1] Die Literaturverweise und Links stellen eine Auswahl dar; es besteht kein Anspruch auf Vollständigkeit. Für Inhalte und Qualität insbesondere der Internetseiten und genannter externer Links kann keine Gewähr übernommen werden.

Bundesärztekammer/Deutsche Gesellschaft für Gynäkologie und Geburtshilfe (2006): Vorschlag zur Ergänzung des Schwangerschaftskonfliktsrechtes aus medizinischer Indikation.
http://www.bundesaerztekammer.de/downloads/Vorschlag_Schw_recht.pdf

BÜNDNIS 90/DIE GRÜNEN

BÜNDNIS 90/DIE GRÜNEN (2006): Entwurf eines Gesetzes über genetische Untersuchungen bei Menschen (Gendiagnostikgesetz – GenDG) der Fraktion BÜNDNIS 90/DIE GRÜNEN. Bundestagsdrucksache 16/3233. Berlin.
http://dip21.bundestag.de/dip21/btd/16/032/1603233.pdf

Bundesministerium für Gesundheit (BMG)

Bundesministerium für Gesundheit (2008): Eckpunkte für ein Gendiagnostik-Gesetz.
http://www.bmg.bund.de/cln_110/SharedDocs/Downloads/DE/GV/GT/Gentechnik/Nationale_20Regelungen/Gendiagnostikgesetz-Eckpunkte,templateId=raw,property=publicationFile.pdf/Gendiagnostikgesetz-Eckpunkte.pdf

Bundesregierung

Bundesregierung (2008): Entwurf eines Gesetzes über genetische Untersuchungen beim Menschen (Gendiagnostikgesetz – GenDG).
http://www.bmg.bund.de/cln_110/SharedDocs/Downloads/DE/GV/GT/Gentechnik/Nationale_20Regelungen/Gendiagnostik-Gesetzesentwurf,templateId=raw,property=publicationFile.pdf/Gendiagnostik-Gesetzesentwurf.pdf

Bundeszentrale für gesundheitliche Aufklärung (BZgA)

Bundeszentrale für gesundheitliche Aufklärung (2006): Schwangerschaftserleben und Pränataldiagnostik. Repräsentative Befragung Schwangerer zum Thema Pränataldiagnostik. Köln.
http://www.bzga.de/pdf.php?id=fd85f56912058353d480713ffea6c579
Bundeszentrale für gesundheitliche Aufklärung (2007): Pränataldiagnostik. BZgA FORUM Sexualaufklärung und Familienplanung 1 (2007).
http://www.sexualaufklaerung.de/cgi-sub/fetch.php?id=496

Deutsche Gesellschaft für Gynäkologie und Geburtshilfe e.V. (DGGG)

Deutsche Gesellschaft für Gynäkologie und Geburtshilfe (2007, aktualisierte Fassung), Positionspapier Schwangerschaftsabbruch nach Pränataldiagnostik.
http://www.dggg.de/_download/unprotected/praenatal_abbruch_nach_diagnostik.pdf

Deutsche Gesellschaft für Humangenetik e.V. (GfH)[2]

Kommission für Öffentlichkeitsarbeit und ethische Fragen der Gesellschaft für Humangenetik e.V. (1995) Stellungnahme zur genetischen Diagnostik bei Kindern und Jugendlichen. Medizinische Genetik 7 (1995), S. 358-359. Neu: 2007 als Leitlinien erschienen.
http://www.medgenetik.de/sonderdruck/2000-376c.PDF

Gesellschaft für Humangenetik e.V. (1996): Positionspapier der Gesellschaft für Humangenetik e.V. Medizinische Genetik 8, 2 (1996), S. 125-131.

Berufsverband Medizinische Genetik e.V./Deutsche Gesellschaft für Humangenetik (1996): Leitlinien zur genetischen Beratung. Medizinische Genetik 8, 3, Sonderbeilage (1996), S. 1-2.

Deutsche Gesellschaft für Humangenetik e.V. (1998): Leitlinien zum „pränatalen Schnelltest (FISH)". Medizinische Genetik 10 (1998), S. 319.
http://www.medgenetik.de/sonderdruck/1998-319.PDF

Kommission für Öffentlichkeitsarbeit und ethische Fragen der Gesellschaft für Humangenetik e.V. (2000): Stellungnahme zur postnatalen prädiktiven genetischen Diagnostik. Medizinische Genetik 12, 3 (2000), S. 376-377.
http://www.medgenetik.de/sonderdruck/2000-376a.PDF

Vorstand der Deutschen Gesellschaft für Humangenetik e.V. (2003): Das „Gutachten" im Kontext von genetischer Beratung. Medizinische Genetik 15, 4 (2003), S. 396-398.
http://www.medgenetik.de/sonderdruck/2003_4_396_gutachten_stellungnahme.pdf

Berufsverband Deutscher Humangenetiker e.V./Deutsche Gesellschaft für Humangenetik e.V. (2004): Leitlinien zur molekularzytogenetischen Diagnostik. Medizinische Genetik 16 (2004), S. 358-359.
http://www.medgenetik.de/sonderdruck/2004-molezyto-Diagn.pdf

Deutsche Gesellschaft für Humangenetik e.V. (2004): DNA-Banking und personenbezogene Daten in der biomedizinischen Forschung: Technische, soziale und ethische Fragen. Medizinische Genetik 16 (2004), S. 347-350.
http://www.medgenetik.de/sonderdruck/2004_3_dna_banking.pdf

Deutsche Gesellschaft für Humangenetik e.V. (2005): Stellungnahme: Einwilligung nach Aufklärung („informed consent") in der humangenetischen Forschung. Medizinische Genetik 17 (2005), S. 202-203.
http://www.medgenetik.de/sonderdruck/2005_2_2002_2003_informed_consent.pdf

Kommission für Grundpositionen und ethische Fragen der Deutschen Gesellschaft für Humangenetik (GfH) (2006): Information zur zytogeneti-

---

[2] Aufgeführt sind ausgewählte Dokumente der Deutschen Gesellschaft für Humangenetik e.V. (GfH) seit 1995 z.T. in Zusammenarbeit mit dem Berufsverband Deutscher Humangenetiker e.V. (BVDH). Für Leitlinien und Stellungnahmen vgl. http://www.gfhev.de/de/leitlinien/gfh.htm?Submit2=Liste+anzeigen.

schen/molekular-zytogenetischen Untersuchung (Chromosomenanalyse/FISH-Analyse). 2006.
http://www.medgenetik.de/sonderdruck/07_05_15_Einwill_zyto_info.pdf

Kommission für Grundpositionen und ethische Fragen der Deutschen Gesellschaft für Humangenetik (GfH) (2006): Information zur Aufbewahrung und Verwendung von genetischem Untersuchungsmaterial für Forschungszwecke.
http://www.medgenetik.de/sonderdruck/07_05_15_Einwill_aufbewahrg_info.pdf

Kommission für Grundpositionen und ethische Fragen der Deutschen Gesellschaft für Humangenetik (GfH) (2006): Information zur molekulargenetischen Untersuchung (DNA-Diagnostik, Gendiagnostik).
http://www.medgenetik.de/sonderdruck/07_05_15_Einwill_mole_info.pdf

Kommission für Grundpositionen und ethische Fragen der Deutschen Gesellschaft für Humangenetik (GfH) (2007). Nachtrag zur Handhabung der Einwilligungserklärungen aus Medizinische Genetik 18 (2006), S. 259ff. Medizinische Genetik 19, 2 (2007), S. 273-274.
http://www.gfhev.de/de/leitlinien/Nachtrag.pdf

Deutsche Gesellschaft für Humangenetik e.V. (GfH)/Berufsverband Deutscher Humangenetiker e.V. (BVDH) (2007): Leitlinie Genetische Beratung, Medizinische Genetik 19, 4 (2007), S. 452-454. Erstellung 1996, Aktualisierung 2007.
http://www.medgenetik.de/sonderdruck/2007_ll_genetische_beratung.pdf

Deutsche Gesellschaft für Humangenetik e.V. (GfH)/Berufsverband Deutscher Humangenetiker e.V. (BVDH) (2007): Leitlinien zur genetischen Diagnostik bei Kindern und Jugendlichen. Medizinische Genetik 19, 4 (2007), S. 454-455. Erstellung 2007.
http://www.medgenetik.de/sonderdruck/2007_ll_kinder.pdf

Deutsche Gesellschaft für Humangenetik e.V. (GfH)/Berufsverband Deutscher Humangenetiker e.V. (BVDH) (2007): Leitlinien zur zytogenetischen Labordiagnostik. Medizinische Genetik 19, 4 (2007), S. 456-459. Erstellung 1997, Aktualisierung 2007.
http://www.medgenetik.de/sonderdruck/2007_ll_zytogenetik.pdf

Deutsche Gesellschaft für Humangenetik e.V. (GfH)/Berufsverband Deutscher Humangenetiker e.V. (BVDH) (2007): Leitlinien zur molekulargenetischen Labordiagnostik. Medizinische Genetik 19, 4 (2007), S. 460-462. Erstellung 1996, Aktualisierung 2007.
http://www.medgenetik.de/sonderdruck/2007_ll_molekulargenetik.pdf

Deutsche Gesellschaft für Humangenetik e.V. (GfH) (2007): Stellungnahme zur pränatalen Geschlechtsbestimmung aus mütterlichem Blut in der Frühschwangerschaft. Medizinische Genetik 19, 4 (2007), S. 271.
http://www.gfhev.de/de/leitlinien/LL_und_Stellungnahmen/2007_03_14_Stellungnahme_praenatale_Geschlechtsbestimmung.pdf

Deutsche Gesellschaft für Humangenetik e.V. (GfH) (2007): Positionspapier der GfH. Verabschiedet am 05.06.2007.
http://www.medgenetik.de/sonderdruck/2007_gfh_positionspapier.pdf
Ad-hoc-Kommission Gendiagnostik der Deutschen Gesellschaft für Humangenetik (GfH) (2007): Indikationskriterien für genetische Diagnostik. Bewertung der Validität und des klinischen Nutzens. Indikationskriterien für die Krankheit: Chorea Huntington.
http://www.gfhev.de/de/leitlinien/Diagnostik_LL/Indikationskriterien%20-%20Huntington.pdf
Ad-hoc-Kommission Gendiagnostik der Deutschen Gesellschaft für Humangenetik (GfH) (2007): Indikationskriterien für genetische Diagnostik. Bewertung der Validität und des klinischen Nutzens. Indikationskriterien für die Krankheit: Friedreich-Ataxie (FRDA) [FXN].
http://www.gfhev.de/de/leitlinien/Diagnostik_LL/Indikationskriterien%20-%20FRDA.pdf
Ad-hoc-Kommission Gendiagnostik der Deutschen Gesellschaft für Humangenetik (GfH) (2007): Indikationskriterien für genetische Diagnostik. Bewertung der Validität und des klinischen Nutzens. Indikationskriterien für die Krankheit: Duchenne Muskeldystrophie.
http://www.gfhev.de/de/leitlinien/Diagnostik_LL/Indikationskriterien%20-%20DMD.pdf
Ad-hoc-Kommission Gendiagnostik der Deutschen Gesellschaft für Humangenetik (GfH) (2008): Indikationskriterien für genetische Diagnostik Bewertung der Validität und des klinischen Nutzens. Indikationskriterien für die Krankheit: Familiärer Brust-/Eierstockkrebs [BRCA1/BRCA2].
http://www.gfhev.de/de/leitlinien/Diagnostik_LL/Indikationskriterien%20-%20BRCA.pdf
Vorstand der Deutschen Gesellschaft für Humangenetik e.V. (2008): Qualitätssicherung wird europäisch – Empfehlung des Vorstandes der Deutschen Gesellschaft für Humangenetik. Medizinische Genetik 20 (2008), S. 26.
http://www.gfhev.de/de/qualitaetsmanagement/dt_RV_europa.pdf
Deutsche Gesellschaft für Humangenetik e.V. (GfH) (2008): Stellungnahme: Erfassung humangenetischer Patientendaten auf einer elektronischen Gesundheitskarte. Medizinische Genetik 20 (2008), S. 236.
http://www.gfhev.de/de/leitlinien/LL_und_Stellungnahmen/2008_01_17_stellungnahme_gfh_gesundheitskarte.pdf
Deutsche Gesellschaft für Humangenetik e.V. (GfH) (2008): Erklärung der Deutschen Gesellschaft für Humangenetik anlässlich des 75. Jahrestages der Verkündung des „Gesetzes zur Verhütung erbkranken Nachwuchses". Veröffentlicht am 14.07.2008.
http://www.gfhev.de/de/leitlinien/LL_und_Stellungnahmen/2008_07_14_GfH-Erklaerung_Eugenik.pdf

Deutsche Gesellschaft für Muskelkranke (DGM)

Deutsche Gesellschaft für Muskelkranke e.V. (ohne Jahr): Ethische Grundsätze der DGM. Freiburg.
http://www.dgm.org/files/ethik.pdf

Deutsche Heredo-Ataxie-Gesellschaft e.v. (DHAG)

Deutsche Heredo-Ataxie-Gesellschaft e.V. (1995): Richtlinien für die Anwendung molekulargenetischer Untersuchungen zur Vorhersage und Diagnostik von Heredo-Ataxien. Stuttgart.
http://www.ataxie.de/fileadmin/ataxie_de/BroschurenVideoDivers/Broschuren/Richtlinien.pdf

Deutsche Huntington Hilfe e.V. (DHH)

Deutsche Huntington Hilfe/Vorsitzende Christiane Lohkamp (ohne Jahr): Denkanstöße. Informationen für Risikopersonen der Huntington-Krankheit zur prädiktiven molekulargenetischen Diagnostik, in: Materialien zur Huntington-Krankheit, Deutsche Huntington Hilfe e.V. Duisburg.
http://www.metatag.de/webs/dhh/downloads/Denkanstoesse.pdf

Deutsche Huntington Hilfe (1994/95): Richtlinien zur Anwendung der präsymptomatischen molekulargenetischen Diagnostik bei Risikopersonen für die Huntington-Krankheit. Nr. 090 Internationale Richtlinien für den Gentest, in: Materialien zur Huntington-Krankheit, Deutsche Huntington Hilfe Duisburg e.V.
http://www.metatag.de/webs/dhh/downloads/Gentest%20090%20Intern.%20Richtlinien1.pdf

Enquete-Kommission Ethik und Recht der modernen Medizin

Enquete-Kommission Ethik und Recht der modernen Medizin (2002): Schlussbericht. Bundestagsdrucksache 14/9020. Berlin.
http://dip21.bundestag.de/dip21/btd/14/090/1409020.pdf

Ethik-Beirat beim Bundesministerium für Gesundheit

Ethik-Beirat beim Bundesministerium für Gesundheit (2000): Prädiktive Gentests. Eckpunkte für eine ethische und rechtliche Orientierung. November 2000. Bonn.
[unter http://www.bmg.bund.de aktuell nicht zu finden, aber siehe auch:]
http://www.wernerschell.de/Rechtsalmanach/Arbeitsschutz/ethische_grundsaetze.pdf

Institut für Mensch, Ethik und Wissenschaft gGmbH (IMEW)

IMEW (2005): Gendiagnostik. IMEW konkret 8, September 2005.
http://www.imew.de/index.php?id=235
IMEW (2008): Die UN-Konvention für die Rechte von Menschen mit Behinderungen. IMEW konkret 11, März 2008.
http://www.imew.de/fileadmin/Dokumente/Volltexte/IMEW_konkret/ik11_UN_Konvention.pdf

Nationaler Ethikrat (NER)[3]

Nationaler Ethikrat (2003): Genetische Diagnostik vor und während der Schwangerschaft [Stellungnahme Januar 2003]. Berlin.
http://www.ethikrat.org/stellungnahmen/pdf/Stellungnahme_Genetische-Diagnostik.pdf
Nationaler Ethikrat (2005): Prädiktive Gesundheitsinformation bei Einstellungsuntersuchungen [Stellungnahme vom August 2005]. Berlin.
http://www.ethikrat.org/stellungnahmen/pdf/Stellungnahme_PGI_Einstellungsuntersuchungen.pdf
Nationaler Ethikrat (2007): Prädiktive Gesundheitsinformationen beim Abschluss von Versicherungen [Stellungnahme vom Februar 2007]. Berlin.
http://www.ethikrat.org/stellungnahmen/pdf/Stellungnahme_PGI_Versicherungen.pdf

Verein Psychosoziale Aspekte der Humangenetik e.V. (VPAH)

Verein Psychosoziale Aspekte der Humangenetik e.V. (VPAH) (Hrsg.) (2008): Schlechte Nachrichten nach vorgeburtlicher Untersuchung. Eine Begleitschrift für Frauen und Paare, die einen Schwangerschaftsabbruch in Erwägung ziehen. 10. Auflage. Freiburg.
http://www.vpah.de/brosch10.pdf

---

3 Seit 01.08.2007 *Deutscher* Ethikrat; die Publikationen des Nationalen Ethikrates von 2001 - 2007 sind einzusehen unter: http://www.ethikrat.org/de_publikationen_ner/.

Österreich

Arbeitskreis Genetische Betreuung

Arbeitskreis Genetische Betreuung (2006): Genetische Betreuung. Ein Leitfaden für ÄrztInnen im niedergelassenen Bereich. Im Auftrag des Bundesministerium für Gesundheit und Frauen erarbeitet unter der Leitung von dialog<>gentechnik.
http://www.dialog-gentechnik.at/binaries/10017182.pdf
[Online-Version des Leitfadens unter:]
www.dialog-gentechnik.at/GenetischeBetreuung/

Bundesministerium für Gesundheit und Frauen (BMGF)

Bundesministerium für Gesundheit und Frauen (2002): Gentechnikbuch: 2. Kapitel. Leitlinien für die genetische Beratung. Beschlossen von der Gentechnikkommission am 24. Juni 2002.
www.bmgfj.gv.at/cms/site/attachments/3/0/5/CH0817/CMS1201093533126/2._kapitel_gt-buch.pdf

Österreichische Gesetze/Gentechnikgesetz

Bundesgesetzblatt für die Republik Österreich (1994/2005): Gentechnikgesetz (GTG) und Änderungen. Bundesgesetz, mit dem Arbeiten mit gentechnisch veränderten Organismen, das Freisetzen und Inverkehrbringen von gentechnisch veränderten Organismen und die Anwendung von Genanalyse und Gentherapie am Menschen geregelt werden (Gentechnikgesetz – GTG) und das Produkthaftungsgesetz geändert wird. BGBl. Nr. 510/1994, zuletzt geändert durch BGBl. I Nr. 127/2005.
http://www.ris2.bka.gv.at/Dokumente/BgblPdf/1994_510_0/1994_510_0.pdf
http://ris1.bka.gv.at/Appl/findbgbl.aspx?name=entwurf&format=pdf&docid=COO_2026_100_2_227864

Rechtsinformationssystem des Bundes (RIS), für Abruf der Gesetzestexte:
www.ris2.bka.gv.at

Informationen zum Gentechnikgesetz auch unter:
http://www.bmgfj.gv.at/cms/site/standard.html?channel=CH0817&doc=CMS1085735125660

Schweiz

Bundesversammlung der Schweizerischen Eidgenossenschaft (Hrsg.) (2004): Bundesgesetz über genetische Untersuchungen beim Menschen (GUMG) vom 08.10.2004 [Ablauf des Referendums 27.01.2005]. Bern.
http://www.admin.ch/ch/d/ff/2004/5483.pdf

International

Bundesvereinigung Lebenshilfe für Menschen mit geistiger Behinderung e.V. Deutschland, Lebenshilfe Österreich, Lebenshilfe Südtirol und insieme Schweiz

Bundesvereinigung Lebenshilfe e.V. Deutschland/Lebenshilfe Österreich/ Lebenshilfe Südtirol/insieme Schweiz (2003): Ethische Grundaussagen zur Biomedizin. Ein gemeinsames Grundsatzpapier der Bundesvereinigung Lebenshilfe Deutschland, der Lebenshilfe Österreich, von insieme Schweiz und der Lebenshilfe Südtirol. Bern u.a.
http://www.lebenshilfe.de/wDeutsch/aus_fachlicher_sicht/downloads/EthischeGrundaussagen.pdf

Europäische Union/European Union (EU)

Amtsblatt der Europäischen Gemeinschaften (2000): Charta der Grundrechte der Europäischen Union (2000/C 364/01).
http://www.europarl.europa.eu/charter/pdf/text_de.pdf

Europarat/Council of Europe (CoE)

Council of Europe (1997): Convention for the Protection of Human Rights and Dignity of the Human Being with regard to the Application of Biology and Medicine: Convention on Human Rights and Biomedicine.
http://conventions.coe.int/Treaty/en/Treaties/Html/164.htm

Council of Europe (2008): Additional Protocol to the Convention on Human Rights and Biomedicine, concerning Genetic Testing for Health Purposes.
http://conventions.coe.int/Treaty/EN/Treaties/Html/TestGen.htm

International Huntington Association (IHA), World Federation of Neurology (WFN)

International Huntington Association/World Federation of Neurology: Research Committee Research Group on Huntington's Disease (1994): Guidelines for the molecular genetic predictive test in Huntington's disease. Neurology 44, 8 (1994), S. 1533-1536.

International Huntington Association/World Federation of Neurology Research Group an Huntingtons Chorea (1994): Internationale Richtlinien zur Durchführung prädiktiver genetischer Diagnostik bei Huntington-Krankheit. Medizinische Genetik 6 (1994), S. 405-409 sowie Erratum zu: Internationale Richtlinien zur Durchführung prädiktiver genetischer Diagnostik bei der Huntington-Krankheit. Medizinische Genetik 7 (1995), S. 47.

World Federation of Neurology: Research Committee Research Group on Huntington's Disease (1989): Ethical issues policy statement on Huntington's disease molecular genetics predictive test. Journal of Neurological Sciences 94 (1989), S. 327-332.

United Nations (UN)

United Nations Economic and Social Council Commission on Human Rights (1998): Human genome diversity research and indigenous peoples (E/CN.4/Sub.2/AC.4/1998/4).
http://www.unhchr.ch/Huridocda/Huridoca.nsf/0/aa73d1a2696c63d5802566440048ae16?Opendocument
United Nations (2006): Convention on the Rights of Persons with Disabilities (A/61/611). New York.
www.un.org/esa/socdev/enable/rights/convtexte.htm#convtext

United Nations Educational Scientific and Cultural Organization (UNESCO)

United Nations Educational Scientific and Cultural Organization (UNESCO) (1997): Universal declaration on the Human Genome and Human Rights. Paris.
http://portal.unesco.org/en/ev.php-URL_ID=13177&URL_DO=DO_TOPIC&URL_SECTION=201.html
United Nations Educational Scientific and Cultural Organization (UNESCO) (2000): Report on Confidentiality and Genetic Data. Working Group of the International Bioethics Committee (IBC) on Confidentiality and Genetic Data (BIO-503/99/CIB-6/GT-2/3). Paris.
http://portal.unesco.org/shs/en/files/2297/10542852581Confidentiality_en.pdf/Confidentiality_en.pdf
United Nations Educational Scientific and Cultural Organization (UNESCO) (2003): International declaration of Human Genetic Data. Paris.
http://portal.unesco.org/en/ev.php-URL_ID=17720&URL_DO=DO_TOPIC&URL_SECTION=201.html
United Nations Educational Scientific and Cultural Organization (UNESCO) (2005): Universal Declaration on Bioethics and Human Rights. Paris.
http://portal.unesco.org/en/ev.php-URL_ID=31058&URL_DO=DO_TOPIC&URL_SECTION=201.html

World Health Organization (WHO)

World Health Organization (1998): Proposed International Guidelines on Ethical Issues in Medical Genetics and Genetic Services: Report of a WHO Meeting on Ethical Issues in Medical Genetics. Geneva, 15-16 December 1997 (WHO/HGN/GL/ETH/98.1). Genf.
   http://whqlibdoc.who.int/hq/1998/WHO_HGN_GL_ETH_98.1.pdf

World Health Organization (2000): Statement of the WHO Expert Consultation on New Developments in Human Genetics (WHO/HGN/WG/00.3) Genf.
   http://whqlibdoc.who.int/hq/2000/WHO_HGN_WG_00.3.pdf

World Health Organization (2002): Report of a WHO meeting on collaboration in medical genetics, Toronto, Canada, 9-10 April 2002. WHO Human Genetics Programme.
   http://whqlibdoc.who.int/hq/2002/WHO_HGN_WG_02.2.pdf

World Health Organization (2002): Genomics and World Health. Report of the Advisory Committee on Health Research. Genf.
   http://whqlibdoc.who.int/hq/2002/a74580.pdf

World Health Organization (2003): Review of Ethical Issues in Medical Genetics: Report of Consultants to WHO by Professors DC Wertz, JC Fletcher, K Berg. Geneva, World Health Organization, Human Genetics Programme (WHO/HGN/ETH/00.4). Genf.
   http://whqlibdoc.who.int/hq/2003/WHO_HGN_ETH_00.4.pdf

World Health Organization (ohne Jahr): Quality & safety in genetic testing: an emerging concern. Genomic Resource Centre, World Health Organization. [2005 bereits vorhanden].
   http://www.who.int/genomics/policy/quality_safety/en/index1.html

World Health Organization (2006): Medical genetic services in developing countries: the ethical, legal and social implications of genetic testing and screening. Genf.
   http://www.who.int/genomics/publications/GTS-MedicalGeneticServices-oct06.pdf

Deutschland

Akademie für Ethik in der Medizin e.V. (AEM)
http://www.aem-online.de/

aktion benni & co e.v. [Elterninitiative zur Unterstützung der Forschung von Duchenne Muskeldystrophie]
http://www.benniundco.de/

Allianz Chronischer Seltener Erkrankungen e.V. (ACHSE)
http://www.achse-online.de/

Arbeitsgemeinschaft Spina bifida und Hydrocephalus e.V. (ASbH)
http://www.asbh.de/

Arbeitskreis Down-Syndrom e.V.
http://www.down-syndrom.org/

Ausschuss für Gesundheit im Deutschen Bundestag
http://www.bundestag.de/ausschuesse/a14/index.html

Bundesarbeitsgemeinschaft der Freien Wohlfahrtspflege e.V. (BAGFW) [Zusammenschluss der Spitzenverbände der Freien Wohlfahrtspflege]
http://www.bagfw.de/

Bundesärztekammer (BÄK)
http://www.bundesaerztekammer.de/

Bundesarbeitsgemeinschaft (BAG) SELBSTHILFE von Menschen mit Behinderung und chronischer Erkrankung und ihren Angehörigen e.V.
http://www.bag-selbsthilfe.de/

Bundesministerium für Gesundheit (BMG)
http://www.bmg.bund.de/

Bundesregierung
http://www.bundesregierung.de/

Berufsverband Deutscher Humangenetiker e.V. (BVDH)
http://www.bvdh.de/

Bundesverband evangelische Behindertenhilfe e.V. (BeB)
http://www.beb-ev.de/

Bundesverband für Körper- und Mehrfachbehinderte e.V. (BVKM)
http://www.bvkm.de/

Bundesverband Verwaiste Eltern in Deutschland e.V. (VEID)
http://www.veid.de/

Bundesvereinigung Lebenshilfe für Menschen mit geistiger Behinderung e.V. (BLVH) [besonders „Aus fachlicher Sicht" in der Rubrik „Ethik"]
http://www.lebenshilfe.de/

Bundeszentrale für gesundheitliche Aufklärung (BZgA)
http://www.bzga.de/

Caritas Behindertenhilfe und Psychiatrie e.V. (CBP)
http://www.cbp.caritas.de/

Deutsche Arbeitsgemeinschaft Selbsthilfegruppen e.v. (DAG SHG)
http://www.dag-selbsthilfegruppen.de/site/

Deutsche Behindertenhilfe – Aktion Mensch e.V. [dort auch besonders das 1000Frage-Projekt zur Bioethik und der Familienratgeber, Online-Service für Menschen mit Behinderung und ihre Angehörigen]
http://www.aktion-mensch.de/
http://www.1000fragen.de/
http://www.familienratgeber.de/

Deutscher Ethikrat [seit 01.08.2007, zuvor *Nationaler* Ethikrat]
http://www.ethikrat.org/

Deutsches Down-Syndrom InfoCenter
http://www.ds-infocenter.de/

Deutsche Gesellschaft für Gynäkologie und Geburtshilfe e.V. (DGGG)
http://www.dggg.de/

Deutsche Gesellschaft für Humangenetik e.V. (GfH)
http://www.gfhev.de/
[für Leitlinien und Stellungnahmen:]
http://www.gfhev.de/de/leitlinien/gfh.htm?Submit2=Liste+anzeigen
[für genetische Beratungsstellen:]
http://www.gfhev.de/de/beratungsstellen/beratungsstellen.php
[für Selbsthilfegruppen:]
http://www.gfhev.de/de/links/selbsthilfegruppen.htm

Deutsche Gesellschaft für Muskelkranke e.V. (DGM)
http://www.dgm.org/

Deutsche Gesellschaft für Medizinische Psychologie (DGMP)
http://www.dgmp-online.de/

Deutsche Hämophiliegesellschaft zur Bekämpfung von Blutungskrankheiten e.V. (DHG)
http://www.deutsche-haemophiliegesellschaft.de/

Deutsche Heredo-Ataxie-Gesellschaft e.V. (DHAG)
http://www.ataxie.de/

Deutsche Huntington Hilfe e.V. (DHH)
http://www.huntington-hilfe.de/

Deutsche Krebshilfe e.V.
http://www.krebshilfe.de/

Deutsches Referenzzentrum für Ethik in den Biowissenschaften (DRZE)
http://www.drze.de/

Down-Syndrom Netzwerk Deutschland e.V.
http://down-syndrom-netzwerk.de/

Eltern beraten Eltern von Kindern mit und ohne Behinderung e.V.
http://www.eltern-beraten-eltern.de/

Familiengruppe – Leben mit Down-Syndrom
http://www.da-sdownst-du.de/

Familienhilfe Polyposis coli e.V.
http://www.familienhilfe-polyposis.de/

Frauenselbsthilfe nach Krebs e.V.
http://www.frauenselbsthilfe.de/

Gen-ethisches Netzwerk e.V., GeN [gemeinnütziger Verein zur kritischen Auseinandersetzung und Information über Gentechnologie und Fortpflanzungsmedizin, siehe besonders Rubrik „Medizin und Mensch" und die Zeitschrift „Gen-ethischer Informationsdienst" (GID)]
http://www.gen-ethisches-netzwerk.de/

Genetik und Gesundheit [Wissensportal für Laien und Experten, entwickelt im interdisziplinären Forschungsprojekt „Public Health Genetics" an der Johannes Gutenberg-Universität Mainz, gefördert vom NGFN]
http://www.genetik-gesundheit.de/

Gentechnologiebericht [interdisziplinäre Arbeitsgruppe der Berlin-Brandenburgischen Akademie der Wissenschaften]
http://www.gentechnologiebericht.de/

Initiative REGENBOGEN „Glücklose Schwangerschaft" [Selbsthilfe-Initiative für Eltern, deren Kinder gestorben sind bei Abtreibung, Fehlgeburt, Todgeburt oder durch Tod kurz nach der Geburt]
http://www.initiative-regenbogen.de/

Institut Mensch, Ethik und Wissenschaft gGmbH (IMEW) [gemeinnütziges Institut zur Erforschung von medizin- und wissenschaftsethischen Fragen unter besonderer Berücksichtigung der Perspektiven von Menschen mit Behinderung und chronischen Erkrankungen, getragen von neun großen Organisationen der Behindertenhilfe und -selbsthilfe]
http://www.imew.de/

Interessenvertretung Selbstbestimmt Leben in Deutschland e.V. (ISL)
http://www.isl-ev.de/

Kindernetzwerk e.V. – für Kinder, Jugendliche und (junge) Erwachsene mit chronischen Krankheiten und Behinderungen
http://www.kindernetzwerk.de/php/

Krebsinformationsdienst (KID) im Deutschen Krebsforschungszentrum
http://www.krebsinformation.de/

LEONA – Verein für Eltern chromosomal geschädigter Kinder e.V.
http://www.leona-ev.de/

Mukoviszidose e.V. – Bundesverband Selbsthilfe bei Cystischer Fibrose
http://muko.info/

Nationale Kontakt- und Informationsstelle zur Anregung und Unterstützung von Selbsthilfegruppen (NAKOS)
http://www.nakos.de/

Nationaler Ethikrat [seit 01.08.2007 *Deutscher* Ethikrat]
http://www.ethikrat.org/

Nationales Genomforschungsnetz (NGFN) [Initiative des Bundesministeriums für Bildung und Forschung (BMBF)]
http://www.ngfn.de/

Netzwerk gegen Selektion durch Pränataldiagnostik c/o Bundesverband für Körper- und Mehrfachbehinderte
http://www.netzwerk-praenataldiagnostik.de/

Portal der InteressenGemeinschaften Kritische Bioethik Deutschland
http://www.kritische-bioethik.de/

pro familia, Deutsche Gesellschaft für Familienplanung, Sexualpädagogik und Sexualberatung e.V.
http://www.profamilia.de/

ReproKult – Frauen Forum Fortpflanzungsmedizin [Zusammenschluss von Frauen aus Vereinen und Institutionen der Frauen-Gesundheitsarbeit, aus Bereichen psychosozialer Beratung, aus Fachverbänden medizinischer Berufe, aus der Interessenvertretung von Frauen mit Behinderungen, aus Wissenschaft, Politik und Medien]
http://www.reprokult.de/

Sozialverband VdK Deutschland e.V.
http://www.vdk.de/

Verband für anthroposophische Heilpädagogik, Sozialtherapie und soziale Arbeit e.V.
http://www.verband-anthro.de/

Vereins Psychosoziale Aspekte der Humangenetik e.V. (VPAH)
http://www.vpah.de/

Zeitungsprojekt OHRENKUSS [Magazin von Menschen mit Down-Syndrom]
http://www.ohrenkuss.de/

Österreich

Aktion Leben Österreich
http://www.aktionleben.at/

Ärztekammer für Wien [dort besonders das Referat für Gentechnik und rekombinante Technologien in der Medizin]
http://www.aekwien.or.at/ und http://www.aekwien.or.at/250.html

Bioethikkommission beim Bundeskanzleramt
http://www.bundeskanzleramt.at/DesktopDefault.aspx?TabID=3455&Alias=BKA

Bundesministerium für Gesundheit, Familie und Jugend (BMGFJ) [dort besonders unter Thema Gentechnik]
http://www.bmgfj.gv.at/
http://www.bmgfj.gv.at/cms/site/thema.html?channel=CH0697

Cystische Fibrose Hilfe Österreich
http://www.cf-austria.at/

Dachverband Down-Syndrom Österreich (DSÖ)
http://www.down-syndrom.at/

dialog<>gentechnik [unabhängiger, gemeinnütziger Verein, der sich mit Biowissenschaften und deren Auswirkungen beschäftigt]
http://www.dialog-gentechnik.at/index.php

GEN-AU. Genomforschung in Österreich [Förderprogramm vom Österreichischen Bundesministerium für Wissenschaft und Forschung]
http://www.gen-au.at/

gen-dialog: Neo-sokratische Dialoge zur Verbesserung der genetischen Beratung [Projekt des Instituts für Höhere Studien in Wien mit Partnern in Österreich, Deutschland und Japan, gefördert durch GEN-AU]
http://www.ihs.ac.at/steps/gendialog/

Lebenshilfe Österreich
http://www.lebenshilfe.at/

Österreichische Gesellschaft für Humangenetik (ÖGH)
http://www.oegh.at/

Österreichische Gesellschaft für Genetik und Gentechnik (ÖGGGT)
http://www.oegggt.org/

Österreichische Huntington Hilfe (ÖHH) [Internetseite in Entwicklung]
http://www.huntington.at/

REGENBOGEN Österreich – „Verein zur Hilfestellung bei glückloser Schwangerschaft" [Selbsthilfegruppe für Eltern, deren Kinder bei Abtreibung, Fehlgeburt oder Tod um die Geburt gestorben sind]
http://www.gluecklosechwangerschaft.at/

Schweiz

Bundesamt für Gesundheit (BAG)
http://www.bag.admin.ch/

Gen Suisse. Die Schweizerische Stiftung für eine verantwortungsvolle Gentechnik [zur Förderung des Dialogs über Gentechnik in der Bevölkerung, finanziert durch Interpharma, Verband der forschenden pharmazeutischen Firmen der Schweiz]
http://www.gensuisse.ch/

insieme Schweiz für Menschen mit geistiger Behinderung
http://www.insieme.ch/

Nationale Ethikkommission im Bereich der Humanmedizin [beratende, unabhängige, außerparlamentarische Fachkommission]
http://www.bag.admin.ch/nek-cne/

Regenbogen Schweiz [Selbsthilfe-Vereinigung von Eltern, die um ein verstorbenes Kind trauern]
http://verein-regenbogen.ch/

Schweizerische Gesellschaft für Biomedizinische Ethik (SGBE)
http://www.bioethics.ch/

Schweizerische Gesellschaft für Cystische Fibrose (CFCH)
http://www.cfch.ch/

Schweizerische Gesellschaft für Muskelkranke (SGMK)
http://www.muskelkrank.ch/

Schweizerische Huntington Vereinigung (SHV)
http://www.shv.ch/

Verbindung der Schweizer Ärztinnen und Ärzte (FMH)
http://www.fmh.ch/

Verein für Hilfe nach pränataler Diagnostik
http://www.prenat.ch/

Verein Ganzheitliche Beratung und kritische Information zu pränataler Diagnostik
http://www.praenatal-diagnostik.ch/

Verein insieme 21 [Verband, der sich in der (deutschsprachigen) Schweiz für Menschen mit Trisomie 21/Down-Syndrom und ihre Angehörigen einsetzt; besteht seit 29.03.2008 nach Fusion von European Down-Syndrom Association (EDSA) Schweiz und insieme 21]
http://www.insieme21.ch/

International

Council for International Organizations of Medical Sciences (CIOMS)
http://www.cioms.ch/

Europäisches Informations- und Dokumentationsnetzwerk zur Ethik in den Wissenschaften (ETHICSWEB) [Datenbank zur Ethik, derzeit in Entwicklung]
http://ethicsweb.org/

EuroGentest [EU-gefördertes Projekt zu „Harmonizing genetic testing across Europe", das sich in Unit 3 „Clinical, Community and Public Health Genetics" auch mit „Genetic counselling" beschäftigt]
http://www.eurogentest.org/
http://www.eurogentest.org/professionals/public_health/

European Down Syndrom Association (EDSA)
http://www.edsa.info/

Europarat/Council of Europe (CoE)
http://www.coe.int/

European Society of Human Genetics (ESHG)
http://www.eshg.org/

Europäische Union/European Union (EU)
http://europa.eu/

Human Genome Project (HGP) [dort besonders das Programm „Ethical, Legal, and Social Issues" (ELSI)]
http://www.ornl.gov/sci/techresources/Human_Genome/home.shtml,
http://www.ornl.gov/sci/techresources/Human_Genome/elsi/elsi.shtml

Humane Genome Organization (HUGO)
http://www.hugo-international.org/

International Huntington Association (IHA)
http://www.huntington-assoc.com/

Orphanet. The portal for rare diseases and orphan drugs/Das Portal für seltene Krankheiten und Orphan Drugs [von Experten verfasste Online-Enzyklopädie und Verzeichnis von Leistungsangeboten für Patienten und Fachleute mit Informationen über Spezialambulanzen, Diagnostiklabors, aktuelle Forschungsprojekte und Selbsthilfegruppen in Europa]
http://www.orpha.net/

Public Health Genomics European Network [EU-gefördertes Projekt zum wissenschaftlichen Austausch über Public Health Genomics]
http://www.phgen.nrw.de/

United Nations (UN)
   http://www.un.org/

United Nations Educational Scientific and Cultural Organization (UNESCO) [dort besonders das Programm zur Bioethik]
   http://portal.unesco.org/
   http://www.unesco.org/shs/bioethics

World Federation of Neurology
   http://www.wfneurology.org/

World Health Organization (WHO) [dort besonders die Themen Ethik, Genetik, Genomik und „The Genomic Resource Centre (GRC)"]
   http://www.who.int/
   http://www.who.int/topics/ethics/en/
   http://www.who.int/topics/genetics/en/
   http://www.who.int/topics/genomics/en/
   http://www.who.int/genomics/en/

Zusammengestellt von Irene Hirschberg, Stand: 31.08.2008.

Notizen zu den Autorinnen und Autoren

Andreas Frewer, Prof. Dr. med., M.A., Medizinethiker und Medizinhistoriker, European Master in Bioethics. Institut für Geschichte und Ethik der Medizin, Professur für Ethik in der Medizin, Friedrich-Alexander-Universität Erlangen-Nürnberg. Mitglied des Klinischen Ethikkomitees und der Ethikkommission zur Forschung.
Arbeitsschwerpunkte: Klinische Ethik; Theorie der Forschung; Sterbebegleitung; Geschichte der Medizin (20. Jh.); Medizin und Menschenrechte.
Korrespondenzadresse: Institut für Geschichte und Ethik der Medizin, Glückstraße 10 und Universitätsstraße 40, D - 91054 Erlangen. E-Mail: Andreas.Frewer@ethik.med.uni-erlangen.de.

Dorothea Gadzicki, Dr. med., PhD, Junior-Professorin am Institut für Zell- und Molekularpathologie, Medizinische Hochschule Hannover (MHH). 2005 Ruf auf die W1-Professur „Hereditäres Mammakarzinom" im Dorothea-Erxleben-Programm des Landes Niedersachsen.
Arbeitsschwerpunkte: Tumorgenetische Beratung; Molekulare Grundlagen von erblichem Brustkrebs; Ethische Aspekte genetischer Diagnostik.
Korrespondenzadresse: Institut für Zell- und Molekularpathologie, Medizinische Hochschule Hannover, Carl-Neuberg-Straße 1, D - 30625 Hannover. E-Mail: Gadzicki.Dorothea@mh-hannover.de.

Sigrid Graumann, Dr. phil., Wissenschaftliche Mitarbeiterin am Institut Mensch, Ethik und Wissenschaft (IMEW) in Berlin. Studium der Biologie und Philosophie an der Universität Tübingen, 2000 Promotion: Die Somatische Gentherapie. Entwicklung und Anwendung aus ethischer Sicht. 1997 - 2002 Zentrum für Ethik in den Wissenschaften Tübingen, seit April 2002 am IMEW in Berlin, Mitglied der Enquete-Kommission „Ethik und Recht der modernen Medizin" des Deutschen Bundestages.
Arbeitsschwerpunkte: Ethik und Behinderung; Biomedizinische Ethik; Sozialethik; Theorie und Ethik der Genetik; Gendiagnostik und -therapie.
Korrespondenzadresse: Institut Mensch, Ethik und Wissenschaft (IMEW), Warschauer Straße 58 A, D - 10243 Berlin. E-Mail: graumann@imew.de.

Erich Grießler, Dr. phil., Senior Researcher am Institut für Höhere Studien (IHS) in Wien, Abteilung Soziologie, Lektor am Institut für Soziologie der Universität Wien und am Institut für Soziologie und Empirische Sozialfor-

schung an der Wirtschaftsuniversität Wien. Studium der Soziologie und Geschichte in Wien und Maastricht.
Arbeitsschwerpunkte: „Social Studies of Science and Technology" mit Fokus auf der Entwicklung und Regulation von Medizin und medizinischen Anwendungen neuer Biotechnologien sowie Ansätze öffentlicher Partizipation in diesen Bereichen.
Korrespondenzadresse: Institut für Höhere Studien, Stumpergasse 56, A -1060 Wien. E-Mail: erich.griessler@ihs.ac.at.

Wolfram Henn, Prof. Dr. med., Humangenetiker und Medizinethiker, Genetische Beratungsstelle am Institut für Humangenetik der Universität des Saarlandes, Homburg/Saar.
Arbeitsschwerpunkte: Ethische und psychosoziale Aspekte genetischer Beratung; Technikfolgenabschätzung humangenetischer Methoden; Embryonenschutz.
Korrespondenzadresse: Institut für Humangenetik, Universitätsklinikum Homburg, Bau 68, D - 66421 Homburg/Saar. E-Mail: wolfram.henn@uks.eu.

Elisabeth Hildt, PD Dr. rer. nat., Lehrstuhl für Ethik in den Biowissenschaften der Eberhard Karls Universität Tübingen. Studium der Biochemie und Philosophie, Stipendiatin des Graduiertenkollegs „Ethik in den Wissenschaften" der Eberhard Karls Universität Tübingen. 1995 - 1998 Interfakultäres Zentrum für Ethik in den Wissenschaften (IZEW) der Universität Tübingen, 1998 - 2000 Institut Technik-Theologie-Naturwissenschaften (TTN) München, 2000 - 2001 Habilitationsstipendium.
Arbeitsschwerpunkte: Theorie und Ethik der Biowissenschaften und der Medizin; Neuroethik; Reproduktionsmedizin und Humangenetik.
Korrespondenzadresse: Lehrstuhl für Ethik in den Biowissenschaften, Eberhard Karls Universität Tübingen, Wilhelmstraße 19, D - 72074 Tübingen. E-Mail: elisabeth.hildt@uni-tuebingen.de.

Irene Hirschberg, Dr. med., Ärztin und Wissenschaftliche Mitarbeiterin am Institut für Geschichte, Ethik und Philosophie der Medizin, Medizinische Hochschule Hannover (MHH). Studium der Humanmedizin und Public Health, Auslandsaufenthalte in Newcastle upon Tyne, Sopachuy (Bolivien) und Kopenhagen (WHO Regionalbüro für Europa).
Arbeitsschwerpunkte: Klinische Ethik; Public Health und Ethik; Ethische Aspekte genetischer Beratung.
Korrespondenzadresse: Institut für Geschichte, Ethik und Philosophie der Medizin, Medizinische Hochschule Hannover, Carl-Neuberg-Straße 1, D - 30625 Hannover. E-Mail: hirschberg.irene@mh-hannover.de.

Ilhan Ilkilic, Dr. med. (TR), Dr. phil. M.A., Mediziner und Medizinethiker, Koordinator des Projekts „Public Health Genetics", Institut für Geschichte Theorie und Ethik der Medizin, Johannes Gutenberg-Universität Mainz. Studium der Humanmedizin, Philosophie und Orientalischen Philogie in Istanbul, Bochum und Tübingen.
Arbeitsschwerpunkte: Ethik in der Genomforschung; Interkulturelle Medizinethik; Ethische Entscheidungen am Lebensende.
Korrespondenzadresse: Institut für Geschichte Theorie und Ethik der Medizin, Universität Mainz, Am Pulverturm 13, D - 55131 Mainz. E-Mail: ilkilic@uni-mainz.de.

László Kovács, Dr. phil., Wissenschaftlicher Mitarbeiter am Institut für Geschichte und Ethik der Medizin der Universität Erlangen-Nürnberg und am Lehrstuhl für Ethik in den Biowissenschaften der Eberhard Karls Universität Tübingen, Klinikseelsorger in der Universitätsklinik Tübingen. Studium der Theologie und Germanistik in Ungarn und Österreich, Master in Applied Ethics an der Katholischen Universität Leuven (Belgien), European Master in Bioethics. 2004 - 2007 Promotion im Graduiertenkolleg Bioethik im IZEW Tübingen mit der Studie „Medizin – Macht – Metapher" zur genetischen Beratung.
Arbeitsschwerpunkte: Klinische Medizinethik; Genetische Beratung; Medizinethik in Mittel- und Osteuropa; Klinische Ethikberatung.
Korrespondenzadresse: Institut für Geschichte und Ethik der Medizin, Universitätsstraße 40, D - 91054 Erlangen. E-Mail: Laszlo.Kovacs@ethik.med.uni-erlangen.de.

Friedmar R. Kreuz, Dr. med. Dipl.-Med., Facharzt für Humangenetik, AiW Psychotherapie. Mitglied der Kommission Qualitätssicherung der Genetischen Beratung des Berufsverbandes Deutscher Humangenetiker e.V. (BVDH), Vorstandsmitglied des Vereins Psychosoziale Aspekte der Humangenetik e.V. (VPAH), Mitglied des Beirates und des Wissenschaftlichen Beirates der Deutschen Huntington-Hilfe e.V. (DHH), Sprecher des Medizinischen Beirates der Deutschen Heredo-Ataxie-Gesellschaft e.V. (DHAG). Humangenetische Gemeinschaftspraxis, Dresden.
Arbeitsschwerpunkte: Psychosoziale Aspekte der Humangenetik; Neurodegenerative Krankheiten; Ethische Aspekte der Prädiktiv- und Pränataldiagnostik.
Korrespondenzadresse: Gutenbergstraße 5, D - 01307 Dresden. E-Mail: f.kreuz@medizinische-genetik-dresden.de.

Beate Littig, Univ.-Doz. Dr. rer. soc., Abteilungsleiterin der Soziologie am Institut für Höhere Studien (IHS) in Wien, Dozentin für Soziologie an der Universität Wien. Studium der Soziologie, Geschichte, Philosophie und Psychologie in Göttingen, Hamburg and Berlin. Neo-Sokratische Gesprächsleiterin in der Tradition Heckmann/Nelson.
Arbeitsschwerpunkte: Medizin- und Umweltsoziologie; Technology Assessment und Ethik; Gender Studies; Zukunft der Arbeit; Qualitative Methoden der empirischen Sozialforschung.
Korrespondenzadresse: Institut für Höhere Studien, Stumpergasse 56, A - 1060 Wien, E-Mail: littig@ihs.ac.at.

Jeanne Nicklas-Faust, Prof. Dr. med., Fachärztin für Innere Medizin und Medizinethikerin, Lehrstuhl für medizinische Grundlagen der Pflege, Evangelische Fachhochschule Berlin. 2001 - 2006 Referatsleiterin Ethik/Medizinische Fachberufe bei der Ärztekammer Berlin, Mitglied der Ethik-Kommission und im Vorstand der Lebenshilfe-Bundesvereinigung, seit 1995 Gründungsmitglied der Ärztegruppe der Lebenshilfe Berlin mit Schwerpunkt Erstgespräch bei Behinderung des Kindes.
Arbeitsschwerpunkte: Strukturen des Gesundheitssystems und ihre Auswirkungen auf Therapieentscheidungen; Interprofessionelle Kooperation im Gesundheitswesen; Patientenverfügungen; Versorgung von Menschen mit geistiger Behinderung; Vorgeburtliche Diagnostik und Ethik.
Korrespondenzadresse: Evangelische Fachhochschule Berlin, Teltower Damm 118-122, D - 14167 Berlin, E-Mail: nicklas-faust@evfh-berlin.de.

Anna Pichelstorfer, Bakk. Phil., Stipendiatin am Institut für Höhere Studien (IHS), Wien. Studium der Soziologie.
Arbeitsschwerpunkte: Technikfolgenabschätzung; Wissenschaftssoziologie, Gesundheits- und Medizinsoziologie.
Korrespondenzadresse: Institut für Höhere Studien, Stumpergasse 56, A - 1060 Wien. E-Mail: pichelst@ihs.ac.at.

Rouven Porz, Dr. des. phil., Dipl.-Biol., Leiter der Ethikstelle im Berner Universitätskrankenhaus „Inselspital". Studium der Philosophie und Biologie, Promotion „Zwischen Entscheidung und Entfremdung – Patientenperspektiven in der Gendiagnostik und Albert Camus' Konzepte zur Absurdität".
Arbeitsschwerpunkte: Ethik und Genetik; Albert Camus; Genetische Beratung; Klinische Ethik.
Korrespondenzadresse: Ethikstelle, Direktionspräsidium, Inselspital, CH - 3010 Bern, Schweiz. E-Mail: rouven.porz@insel.ch.

Markus Rothhaar, Dr. phil., Wissenschaftlicher Mitarbeiter am Institut für Geschichte und Ethik der Medizin der Universität Erlangen-Nürnberg. Studium der Philosophie, Geschichte und Biologie, 1999 Promotion im Fach Philosophie an der Universität Tübingen. 2000 - 2001 Wissenschaftlicher Mitarbeiter für den Bereich Bioethik in Brüssel und Straßburg. 2002 - 2005 Referent im Deutschen Bundestag für die Enquete-Kommissionen „Recht und Ethik der modernen Medizin" bzw. „Ethik und Recht der modernen Medizin".
Arbeitsschwerpunkte: Geschichte, Theorie und Ethik der Medizin; Lebensende und Patientenverfügung; Medizin und Menschenrechte.
Korrespondenzadresse: Institut für Geschichte und Ethik der Medizin, Glückstraße 40, D - 91054 Erlangen. E-Mail: Markus.Rothhaar@ethik.med.uni-erlangen.de.

Silja Samerski, Dr. phil., Dipl. biol., Wissenschaftliche Mitarbeiterin am Institut für Soziologie und Sozialpsychologie der Universität Hannover. Studium der Biologie (mit Schwerpunkt Humangenetik) und Philosophie.
Arbeitsschwerpunkte: Forschung zu den sozialen und kulturellen Folgen der Genetisierung des Alltags und des Risikodenkens sowie zur Experten- und Beratungsgesellschaft.
Korrespondenzadresse: Albrechtstraße 19, D - 28203 Bremen. E-Mail: s.samerski@ish.uni-hannover.de.

Christine Schirmer, Beraterin bei pro familia Berlin e.V. und Mitglied der Familiengruppe Leben mit Down-Syndrom (www.da-sdownst-du.de). Diplom-Sozialarbeiterin/Sozialpädagogin, Musiktherapeutin.
Arbeitsschwerpunkte: pro familia/Psychosoziale und Schwangerschaftskonfliktberatung; Familiengruppe/Austausch, Unterstützung, Öffentlichkeitsarbeit; Musiktherapie/Spracherwerb bei Kindern mit Down-Syndrom.
Korrespondenzadresse: Beratungszentrum pro familia Berlin e.V., Kalckreuthstraße 4, D - 10777 Berlin. E-Mail: christine.schirmer@profamilia.de.

Brigitte Schlegelberger, Prof. Dr. med., Fachärztin für Humangenetik, Direktorin des Instituts für Zell- und Molekularpathologie, Medizinische Hochschule Hannover (MHH), 2000 - 2008 Sprecherin des Deutsche Krebshilfe Konsortiums für familiären Brust- und Eierstockkrebs.
Arbeitsschwerpunkte: Erbliche Krebserkrankungen; Genetische Grundlagen der Leukämieentstehung; Psychosoziale Konsequenzen prädiktiver Gendiagnostik.
Korrespondenzadresse: Institut für Zell- und Molekularpathologie, Medizinische Hochschule Hannover, Carl-Neuberg-Straße 1, D - 30625 Hannover. E-Mail: Schlegelberger.Brigitte@mh-hannover.de.

Patricia Steiner, Ärztin und Wissenschaftliche Mitarbeiterin am Institut für Zell- und Molekularpathologie, Medizinische Hochschule Hannover (MHH). Studium der Humanmedizin und Weiterbildung zur Psychoonkologin.
Arbeitsschwerpunkte: Tumorgenetische Beratung; Psychosoziale Begleitforschung.
Korrespondenzadresse: Institut für Zell- und Molekularpathologie, Medizinische Hochschule Hannover, Carl-Neuberg-Straße 1, D - 30625 Hannover. E-Mail: Steiner.Patricia@mh-hannover.de.

Ingrid Vlasak, Mag. DI, Dr., Biologin, Psychologin und Mediatorin, Klinische Genetik, UK für Kinder- und Jugendheilkunde, Salzburger Landeskliniken und Paracelsus Medizinische Privatuniversität Salzburg.
Arbeitsschwerpunkte: Klinische Genetik; Molekulargenetische Diagnostik, Beratungsforschung.
Korrespondenzadresse: Klinische Genetik, SALK, Müllner Hauptstraße 48, A - 5020 Salzburg, Österreich. E-Mail: I.Vlasak@salk.at.

Meike Wolf, Dr. des., M.A., Kulturanthropologin und Europäische Ethnologin, Wissenschaftliche Mitarbeiterin am NGFN-Projekt „Public Health Genetics" und am Maifor-Projekt „Geschlechtsspezifische Unterschiede in der Prävention kardiovaskulärer Erkrankungen", Institut für Geschichte, Theorie und Ethik der Medizin, Johannes Gutenberg-Universität Mainz.
Arbeitsschwerpunkte: Public Health Genetics; Kulturen des Alter(n)s; Gender Studies.
Korrespondenzadresse: Institut für Geschichte, Theorie und Ethik der Medizin der Johannes Gutenberg-Universität Mainz, Am Pulverturm 13, D - 55131 Mainz. E-Mail: wolfme@uni-mainz.de.

Barbara Zoll, apl. Prof. Dr. med., Fachärztin für Humangenetik, Leiterin der genetischen Beratungsstelle der Universitätsmedizin Göttingen.
Arbeitsschwerpunkte: Humangenetik; Genetische Beratung.
Korrespondenzadresse: Institut für Humangenetik, Heinrich-Düker-Weg 12, D - 37073 Göttingen. E-Mail: bzoll1@gwdg.de.

Klinische Ethik. Biomedizin in Forschung und Praxis
Clinical Ethics. Biomedicine in Research and Practice

Herausgegeben von Andreas Frewer (Erlangen-Nürnberg),
Gisela Bockenheimer-Lucius (Frankfurt a. M.), Christian Hick (Köln),
Irene Hirschberg (Hannover), Gerald Neitzke (Hannover) und
Florian Steger (München)

Band 1   Andreas Frewer / Ulf Schmidt (Hrsg.): Standards der Forschung. Historische Entwicklung und ethische Grundlagen klinischer Studien. 2007.

Band 2   László Kovács: Medizin – Macht – Metaphern. Sprachbilder in der Humangenetik und ethische Konsequenzen ihrer Verwendung. 2009.

Band 3   Irene Hirschberg / Erich Grießler / Beate Littig / Andreas Frewer (Hrsg.): Ethische Fragen genetischer Beratung. Klinische Erfahrungen, Forschungsstudien und soziale Perspektiven. 2009.

www.peterlang.de

Andreas Frewer / Ulf Schmidt (Hrsg.)

Standards der Forschung
Historische Entwicklung und ethische Grundlagen klinischer Studien

Frankfurt am Main, Berlin, Bern, Bruxelles, New York, Oxford, Wien, 2007.
270 S.
Klinische Ethik. Biomedizin in Forschung und Praxis.
Clinical Ethics. Biomedicine in Research and Practice.
Verantwortlicher Herausgeber: Andreas Frewer. Bd. 1
ISBN 978-3-631-57425-6 · geb. € 49.80*

Welche medizinethischen Grenzen haben Experimente am Menschen? Der Band diskutiert moralische Probleme und historische Fragen der Forschung. Geschichtliche und theoretische Aspekte klinischer Studien am Menschen werden mit dem Schwerpunkt 20. Jahrhundert behandelt: Was sind Hintergründe und Konsequenzen der Humanversuche im Dritten Reich und der japanischen Experimente in China? Welche Vorgaben macht der „Nürnberger Kodex" für Studien am Menschen? Für die Ethik stehen nationale Standards des Arzneimittelrechts wie auch internationale Perspektiven der Deklaration von Helsinki im Mittelpunkt der Analysen. Welche praktischen Probleme ergeben sich für Forscher und die Arbeit der Ethikkommissionen? Angrenzende Themen wie die Ethik des Tierversuchs und der Umgang mit Patentierung von wissenschaftlichen Ergebnissen auf deutscher und europäischer Ebene sowie eine Dokumentation mit Schlüsseltexten ergänzen die Beiträge zur Forschungsethik.

Aus dem Inhalt: Historische und theoretische Grundlagen der Forschungsethik · Nationale und internationale Entwicklungen zur Ethik · Forschung am Menschen im 20. und 21. Jahrhundert: Historische Erkenntnisse und moralische Konsequenzen · Schlüsseltexte zur Forschungsethik

Mit Beiträgen von Erwin Deutsch, Elmar Doppelfeld, Andreas Frewer, Klaus Gärtner, Silke Glage, Isabel Huaroto-Levy, Susan Lederer, Brigitte Lohff, Gerald Neitzke, Jeanne Nicklas-Faust, Volker Roelcke, Marion Maria Ruisinger, Christian Säfken, Ulf Schmidt, Karl-Friedrich Sewing

Frankfurt am Main · Berlin · Bern · Bruxelles · New York · Oxford · Wien
Auslieferung: Verlag Peter Lang AG
Moosstr. 1, CH-2542 Pieterlen
Telefax 00 41 (0) 32 / 376 17 27

*inklusive der in Deutschland gültigen Mehrwertsteuer
Preisänderungen vorbehalten

Homepage http://www.peterlang.de